미래의 기원

미래의 기원

The Origin of Futures

우주의 탄생부터 인류의 미래까지
이광형 총장이 안내하는 지적 대여정

이광형 지음

INFLUENTIAL
인 플 루 엔 셜

머리말

우주에서 시작된 인류의 미래

'인간은 자유의지를 갖고 스스로 역사를 만들어가는가? 아니면 인간이 환경에 적응한 결과로 역사가 만들어지는가?'

한동안 머릿속에 품었던 질문이다. 오랜 시간 미래를 연구하고 예측해온 나는, 역설적으로 지금의 인류를 있게 한 역사의 인과(因果)를 찾고 싶었다. 역사의 인과관계를 보면 세상이 작동하는 원리를 찾을 수 있고, 이를 통해 미래를 더 구체적이고 정확하게 예측할 수 있다고 생각했기 때문이다.

이 의문을 해결하기 위해 역사서를 비롯해 인간의 본질을 논하는 많은 책을 탐독했다. 그 책들은 하나같이 놀라운 통찰을 제공했지만 아쉽게도 명쾌한 답을 주지는 못했다. 대부분의 책은 인간의 자유의지와 이를 토대로 한 선택이 세상을 만들고 역사를 견인한다고 전제했다. 하지만 나는 오늘날의 인간과 사회를 들여다볼수록 환경적 영향을 제외한 채 역사를 논할 수 없다는 생각이 강하게 들었다.

물론 역사의 단편들을 보면 인간의 의지가 변화의 동인이 된 것은 분명하다. 그러나 수천, 수만, 수억 년의 긴 시간을 놓고 보았을 때 인간의 몸짓은 미미하다. 우주와 지구가 일으킨 물리적 변화, 대기 변화에 따른 생명체의 출현과 인류의 진화 과정, 자연 변화와 함께한 문명의 발달, 인공지능(AI)의 출현으로 또 다른 변환기에 접어든 오늘날까지, 대변혁이라 일컬을 만한 역사의 분기점에는 환경의 힘이 늘 작용했다. 설혹 인간의 능동적인 선택이 있었다고 해도, 그런 선택을 유도했던 환경과 외부 조건이 존재했다는 사실을 부인할 수 없다. 환경의 맥락 속에 인간의 선택을 살필 때 그 의미가 더 분명해진다는 것을 깨달은 나는 외부환경적 요소를 제외한 역사 연구와 미래 예측은 온전할 수 없다는 결론을 내렸다. 그래서 인간의 역사와 미래를 환경적 요소와 함께 고찰하는 책을 직접 쓰기로 결심했다. 5년 전의 일이다.

시간과 물질의 근원에서 출발하는 인간의 역사와 미래

미래를 제대로 보기 위해 시작한 이 여정은 시간과 물질의 근원에서 출발한다. 환경과 인간을 파고들다 보니 화학적 물질의 최소 입자인 원자를 탐구하게 되었고, 원자를 연구하다 보니 원자가 출현했던 빅뱅까지 이르게 되었다. 그 과정에서 우주 만물에 일어나는 모든 변화의 핵심이 전자라는 사실을 깨달았다. 전자는 가볍고 작으며 원자의 외곽에 존재하기 때문에 이동성이 높다. 그러다 보니 물질 속에 균일하게 분포하지 못하고 전기적 불안정성을 만들어낸다. 불안정한 것은 다시 안정화되려고 노력한다. 불안정에서 안정으로 가려는 그 경향성이 바로 에너지의 원천이다.

우주 속 물질의 형성과 소멸, 지구의 환경 변화, 생명체의 적응과 진화 등 이 모든 변동은 상당 부분 전자의 이동성에 기인한다. 다시 말해 원자가 결합해 분자가 되고 분자가 결합해 우리가 볼 수 있는 물질이 되는 것, 식물이 광합성을 통해 산소와 탄수화물을 만들어내는 것, 뇌의 신경세포들이 서로 신호를 주고받아 생명체가 행동하는 것까지 세상에서 발생하는 모든 현상은 물질이 갖는 전기적 불안정성에 기인한다. 이러한 전자의 속성을 좇는 과정에서 나는 불안정함, 미완성 상태의 위대함을 깨달았다. 그리고 이를 인간에 대입하게 되었다.

인간은 다른 동물에 비해 여러모로 미완성이다. 무기가 될 만한 이빨이나 뿔도 없고, 위험 상황에서 재빠르게 도망치기에는 다리 근육도 다른 동물에 비해 약하다. 신체가 거의 완성된 채로 태어나는 여타 동물들과 달리 몸도 머리도 아직 한참 더 커야 할 미숙아 상태로 태어난다. 그러나 이렇게 불완전하고 부족한 상태이기 때문에 인간은 서로 협력하는 지혜를 터득했다. 혼자만의 힘으로는 자연환경에 적응해 살아남을 수 없기에 서로 도움을 주고받으며 사회를 형성했다. 더욱이 태어나서도 10년 이상 더 자라야 하는 인간의 뇌는 성장 과정에서 계속 변해야 하는 속성이 있어, 불현듯 닥치는 환경 변화에도 잘 적응하고 더 유리한 생존을 위한 창의적인 방법을 도출해냈다. 인간은 이런 뇌의 유연성 덕에 지금껏 살아남아 오늘날 지구상에서 가장 강한 종족이 되었다.

이렇듯 인간의 위대함은 변화하는 환경에 끊임없이 적응하여 생존하고 번영해왔다는 사실에 있다. 인간은 달라지는 물리적·시대적 환경에 항상 가장 지혜로운 방향으로 적응했고, 주어진 환경을 활용해 문명을 일구었다. 불완전한 개인들이 모여 위험과 불의에 맞섰고, 새로운 탐구와 시도를 거듭해 도구와 기술을 개발해왔다. 개인의 힘은 미미하지만, 뭉쳐서 큰 힘을 발휘하는 인간은 위대하다.

역사는 환경(도구)과 인간(사상)의 상호작용

이 책은 그런 성찰 속에서 쓰였다. 역사를 만들어온 환경적 요인과 이에 적응하고 발전해온 인간의 특성을 이해하여, 그 정반합의 큰 흐름 속에서 미래를 내다보는 것이 이 책의 목적이다.

먼저 1부에서는 자연적 환경을 이해하기 위해 우주와 태양계의 형성, 지구의 탄생, 초기 생명의 진화와 인류 출현 전까지의 생명체를 살펴본다. 우리 몸을 구성하는 원소는 어떻게 만들어졌는지, 우주에 존재하는 4가지 힘이 빅뱅부터 지금까지 세상을 어떻게 움직이고 있는지, 전자는 어떻게 동적 변화의 근원이 되었는지, 지구의 환경이 생명체 발달에 어떻게 적합한지 등을 알아보며 자연환경의 본질을 파악해본다. 또한 생명이 무엇인지, 세균의 형태에서 출발한 생명체가 어떻게 공룡과 포유류를 거쳐 인간에 이르렀는지 탐구하면서 생명이 주변 환경과 상호작용하며 진화해온 신비를 파헤칠 것이다.

다음 2부에서는 인류가 어떤 도구와 사상을 통해 환경에 지혜롭게 적응했는지, 문명이 발달하며 어떤 시대적 환경이 형성되었는지 알아보며 인간의 본질을 탐색해본다. 오스트랄로피테쿠스에서 호모사피엔스에 이르기까지 인류가 한 단계씩 밟아온 진화, 인간의 뇌가 작동하는 원리와 그 가변성을 보며 인류가 환경에 훌륭하게 대응할 수 있었던 이유를 알아낸다. 그리고 변화하는 시대적 환경에 반응하며 인본주의적 사상을 발전시켜온 과정과 인류 사회를 뒤흔들었던 도구와 사상의 혁명을 살펴보며, 앞으로 우리가 나아갈 방향을 고민해보게 될 것이다.

마지막으로 3부에서는 인류가 맞이할 변화와 그에 적응하며 발전할 미래를 전망해본다. 현재 인류의 변화를 견인해갈 2가지 축은 '도구(기술)'와 '사상'이다. 새로운 도구인 바이오기술, 인공지능, 바이오닉스 등이 우리에게 미칠 영향을 그려본 후, 현대 인류에게 가장 주요한 사상인 자본주의와 민주주의의 미래 그리고 노동의 미래를 예측해본다. 끝으로 이런 변화 속에서 인류에게 닥쳐오는 5가지 도전(인체, 정신, 사회, 환경, 우주)에 어떻게 대응하는 것이 현명할지 논해보고자 한다. 이렇게 이 책을 통해 세상과 인류의 역사를 파악하고 미래를 바라보면 조금은 다른 관점이 생기리라 기대한다.

인류가 환경에 대응하며 만들어갈 미래

나는 역사학이 곧 미래학이라고 생각한다. 서두에서 언급했듯 역사 전개의 본질적인 원리를 파악하면 다가올 미래도 상당 부분 예상해볼 수 있다. 그래서 역사 공부는 인문학자는 물론 과학자, 예술가에게도 필요하다. 인류학자도 아닌 내가 부족하나마 과학자의 시선으로 역사를 환경과 인간의 상호작용으로 해석해본 것은, 궁극적으로 우리에게 다가올 미래 그리고 그에 맞는 인류의 대응과 적응을 더 많은 이와 함께 구상해보기 위해서다.

이제 떨리는 마음으로 이 책을 세상에 내놓는다. 집필을 시작한 지 5년 만의 일이다. 방대한 내용을 담다 보니 오류나 부족함이 있을 것이다. 간혹 설익은 이론을 주장하는 부분도 있을지 모른다. 이는 오로지 저자의 잘못이다. 지적해주시면 겸허히 받아들이고자 한다. 대학 총장이라는 바쁘고 막중한 업무 속에서도 주말에 원고를 쓰고 검토하는 일은 기쁨의 연속이었다. 공자가 남긴 "배우고 때 맞추어 그것을 익히면, 역시 기쁘지 않은가(學而時習之不亦說乎)"라는 말과 함께한 시간들이었다.

책이 출간되길 설레는 마음으로 기다리는 지금, 지친 몸을 다잡아가며 원고를 쓸 수 있게 응원과 조언을 아끼지 않은 아내 안은경 님에게 감사드린다. 그리고 중구난방이던 원고를 아름답게 정리하여 멋진 책으로 만들어준 인플루엔셜 편집부에게도 감사의 말을 전하고 싶다.

오늘도 광활한 우주는, 또 우리가 몸담은 이 시대는 빠르게 변하고 있다. 장대한 우주와 멈출 수 없는 거시적 흐름 속에서 인간의 몸짓은 여전히 미미하다. 그러나 지금까지 그래왔듯이 인류는 변화에 적응하는 방법을 찾아낼 것이다. 우리 인간은 이미 인체를 바꿀 수 있는 기술, 우리의 정신세계에 영향을 줄 기술, 새로운 에너지를 찾아내는 기술, 기후를 포함하여 생태계를 안정시킬 기술을 개발하고 있고, 일부는 이미 활용을 앞두고 있다. 이러한 환경 변화에 따른 사상과 제도의 적응을 통해서 우리는 새로운 사회를 만들어 갈 것이다. 우리가 더 명확하게 환경을 파악하고 더 지혜롭게 반응하여, 더 나은 미래를 만들어가는 데에 이 책이 조금이나마 보탬이 되길 바란다.

2024년 1월

이광형

차례

머리말 우주에서 시작된 인류의 미래 4

1부 세상의 시작

1장 우주의 탄생

우주의 기원, 빅뱅 21

정상우주론과 팽창우주론 23 | 빅뱅이론의 등장 26

빅뱅의 증거, 우주배경복사 29

우주배경복사: 138억 년의 비밀 29 | 우주의 크기를 알 수 있을까 32

물질과 힘의 탄생 34

상대성이론: 질량과 에너지의 등가원리 34 | 물질의 구성 요소: 소립자에서 분자까지 35 | 우주에 존재하는 4가지 힘의 탄생 36 | 모든 변화의 주인공, 전자 38

별의 탄생에서 죽음까지 40

별은 어떻게 태어나고 성장하는가 40 | 질량에 따라 달라지는 별의 일생 43

별 속에서 생성되는 원소 46

태초의 원소, 수소와 헬륨 46 | 핵융합과 별의 탄생 48 | 초신성에서 생성되는 무거운 원소 49

2장 태양계와 지구의 탄생

은하의 탄생 55

은하의 탄생과 블랙홀 55 | 은하의 종류와 특징 57

암흑물질, 암흑에너지 61

암흑물질: 별들이 자리를 유지하는 이유 62 | 암흑에너지: 우주에 가득한 팽창의 힘 65

태양의 탄생 67

태양 형성의 단초 68 | 태양의 수명은 얼마나 될까 70

지구의 탄생 73

지구는 어떻게 탄생했을까 75 | 지구의 위성인 달의 탄생 과정 76 | 지구 자기장의 형성 79

생명체 잉태를 위한 준비 82

대기의 형성 84 | 바다의 형성 86

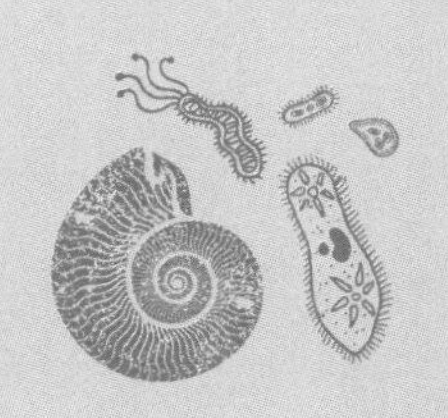

3장
생명의
출현

생명이란 무엇인가 91
생명체의 구성 92 | 세포의 구성 94 | 생명체의 역사 96 |
유전자 정보를 이용한 분자시계 98 | 세균과 바이러스의 차이 99

원핵세포와 진핵세포 101
원핵세포와 진핵세포의 비교 102 | 세포 내 공생설 106

유전 정보 전달하는 DNA와 RNA 107
체세포 분열 108 | 생식세포 분열 109 |
전기 이온결합으로 만들어진 DNA 구조 111

생명체의 원천 에너지, 광합성 114
이산화탄소에서 탄수화물을 생산하는 광합성 114 | 명반응과 암반응 115 |
미토콘드리아의 에너지 생성 117

생체분자를 결합시키는 전자 120
생체분자를 만들어주는 전기화학결합 122

4장
생명체와
포유류의 출현

생명체 대폭발까지 지구의 변화 131
대륙의 형성과 이동 131 | 생명체에 필요한 환경: 지구 자기장과 산소 135 |
산소 출현에 따른 지구환경의 변화 138 | 캄브리아기 생명 대폭발 141

동물의 육상 진출 144
어류에서 양서류로, 양서류에서 파충류로 진화 145

기온 변화와 공룡의 출현 149
빙하기 150 | 공룡의 출현과 멸종 154

생명체 대멸종 사건 158
페름기 말의 대멸종 사건 159 | 트라이아스기 말의 대멸종 사건 161 |
백악기 말의 대멸종 사건과 운석 충돌 163

포유류와 영장류의 출현 164
포유류의 등장 165 | 포유류의 발전 168 | 영장류의 등장 171

2부 인간의 시대

5장
인간의
탄생

유인원과 오스트랄로피테쿠스 179

인간과 가장 가까운 동물, 고릴라와 침팬지 180 | 인류 진화의 분수령, 직립보행 182 | 인간의 조상 오스트랄로피테쿠스 185

원시 인간의 출현 189

도구를 사용한 호모하빌리스 189 | 불과 언어를 사용한 호모에렉투스의 출현 191 | 불의 사용과 인간의 털 194

호모사피엔스의 출현 198

호모사피엔스는 언제 어디서 등장했을까 199 | 네안데르탈인: 현생 인류가 되지 못한 고대 인류 204

호모사피엔스의 진화와 확장 209

현생인류 호모사피엔스사피엔스의 출현 209 | 호모사피엔스의 정복 활동 212

고대문명의 시작 213

구석기 시대: 자연 의존적 문명 213 | 신석기시대: 농경과 정착의 시작 215 | 청동기시대: 사유재산과 계급의 출현 217 | 철기시대: 대규모 전쟁과 국가의 출현 219

6장
인간의 뇌와
의식의 탄생

뇌신경 세포의 전기신호와 기억 223

전기신호가 흐르는 신경 세포 223 | 기억은 뇌세포회로다 227

뇌의 진화와 구성 229

인간의 뇌는 어떻게 진화했을까 229 | 뇌의 구성과 역할 분담 232

뇌의 인식과 의식 236

지각의 범주화 236 | 인간 의식의 형성 238

변화하는 뇌와 강화학습 241

뇌의 가변성과 인간의 지능 242 | 학습하는 뇌 244 | 생존을 위한 뇌의 강화학습 245 | 심적 시뮬레이션 248

사회적 지능과 가치 250

인간 본능에 의한 이기심 251 | 가치판단을 하는 뇌 254

7장
사상과
종교의 출현

문명과 사상의 출현 259
사회적 강화학습의 결과, 사상 260 | 세계 4대 문명 발상지 262 |
인류의 위대한 스승들 266

동양사상의 출현 268
힌두교의 경전이 된 《베다》 268 | 불교의 출현 272 | 도가사상의 출현 274 |
유가사상의 출현 276 | 노자 vs. 공자 277

서양 기독교 사상의 출현 280
조로아스터교: 이원론적 세계관을 가진 고대 페르시아 종교 280 |
유대교: 신의 선민임을 자처하는 유대인의 종교 282 |
기독교: 예수 그리스도를 인류의 구원이라고 믿는 종교 283

그리스철학의 출현 288
그리스철학의 발달 배경 288 | 자연 중심 철학 291 | 아테네에서 꽃 피운 고대철학 292 |
세상의 원리를 밝혀낸 그리스의 과학철학자 296

로마와 중세 암흑시대 298
왕정, 공화정, 제정으로 발전한 로마 299 | 종교가 지배한 중세시대 301 |
르네상스 문예부흥 305 | 인쇄술의 발달과 종교개혁 307 | 칼빈의 종교개혁 309

8장
근대사회의
혁명

과학혁명, 세계관의 전환 313
숫자의 기원 313 | 중세의 과학 315 | 천문학에서 시작된 과학혁명 318 |
의학의 발달 320 | 세상을 보는 관점을 바꾼 뉴턴과 다윈 321 |
미세 입자의 운동을 설명하는 양자역학 324

철학혁명, 휴머니즘의 회복 326
문학 활동: 단테부터 세르반테스까지 327 | 합리론, 경험론, 관념론 329 |
낭만주의 331 | 실존주의 333

시민혁명, 자유·평등·인권 334
영국의 시민혁명 335 | 민주주의와 계몽주의 336 |
미국 독립선언과 프랑스대혁명 339 | 현대 자본주의의 등장 341

산업혁명, 개척과 혁신 344
대항해시대 345 | 산업혁명의 발상지, 영국 347 |
산업혁명: 생산기술의 확산과 사회구조의 변화 348 |
전기혁명: 생활방식에 큰 변화를 가져오다 350 |
3차 산업혁명: 정보통신 기술의 발전 354 | 4차 산업혁명: 어디까지 왔을까 357

의료혁명, 질병과의 전쟁 359
역사 속 공포의 질병들 360 | 질병의 원인 발견과 위생을 위한 투쟁 367 |
세균론을 확립한 파스퇴르와 코흐 369 | 현대 신종 감염병 372

3부 인류의 미래

9장
싱귤래리티 시대,
21세기의 도구

도구와 사상의 상호작용 381
도구가 사상을 변화시키다 382 | 사상이 기술과 사회를 변화시키다 385 |
현대사회를 변화시키는 도구들 387

생명을 복제할 수 있는 줄기세포 기술 390
배아줄기세포 vs. 성체줄기세포 391 | 인위적 생명의 탄생, 배아복제 393

인위적 진화의 시작, 유전자 기술 397
유전자가위로 인간을 편집하다 399 | 3명의 부모를 가진 아이의 탄생 401 |
유전자 기술의 발전과 딜레마 402

역사를 바꿀 새로운 인텔리전스, AI 405
AI에게 자아가 생길 가능성 407 | 개체 보존의 본능과 종족 보존의 본능 409 |
차원이 다른 인텔리전스를 만들 양자 기술 410 | AI에 의존하는 인간의 뇌 413

인간과 컴퓨터의 결합, 바이오닉스 417
사이보그 개발을 위한 BCI 기술 418 | 근미래로 다가온 BCI 기술 425 |
뇌에 칩을 심은 인류의 빛과 그림자 429

10장
사상과
제도의 미래

인간의 불완전한 본성 433
인간의 본질은 불완전성이다 433 | 미숙아로 태어난 인간 438 |
불완전하기에 협력하는 인간 440 | '역사 대수의 법칙'으로 보는 정의의 힘 443

지속가능한 민주주의 445
포퓰리즘과 우민화 447 | 정보의 지배와 확증편향 450 |
정치의 약화 현상 453 | 금융권력과 민주주의 455

자본주의의 미래 458
모든 가치를 압도하는 자본 459 | 근로소득과 자본소득의 비율 460 |
금융개혁의 어려움 463 | 우리나라의 자본주의 개혁 465

노동의 미래 468
노동의 역사 468 | 도구의 발달과 노동의 변화 471 |
AI 출현과 노동 474 | 미래 노동의 방향 475

역사를 움직이는 핵심동인 479
종합적 미래예측도구 STEPPER 479 | STEPPER로 바라본 대한민국 482 |
세상을 움직이는 힘 485 | 인류에게 영향을 줄 3대 요소: 식량, 에너지, 환경 487

11장 인류에 대한 도전과 희망

인체: 휴머니즘 2.0 시대의 준비 493
변화하는 도구와 사상 494 | 신체 보강 기술이 가져올 인류의 미래 497 |
21세기를 견인할 새로운 질서, 휴머니즘 2.0 499 |
휴머니즘 2.0을 위해 준비해야 할 것들 501

정신: AI 시대, 위기와 기회 504
AI를 맞이한 인간의 공포 504 | AI 시대가 불러올 3가지 디바이드 507 |
AI 시대, 공존을 위한 제도와 기술 509 | 두뇌 발달을 위한 정신 헬스클럽 512

사회: 다수의 행복을 위해 준비할 것들 514
2가지 사상의 융합: 민주주의와 자본주의 515 |
재원 확보를 위해 주목해야 할 로봇세 517 |
미래를 위한 자본주의와 민주주의의 균형 519

환경: 지구의 미래를 위한 에너지 개발 522
원인으로 보는 기후변화 역사 523 | 미래의 에너지원, 핵융합발전과 SMR 기술 526 |
이산화탄소를 줄이는 인공광합성과 합성생물학 529 |
탄소 포집 및 저장 활용 기술에 대한 기대 531

우주: 또 다른 행성을 찾아서 534
외계 생명체를 찾는 방법 534 | 운석의 충돌 위험 536 | 30억 년 후의 모습 540

부록 STEPPER로 보는 인류의 미래 542

참고문헌 548

사진 출처 555

1부　세상의 시작

1장 우주의 탄생

- 우주의 기원, 빅뱅
- 빅뱅의 증거, 우주배경복사
- 물질과 힘의 탄생
- 별의 탄생에서 죽음까지
- 별 속에서 생성되는 원소

1장에서는

- 빅뱅으로 시작된 우주는 수소와 헬륨으로 이루어진 우주구름 상태였다. 균질하던 구름 속의 입자들이 특정 부분을 중심으로 뭉치기 시작했다. 이렇게 만들어지기 시작한 덩어리는 중력에 의해서 더욱 많은 입자를 끌어모아 거대한 별로 성장한다. 스스로 빛을 내는 별이 되면, 그 속에서 탄소·산소·질소 등의 원소가 생성되어 생명체를 탄생시킬 준비가 시작된다.

- 우주가 팽창한다는 말은 빛의 출발지와 목적지가 멀어진다는 뜻이다. 우주가 빛보다 빨리 팽창한다는 건 빛이 도달할 목적지가 더 빠른 속도로 멀어진다는 뜻이다. 이렇게 거리가 늘어나면 목적지에 도착한 빛의 파장이 늘어난다. 전자기파에서 빛의 파장이 커지면 전파가 된다. 앨퍼와 허먼은 플라스마 전자구름 속에 갇혔다가 해방된 빛이 전파로 변해 우주에 떠돌고 있다고 생각했다. 빛이 풀려난 시간을 빅뱅 후 38만 년으로 보고, 이때 해방된 빛을 우주배경복사라고 한다.

- 먼지와 가스가 덩어리가 되면 중력으로 다른 입자들을 끌어당겨 점점 커진다. 커진 덩어리는 중력 때문에 수축하면서 밀도가 높아지고, 중력 에너지는 열로 바뀌어 온도가 상승하며, 여기에 압력의 증가로 팽창력이 생긴다. 이후 중력과 팽창력이 평형을 이루는 상태에 이르러 별의 모양을 형성한다.

- 우주를 구성하는 2가지는 물질과 힘이다. 빅뱅 시기에는 모든 물질이 에너지의 형태로 있었고, 힘도 하나의 통일된 힘으로 존재했을 것이다. 이 초기의 힘이 분화되어 4가지 힘으로 존재한다. 중력, 강력, 약력, 전자기력이다.

- 우리 몸을 구성하는 모든 원소는 우주의 별과 초신성에서 만들어진 것들이다. 결국 우리 모두는 우주에서 왔다고 할 수 있다. 인간의 미래를 전망하는 이 책이 우주에서 시작하는 이유다.

우주의 기원, 빅뱅

나는 어디서 왔고, 어떤 존재인가? 인간은 무엇으로 만들어졌고, 우리의 사고는 어떻게 작동하는가? 앞으로 우리 인간의 미래는 어떻게 변할 것인가? 이런 인간에 대한 질문은 인간의 뇌가 어떻게 사고하고 움직이는지 탐구하는 데서 출발할 필요가 있다.

우리는 뇌 속에서 일어나는 일련의 사고 활동이 뇌세포들 사이의 전기화학적 작용에 의한 것이라는 점을 알고 있다. 뇌과학의 발달은 뇌 속의 모든 활동이 나트륨이나 칼륨 등의 원소와 결합된 전하의 이동에 의한 현상이라는 것을 알려준다. 따라서 인간의 정신을 이해하려면, 뇌 속 물질의 변화에 대해서 이해해야 한다. 결국 우리 인간을 구성하고 있는 원소와 전자에 관심을 가지지 않을 수 없다.

그래서 이 책은 인간에 대한 질문에 답하기 위해 가장 먼저 우리 인간을 구성하는 원소를 찾아 나선다. 우리 몸을 구성하는 탄소, 산소, 수소, 질소, 칼륨, 칼슘 등의 원소는 별에서 만들어졌고, 별은 빅뱅에서 시작되었다. 그러므로 인간에 대한 답을 찾기 위한 여정은 마땅히 우주에서 시작되어야 한다.

인류 역사는 인간의 자유의지로 만들어졌을까, 아니면 자연환경의 영향을 받아 그것에 적응해가는 과정에서 만들어졌을까? 나는 후자에 더 가깝다고 생각한다. 전체적으로는 자연환경의 지배를 받고, 세부적 부분은 인간의 의지가 반영된 결과일 것이다.

생명체는 지구상에 태어난 후 약 40억 년 동안 수많은 변화를 거쳐서 오늘에 이르렀다. 그 많은 생명체 중 하나가 인간이다. 바다에서 태어난 지구 생명체는 육지에 올라온 후 5억 년 동안 다섯 차례의 대멸종을 맞았다. 급격한 환경 변화에 기인한 대재앙이었다. 이러한 대변화에 생명체들은 70퍼센트 이상 멸종했고, 살아남은 자들은 변화에 적응해왔다. 이렇게 인류의 역사는 환경이 규정해놓은 틀 속에서 인간이 세상을 만들어가는 과정이다.

이러한 자연의 변화는 많은 요소에 의해 생겨난다. 나는 그중에서도 전자(electron)의 역할에 주목하고 있다. 빅뱅으로 탄생한 전자는 원자 속에 갇혀 원자핵을 회전한다. 그런데 유동성이 큰 전자는 원자 속에만 갇혀 있기를 거부하고 원자를 벗어나 돌아다니게 된다. 이처럼 원자핵의 인력으로부터 이탈하여 이동하기도 한다. 이런 전자의 이동 때문에 입자들이 전하를 띠고 전자기력을 가진다.

전하란 전자를 잃어버리거나 얻게 되어 전체적으로 '+' 또는 '−'를 띠는 성질 자체를 말한다. 즉 원자는 전자를 잃으면 양(+) 이온 입자가 되고, 전자를 추가로 얻으면 음(−) 이온 입자가 된다. 양과 음의 서로 다른 전하를 띤 입자는 서로 끌어당기고, 동일한 전하의 입자는 서로 밀어낸다. 이러한 힘이 전자기력이다.

빅뱅으로 시작된 우주는 수소와 헬륨으로 이루어진 우주구름 상태였다. 처음에는 매우 균질하던 구름 속의 입자들이 특정 부분을 중심으로 뭉치기 시작했다. 전하를 띤 입자들 사이에 전자기력이 작용했을 가능성이 있다. 이렇게 만들어지기 시작한 덩어리는 중력에 의해서 더욱 많은 입자를 끌어모아 거대한 별로 성장한다. 스스로 빛을 내는 별이 되면, 그 속에서 탄소, 산소, 질소 등의 원소들이 생성되어 생명체를 탄생시킬 준비가 시작된다.

정상우주론과 팽창우주론

우주란 무엇인가? 우주는 어떻게 만들어졌는가? 우주에 시작이 있다면 끝도 있을까? 우주는 어떻게 변화할까? 밤하늘을 바라보면 떠오르는 궁금증이다. 이처럼 우주는 우리 인간의 고향이자 종착지이다. 때문에 살아가는 동안 끝없이 펼쳐지는 상상의 대상이 된다.

우리가 하늘을 바라보면 모든 별자리들이 변함없어 보인다. 자연스럽게 우주는 항상 똑같은 모습일 것이라 생각했다. 이러한 생각을 정상우주론(steady-state cosmology)이라고 한다. 우주는 시간과 공간을 초월해 언제 어디서나 정적인 상태를 유지한다는 이론이다. 우주를 과학적으로 바라보기 시작하던 20세기 초 대부분의 학자는 정상우주론을 지지했고, 심지어 아인슈타인도 이 이론을 옹호했다. 현재에도 인공위성이 우주를 항해할 때 별자리로 위치를 파악하는 것을 보면 정상우주론은 그 당시 매우 타당해 보였을 것이다.

이러한 정상우주론에 주어지는 질문은 매우 간단했다. 우주의 천체들이 중력에 의해서 서로 끌려 수축하게 될 텐데, 어떻게 정적인 상태를 유지할 수 있느냐는 것이었다. 1917년 정적 우주의 개념을 설명하기 위해 아인슈타인은 우주에는 천체들이 수축하지 않게 버텨주는 힘이 있다고 주장했고, 그 힘을 우주상수라 불렀다. 훗날 아인슈타인은 정상우주론을 철회하면서, 우주상수라는 개념도 철회했다.

1912년 미국 애리조나주에 있는 로웰 천문대 소속 천문학자 베스토 슬라이퍼(Vesto Melvin Slipher)는 멀리 떨어진 천체들의 시선속도를 측정하고 있었다. 시선속도란 별의 공간 운동에서 시선 방향으로 가까워지거나 멀어지는 운동 속도다. 그는 망원경으로 여러 은하들에서 오는 빛에서 스펙트럼을 얻어, 도플러 효과를 적용해 은하의 속도를 구하고 있었다. 그는 은하들이 빠른 속도로 지구로부터 멀어지고 있다는 놀라운 사실을 발견했다. 은하에서 오는 빛의 스펙트럼을 관찰하다가 적색편이를 처음으로 발견한 것이다.

스펙트럼은 빛을 파장별로 분해해보는 것을 말하는데, 무지개 색으로 빛을 분리해내는 프리즘이 대표적 예다. 가시광선에는 여러 파장의 빛이 섞여 있는데, 적색은 파장이 길고 청색은 짧다. 광원이 앞뒤로 이동하면 도플러 효과에 의해 빛의 파장 또한 변한다. 적색편이는 빛의 파장이 길어지는 현상을 말한다. 광원이 멀어지면 빛의 파장이 길어지는 효과가 나오기 때문에, 스펙트럼이 적색 방향으로 편이가 생긴다. 적색편이가 많이 발생할수록 광원이 더 빠르게 멀어지는 것이다. 반대로 광원이 가까워지면 빛의 파장이 짧아지는 효과가 생겨서 청색 쪽으로 이동한다.

슬라이퍼는 은하에서 오는 빛에 적색편이가 발생한다는 것을 발견

슬라이퍼가 밝힌 은하의 후퇴 속도에 따른 스펙트럼

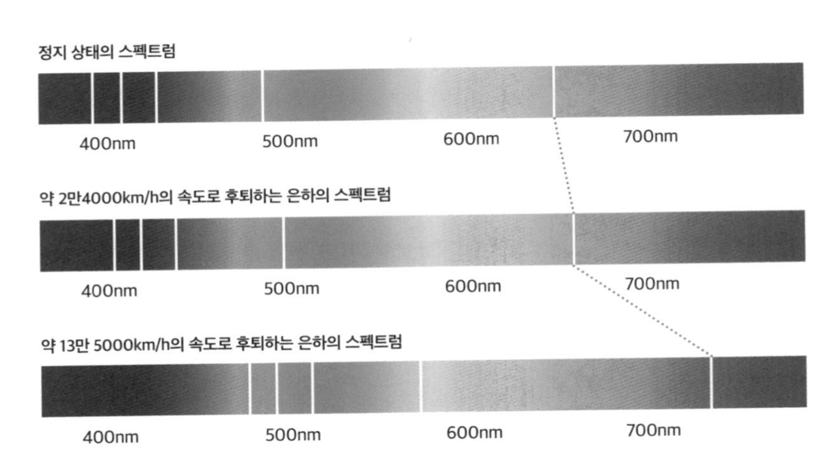

했고, 이는 곧 은하가 멀어지고 있음을 뜻했다. 즉 우주는 정적이지 않다는 사실을 처음 발견한 것이다. 그러나 이것은 그 당시 대부분의 학자들에게 받아들여지기 어려웠다.

우주가 팽창한다는 아이디어를 정식으로 처음 제시한 사람은 러시아 천체물리학자 알렉산드르 프리드만(Alexander Friedmann)이었다. 아인슈타인이 우주상수 개념을 제시한 지 5년 후인 1922년 프리드만은 우주는 정적일 수 없고 우주공간 자체가 시간에 따라서 변화한다는 놀라운 논문을 발표했다. 프리드만은 우주상수가 삽입되지 않은 중력장 방정식을 풀어 '우주는 팽창하거나 수축한다' 는 결론을 도출해냈다. 프리드만의 발표를 들은 아인슈타인은 처음에는 그의 우주 모형에 수학적 결함이 있다고 공격했다. 그러나 당시에는 프리드만의 이론을 뒷받침해줄 만한 관측 증거가 없었다. 안타깝게도 프리드만은 1925년 37세의 나이에 장티푸스로 세상을 떠나 자신의 이론이 입증되는 것은 보지 못했다.

한편 벨기에의 조르주 르메트르(Georges Lemaître)는 프리드만과 별개로 우주에 대해 연구했고, 프리드만과 거의 비슷한 결론을 얻었다. 르메트르는 공학도로 살다가 신학을 공부해 신부가 된 천문학자였다. 신학자가 우주팽창론을 제시했다는 점이 이채롭다. 르메트르는 1927년 우주팽창론을 논문으로 발표했다. 르메트르 역시 아인슈타인으로부터 혹독한 평가를 들어야 했다.

1929년 미국의 천문학자 에드윈 허블(Edwin Powell Hubble)은 은하들이 서로 멀어지고 있다는 사실을 발견했다. 우주가 팽창하고 있다는 사실을 관측으로 증명한 것이다. 더욱 놀라운 것은 멀어지는 속도가 거리에 비례해 빨라진다는 점이었다. 이 비례를 허블상수라 하는데, 이는 속도가 거리에 따라서 증가하는 정도를 나타낸다. 쉽게 말해, 우주 공간의 팽창률로 우주가 얼마나 빠르게 팽창하고 있는지를 나타내는 수치다.

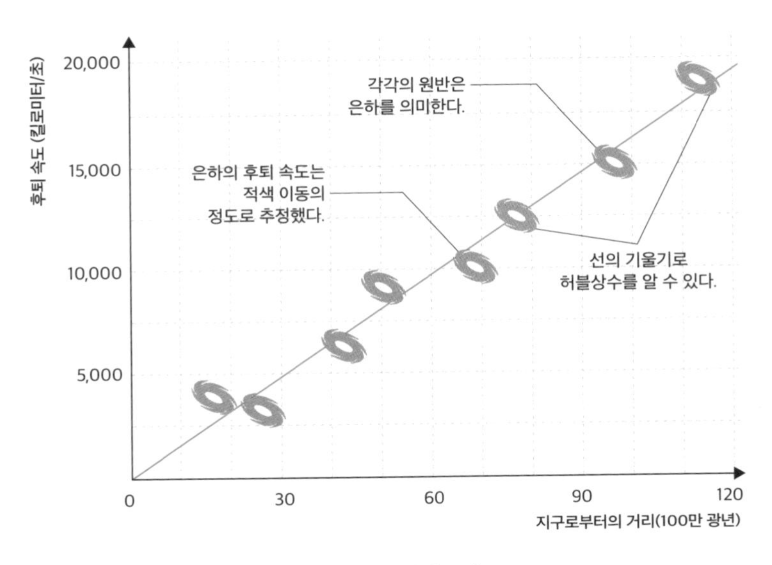

허블상수를 나타낸 그래프

빅뱅이론의 등장

러시아 출신의 미국 물리학자 조지 가모브(George Gamow)는 1948년 빅뱅이론을 발표했다. 그에 따르면 극한의 고온 고압 고밀도의 작은 초기 우주가 있었고, 이것으로부터 현재의 광활한 우주가 만들어지기까지 팽창에 팽창을 거듭해왔다. 시간이 흐름에 따라 우주는 커졌고 우주의 밀도와 온도는 지속적으로 낮아져서 오늘날의 우주가 되었다는 이론이다.

우주의 모든 곳에는 거의 일정하게 수소와 헬륨이 3 대 1의 비율로 존재한다. 이것은 우주가 한 점에서 출발해 팽창했다는 빅뱅이론을 뒷받침하는 좋은 설명이라 할 수 있다. 그러나 이러한 설명은 곧바로 난관에 봉착한다. 가모브는 빅뱅 시점에서 모든 원소들이 수소에서 합성된다고 주장했지만, 원소의 생성은 헬륨 단계에서 멈춰버린다는 사실이 밝혀졌다.

모든 원소는 수소가 결합해 만들어지는데, 그러기 위해서는 고온이 필요하다. 예를 들어 질량수 2인 헬륨은 질량수 1인 두 개의 수소 원자가 결합해 만들어진다. 그리고 그 다음 원소들이 만들어지려면 고온이 유지되어야 하는데, 우주의 온도가 내려가며 헬륨보다 무거운 원소가 생성되지 않았다. 특히 빅뱅이론은 빅뱅 직후 우주의 진화 과정을 설명할 뿐, 빅뱅의 순간이나 그 이전은 설명하지 못했다.

빅뱅 후에 우주가 점점 팽창하며 에너지의 밀도가 낮아지고 온도가 내려간다. 우주공간에는 양성자, 중성자, 전자, 광자 등의 입자들이 흩어져 있었다. 이때 전자파의 일종인 광자(빛)의 이동을 전자가 가로막고 있었다. 에너지가 점점 떨어지면서 입자들의 속도가 느려지고 전자는 양성

우주의 가속 팽창

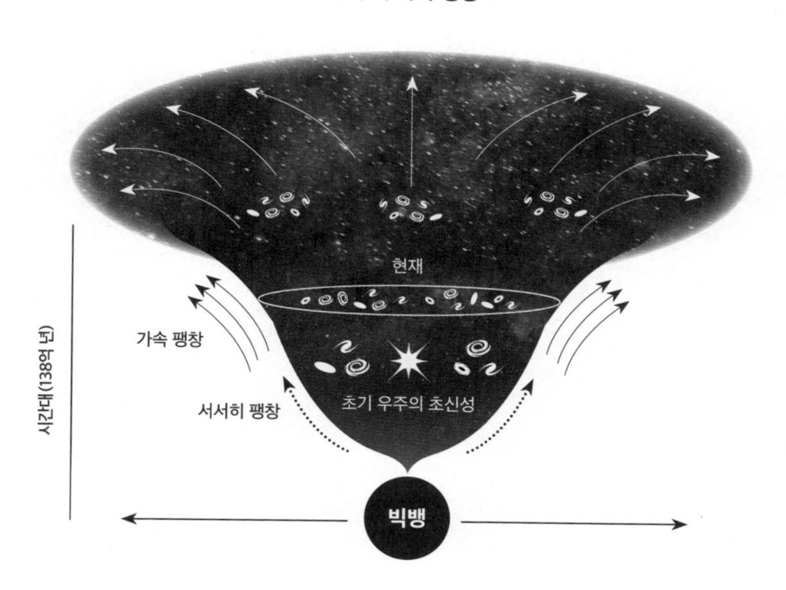

자에 끌려가서 주위를 돈다. 그러다가 원자핵(양성자와 중성자)에 붙어 원자를 형성한다. 즉 빛의 진로를 방해하는 전자가 사라진 것이다. 그러면 빛은 자유롭게 사방으로 뻗어나갈 수 있다. 빅뱅이 일어나고 38만 년 후의 일이다. 38만 년은 우주 폭발에서 긴 시간이다. 이 시간 동안에 우주는 매우 크게 확대되었다.

빅뱅의 증거, 우주배경복사

조지 가모브의 제자로 함께 빅뱅이론을 발표한 랠프 앨퍼(Ralph Asher Alpher)는 같은 해인 1948년 동료 물리학자 로버트 허먼(Robert Herman)과 빅뱅이론을 입증하고자 한다. 그들은 초고온으로 시작한 우주가 팽창하면서 온도가 내려갔을 것이라 생각했다. 다시 말해서 초기 우주는 초고온의 플라스마(plasma) 상태였다고 추정했다. 플라스마란 기체가 초고온 상태로 가열되어 전자와 양전하를 가진 이온으로 분리된 상태를 말한다. 그들은 우주가 팽창해 온도가 내려가면 입자들의 운동이 줄어들어 원자핵과 전자가 결합하고, 중성원자인 수소와 헬륨이 형성되리라 생각했다.

빛도 전자파의 일종이기 때문에 전하를 띤 입자를 만나면 상호작용에 의해 꺾인다. 우리가 알고 있는 감마선, 엑스선, 자외선, 가시광선, 적외선, 전파 등은 모두 전자파다. 음전하의 전자를 계속 만나면 빛은 앞으로 진행하지 못하고 산란해 전자구름 속에 갇힌 상태가 되어버린다. 안개가 짙은 날에는 빛이 공기 중의 작은 물방울에 의해 계속해 꺾이기 때문에 앞으로 나가지 못한다. 그래서 우리는 안개 속에서는 물체를 볼 수 없다. 그러다가 안개가 사라지면 그 속에 갇혀 있던 빛이 밖으로 빠져나온다.

우주배경복사: 138억 년의 비밀

우주가 팽창한다는 말은 빛이 이동할 때 출발지와 목적지가 멀어진다는 뜻이다. 우주가 빛의 속도보다 빨리 팽창한다는 말은 빛이 출발지에서 떠난 후에 목적지가 더 빠른 속도로 멀어진다는 것이다. 출발지와 목적지 사이의 거리가 늘어나는 효과가 생긴다. 이렇게 거리가 늘어나면 목적지에 도착한 빛의 파장이 늘어난다. 우리는 전자기파에서 빛의 파장이 커지면 전파(radio wave)가 된다는 것을 알고 있다. 우주가 빨리 팽창한다면, 빛이 이동하는 동안에 목적지가 멀어져서 파장이 커지고 전파로 변할 수 있다. 앨퍼와 허먼은 플라스마 전자구름 속에서 산란하고 있다가 해방된 빛이 전파로 변해 지금 우주에 떠돌고 있을 것이라 생각했다. 전자구름에 갇혔던 빛이 풀려난 시간을 빅뱅 후 38만 년으로 보고 있고, 이때 해방된 빛을 '우주배경복사(CMBR, Cosmic Microwave Background Radiation)'라고 한다.

1964년 미국 뉴저지주 홈델에 있는 벨연구소의 연구원이던 아노 펜지어스(Arno Allan Penzias)와 로버트 우드로 윌슨(Robert Woodrow Wilson)은 전파망원경을 사용해 통신위성의 가능성을 테스트하고 있었다. 그런데 정체불명의 잡음 때문에 골머리를 앓았다. 모든 방향에서 전파가 계속 끼어들어 깨끗한 신호를 잡을 수 없었다. 혹시나 하고 망원경 안에 떨어진 새의 배설물도 닦아내고 수시로 방향을 바꾸어 측정해봤지만 마찬가지였다. 그런데 그 과정에서 전파망원경에 잡힌 잡음이 신기하게도 모든 방향에서 균일하게 들어오고 있다는 사실을 발견했다. 이에 이들은 1965년에 우주배경복사가 관측되었음을 알리는 논문을 발표했다. 그 잡음이 바로 빅뱅의 순간에 출발해 전자구름 속에 갇혀 있던 빛이었다. 전자구름 속에서 계속 반사되고 있었기 때문에 균일하게 모든 방향을 가졌고, 우주가 팽창함과 동시에 빛의 파장이 늘어나서 전파 상태가 되었던 것이다.

그런데 지금 생각해보면 우리도 이 신호를 보고 들었던 기억이 있다. 아날로그 TV의 채널을 돌리다가 빈 채널을 만나면 지직거리는 소리와 함께 화면에 점들이 반짝였다. 이것이 바로 TV에 잡힌 우주배경복사 전파다. 또한 라디오 주파수를 맞추다 보면 방송이 잡히지 않는 빈자리에서 지직거리는 잡음이 들린다. 그때는 단순한 잡음인 줄 알았는데 그것이 바로 빅뱅을 목격한 신호였다.

우주배경복사는 빅뱅 후 38만 년 시점의 우주 상태를 보여준다. 그때 출발한 빛이 전파로 변해서 지금 우리에게 잡힌 것이기 때문이다. 이렇게 우주배경복사는 우주의 과거를 보여준다. 현재 우주에 은하와 별이 존재하는 것을 보면, 초기 우주에 이러한 은하의 씨앗이 존재했을 가능성이 있다. 균일한 밀도로 팽창하던 우주에 밀도가 약간 높은 곳이 생겨났고, 그곳을 중심으로 중력이 작용해 주변의 우주 물질을 끌어당겨 은하와 별이 되었다고 생각할 수 있다. 만약 그렇다면 그 흔적이 우주배경복사에 담겨 있을 것이다.

빛이 중력이 큰 곳에서 빠져나오기 위해서는 에너지를 더 많이 빼앗긴다. 이런 빛은 파장이 길고 온도도 낮다. 반대로 밀도가 낮은 곳에서 나오는 빛은 파장이 더 짧고, 온도도 높을 것이다. 만약 이 가설이 맞는다면 여러 방향에서 오는 배경복사에 파장의 차이가 있을 것이다. 천문학자들이 다각도로 노력했지만 배경복사에서 온도(파장, 밀도)의 차이를 찾을 수 없었다.

미국의 천체물리학자인 조지 스무트(George Fitzgerald Smoot III)와 존 매더(John Cromwell Mather)는 이 차이를 측정하려면 우주공간에 관측위성을 쏘아올려야 한다고 주장했다. 이들의 제안을 받아들인 나사(NASA)는 1989년에 대기권 밖으로 인공위성 코비(COBE)를 쏘아올렸다. 대기권 밖에서 깨끗한 우주배경복사를 측정하기 위해서였다. 1991년에 파장의 길이를 온도로 변환해 우주 지도를 그렸다. 빅뱅부터 38만 년 후의 우주 지도는 장소마다 온도가 달랐음을 색깔의 차이로 보여주었다. 즉 빅뱅 당시 우주는 약간의 밀도 차이를 지닌 불균질한 상태였고, 밀도가 높은 곳이

WMAP 위성이 관측한 우주배경복사 사진

은하의 씨앗이었음을 알게 되었다. 이는 가모브가 말한 빅뱅이 사실이었음을 말해준다.

나사는 2001년에 더블유맵(WMAP) 탐사위성을 발사해 더 선명한 우주배경복사 사진을 얻었다. 더블유맵은 우주의 나이를 137억 7000만 년이라 추정했다. 우주의 나이를 추정하기 위해 초기에는 허블상수가 이용되었다. 그 후 2009년 유럽우주국(ESA)은 더 고성능의 장비를 갖춘 플랑크(Planck) 위성을 태양의 반대쪽 궤도에 진입시켰고, 더욱 정밀한 우주배경복사 사진을 확보함으로써 온도 차이를 보다 정확하게 알 수 있었다. 플랑크 위성은 우주의 나이를 138억 2000만 년이라고 알려주었다.

우주의 크기를 알 수 있을까

우주는 138억 2000만 년 동안 팽창해왔다. 그러면 우주의 크기는 얼마나 될까? 초기 우주는 138억 년 동안 어디까지 퍼져 나갔을까? 우주는 균일한 속도로 팽창하지 않았다. 속도에 기복이 있었다. 천문학자들이 우주의 팽창 패턴을 고려해 계산한 결과 460억 광년이라는 답이 나왔다. 이것은 지구에서 관측 가능한 거리를 말한다. 즉 우주의 반경은 460억 광년이다. 이것은 138억 년 전에 빛을 발산한 천체가 있었다면 그 빛은 지금 지구에 도착할 것이고, 그 천체는 460억 광년의 거리로 멀어져 있다는 말이다.

이런 논의를 하다 보면 천문학의 의미에 대하여 다시 생각하게 된다. 우리가 관측하는 모든 천체는 현재 상태가 아니다. 지금 우리 눈에 들어오는 우주는 수십, 수백, 수억 광년 전의 모습이다. 예를 들어 지금 우리가 보고 있는 1억 광년 거리의 별은 사실상 우리 인간이 태어나기 이전의 모습이고, 그 별은 지금 그곳에 없다는 뜻이다. 오늘밤 우리은하와 가장 가까이 있는 안드로메다은하를 관찰하면, 그것은 250만 년 전의 모습이다. 안드로메다가 태양계로부터 250만 광년 떨어져 있기 때문이다.

한편 빅뱅이론이 현대 우주론의 정설로 자리 잡았지만 빅뱅 이전에 어떤 일이 있었는지에 대해서는 설명하지 못한다. 그에 대한 답으로 '우주 순환론'이 있는데, 미국 프린스턴대학의 폴 스타인하르트(Paul Steinhardt)는 2002년 우주는 팽창과 수축을 반복 순환하는 상태에 있다고 말했다. 이 이론에 따르면 현재 팽창하고 있는 우리의 우주는 언젠가 다시 상호 중력에 의해서 뭉친다. 모든 우주의 물질이 한곳에 모이면 고온 고압으로 다시 폭발이 일어나고, 새로운 우주가 만들어진다는 것이다. 하지만 이 이론은 아직 학계에서 공식적으로 인정받지 못했다. 우주가 빅뱅 후 138억 년이 지난 지금까지 계속 팽창하고 있기 때문이다.

물질과 힘의 탄생

물질은 온도에 따라서 상태가 변한다. 가장 좋은 예가 물이다. 물은 온도가 섭씨 100도를 넘어가면 기체가 되고, 0도에서 100도 사이에는 액체로, 0도 아래에서는 고체로 존재한다. 이것은 온도가 물 분자 사이의 활동성을 결정하기 때문이다. 모든 입자(쿼크, 전자, 양성자, 원자, 분자 등)는 항상 움직이고 있다. 움직임이 너무 미세해서 우리가 눈치 채지 못할 뿐이다. 그 움직임은 온도가 올라가면 활성화되고, 온도가 내려가면 둔해진다.

예를 들어 물을 구성하고 있는 분자(H_2O)는 온도에 따라서 활성화 정도가 민감하게 변한다. 100도가 넘으면 분자들의 운동량이 커져서, 분자들이 함께 있지 못하고 서로 밀쳐내다가 기체 상태로 변한다. 온도가 0도 이하로 내려가면 분자의 운동량이 줄어들어서 분자들이 서로 달라붙어 고체 상태가 된다. 이것을 조금 다르게 생각하면, 액체가 수증기로 바뀔 때에는 에너지를 흡수하고 수증기가 액체로 바뀔 때에는 에너지를 방출한다는 뜻이다. 이처럼 우주의 물질은 온도에 따라서 상태가 변한다.

상대성이론: 질량과 에너지의 등가원리

아인슈타인의 상대성이론은 현대 우주론의 기본이다. 그러나 그 내용을 알기 쉽게 설명하기는 간단하지 않다. 우리는 아인슈타인이 칠판에 공식을 쓰고 찍은 사진을 기억하고 있다.

$$E=mc^2$$

이 공식은 에너지(E), 질량(m), 시간(c) 사이의 관계를 보여준다. 여기서 시간을 나타내는 c는 빛의 속도다. 빛의 속도는 일정하기 때문에, 이 공식은 에너지와 질량은 사실상 동일하다는 것을 말해준다. 즉 질량은 에너지로 변환되고, 에너지는 질량으로 바뀔 수 있다는 뜻이다. 대표적 예가 원자력이다. 원자력은 우라늄 원자가 분열해 에너지로 변환한 것이다. 이것을 갑자기 폭발하게 하면 원자탄이 되고, 서서히 타게 조절하면 원자력 발전소가 된다. 여기서 에너지란 열을 말한다.

원자는 양성자, 중성자, 전자가 뭉쳐서 만들어진 것이다. 그리고 이것들은 원래 각자 운동하던 입자들이다. 이렇게 운동하는 입자들이 함께 뭉쳐 있게 만들려면, 묶어주는 어떤 힘이 필요하다. 원자를 구성하는 입자들이 각자 뛰쳐나오면, 그것들을 묶고 있는 에너지도 튀어나온다. 이것이 바로 원자 폭발 에너지다. 즉 원자 폭발은 질량이 에너지로 변환된 것이다. 반대로 에너지가 질량으로 변할 때에는 묶어줄 힘이 필요해 에너지를 흡수한다.

물질의 구성 요소: 소립자에서 분자까지

모든 사물은 분자로 되어 있다. 예를 들어 물은 분자 H_2O가 모여 있는 것이다. 그리고 분자는 원자들로 구성되어 있다. 물 분자 H_2O는 수소 원자 2개와 산소 원자 1개가 뭉쳐서 만들어졌다. 그럼 원자는 무엇으로 만들어졌을까? 원자는 원자핵과 전자로 구성되어 있다. 원자 내부에서 전자는 원자핵을 돌고 있다. 마치 지구가 태양을 공전하듯이 전자가 원자핵을 돌고 있다.

그렇다면 원자핵은 무엇으로 되어 있는가? 이때부터는 소립자가 나타난다. 자연계에는 두 종류의 기본 입자가 있다. 원자핵 속의 입자와 원자핵 바깥에 있는 입자다. 원자핵 속의 입자는 양성자와 중성자가 뭉쳐 있는데, 이것들을 하드론(hardron, 강입자)이라 한다. 원자핵 바깥에 있는 입자는 전자인데, 이것은 렙톤(lepton, 경입자)에 속한다. 하드론과 렙톤은 각각 그리스어로 '강하다'와 '약하다'는 뜻이다. 양성자와 중성자는 기본 입자 쿼크(quark)로 구성되어 있고, 전자는 그 자체로 기본 입자다.

빅뱅 직후에는 초고온 상태였기 때문에 모든 물질은 뭉치지 못하고 부옇게 흩어져 있었다. 모든 것이 에너지로만 존재하는 상태다. 그러다 온도가 떨어지자 물질들이 생겨나기 시작했다. 온도가 떨어졌다는 말은 에너지가 떨어졌고, 이 에너지가 물질로 변했다는 뜻이다.

첫 번째로 생긴 것이 모든 물질의 기본 재료가 되는 소립자다. 소립자에는 쿼크, 광자, 렙톤 등이 있다. 쿼크는 하드론이라 불리는 양성자와 중성자를 만들어서 원자핵을 생성시킨다. 여기에는 강한 힘이 작용한다. 약한 힘이 작용하는 렙톤에는 전자와 뉴트리노 등 6가지가 있다.

쿼크에는 6가지가 있는데, 그중에 위쿼크(up quark)와 아래쿼크(down quark)가 대표적이다. 이것들은 각각 $+\frac{2}{3}$와 $-\frac{1}{3}$ 전하를 띠고, 위쿼크 2개와 아래쿼크 1개가 모여서 양성자를 만든다. 그래서 양성자의 전하는 $\frac{2}{3}+\frac{2}{3}+(-\frac{1}{3})=+1$이다. 위쿼크 1개, 아래쿼크 2개가 모이면 중성자가 만들어진다. 중성자의 전하는 $\frac{2}{3}+(-\frac{1}{3})+(-\frac{1}{3})=0$이 된다. 그래서 양성자는 + 전하를 가지고, 중성자는 전하가 없다. 이것으로 우주를 구성하는 기본 요소들이 준비되었다고 할 수 있다. 그런데 이러한 것들이 본격적으로 물질을 만들어내려면 힘이 필요하다.

우주에 존재하는 4가지 힘의 탄생

물질이 존재한다 해도 이것들이 움직이지 않는다면 생명체는 탄생하지 않는다. 우주를 동적으로 만드는 것이 힘이다. 그래서 우주를 구성하

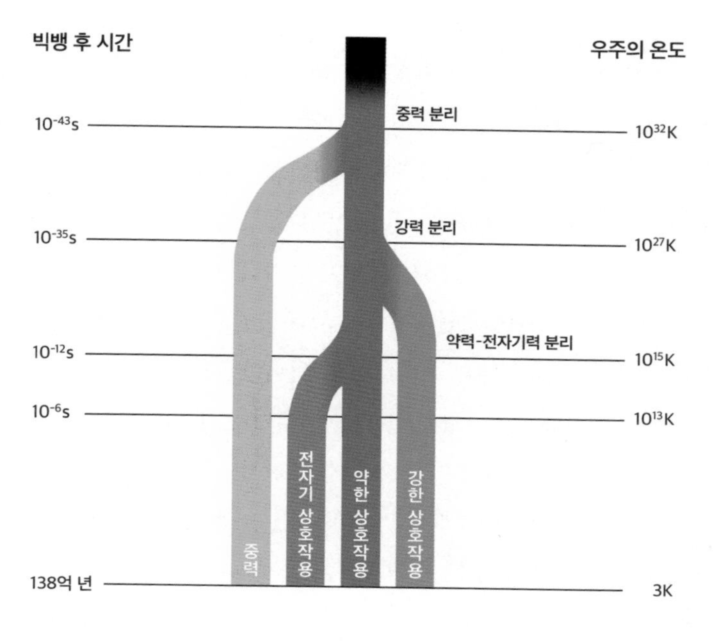

우주의 4가지 힘

는 2가지는 물질과 힘이라 할 수 있다. 빅뱅 시기에는 모든 물질이 에너지의 형태로 있었듯이 힘도 하나의 통일된 힘으로 존재했을 것이다. 이 초기의 힘이 분화되어 4가지 힘으로 존재한다.

첫 번째로 분리되어 나온 힘이 중력이다. 중력은 질량이 있는 물질들 사이에 끌어당기는 힘이다. 중력은 모든 물질에 작용하는데, 우리가 눈으로 보는 모든 대상, 현존하는 모든 물질에 작용하는 힘이다. 지금 내 책상에서 연필이 굴러서 바닥으로 떨어지게 하는 힘이 중력이다. 우주의 먼지들을 모아서 별을 만들고, 이 별들이 서로 균형을 이루어 안정된 우주를 만드는 것이 중력이다.

두 번째로 분리되어 나온 힘이 강력(강한 핵력, 강한 상호작용)이다. 강력은 양성자와 중성자가 만나서 원자핵을 만들게 붙여주는 접착제와 같은 힘이다. 이 힘이 없으면 원자핵이 만들어질 수 없었고, 모든 원자와 분자도 생겨나지 못하여, 현재의 우주는 태어날 수 없었을 것이다. 원자핵을 분해하는 것은 붙어 있는 양성자와 중성자를 분리시키는 것이다. 이러한 분해 과정에서 강력한 에너지가 나오는데, 이것이 바로 풀려버린 강력이 튀어나온 것이다. 이 강력을 이용한 것이 원자력이다.

마지막으로 분리된 힘이 약력(약한 핵력, 약한 상호작용)과 전자기력이다. 약력은 물질의 자연적 붕괴를 일으키는 힘이다. 강력이 원자핵을 묶어주는 힘인데 반해 약력은 그것을 풀어내는 힘이다. 즉 원자핵은 약력에 의해서 스스로 붕괴되어 중성자가 양성자와 전자로 바뀐다. 대부분의 물질은 시간이 지나면 자연스럽게 붕괴된다. 어떤 특정 방사성 물질의 원자 수가 방사성 붕괴에 의해 원래 수의 반으로 줄어드는 데 걸리는 시간을 반감기라 한다. 탄소나 우라늄을 비롯한 원소들이 많은 시간이 흐르면 붕괴되는 이유가 바로 약력이 작용하기 때문이다.

전자기력은 양성자와 전자처럼 전하를 띤 입자들 사이에 작용하는 힘이다. 서로 다른 전하는 끌어당기고, 동일한 전하는 밀어낸다. 자석들 사이에 작용하는 인력과 척력도 전자기력의 한 형태다. 양전하의 원자핵과 음전하의 전자가 함께 원자를 만드는 힘도 전자기력이다. 또한 전하를 띠고 있는 원자와 분자들을 결합시키는 힘도 전자기력이다.

모든 변화의 주인공, 전자

전자기력이 작용하는 전자는 우주에서 가장 동적이고 가장 많은 변화를 일으키는 존재다. 전자와 전자기력 때문에 원자와 분자가 만들어졌고 모든 화학 원소들이 고유한 특성을 갖는다. 그리고 지구의 생명체 출현, 유기물을 만드는 광합성, 생명체의 신경신호 전달, 뇌의 기억과 지능의 발달, 언어의 출현과 현대문명 등 거의 모든 인간 활동이 전자를 활용한다. 인간의 역사가 그랬기 때문에 앞으로도 인간은 이러한 전자의 활동을 기반으로 미래를 개척해나갈 것이다. 인간의 미래에 초점을 맞추고 있는 이 책이 전자에 관심을 가지는 이유다.

자유전자란 원자 안에 존재하지만 원자핵에 구속되지 않고 자유롭게 움직이는 전자를 말한다. 원자 내부에는 전자가 회전하는 궤도가 있고, 동일한 궤도에서는 전자가 동일한 에너지를 갖는다. 자유전자는 이러한 궤도를 벗어난 전자를 말한다. 이것은 주로 금속 내에 있는데, 금속의 전기전도성, 열전도성 등의 성질을 결정한다. 전기가 흐른다고 하는 것은 자유전자가 이동하는 것을 말한다.

원자 내에서 자신의 궤도를 벗어난 자유전자는 다른 금속 원자의 궤도에도 들어가 돌면서 결합력을 형성할 수 있다. 이러한 결합은 금속 원자들 사이에 일어나는데, 이를 금속결합이라 한다. 이 금속결합 때문에 현대 전기문명이 가능해졌다. 또한 여러 원자핵이 하나의 전자를 공유하게 되면 결합력을 형성하는데, 이를 공유결합이라 한다. 이 결합은 생명체를 구성하는 가장 기본적인 물, 탄수화물 등의 분자를 만들어낸다. 그 외에 전하를 띠는 분자들이 모여서 이루는 이온결합과 수소결합은 생명체의 DNA를 형성하는 기본 골자가 된다.

결합을 만드는 전자가 매우 동적이기 때문에 결합의 결과에도 변화를 가져온다. 이 변화는 생명현상을 일으키고, 동시에 지금도 생명의 변화를 이끌어내고 있다. DNA 복제 시 돌연변이를 발생시키는 것도 결국 이 결합의 변이에서 오는 것이다. 전자의 활동성이 약했다면 지구 생명체가 현재와 같이 다양한 종으로 진화하기 못했을 것이고, 아직 지구에는 인간이 태어나지 못했을 가능성이 크다. 전자를 우주 만물의 주인공이라 할 만하다.

별의 탄생에서 죽음까지

빅뱅 후에는 빛을 내는 물체가 없어서 우주는 암흑기에 들어선다. 우주의 암흑기는 수소, 헬륨이 중력으로 수축되어 별이 되면서 끝났다. 별이 불타면서 우주에는 새로운 광원과 원소들이 만들어졌다. 빅뱅 후 5억 년이 흐른 다음이다. 이렇게 생성된 별들이 서로간의 중력으로 가까워지면서 별들의 그룹이 형성되기 시작했다. 은하의 탄생이다. 대부분의 은하는 빅뱅 후 약 10억~50억 년에 생겨났다.

우리는 밤하늘의 낭만을 노래한다. 가끔 별을 바라보며 영원을 기약하기도 한다. 그러나 알고 보면 별도 영원하지 않다. 밤하늘을 장식하고 있는 별들은 언젠가 사라지고 그 자리에 새로운 별이 만들어진다. 태양도 예외는 아니다. 별들은 탄생과 죽음을 반복하며 진화한다. 그런데 이러한 생과 사의 기본 소재는 빅뱅 때 만들어진 수소와 헬륨이다.

별은 어떻게 태어나고 성장하는가

별의 물리적 특성과 진화를 연구하는 중요한 도표 중 하나로 헤르츠스프룽-러셀 도표(Hertzsprung-Russell diagram, H-R 도표)가 있다. 덴마크 천문학자인 아이나르 헤르츠스프룽(Ejnar Hertzsprung)과 미국의 천문학자인 헨리 노리스 러셀(Henry Norris Russell)은 1911년과 1913년에 별의 크기와 밝기를 분류하는 이 도표를 각자 독립적으로 처음 고안했다. 별의 실제 밝기

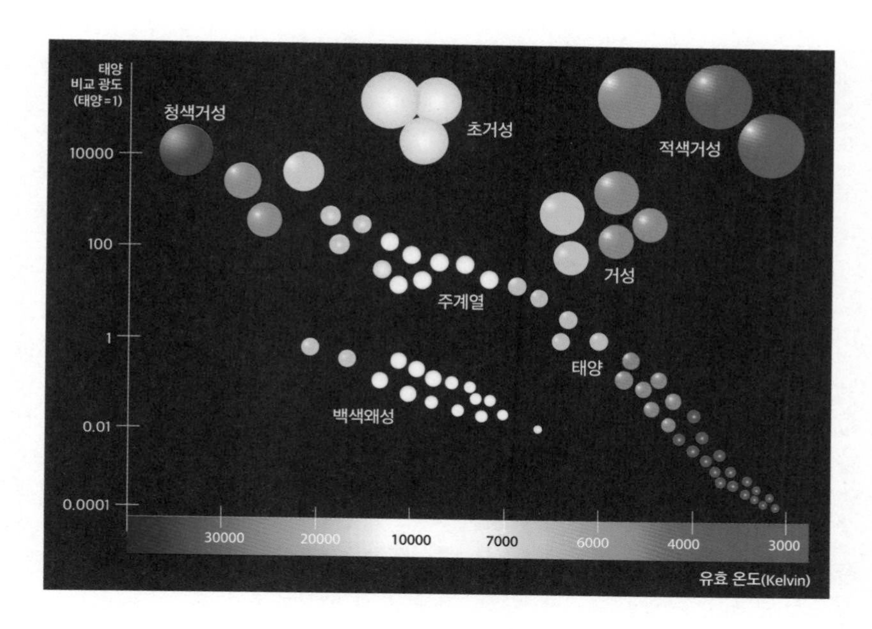

헤르츠스프룽-러셀 도표

를 나타내는 절대등급(absolute magnitude) 또는 광도(luminosity)를 세로축에, 색지수(color index)와 분광형(spectral type)을 가로축에 나타냈다. 분광형은 별빛을 스펙트럼에 따라 분류한 것으로 온도와 관련이 있다.

헤르츠스프룽-러셀 도표에서 많은 항성이 왼쪽 위(고온의 밝은 별)에서 오른쪽 아래(저온의 어두운 별)에 걸쳐 띠를 이루고 있는데, 이를 주계열이라 하고, 여기에 속한 별들을 주계열성이라 한다. 태양 비교 광도 100 정도로 오른쪽 분광형에 분포하는 별들이 거성이며, 띄엄띄엄 분포해 있는 매우 밝은 별들이 초거성이다. 또 왼쪽 아래에 있는 고온의 희미한 별은 백색왜성이다. 청색거성은 주계열성에서 가장 질량이 큰 것으로 헤르츠스프룽-러셀 도표의 왼쪽 위에 위치한다. 별의 질량이 크다는 것은 핵융합 속도가 빠르고, 그만큼 빨리 연료를 소진하므로 수명이 짧다는 이야기다.

별은 분자구름 내부의 균일성이 깨지면서 형성되기 시작한다. 우주의 분자구름은 초기에 균일하게 분포하며 팽창하고 있었을 것이다. 그러다가 이온화되어 있는 입자들이 서로 밀고 당기는 과정에서 미세한 밀도 차이가 생기기 시작했을 것이다. 특정 부분의 입자들이 뭉치면서 밀도의 균일성이 깨졌고, 주위의 입자들이 중력에 의해서 끌려왔다.

이처럼 먼지와 가스 덩어리가 생기면 중력에 의해서 다른 입자들을 끌어당겨 더욱 커진다. 커진 덩어리는 스스로의 중력 때문에 수축하면서 밀도가 높아질 것이고, 그럴수록 중력 에너지는 열로 바뀌어 온도가 상승한다. 중심의 수축 부분이 일정 밀도에 이르면, 온도와 압력이 증가해 팽창력이 생긴다. 그러다가 중력과 팽창력이 서로 평형을 이루는 상태에 도달해 별의 모양을 형성한다. 이렇게 형성된 천체를 원시별이라 한다.

전주계열(pre-main sequence) 단계는 주계열로 들어가기 전 단계로, 원시별 내부의 수소가 융합을 막 시작하는 단계에 속하는 별을 말한다. 분자구름 중심부에 형성된 원시별은 주변의 물질을 끌어모아 질량이 증가하고, 온도와 밀도도 증가한다. 중심의 에너지가 외부로 분출되면서 빛도 발산하기 시작한다. 내부 에너지가 줄어 팽창력이 감소하면 별이 수축하고, 중심 온도는 계속 증가한다. 중심부의 온도가 일정 수준까지 올라가면 핵융합 반응이 일어난다. 핵융합은 4개의 수소 원자를 융합해 1개의 헬륨 원자를 만들며, 엄청난 에너지를 방출한다. 이 반응에서 나오는 팽창력이 중력에 의한 수축력과 평형을 이룬다. 이렇게 별은 안정된 주계열 단계로 간다. 이때 질량이 크면 크기도 커지고 온도가 높아져 파란색이 되고, 압력에 의해 동시에 많은 핵융합이 일어나서 수소가 빨리 고갈되어 수명이 짧다.

주계열(main sequence) 단계는 별의 중심부에서 수소의 핵융합 반응이 일어나는 전체적 진화 단계를 말하며, 별의 일생 중 가장 긴 시간을 차지한다. 보통의 별들은 주계열 단계에서 대부분의 수소를 헬륨으로 전환시킨다. 그러면 중심핵이 조금씩 수축하며 밀도가 높아지고 온도가 올라간다. 별의 내부 온도가 상승함에 따라 팽창력이 커져 별은 조금씩 부풀어 오른다. 또한 표면 에너지도 커져서 광도가 증가한다. 우리에게 가장 가까운 별인 태양 또한 주계열 단계에 있으며, 전주계열을 지난 이후 꾸준히 광도와 반지름, 온도가 증가해왔다.

후주계열(post-main sequence) 단계는 별 내부의 핵융합 반응이 끝난 후 마지막 진화 단계다. 태양과 비슷한 질량을 가진 별은 중심부에서의 수소가 고갈되고 더 이상 에너지를 낼 수 없어 핵이 수축한다. 수축하는 핵에 의해 에너지가 발생하고, 이 에너지는 핵의 외부 층에 있는 수소를 가열시켜 핵융합을 일으킨다. 따라서 별의 외부 층은 팽창하고 광도가 증가한다.

별의 마지막 단계는 질량에 따라 달라진다. 태양에 비해 가벼운 별들은 헬륨 핵이 반응할 정도의 온도를 갖지 못해 핵만 남는다. 태양과 비슷한 질량의 별들은 헬륨의 핵이 반응을 시작해 적색거성의 단계를 거쳐 또 다른 진화를 한다. 그리고 태양보다 훨씬 큰 질량을 갖는 별들은 초신성 폭발을 하며 중성자별로 남거나 블랙홀이 되기도 한다. 이렇게 진화한 별들은 여러 가지 형태로 생을 마감하는데, 이것은 다시 새로운 별로 태어날 준비이기도 하다. 우주의 물질은 이렇게 순환을 거듭하며 별을 만든다.

질량에 따라 달라지는 별의 일생

별의 진화에 가장 큰 영향을 미치는 것은 태어날 때의 질량이다. 질량에 따라 별의 일생은 크게 달라지고, 마지막의 모습 또한 다르다. 초기 질량이 대략 태양 질량의 0.075배보다 작은 경우, 원시별은 정상적인 핵융합을 하지 못해 갈색왜성이 된다. 초기 질량이 태양의 0.075~0.45배 정

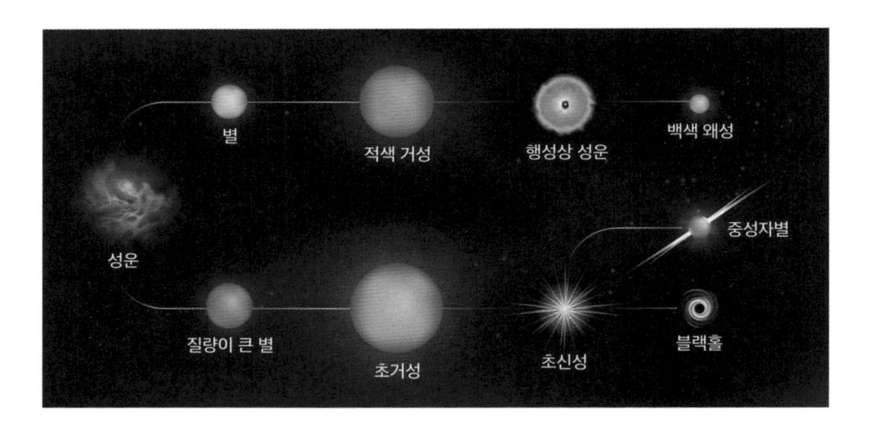

질량에 따른 별의 진화

도면, 주계열성 적색왜성을 거쳐서 청색왜성 그리고 백색왜성으로 끝난다. 초기 질량이 태양의 0.45~3배 정도면, 주계열성을 거쳐서 적색거성이 된 후 행성상 성운을 거쳐 백색왜성으로 마감한다. 초기 질량이 태양의 3~15배 정도 되는 경우 주계열성을 거쳐서 청색초거성, 초신성, 중성자별의 단계를 거친다. 만일 초기 질량이 태양보다 월등히 크다면 초신성을 거쳐서 블랙홀이 된다.

초신성은 폭발하는 별이란 뜻이다. 폭발하기 위해서는 크기가 어느 정도 되어야 하기 때문에, 초신성이란 큰 별이 폭발해 수명을 다하는 현상을 말한다. 폭발하는 며칠 동안 방출하는 총 에너지는 태양이 일생(약 100억 년) 동안 방출하는 양과 거의 같고, 폭발 시 별의 밝기는 은하계 보통 별의 10억 배에 달한다. 초신성이 폭발하는 동안 철보다 무거운 원소가 생성된다. 최근에는 외부 은하계에서 1년에 약 20개 이상의 초신성이 발견되고 있다.

별이 폭발된 이후 남은 잔해의 질량이 태양의 5배를 넘으면 어떻게 될까? 중심으로 당기는 강한 중력에 쿼크조차도 이기지 못하고 아주 작은 부피로 쪼그라들 것이다. 밀도가 어느 한계를 넘으면 중력이 너무 강해서 빛조차 탈출하지 못하고 중심으로 다시 떨어지는 블랙홀이 되는 것이다. 블랙홀의 존재는 아인슈타인의 일반상대성이론에 근거를 두고 있다. 물질이 극단적 수축을 일으키면, 그 안의 중력은 무한대가 되어, 그 속에서는 어느 것도 나오지 못한다는 이론이다.

2018년에 타계한 영국의 천체물리학자 스티븐 호킹(Stephen William Hawking)은 블랙홀이 별들의 최후일 뿐 아니라 우주가 탄생한 시작점이라는 이론을 내놓았다. 블랙홀을 이해하면 우주의 시작과 끝을 모두 파악할 수 있다는 것이다.

별들은 어떠한 경로를 거치든 마지막에는 우주의 덩어리 또는 알갱이로 돌아간다. 그리고 수십억 년 또는 수십 광년 동안 우주를 떠돌다가 구름을 형성하는 날을 맞고, 다시 별을 만드는 재료가 되거나 어느 생명체를 구성하는 재료가 되어 새로운 여정을 떠난다.

이러한 별들의 일생은 인간의 일생과 비슷하다. 인간을 구성하는 요소(수소, 산소, 탄소 등)들은 인간이 죽으면 분해되어 자연 속의 원소로 돌아간다. 그러다가 어떤 기회에 어느 생명체의 구성 요소가 되면 새로운 삶을 시작한다.

별 속에서 생성되는 원소

태초의 원소, 수소와 헬륨

빅뱅 후 100초 동안 우주에 존재하는 대부분(99.5% 이상)의 원자핵이 생성되었다. 원소주기율표를 보면 헬륨보다 무거운 원소들이 있는데, 이것들은 실제로 존재하는 질량으로 보면 0.5퍼센트도 안 된다. 현재 다른 은하를 관측하면 헬륨과 수소의 비율이 이와 비슷하게 나타난다. 이것은 현재 존재하는 우주의 모든 것이 과거에 동일한 곳에서 퍼져 나갔음을 의미한다. 다시 말해 빅뱅의 증거라고 볼 수 있다.

이렇게 원자핵이 만들어진 시기에도 전자는 독립적으로 떠돌아다니고 있었다. 여전히 온도가 높아서 운동에너지가 컸다. 빅뱅 후 38만 년이 지나자 전자의 운동량이 줄어들 만큼 온도가 낮아졌고, 음전하를 띤 전자가 양전하를 띤 원자핵에 끌려와서 궤도를 돌기 시작했다. 이렇게 원자가 만들어졌고, 전자의 이동으로 인해 빛(광자)의 진행을 방해하는 전자 구름이 없어졌다. 우주에 비로소 빛이 퍼져 나가기 시작했다.

빅뱅으로 생겨난 광자가 우주로 퍼져 나간 다음에는 더 이상 만들어지지 않았다. 우주에 광자를 만들 광원(light source)이 없어진 것이다. 그리고 빛은 반사되어야 관측이 가능한데, 이 당시 우주에는 빛을 반사시키는 것이 없었다. 이 3억 년을 암흑시기라고 하는데, 새로운 별이 나타나서 광자를 생산할 때까지 계속되었다.

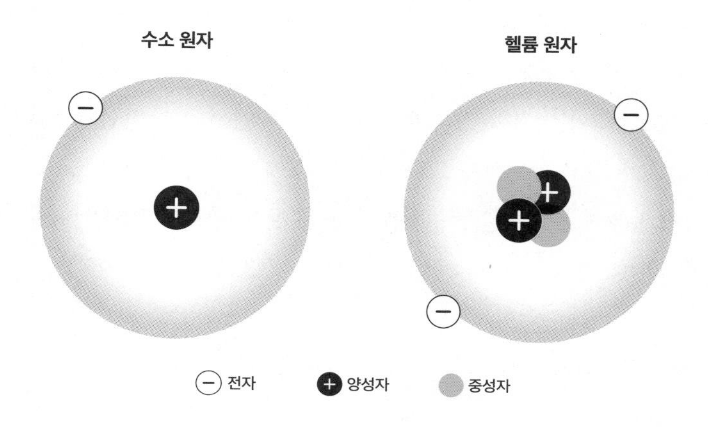

수소와 헬륨의 원자 구조

우주로 퍼져 나간 수소와 헬륨은 구름처럼 흩어져 있었을 것이다. 그러는 가운데 이것들의 밀도에 약간의 불균일성이 나타났다. 다시 말해 이 입자들의 밀도가 약간 높은 곳이 생겨나고, 중력이 작용해 그곳으로 입자들이 몰려들었다. 어떠한 경우든지 밀도가 계속 동일하게 유지된다는 것은 불가능하다. 입자들 사이에 약간 덩어리가 생길 수 있고, 일단 덩어리가 만들어지면 이 덩어리들은 주위의 입자들을 끌어당길 것이다.

입자들이 모여들면 중력이 커져서 끌어당기는 힘이 가속화된다. 이렇게 모인 입자들은 둥그런 모양을 가진다. 수소와 헬륨으로 이루어진 이 초기의 별은, 중심부의 고온 고압을 견디지 못해 원자핵이 깨지고 융합되며 폭발한다. 그리고 별의 중심부에서는 기존의 수소와 헬륨 원자핵이 융합되어 더 무거운 원소를 만들어낸다. 이제 수소와 헬륨 이외의 원소인 산소, 탄소, 질소, 철 등이 생성되기 시작했다.

모든 원소의 기본은 원자번호 1번인 수소다. 수소는 빅뱅을 계기로 생성된 후 더 이상 만들어지지 않는다. 원자번호 2번인 헬륨은 빅뱅 후에 만들어졌지만, 수소를 원료로 한 별의 핵융합에 의해 생성되기도 한다. 헬륨을 포함해 철(26번)까지의 원소들은 별 속에서 만들어진다. 태양처럼 작은 별은 온도(1500만 도)가 그다지 높지 않아서 헬륨만 만들 수 있다. 그러나 1억 도까지 올라가는 큰 별은 헬륨은 물론 철까지 만들어낸다. 이런 무거운 원소들은 태양보다 더욱 높은 온도가 필요하기 때문이다.

핵융합과 별의 탄생

대부분의 별은 빅뱅 후 100억 년경에 만들어졌다. 하지만 지금도 별은 생성되고 있다. 예를 들어 독수리성운(Eagle Nebula)에서는 지금도 새로운 별이 탄생하고 있다. 수소와 헬륨을 주성분으로 하는 기체구름이 자체 중력으로 수축되면서 중심으로 모여들었다. 덩어리가 커지면서 중력도 커지고 응집 속도도 가속화되었다.

가속화된 분자들이 서로 부딪히면 운동에너지가 열로 전환되어 구름의 온도와 압력이 높아진다. 하나의 수소 분자는 두 개의 수소 원자로 이루어져 있는데, 구름의 중심부가 충분히 뜨거워지면 수소 분자가 원자로 분리된다. 기체구름이 충분히 커서 중력이 크면, 수축은 계속되고 온도는 올라가 모든 수소 분자가 원자로 분리된다.

그 후에도 수축하고 있는 구름이 커져 중력이 충분히 크면, 수축은 계속되고 온도가 상승한다. 이때 구름의 온도가 약 1000만 도에 도달하면 드디어 핵융합이 일어난다. 온도가 1000만 도 이상이 되면, 입자(양성자, 중성자)들의 운동에너지가 커져서 서로 부딪치면서 뭉쳐진다. 이 입자들이 충돌을 반복해 2개의 양성자와 2개의 중성자로 이루어진 헬륨 원자핵이 만들어진다. 즉 핵융합이 일어나고 별이 탄생한다.

이와 같이 내부에서 핵융합이 일어나면 폭발력이 생긴다. 이 힘은 점점 커져서 중력과 힘겨루기를 한다. 중력이 더 크면 계속 수축해 더욱 고온이 되고, 폭발력이 더 크면 별은 폭발해버린다. 만약 팽창력(폭발력)과 수축력(중력)이 균형을 이루면 밤하늘을 수놓는 별이 된다.

대표적으로 우리의 태양은 폭발력과 팽창력이 균형을 이루고 있다. 중심부의 온도가 약 1500만 도인 태양은 폭발하지도, 더 이상 수축하지도 않고 있다. 태양과 질량이 비슷하거나 작은 별들이 일정한 온도와 균형을 유지하며 오래 탄다. 태양은 거의 100억 년 동안 빛을 발할 수 있는 규모다. 태양의 나이가 약 46억 년으로 추정되므로 앞으로 약 50억 년 후에는 식어버릴 것으로 예상된다.

만일 태양이 덩치가 커서 핵융합이 더 빠르게 진행되었다면 아마 지금쯤은 폭발해 사라졌을 것이다. 덩치가 크면 내부 압력이 커서 고온이 되고 폭발력이 더 커진다. 이 폭발력이 중력보다 더 크면 대폭발이 일어나 초신성이 된다.

태양보다 질량이 더 큰 별들은 중심 온도가 1500만 도에 도달해도 멈추지 않고 계속 수축되면서 무거운 원소를 만들어낸다. 예를 들어 온도가 1억 도에 도달하면 헬륨이 핵융합 반응을 일으켜 탄소와 산소가 생성된다. 이보다 더 큰 초거성의 경우에는 온도가 더 높이 올라가 핵융합을 여러 번 반복해 철(원자 번호 26)까지 만들 수 있다. 한편 철보다 무거운 원소를 생산하려면 더 많은 에너지가 필요하다. 철 이후의 원소들은 초신성 폭발 시에 만들어진다.

초신성에서 생성되는 무거운 원소

1869년 러시아 화학자 드미트리 멘델레예프(Dmitrii Mendeleev)는 자연에 존재하는 모든 원소를 특정 규칙에 따라 나열한 주기율표(periodic table)를 만들었다. 이 표에 의하면 철의 원자번호는 26번이고 가장 무거운 천연 원소인 우라늄은 92번이 된다. 즉 철을 기준으로 가벼운 원소는 25종이고 무거운 원소는 66종이나 된다. 그러나 철보다 무거운 원소들은 극히 소량이다.

이처럼 극소량만 존재하는 무거운 원소는 어떻게 생성될까? 이 무거운 원소들은 철이 다른 입자를 포획해 질량을 늘려야 만들어진다. 그러기 위해서는 극고온의 에너지가 필요하다. 이 에너지는 별이 폭발하는 초신성에서 나온다. 초신성은 태양의 10배 이상의 질량을 갖는 무거운 별이 진화의 최종 상태에 이른 것이다. 초신성은 태양이 100억 년 동안 발산할 에너지를 한꺼번에 방출한다.

이러한 별은 이미 수소 핵융합에 의해서 헬륨, 탄소, 질소, 산소, 철 등의 원소를 가지고 있다. 그리고 무거운 원소가 중심부에 밀집되기 때문에, 철이 중심부를 형성하고 있다. 즉 중심부에 있는 철이 고온 고압의 에너지를 집중적으로 받게 된다.

중심의 온도가 약 50억 도에 이르면, 철의 내부 결합이 깨지고 중성자가 튀어나온다. 이렇게 생성된 다량의 중성자는 다시 철의 원자핵에 포획되어 무거운 원자핵이 만들어진다. 철이 중성자를 하나 더 포획하면 철의 동위원소가 된다. 불안정한 동위원소에서 전자가 빠져나가면 중성자 한 개가 양성자로 변해, 원자번호 27인 코발트(Co)가 된다. 그 후 이와 비슷한 과정이 계속되면서 점점 더 무거운 원소가 만들어진다.

주기율표에서 보면, 원소번호 27인 코발트(Co)에서 92번인 우라늄(U)까지 자연적으로 존재하는 원소가 바로 이 초신성에서 합성되었다. 그런데 초신성은 매우 짧은 시간 동안 존재하기 때문에, 코발트 이후의 무거운 원소는 우주에 매우 소량만 존재한다.

초신성이 폭발하는 순간에는 그동안 내부에 축적해둔 무거운 원소들이 주변으로 넓게 뿌려진다. 이러한 원소들이 성간구름에 섞여 오랜 세

1 H																	2 He
3 Li	4 Be											5 B	6 C	7 N	8 O	9 F	10 Ne
11 Na	12 Mg											13 Al	14 Si	15 P	16 S	17 Cl	18 Ar
19 K	20 Ca	21 Sc	22 Ti	23 V	24 Cr	25 Mn	26 Fe	27 Co	28 Ni	29 Cu	30 Zn	31 Ga	32 Ge	33 As	34 Se	35 Br	36 Kr
37 Rb	38 Sr	39 Y	40 Zr	41 Nb	42 Mo	43 Tc	44 Ru	45 Rh	46 Pd	47 Ag	48 Cd	49 In	50 Sn	51 Sb	52 Te	53 I	54 Xe
55 Cs	56 Ba	71 Lu	72 Hf	73 Ta	74 W	75 Re	76 Os	77 Ir	78 Pt	79 Au	80 Hg	81 Tl	82 Pb	83 Bi	84 Po	85 At	86 Rn
87 Fr	88 Ra	103 Lr	104 Rf	105 Db	106 Sg	107 Bh	108 Hs	109 Mt	110 Ds	111 Rg	112 Cn	113 Nh	114 Fl	115 Mc	116 Lv	117 Ts	118 Og
		57 La	58 Ce	59 Pr	60 Nd	61 Pm	62 Sm	63 Eu	64 Gd	65 Tb	66 Dy	67 Ho	68 Er	69 Tm	70 Yb		
		89 Ac	90 Th	91 Pa	92 U	93 Np	94 Pu	95 Am	96 Cm	97 Bk	98 Cf	99 Es	100 Fm	101 Md	102 No		

주기율표

월 우주를 떠돌다가, 새로운 별의 재료가 된다. 현재 지구에 존재하는 모든 원소는 이렇게 우주에서 들어온 것들이다.

원자번호 1번인 수소와 2번인 헬륨은 빅뱅에서 만들어졌다. 헬륨 이후부터 26번인 철까지의 원소는 별에서 만들어졌다. 그리고 27번 코발트 이후의 원소들은 초신성에서 만들어진 것이다. 그래서 우리 몸을 구성하는 모든 원소는 우주의 별과 초신성에서 만들어진 것들이다. 결국 우리 모두는 우주에서 왔다고 할 수 있다. 인간의 미래를 전망하는 이 책이 우주에서 시작하는 이유가 바로 여기에 있다.

과거 서양에서 발전했던 연금술은 다른 물질을 변형해 금(Au, 원자번호 79)을 만들려는 연구로, 다른 원소의 원자핵을 금의 원자핵으로 변형하려는 노력이었다. 하지만 원자번호가 높을수록 여러 개의 양성자와 중성자가 결합해 만들어졌기 때문에 결합력이 매우 강하다. 따라서 이것들을 변화시키려면 더 높은 에너지가 필요하다. 쉽게 말해 초신성 폭발 시에만 가능한 일이다. 결국 연금술사들이 했던 노력은 애당초 불가능한 일이었다.

2장 태양계와 지구의 탄생

- 은하의 탄생
- 암흑물질, 암흑에너지
- 태양의 탄생
- 지구의 탄생
- 생명체 잉태를 위한 준비

2장에서는

- 달은 지구를 돌고, 지구는 태양을 돌고, 태양은 은하 중심을 돌고 있다. 왜 모든 천체가 예외 없이 공전할까? 우주 속의 모든 물체는 어디로부턴가 중력을 받는다. 그러나 중력 방향을 중심으로 공전하는 것은 버틸 수 있다. 원심력 덕분이다. 은하 내의 모든 물체는 은하핵을 중심으로 공전하며, 그 중심부에는 대형 블랙홀이 있을 것으로 추정된다.

- 오늘날 우주는 70억 년 전에 비해 15퍼센트나 빠른 속도로 팽창하고 있다. 이것은 질량에 작용하는 중력보다 더 큰 힘이 우주를 밀어내고 있다는 뜻으로, 우주공간이 에너지를 가지고 있다는 의미다. 바로 암흑에너지다.

- 태양은 지구에서 가장 가까운 항성으로 표면의 모양을 관측할 수 있는 유일한 별이다. 또한 인류의 주요 에너지 공급원이기도 하다. 수력, 풍력도 모두 태양에서 유래한 것이고, 나무, 석유, 석탄 역시 태양에너지를 저장한 것이다.

- 태양계의 나이는 약 46억 년이다. 그리고 지구에서 가장 오래된 암석의 나이가 약 40억 년이다. 그 사이 약 5억 년 이상의 시간이 빈다. 이 기간에 일어난 일들에 대한 기록은 없다. 지구는 이 미지의 시간에 형성되었을 것으로 추정한다. 이 기간에 대륙이 만들어지고, 바다와 대기가 생겨났을 것이다.

- 달은 지구의 유일한 자연위성이다. 지구와 달은 같은 시기에 형성된 것으로 보인다. 달의 기원에 대한 가장 설득력 있는 학설은 충돌설이다.

- 달을 비롯한 태양계의 암석형 행성은 40억 년 전의 모습에서 거의 변하지 않았다. 지구가 생명을 품은 행성으로 변모한 근본적인 이유는 적당한 질량을 확보해 공기와 수증기를 붙잡을 수 있었기 때문이다. 즉 지구는 생명체가 활동하기에 적합한 환경을 조성하는 대기를 가질 수 있었다.

은하의 탄생

신화나 오래된 동화 속에서 신비롭게 묘사되던 은하수가 실은 별들의 무리라는 것을 발견한 사람은 망원경으로 천체를 관측한 갈릴레오 갈릴레이(Galileo Galilei)였다. 17세기 갈릴레이가 발견하기 전까지만 해도 밤하늘의 우윳빛 밀키웨이의 정체를 알지 못했다.

은하는 별, 성간물질, 블랙홀, 암흑물질 등이 중력으로 묶인 거대한 천체다. 은하는 질량이 태양의 1억 배에서 100조 배, 크기는 수백 광년에서 수십만 광년으로 질량과 크기가 매우 다양하다. 우주에는 약 1000억 개의 은하가 존재하고, 각 은하에는 1000억 개 이상의 별이 있다고 알려져 있다. 은하들은 또다시 중력으로 연결되어 은하단(cluster of galaxies)을 형성한다.

우리가 살고 있는 태양계가 속한 은하를 '우리은하'라고 한다. 우리은하는 납작한 원반 모양을 하고 있다. 중심 부분에서 팔 모양으로 뻗어나가는 형태를 띠고 있는데, 이를 나선팔이라고 한다. 우리은하는 약 1000억 개의 별로 이루어져 있다.

은하의 탄생과 블랙홀

빅뱅 후 10만 년에서 38만 년 사이에 양전하를 가진 원자핵이 음전하를 가진 전자를 끌어당겨서 원자라는 새로운 입자를 만들었다. 원자가

밤하늘의 은하수

만들어진 이 시기를 우주의 물질시대(matter epoch)라고 한다. 우주를 가득 채우고 있던 전자가 원자핵에 포획되어 원자 속으로 들어갔고, 그 결과 그동안 전자라는 장애물에 갇혀 있던 광자가 뻗어나갔다. 빅뱅에서 생긴 광자, 즉 빛이 비로소 우주로 퍼져 나갔다. 이렇게 빅뱅에서 생긴 빛이 나가버리자 우주에는 더 이상 빛이 없었다. 빛을 내는 물체가 없었기 때문이다. 약 3억 년까지 지속된 우주의 암흑기였다.

그 당시 수소와 헬륨으로 된 구름은 균일한 밀도로 퍼져 있었다. 그러다가 구름의 밀도에 변동이 일어났다. 퍼져 있는 구름 속에 미세한 밀도 차이가 생기기 시작한 것이다.

특정 지역에 질량이 집중되면 중력이 주변보다 강해져서 더욱 많은 물질이 모여든다. 물질이 모일수록 중력 역시 커져 더욱 많은 물질이 결집된다. 물질이 커질수록 내부는 중력에 의한 압력이 증가하고, 고온 고압에 의해서 수소를 연료로 하는 핵융합이 시작된다. 바로 별이 탄생한 것이다.

빛을 내는 별이 나타나자 우주는 다시 밝아졌다. 약 3억 년까지 지속된 암흑기가 막을 내렸다. 별이 형성된 후에는 다양한 원소들이 만들어졌고, 또한 별이 폭발해 초신성이 되기도 했다.

하나의 은하에는 수천억 개의 별들이 모여 있다. 이 모든 별은 중심부를 기준으로 각자 다른 궤도를 따라 공전한다. 은하의 규모가 너무 거대하기 때문에 이 별들이 한 번 공전하는 데 수억 년이 걸린다.

달은 지구를 돌고, 지구는 태양을 돌고, 태양은 은하 중심을 돌고 있다. 왜 모든 천체들이 예외 없이 공전하고 있을까? 우주 속의 모든 물체는 어디로부턴가 끌리는 중력을 받는다. 즉 모든 물체는 중력 방향으로 끌려간다고 할 수 있다. 그러나 중력 방향을 중심으로 공전하고 있는 것은 버틸 수 있다. 원심력 덕분이다. 만약 공전하지 않고 있었다면, 중력에 끌려가버렸을 것이다. 은하 내의 모든 물체는 은하핵을 중심으로 공전한다. 이 중심부(은하핵)에는 대형 블랙홀이 있을 것으로 추정된다.

은하의 종류와 특징

오늘날 우주에 존재하는 은하들은 각기 다른 형태를 띠고 있지만, 대체로 납작한 원반 모양이다. 가장 흔한 모양이 타원 은하인데, 여기에는 오래된 별이 많다. 그리고 원형 모양의 중심부에 몇 개의 나선팔이 붙어서 회전하고 있는 나선은하가 있다. 이것은 옆에서 보면 가늘고 납작하고 위에서 내려다보면 거의 원형에 가깝다. 나선팔에는 새로운 별들이 생성되고 있으며, 핵 부근에는 오래된 별들이 모여 있다. 그리고 막대처럼 생긴 중심부의 끝에 나선팔이 붙어 있는 은하가 있다. 이런 형태를 막대나선은하라 하는데, 우리은하가 여기에 속한다.

우리은하(The Milky Way Galaxy)는 2개의 막대를 가진 막대나선은하로,

원반처럼 평평한데 중심부가 약간 부풀어 있다. 원반의 지름은 약 10만 광년이고, 은하 전체의 질량은 태양 질량의 200억 배 정도다. 또한 은하 중심핵을 기준으로 시계방향으로 회전하고 있다. 은하가 회전하면서 그리는 면은 원반의 면과 일치하고 우리은하의 나이는 약 100억 년으로 추산한다.

태양계는 은하 중심핵으로부터 3만 광년 정도 떨어진 가장자리에 위치하고 있다. 이에 따라 태양은 우리은하의 중심을 초속 약 220킬로미터 정도로 회전해, 2억 5000만 년 주기로 은하 중심을 공전한다. 지구는 초속 32.5킬로미터로 태양을 돌고 있는데 태양은 이미 초속 220킬로미터로 은하핵을 돌고 있다. 결국 지구는 초속 220킬로미터의 태양을 따라가면서 초속 32.5킬로미터로 태양 주변을 공전하고 있는 셈이다. 이렇게 우주에 정지된 것은 아무것도 없다. 모든 것이 돌고 있다.

안드로메다은하(Andromeda Galaxy)는 우리은하와 가장 가깝게 약 250만 광년 떨어져 있으며, 나선은하에 약 3000억 개의 별을 포함하고 있다. 질량은 태양의 1조 배로 우리은하와 비슷하다. 이 은하의 지름은 22만 광년으로 우리은하의 지름인 10만 광년보다 크다.

허블은 1923년에 안드로메다은하의 거리를 측정했는데 90만 광년의 값을 얻었다. 이렇게 큰 값을 도출해낸 허블은 이를 계기로 안드로메다가 우리은하의 일부가 아니라 외부의 별도 은하라는 것을 알게 되었다. 또한 이때부터 우주에는 여러 개의 은하가 존재하고, 우주가 생각보다 광대하다는 사실 역시 인식하게 되었다.

허블은 1929년에 은하가 지구로부터 멀어지는 속도가 거리에 비례한다는 것을 발표했다. 그런데 예외적 은하가 있었다. 지구와 가장 가까운 안드로메다은하였다. 안드로메다은하와 우리은하는 중력에 의해서 서로 끌어당기고 있으며, 1초에 275킬로미터의 속도로 가까워지고 있다. 약

타원은하(위), 나선은하(가운데), 막대나선은하(아래)

우리은하를 위에서 본 모습

우리은하의 옆모습

두 개 은하가 병합되는 모습 상상도

30억 년 후에는 서로 만나서 하나의 은하로 진화할 것으로 예상된다.

한편 지구의 남반구에서 보이는 마젤란은하는 한때 성운으로 알려졌지만, 지금은 많은 별이 모인 은하로 밝혀졌다. 이 은하는 우리은하를 돌고 있는 위성 은하다.

암흑물질, 암흑에너지

우리 눈에 보이는 밤하늘의 별들은 모두 우리은하에 속한다. 다른 은하의 별은 육안으로 볼 수 없다. 보통 별은 골고루 분포하고 있는데, 유달리 작은 별들이 은하수 주위로 많이 보인다. 이 은하수 방향이 원반의 면에 해당하는데 이것이 바로 은하의 회전면이다. 대부분의 별은 이 은하면에 존재한다.

태양은 우리은하 가장자리에 있다. 그래서 지구의 위치에 따라 폭과 밝기가 달리 보인다. 은하는 여름철에 더 넓고 밝게 보인다. 특히 여름철의 궁수자리 방향이 더욱 밝은데, 바로 은하의 중심이기 때문이다.

우주에 존재하는 모든 물체는 회전한다. 동일한 중심핵을 회전하는 모든 것은 동일한 면을 따라서 회전한다. 즉 원반의 면에 해당하는 은하면을 따라서 돈다. 지구는 자전축을 따라 회전하며, 동시에 태양의 주위를 공전한다. 지구의 자전축은 공전면에 비해 23.5도 기울어져 있다. 지구의 공전면은 태양의 자전축과 일치한다. 또한 태양의 공전면은 은하면과 일치할 것이다. 지구의 자전축은 은하면에 비해 62도 36분 기울어져 있다. 현재 밤하늘 은하수는 남북에 걸쳐 있는데 정남북이 아니라 비스듬한 남북방향이다. 이는 지구 자전축과 은하면이 기울어져 있기 때문인 것이다.

태양계를 보면 태양에 가까이 있는 행성의 공전주기가 짧다. 예를 들어 수성은 87.97일, 금성 224.7일, 지구 365일, 화성 687일, 목성 11.9년, 토성 29.5년, 천왕성 84년, 해왕성은 164.8년이다. 이것은 케플러의 행성운동 법칙에도 정리되어 있다. 이 법칙에 의하면 행성의 공전주기의 제곱과 행성과 태양 사이의 평균 거리의 세제곱은 비례한다.

만약 화성이 지구처럼 365일에 한 번씩 공전한다면 지금보다 더 빠른 속도로 돌아야 한다. 태양으로부터 먼 거리에서 돌수록 공전할 때의 이동거리가 길어지기 때문이다. 이처럼 빨리 돌다 보면 원심력이 커진다. 이 원심력이 태양이 끌어당기는 중력보다 커지면 밖으로 튀어나간다. 또한 조금 더 천천히 돈다면 태양 중력이 원심력보다 커져서 태양으로 끌려들어갈 것이다. 그러니까 화성은 지금 자기 자신의 질량에 맞는 위치에서 절묘한 속도로 공전하고 있다. 현재 태양계에는 이렇게 절묘한 균형(질량, 위치, 속도)을 맞추어 도는 행성들만 살아남아 있다.

암흑물질: 별들이 자리를 유지하는 이유

1960년대에 미국의 물리학자 베라 루빈(Vera Cooper Rubin) 연구팀은 원반형 나선은하의 회전 속도를 관찰하면서 대부분의 별이 중심과의 거리에 상관없이 거의 비슷한 속도로 공전한다는 놀라운 사실을 발견했다.

회전 속도와 거리를 그래프로 그려보면 특징이 잘 보인다. 여기서 특이한 사항은 중심으로부터 멀리 떨어진 곳에서는 속도가 별로 떨어지지 않는다는 점이다. 이 말은 은하 외곽에 있는 별들이 그만큼 빨리 회전하고 있다는 뜻이다. 이 회전 속도에 의해 생기는 원심력을 견디려면 이에 맞설 수 있는 구심력(중력)이 있어야 한다. 그리고 그런 중력을 발휘할 질량이 있어야 한다. 그런데 천문학자들의 관측을 보면 질량이 턱없이 부족하다. 질량이 부족한데도 이렇게 빠른 속도로 돌고 있다는 것은 뭔가 우리가 모르는 질량이 있어서, 끌어당기고 있다는 것이다. 즉 우리

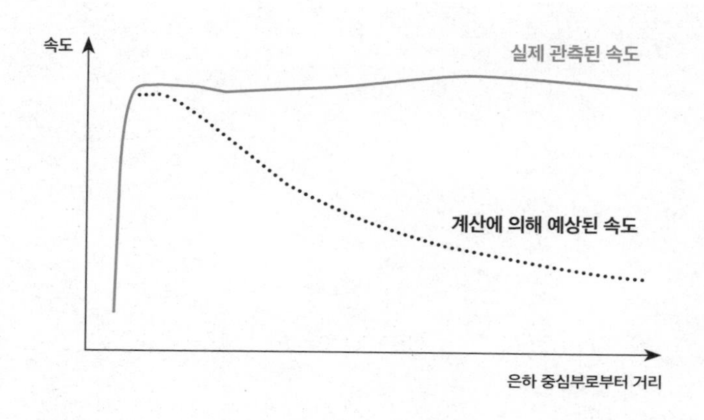

은하 중심부로부터의 거리와 공전 속도

가 관측하지 못하는 미지의 물질이 존재한다는 뜻이다.

다시 말해 은하를 구성하는 별들의 공전 속도가 거리와 상관없이 거의 일정하다는 것은, 중심에서 멀리 떨어진 별일수록 그 궤도 안에 많은 질량이 포함되어 있다는 말이다. 즉 그 별을 잡아당기는 중력이 강하다는 뜻이다. 만약 질량 분포가 지금 우리가 아는 바와 같이 동일하다면, 별들이 동일한 속도로 움직인다는 뜻이므로 은하가 산산이 흩어졌어야 한다. 그런데도 현재 우리은하는 나선 모양을 유지하며 돌고 있다.

수십 년 동안 논쟁을 거듭하던 천문학자들은 우리가 관측하지 못하는 미지의 물질이 은하 곳곳에 펴져 있을 것이라는 결론을 내렸다. 그리고 이 미지의 물질을 '암흑물질(dark matter)'이라고 이름 붙였다. 현재 우주론은 눈에 보이지 않는 질량이 대량으로 분포되어서, 은하들이 흩어지지 않도록 붙잡고 있다는 것이다.

빛이 은하단과 같은 거대한 질량 근처를 통과할 때 경로가 휘어지는 중력렌즈(gravitational lens) 현상이 암흑물질의 존재를 간접적으로 증명하고

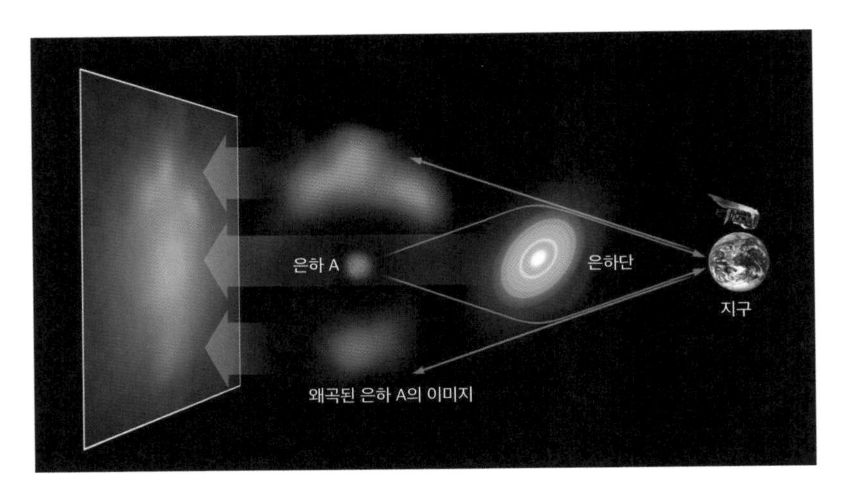

암흑물질의 중력렌즈 효과

있다. 중력렌즈란 매우 멀리 떨어진 천체에서 생성된 빛이 지구에 도달하기 전에 은하와 은하단 같은 거대한 천체들의 중력장 영향을 받아 굴절되어 보이는 현상이다. 일례로 두 개의 은하가 겹쳐 있을 때, 먼 은하에서 오는 빛이 가까운 은하의 중력에 의해 휘어서 먼 은하가 여러 개로 보이거나 실제보다 가까이 있는 것처럼 보인다. 그런데 휘는 정도가 관측된 질량에 의한 것보다 더 크다. 이런 현상의 원인을 암흑물질의 중력이라고 보는 것이다.

우리 인간이 사물을 인식할 수 있는 것은 대상 물질이 특정 파장의 전자기파와 상호작용하기 때문이다. 예를 들어 전파, 가시광선, X선, 감마선 등의 전자기파에 반응해야 우리가 관측할 수 있다. 그런데 은하의 형태를 유지시켜주는 암흑물질이 관측되지 않는 이유는 이 물질이 우리가 관측 가능한 전자기파와 상호작용하지 않기 때문이다.

암흑에너지: 우주에 가득한 팽창의 힘

앞서 설명했듯 1929년 허블은 우주가 팽창하고 있다는 것을 밝혀냈다. 다른 은하에서 지구로 오는 빛의 적색편이가 발생하는지 조사해 우주가 팽창하고 있음을 증명했다. 이후에 우주 팽창을 전제로 한 여러 이론이 제기되었는데, 그중에 대표적인 것이 조지 가모브와 랠프 앨퍼가 발표한 빅뱅이론이다. 많은 논쟁을 불러왔던 이들의 이론이 인정받기 시작한 것은 미국 벨연구소의 연구원인 펜지어스와 윌슨이 우주배경복사를 발견했기 때문이다. 그때부터 과학자들은 우주의 미래에 대해 생각하기 시작했다. 어떻게 팽창해왔고, 앞으로 어떻게 팽창하고, 미래에는 어떻게 될 것인지 본격적인 연구에 착수했다.

물리학자들은 우주의 질량과 중력을 계산해봤다. 만약 우주 물질의 질량이 충분히 크면, 중력에 의해서 우주 팽창은 중단되고 수축할 것이다. 그러나 우주의 질량이 작으면 팽창은 계속될 것이다. 우주의 질량을 계산해보니 중력이 커서 우주는 팽창할 수 없다는 결론을 얻었다.

한편 천문학자들은 우주의 팽창 속도를 관측해봤다. 1998년에 나온 관측 결과는 전혀 예상하지 못한 것이었다. 우주의 팽창 속도는 느려지는 것이 아니라 빨라지고 있었다. 이 결과에 의하면 오늘날 우주는 70억 년 전에 비해 15퍼센트나 빨리 팽창하고 있다. 이것은 질량에 작용하는 중력보다 더 큰 힘이 우주를 밀어내고 있다는 뜻으로, 우주공간이 에너지를 가지고 있다는 의미다. 천문학자들은 이 에너지를 '암흑에너지(dark energy)'라고 불렀다.

그런데 더욱 놀라운 것은 암흑에너지의 양이 우리가 생각하는 물질을 합한 것보다도 훨씬 많다는 것이다. 과학자들은 우주의 팽창 속도, 은하의 회전 속도, 관측된 물질의 질량 등을 고려해 계산해봤다. 그 결과 우주에 존재하는 총 에너지의 73퍼센트가 암흑에너지이고 23퍼센트가 암흑물질이었다. 우리가 관측할 수 있는 보통의 물질은 4퍼센트뿐이었다. 이 4퍼센트의 대부분은 우주공간에 흩어져 있는 별 또는 성간먼지나 기체다.

그런데 왜 우리는 우주의 96퍼센트나 되는 에너지를 느끼지 못하는 것일까? 우리 인간은 중력을 느낀다. 그러나 강력과 약력은 느끼지 못한다. 이것들은 원자핵 내에서 작용하는 힘이기 때문이다. 그리고 전자기력도 크게 느끼지 못한다. 원자와 분자 사이에서 작용하는 전자기력 역시 인간은 인식할 수 없는 너무 작은 세계에 속한 것이다. 전자기력은 정전기, 전자력, 마찰력, 표면장력 등으로 나타난다. 이러한 힘은 벽을 올라가고 천장을 기어가는 개미에게는 중요할 것이다. 반면 개미에게 중력은 거의 의미 없는 힘이다. 중력을 느끼기에 개미는 너무 작고, 전자기력을 느끼기에 인간은 너무 크다. 암흑물질과 암흑에너지는 은하와 같이 큰 규모의 우주에서 작용한다고 볼 수 있다.

태양의 탄생

17세기 초 갈릴레이가 천체망원경으로 태양을 관측해 태양흑점을 발견했다. 이 관찰에서 갈릴레이는 태양 역시 자전하는 천체의 하나라는 사실을 밝혀냈다. 태양은 지구에서 가장 가까운 항성으로 표면의 모양을 관측할 수 있는 유일한 별이다. 또한 인류의 주요 에너지 공급원이다. 수력, 풍력도 모두 태양에서 유래한 것이고, 나무, 석유, 석탄 역시 태양에너지를 저장한 것이다.

지구와 태양 사이의 평균거리는 약 1억 5000만 킬로미터이고, 태양의 지름은 약 139만 킬로미터로 지구 지름의 109배, 부피는 지구의 130만 배, 질량은 지구의 33만 배다. 태양의 밀도는 지구의 약 4분의 1 정도이며, 대부분 수소와 헬륨으로 이루어져 있다. 그 밖에 극히 적은 양의 나트륨, 마그네슘, 철 등이 기체 상태로 존재한다.

태양의 표면 온도는 약 6000도로 중심부는 1000만 도를 넘는다. 압력은 약 30억 기압으로 초고온, 초고압의 기체로 이루어져 있다. 수소 원자는 하나의 핵(양성자)을 중심으로 한 개의 전자가 핵을 둘러싸고 있다. 그래서 보통 때는 수소의 핵과 핵이 서로 접근할 수 없어 핵융합이 불가능하다. 그러나 온도가 100만 도를 넘으면 전자가 핵에서 분리되어 전자와 양자가 따로 논다. 이러한 상태를 플라스마라 하는데, 이때 핵과 핵이 서로 만날 가능성이 생긴다. 단, 핵 자체가 서로 융합되지는 못한다. 핵융합이 일어나려면 이보다 훨씬 높게 1000만 도 이상이 되어야 하기 때문이다. 이 정도 온도에 이르러야만 핵의 운동에너지가 크기 때문에 핵과 핵이 충돌하게 되고 융합이 이루어진다.

태양계는 지금으로부터 약 46억 년 전에 형성되었다. 우주가 탄생하고 무려 90억 년이 지난 시점이다. 하지만 태양계의 나이와 형성 과정을 설명하는 이론은 빅뱅이론 못지않게 오랜 세월 동안 논란이 많았다. 짧게는 6000년부터 길게는 수억 년까지의 태양계의 나이를 주장하는 이론들이 팽팽하게 맞서왔다. 이러한 논쟁에 종지부를 찍은 것이 방사성 동위원소에서 일어나는 핵붕괴 반응이다. 우주에 존재하는 4가지 힘 중 핵의 약력이 바로 이것이다.

우라늄과 같은 원소들은 상태가 불안정해 원자핵에서 입자를 방출하고, 다른 안정된 원소로 변한다. 이러한 과정을 방사성 붕괴(radioactive decay)라 하고, 방사성 붕괴를 일으키는 원소를 방사성 원소라 한다. 방사성 원소가 반감기(half-life), 즉 방사능 양이 처음의 절반으로 줄어드는 기간을 지난 후 붕괴한다. 이 사실에 기초해 암석, 운석의 생성 연대나 지구 나이 따위를 측정하는 것을 방사능연대측정법(radiometric dating)이라고 한다. 예를 들어 우라늄(U)이 안정된 납(Pb)으로 바뀔 때, 처음 원소와 시간이 흐른 후의 변환된 원소 비율을 비교하면 시간 경과를 계산할 수 있다. 이렇게 계산한 지구와 태양계의 나이는 약 46억 년이다. 이 값은 소행성대(Asteroid belt)에서 지구로 떨어진 운석을 분석해 알아냈다. 소행성대는 화성과 목성 사이에 100만~200만 개의 소행성이 모여 있는 지역이다.

태양 형성의 단초

분자구름이 수축되어 태양과 비슷한 별의 질량을 가지려면 구름의 직경이 최소 1~5광년은 되어야 한다. 엄청난 규모지만 은하수의 10만 광년에 비하면 미미한 크기다. 구름의 중심부에 있는 일부만이 태양계가 되는데, 이 부분의 99.9퍼센트가 태양이 되고 남은 0.1퍼센트가 행성계를 이루었다.

태양과 행성들로 이루어진 태양계는 납작한 원반처럼 생겼다. 그 이유는 은하처럼 생성 초기부터 회전했기 때문이다. 행성들이 공전하는 면을 황도면이라고 하는데, 원반형의 은하가 도는 면을 은하면이라 하는 것과 같다.

별이 되는 과정에서 회전하는 분자구름이 수축하면 회전 속도가 빨라진다. 피겨스케이팅을 할 때 양팔을 벌려서 돌다가 팔을 오므리면 갑자기 고속 회전으로 바뀌는 것과 같은 원리다. 구름의 회전 속도가 빨라지면 원심력이 커진다. 원심력이 충분히 크면 중력에 의한 수축력이 어느 정도 상쇄된다.

구름 속에서 먼지 덩어리가 커지면 주변 알갱이를 잡아당길 정도의

태양계의 탄생 과정

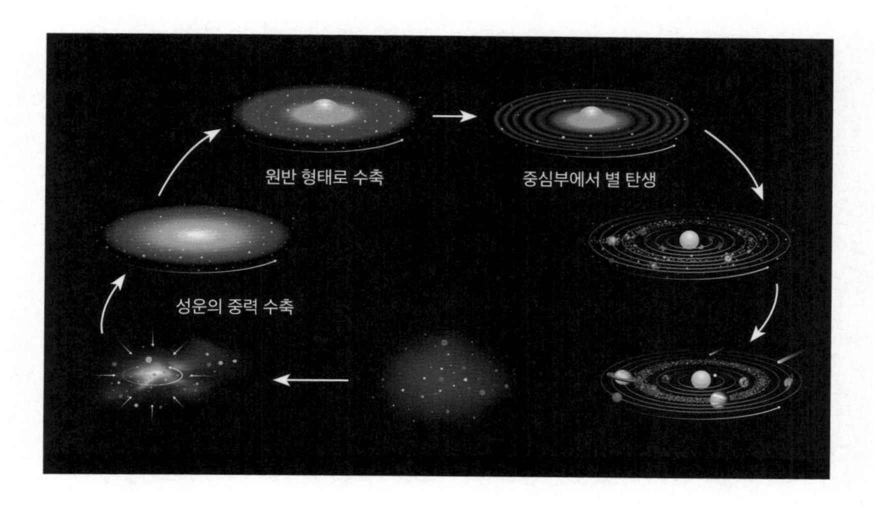

중력을 행사한다. 이후에는 스스로 커진다. 그러나 이러한 덩어리들이 독자적인 별로 성장하려면 주위의 더 큰 덩어리에 끌려가지 않을 만큼 질량이 커야 한다. 즉 다른 덩어리에 끌려가기 전에 자신의 몸집을 불려야 한다. 지금 남아 있는 태양과 행성들은 이러한 과정을 이겨내고 끝까지 살아남은 위대한 생존자들이다.

중력이 작용하는 규모로 덩어리가 커지면 내부에서도 변화가 일어난다. 스스로 중력에 기반해 수축을 시작하는 것이다. 덩어리가 더욱 커지고 수축을 계속해 중심핵의 온도가 약 1000만 도에 이르면 수소 4개가 하나의 헬륨으로 변환되는 핵융합이 일어난다. 핵융합의 폭발력이 중력에 맞서 균형을 이루면 수축을 멈춘다.

초기의 태양은 이처럼 중력에 의한 수축을 멈추고, 중심핵의 핵융합이 안정화되어 주계열성이라 부르는 단계로 성장했다. 이렇게 주계열성이 된 태양은 약 50억 년이 지난 지금도 핵융합으로 에너지를 만들어 태양계에 공급하고 있다.

태양의 수명은 얼마나 될까

그렇다면 태양은 앞으로 얼마나 더 빛을 낼 수 있을까? 현재 태양은 핵융합의 폭발력과 중력에 의한 수축력이 균형을 이루며 안정된 상태에서 빛을 발하고 있다. 태양의 크기를 볼 때 이 상태는 약 100억 년 동안 지속될 것으로 예측된다. 약 46억 년 전에 생성된 태양은 앞으로 50억 년 동안 안정된 상태를 유지할 것이다. 그러나 핵융합의 원료인 수소가 다 타버리면 더 이상 열을 낼 수 없을 것이다. 모든 우주의 물질이 그렇듯이, 초기 태양의 구성 요소는 수소와 헬륨이 3 대 1이었다. 이후 46억 년 동안 핵융합으로 원료인 수소가 줄어들고 융합의 결과물인 헬륨의 양이 늘었다. 현재의 비율은 약 1 대 1이다.

천문학자들은 태양이 약 50억 년 뒤에 팽창해 적색거성이 될 것이라고 한다. 대부분의 별은 그 중심부에서 수소를 태워 헬륨을 만드는데, 이렇게 만들어진 헬륨은 무겁기 때문에 중심부에 쌓인다. 태양 내부 온도 1000만 도에서는 헬륨을 재료로 한 핵융합을 하지 못한다. 중심부 헬륨 양이 커질수록 수소를 재료로 한 핵융합 지역은 바깥층으로 밀려나고, 핵융합 지역이 받는 중력은 약해진다.

이때가 되면 자연스럽게 핵융합 폭발력이 중력을 이기고 부풀어 오른다. 이렇게 핵융합이 일어나면 바깥쪽이 급격하게 팽창해, 태양의 크기는 금성 궤도만큼 부풀어 오를 것이다. 거대해진 태양의 표면은 온도가 낮아져 지금보다 훨씬 붉은색으로 변하게 되는데 이 단계를 적색거성이라 한다. 태양의 크기가 금성 궤도만큼 커지면 우리 지구의 표면은 모두 증발해버릴 것이다.

적색거성이 된 태양은 현재보다 20~50배까지 팽창한 모습일 것이고, 연료인 수소의 양이 줄어들어 온도가 내려가고 핵융합이 약화될 것이다. 내부 폭발력이 약하면 태양은 자신의 중력 때문에 다시 수축된다. 이에 태양의 중심부는 또다시 고온 고압이 형성되어 핵융합이 시작된다.

적색거성 단계가 진행될수록 중심의 헬륨은 점점 질량이 증가하고 중심부 온도도 높아진다. 헬륨의 온도가 약 1억 도까지 올라가면, 헬륨을 재료로 하는 핵융합이 시작된다. 헬륨에 의한 핵융합은 수소 핵융합보다 훨씬 더 많은 에너지를 생성하기 때문에, 태양 전체가 순식간에 커진다.

별이 순식간에 커지면 에너지가 발산되어 중심의 온도가 떨어지고 헬륨의 핵융합이 멈춰버린다. 핵융합이 멈추면 별은 다시 중력에 의해 수축하고 중심의 온도가 올라간다. 그러면 다시 헬륨 핵융합이 일어나 태양은 다시 커진다. 즉 사람의 심장처럼 맥동을 하는 것이다. 이 단계를 맥동변광성(pulsating star)이라고 한다.

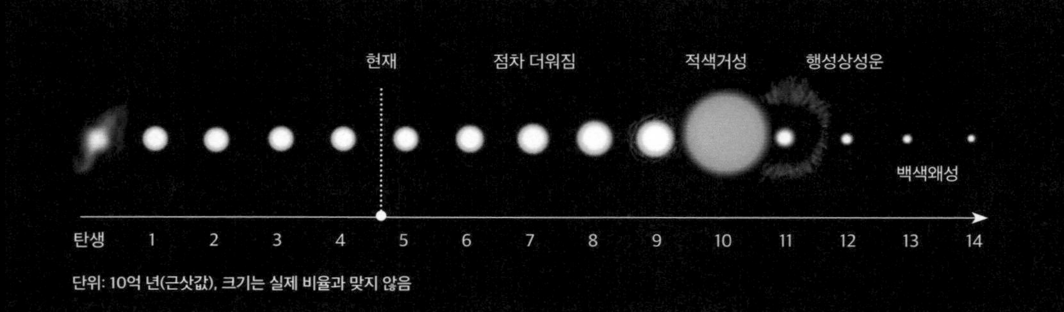

태양의 일생

태양은 이후 약 1000년 동안 맥박처럼 팽창과 수축을 반복할 것이다. 내부의 에너지를 전부 쏟아내며 온도가 떨어지고, 결국 핵융합이 멈춘다. 팽창과 수축이 반복되는 동안 바깥 부분의 많은 물질을 주변으로 날려 보내 성운을 만든다. 이러한 성운을 행성상성운이라 한다. 물질을 외부로 날려 보내고 남은 태양은 밀도와 온도가 높은 백색의 조그마한 별이 되어 서서히 식어간다. 결국 태양은 100분의 1 정도로 크기가 축소되어 백색왜성이라는 초라한 이름으로 찬란했던 삶을 마감한다. 이제 태양은 새로운 별로 태어나는 제2의 삶을 기다리며 수 광년을 어둠 속에서 기다릴 것이다.

태양이 이렇게 조용히 일생을 마치는 것은 별들 중에서 질량이 작은 편에 속하기 때문이다. 만약 태양의 질량이 더 커서 내부 압력이 강했다면, 폭발을 일으켜 초신성이라는 이름으로 생을 마감할 것이다.

지구의 탄생

지구는 태양으로부터 1억 5000만 킬로미터 떨어져 있다. 그리고 태양계는 약 46억 년 전에 만들어졌다. 태양계를 만들었던 성운은 주변에 폭발한 초신성에서 튀어나온 잔해들이 몰려들면서 중심부에 덩어리 형성이 가속화되었을 것이다. 이후 중력에 의해 수축하면서 회전이 빨라지고, 물질의 99.9 퍼센트가 몰려들어 태양이 되었다.

태양계의 중심부에서 태양이 만들어지고 있을 시기에 주변에서는 가스와 먼지들이 납작한 원반 모습으로 돌고 있었다. 태양에 가까운 것들은 모두 끌려갔다. 그러나 멀리서 일정한 간격을 두고 공전하는 것들은 끌려가지 않고 독자적 행성으로 살아남았다. 성운 속의 알갱이들은 뭉쳐서 콘드라이트(chondrite)를 만들었다. 콘드라이트는 원석 알갱이들이 그대로 엉겨 붙어 굳은 암석이다. 이것들은 서서히 식어 태양 가까운 곳에서는 암석 덩어리를 만들고, 먼 곳에서는 물, 암모니아, 메탄으로 이루어진 얼음 알갱이를 만들었다. 지금도 우주에서 지구에 떨어지는 운석의 대부분이 콘드라이트다. 이것이 초기 우주의 비밀을 간직하고 있을 것이라 생각한다.

많은 콘드라이트가 서로 부딪치며 합쳐져 어느 정도 질량을 확보해 중력이 작용하기 시작했다. 직경이 수 킬로미터에서 수십 킬로미터의 큰 덩어리들이 만들어졌다. 직경이 수백 킬로미터까지 되는 덩어리들이 서로

태양계

부딪치면서 원시 행성이 탄생했다. 이렇게 큰 덩어리들이 부딪치며 많은 열이 발생했고 중심부가 녹아 무거운 원소들이 핵을 이루기 시작했다. 이렇게 만들어진 것들이 암석형 행성이다. 금성, 지구, 화성 등이 여기에 속한다.

태양으로부터 지구와 화성보다 멀리 떨어진 지역에서는 얼음과 암석으로 이루어진 행성이 만들어졌다. 이 행성의 크기가 지구의 10배가 되었을 무렵, 스스로의 중력으로 주변의 가스들을 끌어모아 몸집을 더욱 크게 불렸다. 그 결과 목성과 토성은 각각 지구 질량의 300배와 100배에 이르는 거대한 행성이 되었다. 그래서 지금 목성과 토성은 중심부에 고체로 된 핵이 있고, 겉은 가스로 이루어져 있다. 천왕성과 해왕성도 고체 부분은 목성이나 토성과 비슷하다. 그러나 이것들은 가스를 많이 끌어모으지 못해서 헤비급 행성이 되지 못했다. 천왕성이나 해왕성이 중력을 발휘할 무렵에는 이미 목성과 토성이 가스를 다 끌어가버려 남은 것이 별로 없었기 때문이다.

목성이나 토성 주위에 있다고 해서 모두 끌려온 것은 아니다. 이미 돌면서 원심력을 확보한 것들도 있었다. 이것들은 목성이나 토성을 열심히 공전하면서 끌려오지 않고, 위성이란 이름으로 생존할 수 있었다. 이렇게 살아남은 목성과 토성의 위성이 60개가 넘는다.

지구는 어떻게 탄생했을까

태양계의 나이는 약 46억 년이다. 그리고 지구에서 가장 오래된 암석이 약 40억 년이다. 그 사이 약 5억 년 이상의 시간이 빈다. 이 기간에 일어난 일들에 대한 기록은 없다. 지구는 이 미지의 시간에 형성되었을 것으로 추정한다. 이 기간에 대륙이 만들어지고, 바다와 대기가 생겨났을 것이다.

그 당시에 지구 근처에 테이아(Theia)라 불리는 화성 정도 크기의 행성이 돌고 있었다고 추측한다. 테이아는 그리스 신화에 등장하는 창공의 여신이다. 불안정한 궤도를 돌고 있던 테이아는 지구와 충돌했고, 이 충돌에 의한 열 때문에 지구의 표면은 거의 녹은 상태가 되었다. 충돌 이후에도 주변을 돌고 있던 작은 행성들이 지구에 떨어져 지구의 겉 부분은 한동안 녹은 상태를 유지했다. 아마도 이 모습은 암석이 녹은 상태와 비슷했을 것이다.

높은 온도에서 녹은 암석은 증발해 암석 증기가 되었다. 그리고 마그마 바다에서 뿜어져 나온 휘발 성분(수소, 이산화탄소, 질소, 수증기 등)이 암석 증기와 함께 대기층을 형성했다. 대기층의 상층부에서 암석 증기가 구름을 형성했고, 이것이 응결되어 지구 표면에 비처럼 내렸다. 고온의 마그마 바다는 점차 온도가 내려갔고, 약 200만 년이 경과했을 때 마그마가 굳어 암석이 형성되었다. 비로소 지구 표면이 굳기 시작한 것이다.

시간이 흘러 지구에 충돌하는 소행성의 수가 줄어들면서 지구 표면의 온도는 계속 낮아졌다. 드디어 대기층의 수증기가 응결할 수 있는

450도까지 내려가자, 뜨거운 지구 표면에 떨어진 비는 곧바로 증발해 다시 수증기로 돌아갔다. 이러한 과정을 반복하면서 지구 표면은 더욱 빠르게 식어갔고, 지구 표면에 남아 있던 물이 바다를 형성한다.

원시 지구의 대기권에 있던 수증기는 응결해 지상에 비로 내려갔다. 대기권에는 일산화탄소, 이산화탄소, 질소, 황 등이 남았는데, 초기에 많았던 이산화탄소는 곧 물에 녹아 바다로 흘러들었다. 질소는 비활성이기 때문에 광물이나 암석 형성에 반응하지 않고 대기 중에 그대로 남았다.

마그마가 식어 암석이 되면서 지구 표면에는 지각이 만들어지기 시작했다. 지각 바로 아래에서 외핵을 둘러싸고 있는 맨틀(mantle)에는 현무암, 화강암 등의 암석이 섞여 있다. 지각이 만들어진 후 지구 표면이 굳으면서 표면에 높낮이가 생겼고, 지형의 굴곡이 만들어졌다. 시간이 흐르면서 두께가 수십 킬로미터에 이르는 땅 덩어리들이 생겨났는데, 이것이 바로 초기 대륙이다.

지구의 위성인 달의 탄생 과정

달은 지구의 유일한 자연위성이다. 지구와 달은 같은 시기에 형성된 것으로 보인다. 당시 지구와 달의 거리는 2만 4000킬로미터에 지나지 않았다. 현재 지구와 달의 거리가 38만 4000킬로미터인 것을 생각하면 무척 가까운 거리다. 당시 지구에서 달을 봤더라면 지금 크기의 약 400배가 되는 거대한 모습으로 보였을 것이다. 지구는 약 5~6시간마다 자전하고, 달은 84시간마다 지구를 공전하고 있었을 것으로 추정하고 있다.

달의 기원에 대해서는 여러 가지 이론이 있는데, 그중에 가장 설득력 있는 학설은 충돌설이다. 최근 컴퓨터 모의실험과 지질학적 증거 등을 바탕으로 가장 유력한 학설로 자리 잡고 있다.

초기 태양계에 불안정한 궤도를 돌고 있던 테이아가 지구를 향해 돌진했다. 화성 크기의 거대한 행성이 지구와 충돌한 것이다. 그런데 그 충돌한 각도가 지구 중심으로부터 약간 빗나가 있었다. 거대한 충돌은 엄청나게 많은 파편을 쏟아냈다. 그리고 비스듬한 방향의 충돌로 큰 덩어리가 떨어져 나갔다. 이때 떨어져 나간 덩어리가 바로 원시 달이 되었다. 만약 정면으로 부딪쳤다면 테이아는 지구 속에 파묻혔을 것이다.

떨어져 나간 파편들은 중력에 의해서 다시 원시 지구와 원시 달에 끌려들어갔다. 원시 지구와 원시 달은 이렇게 경쟁적으로 몸집을 불렸을 것이다. 물론 처음부터 몸집이 컸던 지구가 훨씬 유리했을 것이다. 아폴로 우주선이 달에서 채취해온 암석과 토양의 성분이 지구의 것과 매우 비슷하다는 점이 지구와 달은 원래 한 몸이었다는 주장을 강하게 뒷받침하고 있다.

달이 지구에 미치는 영향은 매우 크다. 우선 가장 눈에 보이는 것은 바닷물의 밀물과 썰물 현상이다. 달이 없었다면 바닷물은 거의 움직임이 없었을 것이다. 이 움직임은 바다가 생명체를 탄생시키는 데 결정적인 도움을 주었다. 움직임이 없는 곳에서는 어떠한 경우에도 새로운 변화가 생기지 않는다.

최초의 생명체는 바닷속에서 생겨났을 것이라는 학설이 있다. 생명체 형성 과정은 아직 수수께끼지만 물에 녹은 화합물들이 상호작용하며 결합했을 것으로 추정한다. 당연히 정지된 물보다 움직임이 있는 물속에서 이러한 화학작용이 일어났을 가능성이 높다.

달은 지구 자전축을 안정시키는 역할도 한다. 지구를 붙잡고 있는 달의 중력은 지구가 안정적으로 회전하는 데 도움을 준다. 만일 자전축이 불안정했다면 지구의 기후는 더욱 변덕스러웠을지 모른다.

원시 지구의 자전주기는 6시간 정도였는데 달의 영향으로 서서히 느려져 현재 24시간이 되었다. 이것은 지구와 달의 거리가 늘어난 것과 관

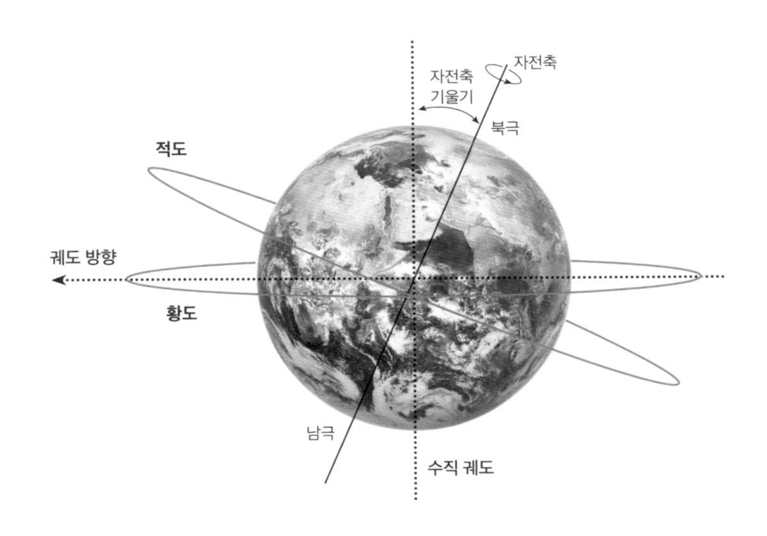

지구의 자전축 기울기

련이 있다. 달의 공전주기가 길어지면서 지구의 자전주기도 늘어난 것이다. 달이 없었다면 지구의 자전주기는 그만큼 더디게 늘어나 8시간 정도가 되었을 것이라는 가설도 있다. 8시간마다 하루가 바뀐다면 인간에게는 너무 숨가쁜 일과가 아닐까.

또 지구가 현재와 완전히 다른 기후 환경이 되어, 전혀 다른 생명체들이 살고 있을지 모른다. 그리고 무엇보다 달이 없었다면 우리 인간의 감성이 오늘날처럼 발달하지 않았을지 모른다. 달을 바라보면서 수많은 시, 소설, 음악, 미술이 탄생했으니 말이다. 인간의 감성적 교감은 태양에 비해 달에 집중되어 있다. 아마 태양은 직접 바라보기에 너무 눈이 아프지만, 달은 아무리 바라보아도 포근하게 다가오기 때문이 아닌가 생각한다.

그렇다면 달을 탄생시킨 충돌은 언제 일어났을까? 달의 암석을 분석해보면 달의 탄생 시점은 약 45억 년 전이다. 태양계 탄생 후 6800만 년의 일이고, 지구가 형성된 시점이기도 하다.

앞에서 원시 지구의 자전주기가 6시간 정도였을 것이라 했는데, 테이아와 충돌하기 전에는 그렇게 빨리 돌지 않았다. 충돌이 자전 속도를 빠르게 해준 것이다. 현재 지구의 자전축은 적도면에 23.5도 기울었는데, 이 역시 충돌에 의한 것으로 본다. 만약 자전축이 이렇게 기울지 않았다면 지구에 계절이 생기지 않았을 것이다. 사계절이 없이 추운 곳은 항상 춥고 더운 곳은 항상 더웠을 것이다. 또한 현재 달은 지구를 향하여 한쪽 면만 보여주며 공전주기와 동일한 자전주기로 회전하고 있다. 이러한 현상도 두 행성이 충돌에 의해서 태어나지 않고서는 생기기 어려운 일이다.

현재 금성은 자전 속도가 243일로 무척 느리고, 자전축은 3도만 기울어져 있다. 금성에는 지구 정도의 거대 충돌이 없었던 것 같다. 태양계의 모든 행성은 공전 방향과 자전 방향이 같다. 그런데 금성은 공전 방향과 반대로 자전한다. 아마 금성이 형성되는 과정에서 중요한 충돌이 반대 방향으로 돌게 만들었을 것이다. 또한 천왕성은 공전궤도에 거의 수직으로 자전하고 있다. 이것 역시 천왕성이 형성되는 과정에서 있었던 충돌에 기인했다고 추측된다.

지구 자기장의 형성

초기에 작은 행성으로 출발한 지구는 많은 충돌을 거치면서 온도가 올라갔다. 이 영향으로 많은 물질이 녹고, 이러한 융해로 인하여 철이나 니켈 등의 무거운 물질이 지구 중심부로 모이고, 규산염 같은 가벼운 물질은 표면으로 올라갔다. 중심에 뭉쳐진 철과 니켈 등이 핵을 형성하고 표면으로 상승한 규산염 등은 맨틀을 형성했다.

이후 암석에 섞여 있던 수분이 배출되어 대기 중에 수증기가 스며들기 시작했다. 그러나 몸집이 작은 달은 중력이 약해 수분과 기체를 간직

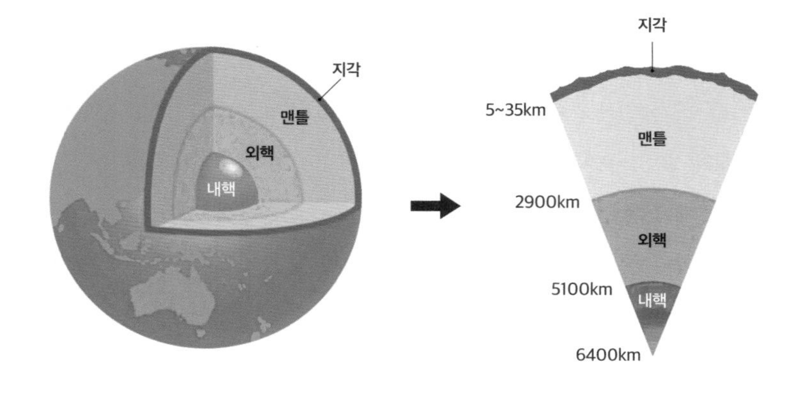

지구 내부의 구조

하지 못하고 빼앗기고 만다. 시간이 흐르면서 암석 형성이 활발해 암석의 두께가 수십 킬로미터가 되었고, 드디어 지각이 만들어지게 되었다.

현재 지구는 크게 3개 층으로 되어 있다. 가장 중심부의 핵(내핵, 외핵), 중간 부분의 맨틀 그리고 표면의 지각이다. 내핵은 무거운 원소들이 모여 있는 고체이고, 외핵은 철이 주성분으로 되어 있는 액체다. 중간층을 형성하는 맨틀은 액체 상태로 지표로부터 수십 또는 수천 킬로미터 아래에 위치하고 있다. 표면의 지각은 고체이며, 그 위로 지구를 둘러싸고 있는 대기층이 있다.

액체 상태인 지구 내부의 외핵은 위아래의 온도 차이로 인해 일정한 흐름을 갖고 있다. 특히 외핵의 주성분인 철이 지구 자전에 의해서 매우 빠른 속도로 회전하고 있다. 현재 지구는 하루 24시간에 360도를 돌기 때문에 시간당 15도씩 회전한다. 이는 적도 근처에서는 시속 1674킬로미터, 위도 37도에서는 시속 1337킬로미터에 해당한다. 물론 지구 내부로 들어가면 속도가 줄어든다. 어쨌든 엄청난 속도다. 지구 외핵에 있는 철이 이런 속도로 회전하고 있다는 뜻이다.

철을 돌리면 자기장이 생긴다. 원자가 빠른 속도로 움직이면 전자가 튀어나와서 생기는 현상으로, 발전기의 기본 원리다. 결국 지구는 자기장을 일으키는 거대한 발전기인 셈이다. 그런데 이 철은 액체이기 때문에 이것이 만들어내는 자기장의 방향에 약간의 유동성이 있다. 그래서 현재의 지구 자전축에 의한 북극과 자기장이 만드는 북극은 11도의 차이를 보이고 있다.

이렇게 생긴 자기장은 태양으로부터 날아오는 태양풍을 막아주어 생명체가 지구에 살 수 있게 보호해준다. 앞에서 언급한 전자의 동적 특성이 지구 자기장을 만들어주고, 궁극적으로는 인간을 비롯한 지구상의 모든 생명을 살리고 있는 셈이다.

생명체 잉태를 위한 준비

지구는 생명체를 품고 있는 푸른 행성이다. 달을 비롯한 태양계의 다른 암석형 행성은 40억 년 전의 모습에서 거의 변하지 않았다. 지구가 생명을 품은 행성으로 변할 수 있었던 가장 근본적인 이유는 적당한 질량을 확보해 공기와 수증기를 붙잡을 수 있었기 때문이다. 즉 지구는 생명체가 활동하기에 적합한 환경을 조성하는 대기를 가질 수 있었다.

대기는 지구 표면을 둘러싸고 있는 기체로, 지상 100킬로미터까지를 대기권이라고 한다. 바꿔 말해 100킬로미터 바깥부터는 우주라고 할 수 있다. 대기는 중력의 영향으로 대부분 지표 부근에 몰려 있는데, 전체 대기의 99퍼센트가 지상 32킬로미터 아래에 모여 있다. 지구 대기의 구성 성분은 질소가 77퍼센트, 산소가 21퍼센트, 물이 1퍼센트이며, 이산화탄소와 헬륨 등도 미량 포함되어 있다. 대기권은 기온 분포에 따라서 밑으로부터 대류권, 성층권, 중간권, 열권으로 구분한다.

대류권은 공기의 대류현상과 구름, 비, 눈 등의 기상현상이 일어나는 층이다. 지표면에서 약 11킬로미터까지를 일컫는데 열대지방의 경우 고도 16~18킬로미터, 극지방의 경우 고도 10킬로미터 이내로 차이가 있다. 고도가 높아질수록 기온이 하강하는데, 1킬로미터 상승할 때마다 대략 6.5도씩 온도가 떨어진다. 대류권의 제일 윗부분에는 제트기류가 흐른다.

성층권은 고도가 높아질수록 기온이 상승하는 층으로, 대류권계면에서 약 50킬로미터까지를 말한다. 특히 지표면에서 24~32킬로미터 위치에는 오존이 많은데, 이것이 태양에서 날아오는 강력한 자외선을 흡수하는 오존층이다. 오존층이 없었다면 강력한 자외선 때문에 생명체가 지상에 살 수 없었을 것이다.

중간권은 고도 약 50~80킬로미터의 영역으로, 수증기가 거의 존재하지 않아 기상현상이 일어나지 않는다. 위로 올라갈수록 온도는 계속 떨어져 영하 90도까지 내려간다.

열권은 고도 약 80킬로미터 이상의 영역으로 대기의 밀도가 매우 작아 낮과 밤의 온도 차가 매우 크며, 전리층과 오로라, 유성 등이 나타나는 층이다. 여기서는 공기 분자가 태양 복사에너지를 다량 흡수해 고도가 높아질수록 기온이 상승한다. 열권 내에 있는 전리층이란 태양으로부터 오는 자외선이나 우주선 등에 의해서 기체 분자가 이온화되어 플라스마 상태로 존재하는 층을 말한다. 태양에서 오는 입자들이 이 전리층에서 질소나 산소 원자와 충돌하는데, 이 충돌 에너지에 의해서 전자가 방출되어 자유전자와 양이온이 만들어진다. 이 부분에 있는 자유전자의 밀도에 따라 지상에서 발사한 전파

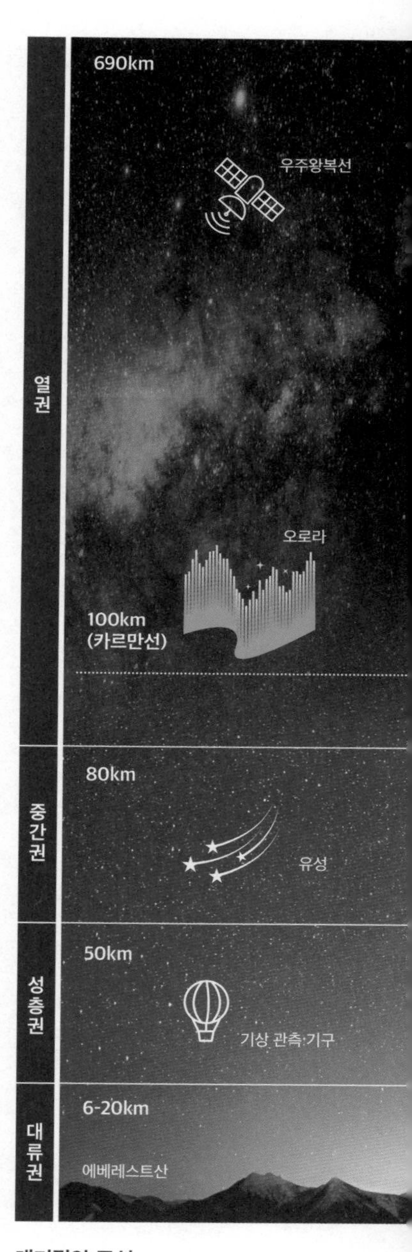

대기권의 구성

를 반사 또는 흡수해 무선 통신에 중요한 역할을 한다.

이처럼 전자는 대기 속에서도 생명체를 위하여 맹활약하고 있다. 오존층에서는 자외선을 받으면 산소분자를 오존으로 만드는 일에 참여하고, 전리층에서는 기체를 이온화시켜서 전리층을 만들어준다.

대기의 형성

지구의 대기는 태양과 태양계의 다른 행성들과 성분이 매우 다르다. 약 46억 년 전 탄생할 당시에 지구는 수소와 헬륨과 같은 기체로 싸여 있었다. 그러나 그 가벼운 기체들은 우주로 곧 흩어져버렸고, 현재의 지구 대기는 지구 내부에서 분출되어 나온 가스로 만들어졌다. 화산 분출 가스의 성분을 보면 수증기가 약 85퍼센트, 이산화탄소가 약 10퍼센트 그리고 질소, 유황, 나트륨, 염소 등으로 되어 있다. 현재 지구 대기의 성분인 약 78퍼센트의 질소, 21퍼센트의 산소 비율과는 큰 차이가 있다. 화산가스가 수십억 년 동안 물, 암석, 생물체와 상호작용하면서 오늘날과 같은 대기의 성분을 이룬 것으로 생각한다.

원시 대기가 주로 이산화탄소와 수증기로 구성되었다는 사실은 매우 중요하다. 이산화탄소와 수증기는 온실 효과를 일으키는 기체이기 때문이다. 만약 이산화탄소와 수증기 같은 온실 기체가 없었다면 당시 생긴 엄청난 열이 모두 우주공간으로 날아가버렸을 것이다. 그랬다면 지구는 에너지를 모두 잃고 오늘날과 같이 생명체를 가꾸지 못했을지 모른다. 원시 지구의 수증기와 이산화탄소에 의해서 두터운 구름층이 형성되었고, 공기 중의 수증기가 물방울로 변하는 아주 중요한 일이 벌어졌다.

당시 공기가 수증기를 포함하는 데는 한계가 있었다. 그리고 지구 온도도 점차 내려가고 있었다. 수증기는 공기 중에 응결해 구름이 되었고 비로 변모해 지표로 떨어졌다. 지구 표면에 떨어진 비는 지구상의 저지대에 모여 바다를 이룬다. 바다가 형성되자 이산화탄소가 녹아들기 시작하고, 대부분의 이산화탄소는 바닷속에 있게 된다. 그래서 결국 화학적으로 비활성인 질소가 대기의 주성분이 되었다.

한편 화산 분출 가스에는 포함되어 있지 않은 산소는 어떻게 생성되었을까? 2가지 설명이 가능하다. 첫째, 대기 중의 수증기(H_2O)가 태양복사의 자외선을 흡수해 수소(H)와 산소(O)로 분리된다. 그 결과 수소는 가벼워서 지구를 벗어나고, 산소는 서로 결합해 지구에 남는다. 실제로 지금도 오존층에서는 태양으로부터 오는 자외선이 수분을 분해해 산소와 수소를 만들고 있다. 하지만 이것으로 지구 대기의 21퍼센트나 되는 많은 산소량을 설명하기는 부족하다.

둘째, 식물에 의한 광합성 반응이다. 광합성은 엽록소가 가시광선 영역을 흡수해 H_2O와 CO_2로부터 당류를 생성하는 과정이다. 광합성은 약 30억 년 전에 바다에서 발생한 식물에 의해 시작되었고, 그에 의해서 산소가 생성되었다. 이후 대기 중의 산소 농도가 높아짐에 따라 오존층이 생성된 것으로 보고 있다. 이렇게 생성된 오존층은 생명체에 해로운 자외선을 막아주는 보호막 역할을 시작했다. 그 덕분에 지구상의 식물들은 광합성을 더욱 활발하게 하여 산소량을 증폭시켰을 것이다. 이런 과정을 거쳐 대기 중 산소 비중은 서서히 증가했다. 약 4억 년 전에는 30퍼센트 이상을 차지했고, 그 후에 15퍼센트까지 떨어졌다가 지금은 21퍼센트 수준을 유지하고 있다.

대기 중의 산소 농도는 광합성 외에 광물이나 암석과의 결합(산화작용) 등에 의해서도 영향을 받는다. 예를 들어 산소는 활성도가 높은 기체이기 때문에 다른 물질과 잘 결합한다. 그래서 동물의 대사작용에도 산소가 필요하고, 석탄을 태울 때도 산소가 필요하다. 또한 철이 녹슬어 산화철이 될 때에도 산소가 소비된다. 물속에도 산소가 녹아들어 있어 물고기들이 숨을 쉴 수 있다.

바다의 형성

우주에서 바라본 지구의 모습은 푸른 바다와 구름으로 뒤덮인 아름다운 행성이다. 지구 표면의 70.8퍼센트가 바다이고, 물은 지구 질량의 0.05퍼센트를 차지한다. 인간이 육지에 살기 때문에 육지를 먼저 생각하지만, 우주에서 객관적으로 지구를 바라보면 지구는 물로 이루어진 행성이라 할 만하다. 우주에서 물이라는 물질은 흔하다. 지금도 태양계의 행성에서 물이 발견되고 있다. 물론 온도에 따라 액체 상태로 존재할 수도 있고 고체 상태로 존재할 수도 있다. 지구 외에도 물을 가진 다른 행성은 생명체의 존재 가능성이 있다는 점에서 우주 생물학자들의 관심을 끌고 있다.

바다의 탄생에 대한 가장 일반적 학설은 지구 내부에 있던 수증기와 가스가 지구 표면으로 분출되었다는 것이다. 원시 지구 내부의 물질이 표출되는 과정에서 엄청난 압력과 열이 분출되며 수증기, 메탄가스, 수소, 암모니아, 이산화탄소, 질소 등이 나왔는데 특히 수증기가 80퍼센트 이상이었다. 시간이 흐르면서 원시 지구는 점차 온도가 내려가고 공기 중의 수증기는 응결되어 구름이 되었다. 구름에서 비가 내리기 시작하고, 지표 온도가 낮아지면서 마그마가 서서히 식었다. 이런 일이 수백만 년 동안 지속되었을 것이다. 그런데 지구 최초로 내리기 시작한 비는 300도에 가까운 뜨거운 비였다고 한다. 이렇게 쏟아진 비가 1300도로 끓는 지구 표면을 식혔다.

지구 표면이 식으면서 더 많은 수증기가 생기고 더 많은 비가 내렸다. 빗물은 낮은 곳으로 모여 호수가 되고 바다의 기초가 되었다. 지구에는 이렇게 바다가 생겼고, 구름 없이 맑게 갠 하늘이 생겼다. 현재 지구상에서 수분은 여러 가지의 형태로 존재하지만 거의 대부분은 바닷물이며, 대기 중에 수증기의 형태로 존재하는 것은 0.001퍼센트뿐이다.

바다가 형성되자 대기 중의 염산가스(HCl)나 아황산가스(SO_2)가 물에 녹기 시작해 산성 바다를 이루었다. 최초의 바닷물은 뜨겁고 염분이 없었으며 식초와 같은 산성이었다고 한다. 이산화탄소는 산성의 물에 잘 녹지 않는다. 또 질소는 아예 물에 녹지 않는다. 그래서 당시의 대기는 대부분 질소와 이산화탄소로 되어 있었다.

그런 가운데 지표가 갈라진 틈에서 맨틀에 있던 칼슘과 마그네슘이 흘러나왔다. 이것들이 바닷물에 녹아 있던 탄소와 결합해서 탄산칼슘과 탄산마그네슘이 되었다. 이것들이 바다를 중화시켜주었고, 이산화탄소가 바닷물에 녹기 시작했다. 온실가스인 이산화탄소의 농도가 낮아져 기온이 내려가니, 수증기가 더 많이 응결되어 비의 양도 많아졌다. 물이 많아지니 이산화탄소가 더 많이 녹아들었다. 이산화탄소 농도가 내려가고 기온도 내려갔다. 이렇게 지구는 이제 생명체를 잉태할 준비를 마쳐가고 있었다.

3장 생명의 출현

- 생명이란 무엇인가
- 원핵세포와 진핵세포
- 유전 정보 전달하는 DNA와 RNA
- 생명체의 원천 에너지, 광합성
- 생체분자를 결합시키는 전자

3장에서는

- 생명체는 스스로 대사작용을 해 생명을 유지하고 종족을 보존하는 유기물을 말한다. 대사작용이란 외부에서 물질을 섭취해 그것으로부터 에너지를 만들거나, 생물체 내에서 물질이나 에너지가 이동하는 것이다.

- 생명체는 세포로 이루어져 있다. 세포 수가 늘어나서 생명체를 형성한다. 세포는 2종류의 복제를 한다. 생명체 자신을 만들기 위한 복제와 자식을 만들기 위한 복제다. 이때 세포 속에 있는 유전자가 그대로 복제된다.

- 원핵세포란 체세포분열을 하는 핵과 염색체가 없는 세포다. 주로 무성생식으로 증식한다. 원핵세포를 갖는 생물로는 세균과 남세균이 있다.

- 진핵세포는 원핵세포와 달리 막으로 둘러싸인 여러 소기관이 존재한다. 핵막 덕분에 이 소기관들은 동시에 여러 가지 생화학반응을 수행할 수 있다.

- 유전 정보는 염색체에 저장되어 있다. 고등동식물의 경우 2배체 생물로서 염색체 한 쌍을 가지고 있다. 사람의 염색체는 46개(23쌍)로 이루어져 있다. 하나의 염색체는 하나의 DNA로 이루어져 있으며, DNA는 긴 사슬 구조로 이루어져 있다.

- 광합성은 모든 생명체를 먹여 살리는 영양소를 만들어내는 공정이다. 광합성 없이 태양에너지로 탄수화물을 만들 수 없다. 광합성이 이루어지는 곳이 엽록체다. 영양소를 분해해 생명체가 살아가는 에너지를 만드는 곳은 미토콘드리아다.

- 지구상에 자연적으로 존재하는 92종의 원소 중 생체를 만드는 데 필요한 원소는 약 20종이다. 그중에서도 산소, 탄소, 수소, 질소의 이용률이 가장 높은데, 이것만으로 세포의 99퍼센트 질량이 구성된다. 특히 탄소는 여러 생명체의 골격을 형성하는 데 널리 사용된다.

생명이란 무엇인가

생명이란 무엇인가? 생명체는 스스로 대사작용을 해 생명을 유지하고 종족을 보존하는 유기물을 말한다. 여기서 대사작용이란 외부에서 물질을 섭취해 그것으로부터 에너지를 만들거나 생물체 내에서 물질이나 에너지가 이동하는 것을 말한다. 그리고 유기물은 탄소를 기본으로 산소, 수소, 질소, 황, 인 등이 결합한 물질이다. 결국 탄소를 포함하고 있는 탄소화합물을 말하는데, 탄수화물, 단백질, 지방, 비타민 등이 여기에 해당한다. 이러한 유기물은 생명체의 구성 성분이 되고 에너지원이 된다.

우리는 일반적으로 생명체는 유기물로 되어 있다고 생각한다. 그렇다면 물과 모래, 소금 등 탄소를 포함하지 않은 물질은 생명이라 말할 수 없을까? 생물체는 일반적으로 자기증식, 에너지 변환, 항상성 유지, 3가지 능력을 가지고 있다. 자기증식 능력이란 스스로 자신을 증식해 종족을 보존하는 능력이고, 에너지 변환 능력은 외부에서 물질을 흡수해 에너지로 변환시켜 사용하는 능력이며, 항상성 유지 능력은 여러 가지 변화 속에서도 형태적·생리적 상태를 안정적으로 유지하는 능력이다. 이에 대해 좀 더 구체적으로 살펴보도록 하자.

우선 생명체는 체내에 필요한 물질을 합성하고 분해하는 화학반응을 일으키고 필요한 에너지를 만들어낸다. 또한 자신을 보호하기 위해 외부환경의 변화를 감지하고 반응하는 능력을 가지고 있다. 이 능력은 물질대사에 필요한 먹이를 흡수하기 위해서도 필요하다. 또한 생명체는 외부 환경이 변하더라도 체내 환경을 유지하는 능력이 있다. 예를 들어 체온, 혈당량, 체액 농도 등을 비교적 일정하게 유지한다.

그리고 생명체는 자신의 종족을 유지하기 위해서 자신과 닮은 자손을 남긴다. 종족 보존을 하지 못하면 당연히 세상에 존재할 수 없다. 또한 생명체는 무생물과 달리 발생과 성장의 과정을 거치는데, 탄생의 과정에서 스스로 세포분열을 해 생체기관을 분화시킨다. 이후 세포 수가 늘어나고 세포가 커지면서 성장 과정을 거친다. 또한 생명체는 환경에 적응하고 스스로 변화한다. 변화된 자신의 형질이 환경 적응에 유리하면 생존경쟁에서 유리한 위치를 차지한다.

세포는 생명체의 기본단위로 생명체는 수많은 세포로 이루어져 있다. 세포를 구성하는 주성분은 물, 단백질, 지방질, 탄수화물, 핵산 등이다. 그 가운데 물은 화학반응이 일어나는 장소를 제공하는 매우 중요한 역할을 하고 있다.

생명체의 구성

생명체는 외부와 격리하는 경계가 필요하다. 세포를 둘러싸고 있는 세포막이 그 역할을 한다. 1665년에 로버트 훅(Robert Hooke)이 처음 세포를 발견하고 이를 셀(cell)로 이름 붙였다. 셀이란 말처럼 세포막은 세포를 바깥 세계와 분리해 다른 물체와 구별 짓는다. 에너지를 저장하기에 좋은 물질인 지방질이 세포막의 주성분이다.

모든 생명체는 외부와 분리되어 존재하지만 완전하게 바깥 세계로부터 차단된 것은 아니다. 바깥으로부터 에너지를 끌어와 내부에서 소비하기도 한다. 이때 탄수화물은 에너지 이동에 중요한 역할을 하고, 이것은 주로 식물의 광합성으로 생산된다.

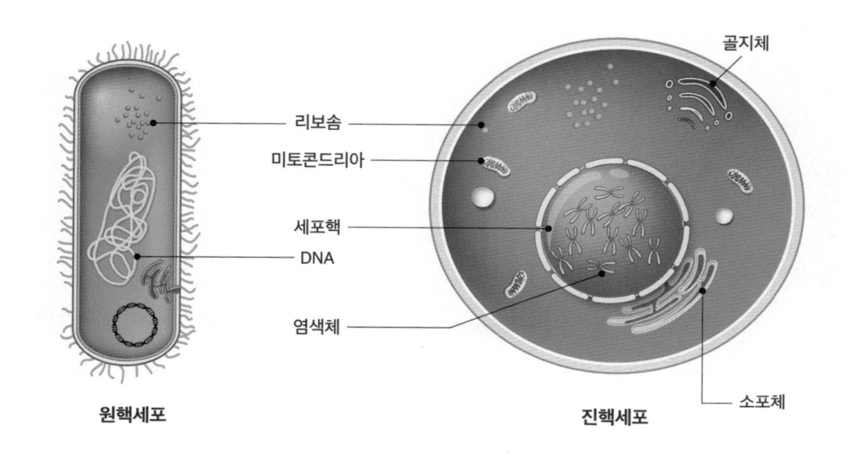

원핵세포와 진핵세포

세포는 원핵세포와 진핵세포로 구분할 수 있다. 원핵세포와 진핵세포의 가장 큰 차이는 핵막의 유·무에 있는데, 원핵세포는 핵막이 없고 세포막 안의 세포질에 원형의 DNA가 퍼져 있다. 진핵세포는 세포막 내에 세포핵이 있고 미토콘드리아, 소포체, 골지체 등의 소기관을 가지고 있다. 원핵세포로는 세균이나 남조류가 대표적이다. 남조류는 광합성을 하는 미생물로서 여름철에 저수지나 강에 녹조현상을 일으키는 주범으로 시아노박테리아(Cyanobacteria)라고도 불린다. 남조류는 세포 내에 핵물질인 디옥시리보핵산(DNA)을 가지고 있다. 수중생물 중에 스스로 운동능력 없이 부유하는 생물을 플랑크톤이라 부르는데, 남조류는 식물성 플랑크톤에 속한다.

동물세포와 식물세포의 가장 큰 차이는 엽록체의 존재 여부다. 나머지 소기관들은 거의 유사하다. 식물세포는 세포벽이 있지만 동물세포에는 없다. 세포벽은 세포막의 바깥쪽에 있는데, 세포의 형태와 크기, 기능

유지에 중요한 역할을 하고, 삼투압에 의한 세포 파열을 방지한다. 또한 식물세포에는 액포가 잘 발달되어 있으나 동물세포에는 액포가 퇴화되어 있다. 액포는 대사물질에 필요한 수용액을 보관하고, 삼투압 유지 등 세포의 생장에 중요한 역할을 한다.

세포의 구성

세포를 구성하는 기본 요소에는 세포막, 핵, 엽록체, 미토콘드리아, 소포체, 리보솜 등이 있다. 세포막은 얇은 막으로 다른 세포와의 연락과 물질 출입을 조절한다. 외부 물질이 출입하는 곳을 수용체(receptor)라 하는데 일종의 펌프와 같은 역할을 한다. 세포막은 진핵세포와 원핵세포에 다 있는데, 주성분은 단백질과 인지질이다.

핵(nucleus)은 세포의 모든 활동을 조절하는 세포 내 기관이며, 핵 내에는 핵산(nucleic acid)이 있다. 당과 염기, 인산기로 구성되어 있는 핵산은 뉴클레오티드(nucleotide)라는 단위체로 구성되어 있는 종합체다. 핵산에는 DNA와 RNA 2가지 유형이 있으며, 세포에서 유전 정보를 저장하고 단백질을 합성하는 기능을 담당한다.

엽록체는 식물의 세포에 들어 있는 소기관으로 광합성이 이루어지는 장소다. 엽록체에는 여러 종류의 색소가 있어서 빛에너지를 흡수할 수 있다. 육지에 있는 녹색식물들은 엽록소를 통해 광합성을 하고, 물속에 있는 조류들은 남조소, 갈조소, 홍조소와 같은 색소로 광합성을 한다. 엽록소는 탄소, 산소, 수소, 질소, 마그네슘으로 구성된 화합물이다. 엽록소는 빛에너지를 이용해 이산화탄소를 유기화합물인 탄수화물(포도당)로 만들고, 부산물로 산소를 배출한다.

미토콘드리아는 에너지를 ATP(adenosine triphosphate)로 전환한다는 점에서 엽록체와 유사점이 있다. ATP는 외부로부터 받은 에너지를 세포가

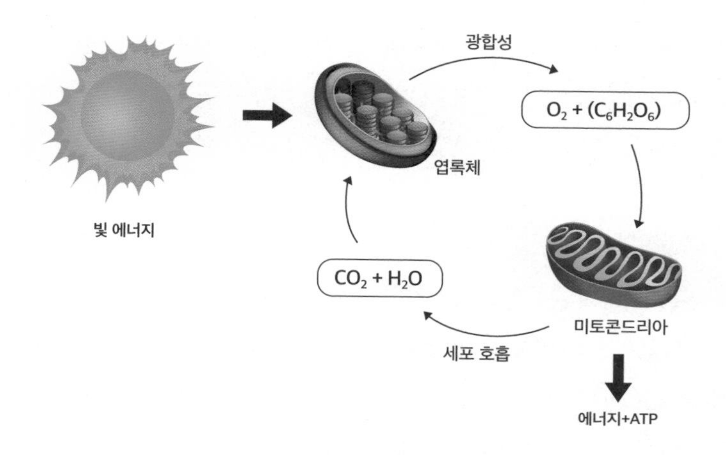

광합성과 세포 호흡의 과정

기능을 하는데 필요한 에너지로 전환해주는 역할을 한다. 한마디로 세포 내의 에너지 원천이라 할 수 있다. 엽록체는 빛에너지를 ATP로 변환하고, 미토콘드리아는 영양소에 들어 있는 에너지를 ATP로 바꾼다. 즉 몸속으로 들어온 영양소를 이용해 에너지원인 ATP를 합성하는 역할을 한다. 미토콘드리아는 내막과 외막의 이중구조로 되어 있는데, 일반적으로 활동이 활발한 세포일수록 많은 미토콘드리아를 포함하고 있다. 또한 미토콘드리아에는 유전 정보를 전달하는 DNA가 있다. 생물학자들은 미토콘트리아의 이중막과 독자적 DNA를 갖는 특징 때문에 독립된 세균으로 여기기도 한다. 태초에는 독자적 세균으로 활동했을 가능성이 높다고 여겨진다.

소포체는 세포 내 물질 이동 통로이며, 세포 내 미세 구조물을 고정하는 역할을 한다. 세포 안에 막으로 싸인 납작한 모양과 관 모양의 구조체가 연결되어 그물망과 같은 구조를 가진다.

리보솜은 단백질을 합성하는 기관으로 살아 있는 모든 세포에 존재하며, 소포체에 붙어 있기도 하고 따로 떨어져 독립적으로 존재하기도 한다. 리보솜은 mRNA(전령리보핵산)와 아미노산을 연결시켜서 단백질을 만든다. mRNA는 DNA로부터 유전 정보를 가져오고, 리보솜은 이 정보에 따라서 아미노산을 화학적으로 결합해 단백질을 만든다.

생명체의 역사

현존하는 모든 생명체는 하나의 뿌리에서 출발했을 것이다. 그렇다면 공통된 조상이 있을 텐데 우리는 이것을 루카(LUCA, last universal common ancestor)라고 한다. 하지만 이 루카를 최초의 생명체와 동일하다고 볼 수는 없다. 다른 형태의 생명체가 존재하다가 루카가 태어났고, 그것으로부터 현생 생물이 갈라지지 시작했다고 추정된다.

루카의 후손은 크게 세균(bacteria), 고세균(Archaea), 진핵생물(eukaryotes)로 나뉜다. 세균과 고세균은 단세포생물로, 2가지 세균 모두 핵막으로 둘러싸인 핵이 없는 원핵생물이다. 진핵생물에는 핵막으로 둘러싸인 핵이 존재한다. 고세균은 세균과 달리 높은 온도나 높은 염도의 환경에서 잘 생식하며 고인 물이나 동물의 내장 등에서 서식한다.

최초의 생명체는 대략 40억 년 전쯤 시작되었을 것이라 추정된다. 지구가 형성된 지 약 5억 년이 지난 시점이었다. 이때 출현한 원핵생물은 다양한 진화적 시도를 했을 것으로 짐작된다. 이 원형의 생물체는 독립영양을 통해 스스로 에너지를 만드는 방법을 고안해냈다. 그 결과 대략 27억 년 전쯤 광합성 능력을 가진 원핵생물이 출현했다. 원핵생물인 남세균은 물속에 사는 녹조나 식물성 플랑크톤이 대표적이다. 이들은 광합성을 통해 에너지를 얻을 뿐만 아니라 이 과정에 산소를 생산해낸다.

15억 년이라는 긴 시간 동안 원핵생물체는 조금씩 진화해 세포 내에 핵막을 갖춘 진핵생물을 만들어냈다. 이때의 진핵생물은 아마 단세포였을 것이고 아주 간단한 생명 활동만 가능했을 것이다. 이 진핵생물은 지

46억 년 전	지구의 탄생
40억 년 전	생명체(원핵생물)의 출현
35억 년 전	가장 오래된 화석
27억 년 전	광합성 생물의 출현
21억 년 전	진핵생물의 출현
6억 년 전	다세포생물의 출현
5억 4100년 전	캄브리아기 생명체 대폭발
5억 년 전	어류의 출현
4억 8000만 년 전	식물의 육지 상륙
3억 6000만 년 전	동물의 육지 상륙
2억 5200만 년 전	공룡 시대 시작
2억 2000만 년 전	포유류의 출현
1억 5000만 년 전	조류의 출현
6500만 년 전	공룡 멸종
600만 년 전	오스트랄로피테쿠스 출현
160만 년 전	호모에렉투스 출현
20만 년 전	호모사피엔스 출현

지구의 역사 연대표

구에서 점차 생태계를 만들어갔고, 원시 지구의 대기 환경 자체를 바꿔놓았다. 이후 전체 대기의 20퍼센트를 산소가 차지하면서 환경이 변하자, 생물종에 변화가 일어난다. 산소가 많아지자 효율적인 물질대사가 가능해졌고, 더욱 다양한 형태의 생물종이 나타나기 시작했다.

지금으로부터 약 6억 년 전 다세포생물이 처음으로 나타났고, 이들이 수많은 동식물을 만들어냈다. 이때까지 모든 생물체는 물속에서 살았지만, 약 5억 년 전 이들이 육지로 상륙해 급속도로 새로운 생물종을 만든다.

유전자 정보를 이용한 분자시계

인류를 포함한 지구 모든 생명체의 공통조상인 루카가 지금까지 알려진 것보다 훨씬 이전인 약 45억 년 전에 출현했다는 연구 논문이 2018년 과학저널《네이처 생태와 진화*Nature Ecology & Evolution*》에 발표되었다. 지금까지 가장 오래된 생명체 화석은 35억 년 전으로 알려졌는데, 생명체의 출현은 그보다 앞선 것으로 추정하고 있었다.

이 논문의 저자인 영국 브리스틀대학교 홀리 베츠(Holly Betts) 팀은 화석과 유전체 정보를 결합시켜 분자시계(molecular clock)라고 불리는 접근법을 사용했다. 분자시계는 DNA 기반의 연대 측정 기술로, 특정 생물 집단이 2개 이상으로 분화된 시점을 돌연변이의 발생 빈도를 사용해 예측하는 것을 시계에 빗댄 용어다. 예를 들어 인간과 박테리아처럼 두 종의 유전체 차이의 정도는 두 생명체가 분리되어 있었던 시간에 비례한다는 생각에 근거하고 있다. 두 생명체는 공통의 조상에서 갈라졌다고 믿기 때문이다.

기본적으로 유전자의 변이는 돌연변이에 의해서 일어난다. 유전자 변이가 생겨야 새로운 생명체가 태어난다. 모든 생명체는 자신의 유전 정보를 복사해 자손에게 물려준다. 돌연변이는 이러한 복사 과정에서 발생한다. 모든 사물이 그렇듯이 유전자도 복사할 때 가끔 오류가 생긴다. 생명체 진화의 장구한 시간으로 볼 때, 이러한 오류는 비교적 비슷한 비율로 일어난다고 볼 수 있다. 즉 시간 흐름에 따라서 돌연변이의 횟수가 많아진다고 할 수 있다. 그러면 반대로 돌연변이가 생긴 횟수를 보면 시간을 유추할 수 있다. 이것이 바로 분자시계의 기본적 원리다.

지금까지는 화석을 기초로 연대를 추정해왔는데 이 연구팀은 루카의 출현 시기를 추적하기 위해 화석과 살아 있는 생물의 유전체 정보를 이용했다. 화석 속 DNA 정보와 현존하는 생물의 유전 정보를 이용해 각 개체들이 언제 분화되었는지 유추했다. 즉 유전 정보를 이용한 가계도를 그린 것이다. 그 결과 루카가 출현하고 약 10억 년 후 세균과 고세균으로 분화한 것으로 나타났다. 인류가 속한 진핵생물은 한참 뒤에 고세균에서 갈라져 나왔다.

원시 지구 시대에는 생물 화석이 드물고, 화석을 발견해도 파편화되어 있어서 초기 생명체 연구에 어려움을 겪어왔다. 유전 정보를 이용한 연구는 이러한 단점을 보완해줄 수 있는 방법으로 주목된다.

세균과 바이러스의 차이

세균은 생물체 가운데 가장 미세하고 하등에 속하는 원핵세포 생명체다. 이것은 스스로 에너지와 단백질을 만들며 생존한다. 세균의 구조는 엽록체와 미토콘드리아 없이 세포막과 원형질만으로 이루어져 있다. 다른 생물체에 기생해 병을 일으키기도 하지만 발효나 부패 작용으로 생태계의 물질 순환에 중요한 역할을 담당한다. 예를 들어 우리 몸속의 대장균은 이로운 세균이고, 장티푸스, 천연두, 결핵균 등은 해로운 세균이다.

바이러스는 온전한 생명체라 말하기 어렵다. 바이러스는 스스로 에너지와 단백질을 만들지 못하지만 유전물질(핵산)은 가지고 있다. 그래서 생물과 무생물 중간 형태의 미생물이라 말할 수 있다. 바이러스는 스스로 물질대사를 하지 못하기 때문에 숙주를 이용해 생존한다. 동식물이나 미생물의 세포에 침투해 그 안의 물질들을 에너지로 활용해 살아가는 것이다. 세포 속으로 들어간 바이러스는 자신의 핵산을 이용해 복제하면서 증식한다. 그러다 세포가 고갈되면 다른 세포로 옮겨간다.

세균의 크기는 1~5마이크로미터(100만 분의 1미터)다. 이에 반해 바이러스는 30~700나노미터(10억 분의 1미터)로 세균보다 100분의 1 내지 1000분의 1 정도로 아주 작다. 일반 광학현미경으로는 볼 수 없었기 때문에 전자현미경이 발명되기까지는 그 실체를 눈으로 확인할 수가 없었다. 그러던 중 1890년대 러시아의 미생물학자 드미트리 이바노프스키(Dmitri Ivanovsky)가 담뱃잎에 발생하는 병을 연구하다가, 현미경으로도 보이지 않는 아주 작은 미생물이 있을 것이라 말했다. 그 후 역시 담뱃잎을 연구하던 네덜란드의 미생물학자 마르튀니스 베이에링크(Martinus Beijerinck)가 이런 미생물을 '바이러스'라 불렀다. 하지만 담뱃잎에 병을 일으키는 담배모자이크 바이러스를 처음 확인한 것은 1931년 전자현미경이 발명된 이후 1935년이었다. 바이러스는 감기, 홍역, 소아마비, 독감과 같은 병을 일으킨다. 최근 유행한 코로나바이러스도 그중 하나다.

원핵세포와 진핵세포

현재까지 발견된 것 중에서 가장 오래된 생명체의 화석은 약 35억 년 전에 생성된 것으로 추정되는 스트로마톨라이트(Stromatolite)로 보고 있다. 이런 생명체가 화석에 담겼을 시간을 감안해 생명체의 출현 시기를 약 40억 년 전으로 추정한다. 즉 지구에 유기물이 생겨나서 생명체가 되는 데 5억 년이 걸렸을 것으로 본다.

5억 년은 얼마나 긴 시간일까? 지금으로부터 5억 년 전은 바다에서 어류가 생겨나고 육지 생물이 시작되는 시기다. 공룡이 지구에서 번성하던 시기는 약 2억 5200만 년 전이다. 인간의 조상이라 불리는 오스트랄로피테쿠스가 출현한 것은 불과 600만 년 전으로 추정한다. 그러니 5억 년이라는 시간은 지구가 생명의 씨앗을 잉태하는 데 충분한 시간이다. 그 시간 동안 유기물들 사이에 수없이 많은 상호작용이 일어났을 것이고 그러는 중에 대사작용이 시작되었을 것이다.

세포막(cell membrane)은 세포질을 둘러싼 막으로 세포와 외부를 경계짓고 세포 내의 물질들을 보호한다. 세포막은 선택적 투과성을 지녀 물 또는 작은 비극성 분자들이 통과한다. 작은 분자일수록 세포막을 통과하기 쉽다.

세포막은 주성분이 지질층이기 때문에 극성이 작은 지용성 물질이 쉽게 통과된다. 작은 분자라 하더라도 전하를 띠고 있어 극성이 크면 쉽게 통과하지 못한다. 세포막을 통과하는 수송 방식에는 능동수송과 수동수송이 있다. 세포막은 원하는 물질을 수송하기 위해서 에너지를 써가며 능동적 수송을 하기도 한다.

세포막에서 진행되는 수동수송의 한 가지 예로 삼투가 있다. 세포 안에는 여러 물질이 일정한 농도로 들어 있다. 만약 물속에 세포를 넣으면 농도가 높은 세포 안쪽으로 물이 이동하면서 세포 속의 농도가 낮아질 것이다. 하지만 세포와 같은 농도의 용액 속에 세포를 넣으면 아무 변화가 없다. 또한 세포보다 높은 농도를 가진 용액 속에 세포를 넣으면 세포 안쪽에서 밖으로 물이 이동해 세포가 쪼그라든다.

능동수송의 예로는 나트륨펌프가 있다. 세포 안에 나트륨(Na^{+})의 농도는 매우 낮고, 칼륨(K^{+})의 농도는 높다. 이를 그냥 두면 자연스럽게 나트륨은 세포 밖에서 안으로 들어올 것이고, 칼륨은 세포 밖으로 나갈 것이다. 그런데 세포는 지속적으로 나트륨은 저농도 상태를 유지하고, 칼륨은 고농도 상태로 유지하기를 원한다. 그래서 나트륨펌프를 이용해 끊임없이 나트륨은 세포 밖으로 보내고 칼륨을 세포 안으로 들여보낸다.

원핵세포와 진핵세포의 비교

원핵세포란 체세포분열을 하는 핵이나 염색체가 없는 세포다. 핵과 세포질을 구분하는 핵막이 없어 DNA가 세포질에 있으며, 대부분 하나의 염색체만 가지고 있고 원형의 DNA로 이루어져 있다.

원핵세포는 주로 무성생식으로 증식하며, 이는 진핵세포와는 달리 한 세포에서 다른 세포로 유전자가 일방적으로 전달되면서 이루어진다. 원핵세포를 갖는 생물로는 세균과 남세균이 있는데, 남세균은 엽록소를 가지고 있어 광합성을 한다. 이것들은 약 40억~35억 년 전 지구상에 출현한 것으로 보인다.

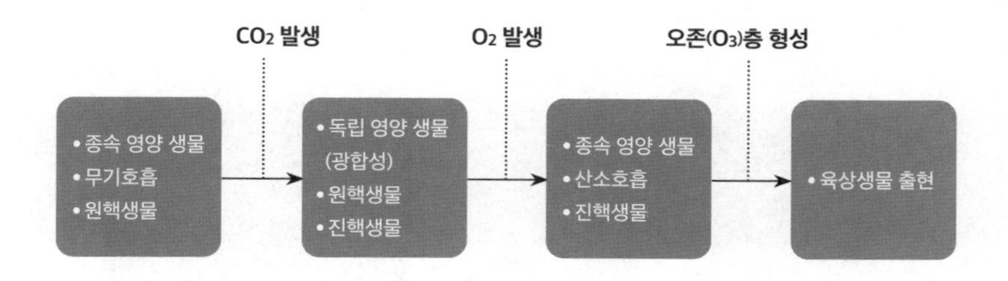

생물의 출현 과정

그러면 이것들은 어떻게 에너지를 확보했을까? 세균은 독립적으로 에너지를 만들어내지 못하기 때문에 이미 존재하는 유기물을 흡수하고 분해하며 에너지를 얻었을 것이다. 이러한 생명체를 종속영양생물이라고 한다. 유기물이 가지는 화학결합은 결합이 이루어질 때는 에너지를 흡수하지만, 그 결합이 끊어질 때는 에너지를 방출한다. 세균은 이때 생기는 에너지를 이용하고, 부산물로 이산화탄소를 배출한다.

세균 중에는 남세균과 같이 엽록소를 가지고 광합성을 하는 원핵세포도 있다. 남세균은 독립적으로 영양을 만들어내는 세균이다. 즉 독립영양생물이다. 남세균은 엽록소를 가지고 있기 때문에 짙은 청록색을 띠고 있으며, 세균 중에서 유일하게 산소를 발생하는 광합성 세균이다. 이것은 햇빛 에너지로 물과 이산화탄소를 이용해 에너지를 만들고 부산물로 산소를 배출한다. 강물에서 흔히 볼 수 있는 녹조가 바로 남조류다.

남조류와 같은 원핵세포는 엽록소를 통해 산소를 생산하기 시작했다. 지구 생태계는 대기 속 이산화탄소와 산소의 비율에 따라 변했는데, 산소가 풍부한 산화성 대기로 바뀌자 무산소호흡을 하던 생명체들에게 매우 불리한 환경이 되었다. 산소는 다른 원소와 결합을 잘 하는 성질이 있는데, 이 특성은 무산소호흡 생명체에게는 독성으로 작용할 수 있

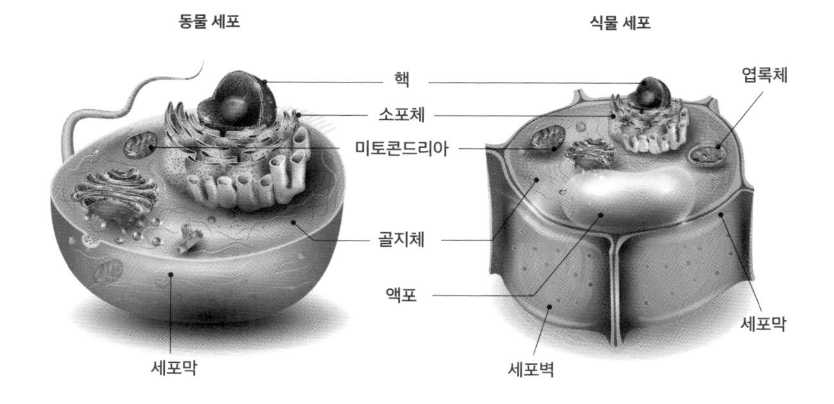

진핵세포

다. 따라서 지구 생태계도 무산소호흡 중심에서 세포호흡 중심으로 바뀌었다. 세포호흡은 영양소를 세포 내부에서 얻는 방식인데, 산소를 필요로 하기 때문에 산소호흡이라 부르기도 한다. 세포호흡은 효율이 높기 때문에 다양한 생명체가 출현하는 데 큰 역할을 했다.

진핵세포는 막으로 둘러싸인 여러 소기관이 존재해 세포질의 공간을 구분한다. 이로써 세포 내에서 소기관들이 동시에 여러 가지 생화학 반응을 수행할 수 있다. 진핵세포는 원핵세포에 비해 일반적으로 형태가 더 복잡하고 크기도 10배 정도 크다. 원핵세포의 크기가 1~10마이크로미터 정도라면, 진핵세포는 10~100마이크로미터 정도다. 진핵세포에는 핵막으로 구분된 핵이 있는데, 그 속에 DNA가 RNA에 정보를 복사 전달해 단백질을 만든다.

미토콘드리아는 ATP를 합성해 세포에 에너지를 공급하는 소기관으로 거의 모든 진핵세포에 존재한다. 엽록체는 엽록소가 있어서 녹색을 띠며, 빛에너지를 이용해서 포도당을 합성하는 세포 내 소기관이다.

진핵세포에서는 생식세포를 만들 때, 원핵세포에서 일어나지 않는 유사분열이나 감수분열이 일어난다. 유사분열을 통해 1개의 세포가 2개의 유전적으로 동일한 세포가 된다. 감수분열에서는 1번의 DNA 복제와 2번의 세포분열을 통해 4개의 반수체 딸세포를 만든다. 감수분열 중에 일어나는 유전적 재조합은 부모 염색체 쌍의 고유한 조합으로 이루어지는 염색체 1세트를 만든다. 이는 동일한 종으로 구성된 집단에서 개체의 다양성을 드러내는 데 절대적 역할을 한다.

현재 진핵생물의 화석으로 알려진 것은 약 21억 년 전의 지층에서 나왔다. 그리고 다양한 단세포 진핵생물들이 18억 년 전 이후의 고원생대, 중원생대, 신원생대 지층에서 많이 발견되고 있다. 따라서 진핵생물이 출현한 시기는 빠르면 22억~21억 년 전, 늦어도 18억 년 전이라고 말할 수 있다. 원핵생물과 달리 이들은 세포 내 골격을 발달시켰다. 이러한 세포 내 골격은 포식작용을 도와 다른 생물체를 잡아먹는 데 유리했다.

진핵생물은 구조적 유전적 특징에 근거해서 일반적으로 동물계, 식물계, 곰팡이계로 분류된다. 동물세포는 색소체, 엽록체, 세포벽이 없다. 단단한 세포벽이 없기 때문에 필요에 따라 형태가 유연하게 변한다. 동물이 활동에 적합한 형태를 만들 수 있는 이유가 여기에 있다. 동물세포의 이러한 특성은 종속영양 생명체로서 다른 생명체의 영양을 흡수하는 데 적합하도록 발달한 결과다.

식물세포는 다른 진핵생물의 세포에는 존재하지 않는 세포벽, 색소체, 엽록체 등의 소기관을 갖는다. 엽록소를 가지고 있는 식물세포는 광합성을 통해 모든 동물의 영양을 책임지고 있다고 볼 수 있다. 그리고 산소를 생산해 대기 속에 산소를 공급하고 오존층을 만들어 육상동물들이 살 수 있는 생태계를 만들어준다.

곰팡이는 여러 면에서 동물세포와 유사하지만 몇 가지 다른 점을 갖는다. 곰팡이는 균류 중에서도 세균, 버섯, 효모와도 구별되지만 엄밀하게 구별하기에는 어려움이 많다. 대부분의 곰팡이류는 현미경으로 보면 세포가 길쭉하게 실과 같은 모양을 하고 있다. 이것을 균사라고 한다.

세포 내 공생설

미토콘드리아와 엽록체는 다른 세포 소기관과 조금 다른 특성을 가지고 있다. 세포에 에너지를 제공하는 배터리 역할을 하는 이들은 자신의 유전자를 따로 가지고 있다. 미토콘드리아와 엽록체의 또 다른 특성은 자체 내에 자신의 리보솜을 가진다는 것이다. 리보솜은 단백질을 합성하는 곳이다. 또한 미토콘드리아와 엽록체는 2개의 지질막을 가지고 있다. 세포 내 다른 소기관은 모두 1개의 지질막으로 이루어져 있다.

이렇게 독립적 특성 때문에 미토콘드리아와 엽록체는 독립적 세포가 다른 세포 내에 들어가 자리 잡은 것이라는 학설이 유력하다. 이른바 세포 내 공생설이다.

세포 내 공생설은 큰 세포가 다른 작은 세포를 삼켜 큰 세포와 작은 세포 사이의 공생관계가 형성되었다는 학설이다. 이 두 세포는 협력 관계로, 큰 세포는 작은 세포에게 살기 좋은 환경을 제공한다. 작은 세포는 큰 세포에게 에너지를 제공하거나 광합성 산물을 제공하는 방식으로 함께 진화했을 것이다. 이 학설에 따르면 미토콘드리아는 호기성 세균에서, 엽록체는 혐기성 광합성균인 시아노박테리아에서 유래한 것으로 추정한다. 호기성은 산소를 필요로 하는 호흡이고, 혐기성은 산소를 필요로 하지 않는 호흡을 말한다.

유전 정보 전달하는 DNA와 RNA

생명체는 세포로 이루어져 있다. 세포가 커져서 생명체를 이루는 것이 아니라 세포의 개수가 늘어나서 생명체를 형성한다. 세포는 2가지 종류의 복제를 한다. 생명체 자신을 만들기 위한 복제와 자식을 만들기 위한 복제다. 복제할 때에는 세포 속에 있는 유전자가 그대로 복제된다.

세포가 만들어지면 유전 정보에 대하여 떠오르는 질문이 3가지 있다. 첫째는 하나의 세포가 어떻게 복제되어 생명체를 형성하는가이다. 하나의 세포는 여러 개의 세포로 증식해 큰 생명체로 성장한다. 이때 세포 각각은 수명이 짧다. 모세포는 딸세포를 만들어놓고 죽는다. 그래서 세포 각각은 수명이 짧지만 생명체는 수명이 길다. 이처럼 세포가 자신과 동일한 딸세포를 만드는 것을 체세포 분열이라 한다.

둘째는 동일한 유전자를 가지고 있는 세포들이 어떻게 하여 각기 다른 기능을 가지는 세포로 발달하는가이다. 한 생명체에 존재하는 세포는 모두 동일한 유전자를 가지고 있다. 그런 유전자로부터 심장, 위장, 피부 등의 각 기관에 맞는 세포가 만들어진다. 그 세포들이 모여서 모양과 기능이 다른 각 기관을 만든다. 동일한 유전자로부터 어떻게 이렇듯 각기 다른 세포와 기관이 만들어질까? 이 현상을 배아줄기세포의 분화라고 하는데, 그 과정이 아직 명확히 밝혀지지 않았다.

셋째는 세포가 어떻게 유전 정보를 자식 세대에 넘겨주는가이다. 생명체는 생식세포를 만들어서 자기 자신과 동일한 유전 정보를 가지는 자식 생명체를 만든다. 이와 같이 생식을 위한 분열을 생식세포 분열이라 한다.

인간의 DNA는 30억 개의 염기(A, T, G, C)로 이루어져 있다. 이 염기들은 긴 줄처럼 연결되어 있는데, 두 개가 서로 마주보며 꼬인 이중나선 구조를 이루고 있으며, 이를 염색체 속에 보관하고 있다. 이 염색체는 두 개씩 쌍을 이루고 있어서 상동염색체라고 한다. 그런데 이 30억 개의 염기 중에서 실제로 우리 생명체의 정보를 가지고 있는 것은 약 2만 1000개뿐이다. 이렇게 실제로 유전 정보를 가지고 있는 염기를 유전자라고 한다. 나머지 염기들은 특별한 정보를 가지고 있지 않다고 알려져 있다.

인간 게놈이 가진 2만 1000개의 유전자 중에서 실제로 세포가 활용하는 유전자는 10퍼센트에 불과하다. 그리고 어느 세포가 어떤 유전자들을 활용할 것인가는 세포마다 다르다. 이 차이로 심장세포, 신경세포, 근육세포 단백질이 만들어지는 것이다.

단백질은 모든 생명 활동을 가능케 하는 기능성을 제공하는 분자다. 유전자는 단백질 생성에 대한 정보를 담고 있다. 따라서 각각의 세포들은 저마다 다른 종류의 단백질을 생성해 가지고 있다. 근육세포나 혈액세포, 간세포 등이 모두 동일한 유전자를 가지고 있음에도 불구하고 형태적, 기능적으로 다른 이유는 단백질이 다르기 때문이다.

체세포 분열

체세포 분열은 1개의 세포가 2개의 세포로 갈라져 세포의 개수가 불어나는 생명 현상을 말한다. 이 과정에서 분열되는 세포를 모세포, 새로 생겨난 세포를 딸세포라 한다. 딸세포는 모세포와 동일한 염색체를 가지고 있다. 그래서 체세포 분열은 정확하게 동일한 유전 정보를 가진 세포들을 생산하는 것이 목적이다. 사람의 경우 30억 염기쌍으로 이루어진 유전정보를 정확하게 복사해 새로 만든 세포들에게 넘겨준다. 체세포 분열의 결과로 인간의 몸을 구성하는 수십조 개의 세포가 모두 동일한 유전정보를 가진다.

체세포 분열은 세포핵이 먼저 분열한 뒤 세포질 분열로 이어진다. 세포질은 세포핵을 제외한 나머지 부분을 말한다. 체세포 분열은 생식세포의 감수분열과 달리, 분열 시 염색체의 수나 DNA의 양이 변하지 않는다. 그렇기 때문에 염색체 수의 구성은 모세포(2n)와 동일한 딸세포(2n)가 만들어진다.

DNA 사슬은 일단 형성되기만 하면, 제 스스로 복제해나간다. 주위에 있는 염기를 끌어모아서 자신의 상보적(complementary) 서열을 만든다. 즉 A-U, G-C의 수소결합을 만들면서 복제한다. 이 복제 과정에는 가끔 오류가 생긴다. 그래서 실제로 원본과 다른 변형이 만들어지곤 하는데, 이렇게 생긴 변형을 돌연변이(mutation)라 한다. 이렇게 생성된 돌연변이는 다양한 변형을 만들어낸다. 이러한 변형은 질병으로 나타나기도 하고, 독특한 특성으로 나타나기도 한다. 또한 이 변형은 환경 적응에 유리하면 계속 남게 되고, 불리하면 없어진다. 이런 방식으로 생명체가 환경 변화에 적응하며 진화한다.

생식세포 분열

유전 정보는 염색체에 저장되어 있다. 고등동식물의 경우 2배체 생물로서 염색체 한 쌍을 가지고 있다. 예를 들어 사람의 염색체는 46개(23쌍)로 이루어져 있다. 사람의 염색체 개수를 표현할 때 46개라고 하지만 23쌍이라고도 표현한다. 하나의 염색체는 하나의 DNA로 이루어져 있으며, DNA는 긴 사슬 구조로 이루어져 있다

앞서 말했듯이, 사람의 세포는 46개의 염색체를 가진다. 이는 두 벌의 염색체(2n=46)로서 한 벌은 어머니에게서 한 벌은 아버지에게서 받은 것이다. 즉 23개의 염색체는 어머니에게서, 또 다른 23개의 염색체는 아버지에게서 받은 것이다. 마찬가지로 내가 형성하는 생식세포, 정자와 난자는 한 벌에 해당하는 염색체, 즉 23개의 염색체를 가진다. 이렇게 두 벌의 염색체를 가진 세포가 한 벌의 염색체를 가진 생식세포로 나뉘는 생식세포 분열을 감수분열이라 한다. 염색체의 수가 반으로 감소되는 분열이라는 뜻이다.

일반적인 체세포를 2배체(2n=46), 정자와 난자와 같은 생식세포를 반수체(n=23)라고 한다. 감수분열에서는 세포가 2회 분열한다. 첫 번째 분열에서는 2배체인 2개 세포를 만든다. 두 번째 분열에서 2개 세포를 반수체인 세포로 만든다. 결국 반수체 세포 4개가 만들어진다.

감수분열은 염색체 수를 절반으로 줄임으로써, 수정 후에 온전한 2배체가 된다. 그래서 세대가 거듭되더라도 그 수가 늘어나지 않는다. 감수분열의 결정적 의의는 유전적 다양성을 확보해준다는 것이다. 다시 말해 나와 다른 유전 정보를 가진 자식이 태어나게 해준다. 만일 근친결혼을 하면 유전적 다양성이 축소되어 생존력이 약화될 가능성이 높다. 물론 다양한 유전 정보를 가진 자식이 태어나더라도 그중에는 생존에 우월한 개체도 있고 열등한 것도 있을 것이다. 그러나 장기적 관점에서 보면 열등한 것은 도태되어 사라지고 우월한 것만 생존해 종족을 번성시킨다. 그래서 종족의 입장에서 보면 유전적 다양성을 유지하는 것이 중요하다.

세포분열은 자기 자신과 동일한 세포를 복제해 동일 개체의 신체를 지속하는 것이 목적이다. 이에 반해 감수분열은 유전적 다양성을 확보해 종족을 보존하는 것이 목적이다. 현재 고등동식물이 많은 환경 변화 속에서도 수억 년 동안 종족을 유지해온 데에는, 감수분열에 의한 생식이 있었기 때문이다. 만약 자기 자신과 동일한 자식만 태어난다면 환경 변화에 적응하기 어려웠을 것이다.

식물의 번식에서도 기본적으로 암꽃과 수꽃이 수정되어 씨앗을 만든다. 그러나 식물 번식에는 꺾꽂이와 접붙이라는 방법도 있다. 꺾꽂이를 통해 가지를 꺾어서 땅에 꽂아두면 뿌리를 내려서 자란다. 접붙이를 써서 가지를 다른 나무의 가지에 붙여서 묶어두면 한 몸이 되어 살아난다. 이렇게 하면 엄마 유전자를 그대로 이어받는다. 이 방법은 엄마의 좋은 성질을 그대로 이어받기 위함이지만 종의 다양성 측면에서는 불리한 방법이다.

전기 이온결합으로 만들어진 DNA 구조

생명체는 탄생 초기부터 자신의 존재를 영속시키기 위한 방법을 찾아냈다. 개체로서의 영속은 불가능하지만 종족을 만드는 매뉴얼을 대대손손 물려주는 방법을 알아낸 것이다. 생명의 흐름을 세대에서 세대로 이어가는 이 방법이 바로 자신의 정보를 DNA 속에 넣어서 전달하는 것이다.

DNA는 유전 정보를 저장하는 물리적 실체라고 할 수 있다. 달리 말하면 생명을 만드는 데 필요한 유전자 정보가 DNA 형태로 암호화되어 있다. DNA는 화학적으로는 뉴클레오티드가 계속 연결된 복합체로 2개의 긴 가닥이 서로 꼬인 형태로 층층이 쌓인 이중 나선 구조로 되어 있다. 각 층을 이루는 것이 뉴클레오티드다.

DNA의 화학구조를 조금 더 살펴보면 인산과 당이 교차하며 연결된 뼈대 구조 옆에 염기가 붙은 사슬 모양이다. 그런데 이 사슬이 2개씩 쌍을 이루며 꼬인 형태를 이룬다. 뼈대 구조를 이루는 인산-당의 결합은 이온결합이다. 이것은 전자 이온 사이의 끌어당기는 힘인데 화학결합이라 부르기도 한다. 염기는 두 나선 사이를 연결하며 사슬의 안쪽에 배열된다.

DNA 염기에는 아데닌(adenine, A), 구아닌(guanine, G), 티민(thymine, T), 시토신(cytosine, C)이 있다.

염기의 가장 중요한 특성은 아데닌(A)은 티민(T)과만 구아닌(G)은 시토신(C)과만 결합하는 상보적 결합 능력이 있다는 것이다. 이러한 상보성 때문에 이중나선의 두 사슬 중 하나의 염기서열을 알면 상대편의 염기서열을 자동으로 알 수 있다. 즉 'GATCTC'에 대한 상보적 서열은 'CTAGAG'가 된다.

단백질 구성의 정보를 가지고 있는 RNA는 DNA와 화학적으로 유사한 구조다. 다만 RNA는 염기로 티민 대신 우라실을 사용한다. 또 RNA의 뉴클레오티드(핵산)는 리보스다. 이중구조로 존재하는 DNA와 달리 RNA는 세포질 속에 한 가닥으로 단독 존재한다.

그래서 DNA는 유전 정보를 보관하는데, RNA는 단백질을 생산하는 데 이용하는 방향으로 진화했을 것으로 추측된다. 결국 현존하는 생명체는 성공적으로 자신의 유전자를 자식에게 전달하는 방식을 터득해 지금까지 종족을 유지해오고 있다.

센트럴 도그마(central dogma)는 DNA 정보가 RNA로 전환되고, RNA 정보가 단백질을 합성하는 과정을 말한다. DNA 이중나선에 들어 있는 정보 중에 한 가닥의 염기서열을 이용해 RNA를 복사한다. 이 과정을 전사(transcription)라고 한다.

전사 과정에 의해 DNA의 두 나선 중 하나의 염기서열과 동일한 서열을 가진 RNA 전사체가 만들어진다. 엄밀하게 말하면 완전히 동일하지는 않고, 티민이 있어야 할 자리에 우라실이 들어간다. 이 과정은 염기쌍 규칙인 'A-T, G-C'를 그대로 따른다. 다만 T 대신 U가 들어가니 A-U, G-C 짝짓기 규칙으로 전사된다.

단백질은 아미노산으로 구성되어 있다. 단백질 내의 아미노산 서열은

RNA의 염기서열에서 결정된다. 이 과정을 RNA 정보의 해독(translation)이라 말한다. DNA에 의해서 mRNA가 만들어지면 미토콘드리아로 간다. 여기서 mRNA가 가지고 온 정보가 아미노산 서열로 해독된다. 이 정보에 따라 아미노산을 연결하면 단백질이 만들어진다. 원시 생명체가 탄생할 즈음에 이 과정이 발전해 세포를 이루고 생명체를 형성했을 것이라 보인다.

아미노산이 서로 다른 순서로 연결되면 서로 다른 기능을 가진 단백질이 만들어진다. 이들 다양한 단백질들이 모여서 다른 세포를 만든다. 그리고 다시 이 세포들이 모여 다른 기관(심장, 폐, 뇌 등)을 만들고, 이것들이 모여서 생명체를 이룬다.

이러한 생명체의 구조는 집 건축과 비교해서 볼 수 있다. 물과 모래 등의 원료(아미노산)를 이용하여 시멘트(단백질)를 만든다. 그리고 시멘트를 이용해서 벽돌(세포)을 만들고, 벽돌을 쌓아서 안방과 거실 등(기관)을 만든다.

생명체의 원천 에너지, 광합성

생명체는 대부분 단백질이나 탄수화물과 같은 고분자 화합물로 구성되어 있다. 이 고분자 화합물들은 물질대사를 통해 끊임없이 분해되거나 합성된다. 이때 여러 단계의 화학반응을 통해 에너지 전환이 일어난다.

생명체의 물질대사는 크게 2가지 방향에서 생각할 수 있다. 첫 번째로 분자와 에너지를 이용해 고분자 화합을 만드는 화학작용이 있다. 식물이 햇빛과 이산화탄소, 물을 이용해 탄수화물과 산소를 생산하는 과정이 대표적인 예라 할 수 있다. 두 번째는 고분자 화합물을 분해해 분자와 에너지를 생성하는 화학작용이다. 이것은 동식물이 영양분을 섭취해, 이를 분해해 에너지를 생산하고 부산물로 이산화탄소를 만드는 과정이다.

이산화탄소에서 탄수화물을 생산하는 광합성

원시 지구는 지금보다 고온이었고 더 많은 이산화탄소가 있었다. 생명체의 가장 기본적 대사작용은 엽록체가 하는 광합성이다. 초기에는 이산화탄소(CO_2)와 수소(H_2)를 이용해 에너지를 얻기 위해 메탄생성균(mathanogen)이 에너지를 만들었을 가능성이 있다. 또한 이산화탄소와 황화수소(H_2S)를 이용하는 황세균도 스스로 에너지를 획득했을 가능성이 있다. 그 후에 남세균이 이산화탄소와 물을 분해해 탄수화물과 산소를 얻는 방식의 광합성으로 발전시켰을 것이다.

광합성은 모든 생명체를 먹여 살리는 영양소를 만들어내는 공정이다. 광합성이 없으면 태양에너지로 탄수화물을 만들 수 없다. 그리고 이런 광합성이 이루어지는 곳이 엽록체다. 또 영양소를 분해해 생명체가 살아가는 에너지를 만드는 발전소와 같은 곳이 미토콘드리아다.

광합성을 수행하는 엽록소는 에너지인 ATP를 생성하는 배터리 역할을 한다. 엽록소에서는 두 단계의 물리화학적 반응이 일어난다. 첫 번째로 빛에너지를 필요로 하는 명반응이 일어나고, 두 번째에는 빛과 관계없이 진행되는 암반응이 일어난다. 명반응은 ATP를 생성하는 반응이고, 암반응은 포도당과 같은 유기화합물을 합성하는 반응이다. 명반응을 통해 태양에너지가 화학에너지로 전환되고, 암반응을 통해 유기분자가 합성된다. 그래서 엽록체는 태양으로부터 에너지를 수확해 지구 생태계에 양분을 제공하는 매우 중요한 기관이다.

명반응과 암반응

엽록소가 광합성을 하는 가장 기본적 에너지는 햇빛에서 온다. 전자가 햇빛을 받으면 들뜬 상태가 되어 화학적으로 매우 불안정해진다. 이 들뜬 상태가 바로 에너지다. 즉 엽록소에 있는 물 분자가 들뜬 상태가 된다. 마른 나뭇잎이 볼록렌즈를 통해 햇빛을 집중적으로 오래 받으면 불이 생기는 것에 비유할 수 있다. 이렇게 전자가 불안정한 상태가 된다는 건 에너지를 이미 얻었다는 뜻이므로 그다음 과정은 수월하게 진행된다. 물론 수억 년 동안의 수많은 시행착오에 의해서 완성된 공정이다.

햇빛에 의해서 들뜬 물 분자(H_2O)는 수소(H)와 산소(O)의 결합이 느슨해진다. 물 분자가 들떠 있을 때, 촉매 역할을 하는 아미노산이 양쪽에서 수소와 산소를 끌어당긴다. 그 과정에서 수소와 산소를 묶어주고 있던 전자가 튀어나온다. 그 순간, 튀어나온 전자를 옆에 있는 엽록소가 잡아

채고, 이로 인해 물은 분해되어버린다. 물이 분해되면 수소 이온 2개($2H^+$), 전자 2개($2e^-$), 산소(O^-)가 생긴다.

전자를 가진 엽록소는 전자를 전자 운반 차량인 NADH에 주고, NADH는 전자를 전자 전달계로 이동시켜준다. 전자 전달계에는 펌프가 들어 있다. 전자가 전자 통로를 흘러가는 힘으로 펌프가 수소 이온을 막 안에서 밖으로 밀어낸다. 그 결과 막의 바깥쪽에는 수소 이온 농도가 높은 상태가 된다. 이것이 삼투압에 의해 막의 안쪽으로 들어오려는 물리적 힘(화학삼투압)을 만들어낸다. 이 힘으로 ADP와 인산이 결합해 ATP로 변환된다. ADP는 인산이 2개 있고, ATP는 인산이 3개 있다. 즉 ADP에 인산이 하나 더 붙으면 에너지를 품은 ATP가 생성된다.

엽록소에서 전자를 최종적으로 받는 것은 $NADP^+$라는 분자다. 이 분자는 전자를 받으면 NADPH라는 분자로 바뀐다. 정리하면 명반응에 의해 엽록체는 ATP와 NADPH를 생성한다.

명반응에서 생성된 ATP, NADPH는 포도당($C_6H_{12}O_6$)을 생산하는 암반응에 이용된다. 암반응의 첫 반응은 이산화탄소를 고정해 3탄당(피부르산)을 만드는 일이다. 이것이 캘빈회로(Calvin Cycle)를 돌면서 6탄당(포도당)으로 전환된다. 캘빈회로는 암반응에서 이산화탄소가 유기화합물로 변환되는 순환 과정을 말한다. 이 순환 과정은 직접 빛과는 관계가 없고, 앞의 명반응이 만든 ATP와 NADPH를 소비하면서 진행된다.

NADPH는 NADP로 바뀌면서, 이산화탄소(CO_2)에서 탄소(C)를 빼낸다. 그리고 탄소를 수소(H)와 산소(O)와 결합시켜 포도당(C, H, O의 화합물)을 만든다. 이 반응이 진행되는 데에 필요한 에너지는 ATP가 전해준다. 이렇게 만들어진 포도당은 엽록체 속에 있다가 나중에 뿌리나 열매로 이동한다. 그렇게 하여 지구상의 모든 생물은 영양소를 흡수한다.

전체적으로 보면 광합성의 명반응에서 산소가 생성되고, 암반응을

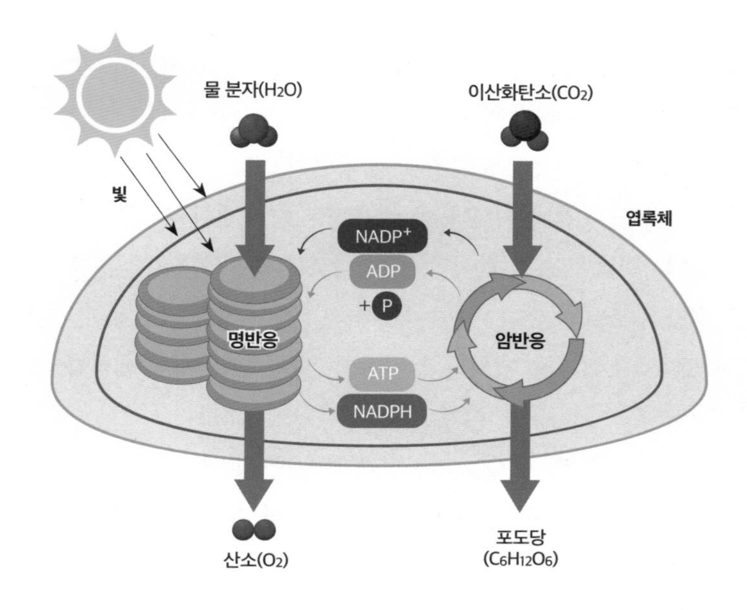

명반응과 암반응

통해 포도당이 합성된다. 결국 광합성은 햇빛, 물, 이산화탄소를 받아들여서 산소와 포도당을 생산한다. 그리고 이렇게 광합성에 쓰이는 에너지는 궁극적으로 태양에서 오는 빛에너지다. 동물이 흡수한 탄수화물은 미토콘드리아에서 산소호흡을 하여 ATP로 변환되어 모든 세포 활동의 에너지로 사용된다.

미토콘드리아의 에너지 생성

미토콘드리아는 광합성의 명반응처럼 에너지 ATP를 만든다. 다만 엽록소는 빛에너지를 이용하지만 미토콘드리아는 광합성으로 만들어진 탄수화물에서 에너지를 뽑아내는 일을 한다. 미토콘드리아는 모든 생명체가 가진 발전소라 할 수 있는데, 어떻게 ATP를 만드는지 알아보자. 여기에서도 전자의 역할이 매우 중요하다. 모든 세포는 ATP를 생성하는 미토콘드리아를 수백에서 많게는 수천 개 가지고 있다.

우리가 먹은 음식물은 잘게 쪼개져 아미노산, 단당류, 뉴클레오티드, 지방산 등의 작은 분자가 된다. 이 분자들은 더 작은 분자들로 조금씩 분해되는 대사회로 속으로 들어간다. 이 회로를 돌면서 분자들은 화학적으로 안정된 구조로 조금씩 바뀌는데, 이 과정에 전자가 밖으로 나온다. 이 전자들은 NADH라는 전자운반 차량에 실려 미토콘드리아의 내막으로 들어간다.

두 번째 단계로 전자가 전자전달계에 전달되면, 앞에서 설명한 수소이온 농도에 의한 화학삼투압이 일어난다. 이 과정에서 ADP가 에너지를 품은 ATP로 변환된다. ADP는 인산기가 2개이고 ATP는 인산기가 3개인데, 인산기가 하나 더 있으면 에너지를 품은 상태가 된다. ADP가 에너지를 받으면 ATP가 되고, ATP가 에너지를 방출하면 ADP로 바뀐다. 즉 에너지를 받으면 인산기를 붙이고, 인산기가 떨어질 때는 에너지가 방출된다.

이때 전자전달계에 전자가 계속 흘러가려면 끝에서 전자를 받아주는 분자가 필요한데, 이 역할을 하는 것이 산소다. 산소가 전자를 받아줌으로써 전자 전달계에서 전자가 계속 흘러갈 수 있다. 여기서 사용되는 산소는 동물이 호흡할 때 받아들인 것이다. 그리고 당을 분해하고 남은 탄소는 산소와 결합해 이산화탄소의 형태로 방출되는데, 이것이 동물의 호흡에서 뿜어져 나온다. 그리고 이와 같이 당에서 에너지를 만들고 이산화탄소를 배출하는 과정을 크레브스회로(Krebs cycle)라 한다.

앞에서도 언급했듯이, 세포 안에 미토콘드리아와 엽록체의 기원에 대하여 세포 내 공생설이 유력하게 인정받고 있다. 이것은 미토콘드리아와 엽록체는 진핵세포에게 잡아먹힌 박테리아가 소화되지 않고 살아남아

진핵세포와 영구적 공생관계를 형성하게 되었다는 설이다. 세포 내 공생설에 따르면 미토콘드리아는 호기성 박테리아가 공생하면서, 엽록체는 남세균이라고 불리는 광합성 박테리아가 공생하면서 진화한 것이다. 미토콘드리아만 확보한 세포는 동물세포로 발전했고, 엽록체까지 가지게 된 세포는 식물로 발전했다. 그리고 스스로 에너지를 획득하지 못하는 동물은 식물을 흡수해 에너지를 확보한다.

생체분자를 결합시키는 전자

지구상에 자연적으로 존재하는 92종의 원소 중 생체를 만드는 데 필요한 원소는 약 20종이다. 그중에서도 산소, 탄소, 수소, 질소의 이용률이 가장 높은데, 이것만으로 세포의 99퍼센트 질량이 구성된다. 특히 탄소는 여러 생명체의 골격을 형성하는 데 널리 사용되고 있다. 그래서 모든 생명체의 기본이 되는 유기물이 탄소화합물인 것이다. 이 4개 원소가 많이 이용되는 이유는 이들이 공유결합 특성을 가지고 있기 때문이다. 또한 인(P)과 황(S)은 쉽게 화학결합을 만들기 때문에 에너지대사에 많이 이용된다.

우주의 원소들은 빅뱅, 별, 초신성에서 생성되었다. 수소와 헬륨은 빅뱅에서 생성되었고, 그 후에 원자번호 26 이하의 원소들은 별에서 만들어졌다. 그리고 27번 코발트(Co)부터 92번 우라늄(U)까지의 원소들은 초신성 폭발 과정에서 생성되었다. 이러한 원소들이 어떠한 사물을 만들기 위해서는 서로 결합해야 한다. 예를 들어 수소와 산소가 결합해 물이 만들어지고, 탄소와 수소가 결합해 탄소화합물이 만들어진다.

원소들이 결합하면 분자가 만들어지는데, 특히 생명체가 생기려면 먼저 생체 분자들이 만들어져야 한다. 원자가 결합하려면 서로 당기는 힘이 필요한데, 원자들이 서로 붙게 만드는 가장 기본적인 힘은 전자기력이다. 전자기력은 물질이 전기적 성질을 가질 때 발생하는 힘이고, 전자기력을 갖게 해주는 것이 전하다.

전하는 입자가 가질 수 있는 전기적 성질을 말한다. 어떤 입자에 전자가 붙든지, 또는 몇 개의 전자가 부족하다든지 하면 그 입자는 양(+)이나 음(-)으로 대전되었다고 말한다. 그리고 이 입자가 가진 전기의 양을 전하라 한다. 이처럼 전하를 띤 입자를 이온이라고 한다. 같은 종류의 전하들은 서로 반발하고, 다른 종류의 전하들은 서로 끌어당긴다. 이것이 바로 기본적인 전자기력이다.

원자는 원자핵과 전자가 결합한 것인데, 전자는 원자핵을 중심으로 궤도운동을 한다. 그리고 각 궤도마다 전자가 최대로 존재할 수 있는 개수가 정해져 있다. 원자핵(양성자, 중성자)과 전자가 결합해 중성을 이룬다. 그런데 원자핵과 전자가 결합하는 과정에 여러 가지 변수가 생길 수 있다. 어느 원자에서는 각 궤도에 전자가 가득 차서 전기적으로 매우 안정된다. 또 어느 경우에는 전자 궤도에 빈자리가 있어서 전자 결핍을 느낀다. 이때는 다른 원자의 전자를 끌어오려는 경향이 있다. 또 다른 경우에는 원자핵이 전자를 끌어당기는 힘이 세서 전자가 한쪽에 치우쳐 존재한다. 이처럼 다양한 원자핵-전자 결합 방식에 따라 원자의 안정성이 결정된다.

전자의 궤도는 층별로 되어 있는데, 각 층에는 전자가 들어갈 수 있는 최대 정원이 있다. 1층에는 최대 2개, 2층에는 8개의 전자가 돌 수 있다.

원자번호 6인 탄소는 6개의 전자가 궤도를 돌고 있다. 2개는 1층 궤도를, 4개는 2층 궤도를 돌고 있다. 그런데 2층에는 8개까지 들어갈 수 있기 때문에 4개의 빈자리가 생긴다. 이 4개의 전자결핍이 다른 원소의 전자를 끌어와 공유하기를 원하는 성질을 만든다. 그래서 탄소는 4개의 팔을 가지고 있어서, 4개의 원자와 결합할 수 있다. 수소(H)는 1개의 전자를 가지고 있어 탄소의 네 팔 중 하나에 쉽게 연결되어 탄화수소를 만든다. 메탄(CH_4)이 가장 간단한 탄소화합물이다.

수소는 전자를 잃으면 양이온(+)이 된다. 산소(O)는 많은 경우에 전자를 끌어당겨서 음(-)으로 대전된다. 이러한 수소의 양전하와 산소의 음전하가 세포 내에서 다양한 화학반응의 원천이 된다.

비료의 주성분 중 하나인 질소(N)는 생체고분자에서 대개 양(+)으로 대전되는 특성을 가진다. 따라서 음으로 대전된 산소와 서로 잡아당겨 이온결합을 한다. 인(P) 역시 비료의 주성분 중 하나인데, 산소와 결합해 인산을 만들어 음이온을 띤다. 그리고 황(S)은 음(-)의 전하를 띠는데, 단백질의 주성분으로 단백질의 구조 형성에 매우 중요한 역할을 한다.

생체분자를 만들어주는 전기화학결합

지구상에 생명체가 탄생하려면 먼저 세포가 있어야 한다. 그리고 세포가 형성되려면 세포를 구성하는 분자들이 있어야 한다. 생명체의 기본단위인 세포와 단백질을 구성하는 분자를 결합시키는 힘은 전자기력이다. 그리고 이런 결합을 하는 당사자들은 화학물질이다. 그래서 이러한 결합을 화학결합 또는 전기화학결합이라고 한다. 즉 결합의 재료는 화학물질이고, 이것들을 붙여주는 접착제는 전자기력이다. 이 결합력이 세상의 거의 모든 생명체의 형성과 변화를 유발하는 원천이다.

생체분자를 만들어주는 전자기력은 크게 3가지 방식, 공유결합, 이온결합, 수소결합으로 발현된다. 이외에도 생체는 아니지만 물질 형성에 결정적 역할을 하는 금속결합이 있다. 이에 대해 하나씩 자세히 살펴보자.

첫 번째는 공유결합으로, 이는 생체 내의 가장 기본적 결합이다. 지구상의 원소들은 화학적으로 안정된 원소와 불안정한 원소로 나뉜다. 원자핵을 회전하고 있는 전자는 정해진 궤도를 돌고 있다. 1층에 2개의 전자가 돌고, 2층에 8개의 전자가 돌고 있는 식이다. 1층에 전자가 차면 그 원소는 안정되어 다른 원소와 결합하려 하지 않는다. 다시 말해 안정된 원소(불활성 원소)들은 전자 궤도에 필요한 전자를 꽉 채워 가지고 있다. 불안정한 원소(활성 원소)들은 전자가 결핍되었기 때문에 다른 원소의 전자를 빼앗아 채우려고 하다가 옆 원소와 전자를 공유하게 된다. 이 공유되는 전자가 두 원소를 붙잡아주는 역할을 한다. 이런 전자 공유는 필요가 같은 원소끼리 가능하다. 그래서 원소들은 각자 자기 것을 내놓고 공유한다.

예를 들어 수소(H)는 전자가 1개이며, 1층에서 돌고 있다. 수소의 경우에는 최외각(가장 외부에 있는 궤도)의 정원이 2개다. 그런데 1개의 빈자리가 있기 때문에 다른 원소로부터 전자 1개를 받아서 정원을 채우려고 한다. 2개의 수소 원자가 있다면 서로 같은 처지이기 때문에 전자를 공유하며 결합한다. 이것이 공유결합이다. 즉 2개의 수소(H) 원자가 모여 1개의 분자(H2)를 이룬다. 이렇게 수소 원자가 전자 2개를 가지면 안정된다.

공유결합은 대부분의 유기화합물과 일부 무기화합물에서 볼 수 있다. 특히 수소, 탄소, 산소, 황 등의 원소가 공유결합을 많이 한다. 결국 유기물에서 일어나는 화학반응은 탄소에 어느 원소가 전자를 공유하고 결합하면서 일어난다.

물 분자도 산소 원자 1개와 수소 원자 2개가 공유결합을 해서 형성된다. 물의 수소와 산소 공유결합은 좀처럼 풀리지 않는다. 100도 이상 끓여도 그저 수증기가 되어 날아갈 뿐 수소와 산소로 분해되지 않는다. 하

수소 원자 사이의 공유결합

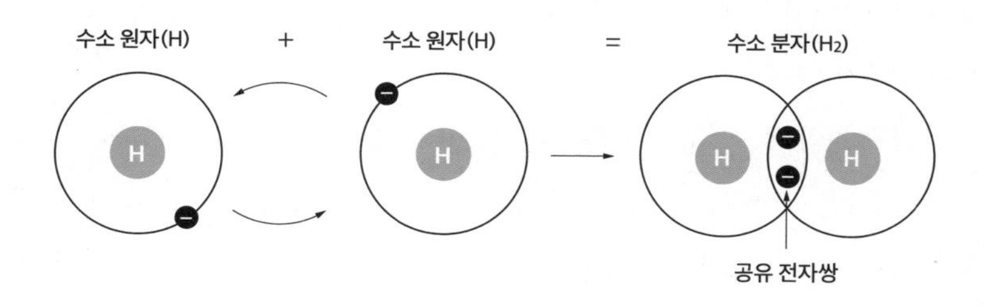

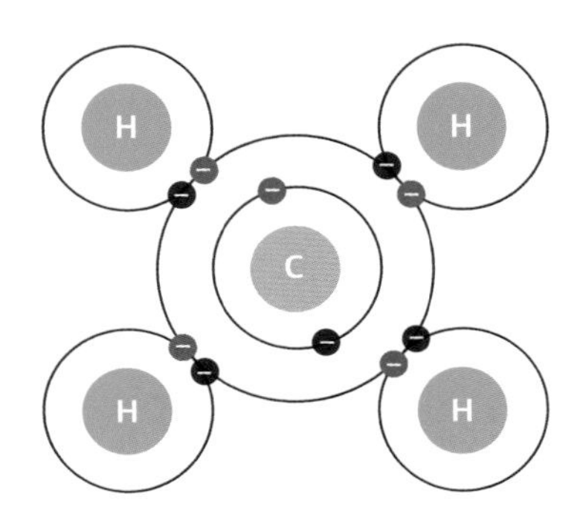

메탄 속 탄소와 수소의 공유결합

지만 광합성의 명반응에서 햇빛을 받으면 물 분자가 수소와 산소로 분해된다. 이것은 촉매 역할을 하는 아미노산이 양쪽에서 끌어당기기 때문에 가능하다. 메탄 분자도 대표적인 예로, 탄소와 수소가 공유결합을 하여 만들어진다.

두 번째 이온결합은 이온화된 원소 간의 결합을 말한다. 이온화는 중성의 분자 또는 원자가 전자를 잃거나 얻어 전하를 띠는 현상이다. 이때 원자는 양전하를 띠어 양이온이 되거나 음전하를 띠는 음이온이 된다. 예를 들어 소금(NaCl)은 2개의 이온화된 원소 Na^+와 Cl^-이 결합해 형성된 것이다. 그래서 소금이 물에 녹으면 2개의 이온으로 분리된다. 또한 기체에 열 또는 압력이 가해지면 이온화가 일어나기도 한다. 고온의 기체들은 큰 에너지를 가지고 운동해 서로 충돌하고, 이때 전자가 이동하면서 이온화가 일어난다.

플라스마는 기체가 이온화된 것인데, 대표적인 예로 태양을 들 수 있다. 태양은 고온의 플라스마가 중력으로 묶여 있는 형태의 천체다. 태양 내부는 약 1500만 도의 초고온으로 가열된 플라스마로, 수소를 원료

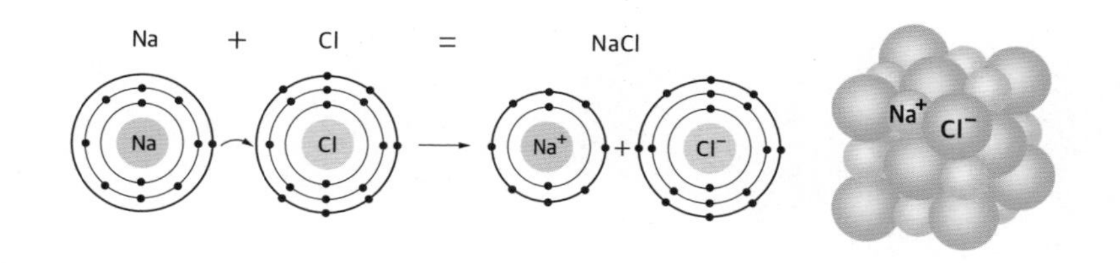

양과 음으로 이온화된 Na와 Cl의 이온결합

로 핵융합하면서 에너지를 방출하고 있다. 그래서 태양에서 방출되는 입자의 상당 부분이 이온화되어 있다. 우리는 지구자기장이 태양풍을 막아주고 있다는 것을 알고 있다. 태양에서 오는 입자들이 대전되어 있기 때문에 가능한 일이다. 한편 극지방에서 관측되는 오로라는 우주에서 오는 대전된 입자가 대기권의 입자와 충돌해 빛을 내는 현상이다. 또한 저온 플라스마는 방전으로 얻어지는데, PDP(Plasma Display Panel), 반도체 제조, 공기청정기, 형광등 등 다양한 산업 분야에서 이용되고 있다.

이온결합은 기본적으로 이온화된 원소가 서로 잡아당기는 힘에 의한다. 전자를 공유하지 않기 때문에 비공유결합이라고도 한다. 앞에서 물(H_2O)은 공유결합에, 소금(NaCl)은 이온결합에 의한 분자라고 했다. 공유결합인 물을 수소와 산소로 분해하려면 많은 에너지가 필요하다. 그러나 이온결합인 소금은 물에 녹이기만 해도 나트륨과 염소로 분해된다. 이온결합은 공유결합보다는 약하지만 생명체 내의 결합에 매우 중요한 역할을 한다. 핵산의 뼈대를 이루는 인산-당의 결합이 이온결합이기 때문이다.

세 번째는 수소결합인데, 원소들이 수소를 중간에 두고 결합하는 방식이다. 원자는 원자핵이 전자를 끌어당겨서 형성된다. 이때 끌어당기는 힘에 차이가 있어서 어떤 원자는 전자들이 한쪽으로 치우친다. 예를 들

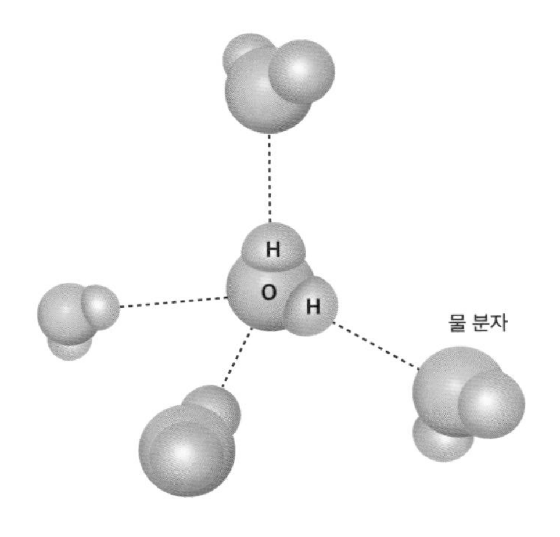

물 분자들이 이루는 수소결합

어 산소(O)와 질소(N)는 전자가 한쪽으로 치우쳐 있어서 음이온으로 대전된 것처럼 행동한다. 이처럼 전기음성도가 큰 원자들이 양이온 성질을 가진 수소(H)를 끌어당긴다. 예를 들어 물 분자들끼리 수소결합을 한다.

수소결합 역시 생명체에서 중요한 결합이다. 앞에서 염기들이 A-T, G-C의 관계로 결합한다는 것을 설명했는데, 이것이 바로 수소결합이다. 핵산의 뼈대를 이루는 인산-당의 결합은 이온결합이고, 이 뼈대를 이중나선으로 만드는 염기 사이의 결합은 수소결합이다. 수소결합은 가장 약한 결합력을 가진다. 그래서 결합이 끊어지기 쉽다. DNA가 복제될 때 간혹 오류가 발생하고, 이것이 진화를 유발한다는 것을 앞서 언급했다. 이 오류는 염기를 연결해주는 수소결합이 약하기 때문이다. 만약 수소결합이 더 강했다면, 생명체의 진화는 더 느렸을 것이다.

생물체 분자를 위한 결합 외에 금속결합이 있다. 금속결합이란 금속의 양이온과 자유전자 사이 인력에 의해 이루어진 결합이다. 순수한 금이

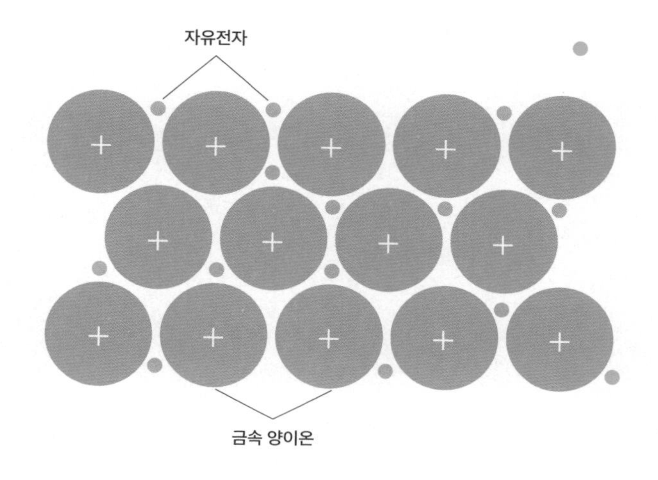

자유전자를 매개로 금속 원자들이 결합하는 금속결합

나 철, 구리, 알루미늄과 같은 금속들은 각각 원소 1개로 되어 있어, 금속 원자의 가장 외곽에 있는 전자들은 핵과 약하게 결합하고 있다. 그래서 이 전자들은 쉽게 궤도를 벗어나서 자유로이 움직이는 자유전자가 된다. 이 자유전자들이 금속 양이온을 결합시킨다. 금속에 전압을 걸어주면 자유전자들이 (+)극으로 이동해 높은 전기전도도를 보이며 열에너지를 잘 전달하므로 열전도율이 높다. 이 금속결합과 자유전자의 이동이 현대 전자산업이 탄생하게 된 기본 원리다.

결론적으로 공유결합과 이온결합, 수소결합은 생명체의 형성과 변화에 기여하고, 금속결합은 컴퓨터에서 AI까지 현대문명을 만들고 있다.

4장 생명체와 포유류의 출현

- 생명체 대폭발까지 지구의 변화
- 동물의 육상 진출
- 기온 변화와 공룡의 출현
- 생명체 대멸종 사건
- 포유류와 영장류의 출현

4장에서는

- 과학자들은 바다로 덮여 있던 지구가 화산 폭발로 융기해 서로 충돌하고 갈라지면서 육지가 생겼을 것이라 추측한다.

- 약 46억 년 지구의 역사에서 첫 20억 년 동안 지구에는 산소가 없었다. 이 시기에는 모든 생명체가 스스로 광합성을 해 에너지를 충전했다. 이후 산소가 생기면서 다른 식물이 합성해놓은 유기물을 빼앗아 에너지원으로 사용하는 생명체가 생겼다. 산소호흡을 하는 동물의 출현이다.

- 대륙들은 분리되기도 하고 서로 충돌하기도 했다. 고생대의 후반부인 석탄기에는 여러 대륙이 모여 판게아라는 새로운 초대륙을 형성했다. 이 초대륙은 북반구에서 남반구에 걸쳐 길게 배열되었고, 그 영향으로 위도에 따른 기후의 차이가 뚜렷했다.

- 지구상의 마지막 빙하기가 끝나는 약 1만 년 전부터 지구 생태계에 큰 변화가 왔다. 전 지구적으로 온난해지면서 고위도 지역의 빙하가 후퇴하고 숲이 급속도로 확장되었다. 이때부터 인간은 농경생활을 시작했고 신석기시대에 들어섰다.

- 지구상의 생물은 끊임없이 환경 변화를 경험하고 시련을 겪는다. 현생누대 기간에도 많은 생물이 한꺼번에 사라진 대멸종 사건이 다섯 차례나 있었다. 고생대의 오르도비스기 대멸종, 데본기 대멸종, 페름기 대멸종 그리고 중생대의 트라이아스기 대멸종과 백악기 대멸종이 이에 해당한다.

- 공룡을 멸종시킨 대멸종 사건 후 지구는 신생대에 접어들었다. 중생대가 공룡의 시대라면 신생대는 포유류의 시대다. 소행성 충돌로 생겨난 먼지가 서서히 가라앉으면서 태양빛이 들어왔고, 지구의 온도가 꾸준히 상승해 예전으로 회복되었다. 살아남은 식물들은 광합성을 다시 시작해 탄수화물을 만들어냈고, 동물들에게도 먹을 것이 생겼다. 파괴되었던 생태계가 서서히 회복되며 온난한 생태계에서 조류와 포유류가 적응력을 발휘해 번성했다.

생명체 대폭발까지 지구의 변화

지구에서 가장 오래된 암석의 나이는 40억 3000만 년으로 알려져 있다. 그리고 지구에 원핵세포인 생명체가 태어난 것은 약 40억 년 전으로 추정한다. 그 후 27억 년 전에 광합성을 하는 생명체가 등장해 지구환경을 바꾸어놓았다. 지구 대기에 산소가 생기기 시작한 것이다. 지구가 태어난 후 약 20억 년 동안 대기와 바다에는 산소가 없었다. 그런 지구에 커다란 변혁이 일어난 시점은 약 24억 2000만 년 전이다. 이 무렵부터 대기에 산소가 늘어났고, 기온이 내려가면서 암석에 빙하시대의 흔적을 남긴다. 그리고 21억 년 전, 세포핵을 가지는 진핵생물이 처음 등장했다. 18억 년 전 무렵에는 거대한 대륙이 형성되었고, 그 후 지구는 거의 변화를 보여주지 않는 시대에 접어들었다.

대륙의 형성과 이동

육지는 어떻게 형성되었을까? 바다로 덮여 있던 지구에 육지가 생긴 이유는 무엇일까? 과학자들은 지구에 화산이 폭발해 융기하고, 지각이 움직이면서 서로 충돌하고 갈라지면서 육지가 생겼을 것이라 추측한다. 1915년 독일의 지질학자인 알프레트 베게너(Alfred Lothar Wegener)는 거대한 원시 대륙이 점차 분리되고 이동하면서, 오늘과 같은 형태의 대륙을 형성했다는 대륙이동설을 주장했다. 해양을 사이에 두고 떨어진 대륙의 해안선이 서로 일치하고, 각각의 대륙에서 비슷한 화석이 발견되며, 연속적인 지질 구조와 빙하 퇴적층이 확인되면서 대륙이동설은 인정받기 시작했다.

그러면 대륙은 어떻게 이동했을까? 앞에서 살펴본 바와 같이 지구는 지각, 맨틀, 핵(외핵, 내핵)으로 구성되어 있다. 지표인 지각은 고체로 되어 있고, 중심부의 핵은 액체 상태의 금속으로 되어 있다. 맨틀은 지구의 지각과 핵 사이의 깊이 약 30킬로미터에서 약 2900킬로미터까지의 영역을 가리킨다. 주성분은 철과 암석으로 되어 있는데, 외핵의 열에 의해 부분적으로 액체 상태로 되어 있다. 맨틀도 고온 고압 상태에 있기 때문에 유동성을 띠고, 내부에서 부분적으로 온도 차이가 나기 때문에 매우 느리게 대류한다. 이것이 대륙이동설의 기본적 근거다.

그러면 과거에 대륙이 이동한 방향을 어떻게 알 수 있을까? 마그마가 냉각되어 암석으로 변할 때, 암석 속의 광물은 그 당시 지구 자기장의 방향을 띠는 자성을 가진다. 이 자성을 연구하면 대륙이 과거에 어느 방향으로 이동해왔는지 알 수 있다.

대륙이동의 영향을 보여주는 또 다른 예는 생물체의 분포다. 포유류의 일종인 유대류(예: 캥거루)는 현재 오세아니아 대륙에만 서식하고 있다. 이들은 북미 지역에서 출현해 대륙이 분리되기 전에 남쪽으로 이동해갔다. 그 후에 오세아니아 대륙이 분리되어 수천만 년 동안 따로 살게 되었고, 지금까지도 오세아니아 지역에서 생존하고 있는 반면 다른 지역에서는 자취를 감췄다.

지구상 최초의 초대륙은 발바라(Vaalbara)로 추정한다. 남아프리카의 카프발(Kaapvaal) 지괴와 오스트레일리아의 필바라(Pilbara) 지괴에 있는 암석들의 연대가 약 35억 년 전이며, 지자기극의 이동 경로가 유사한 것이 밝혀졌다. 이것은 약 35억 년 전에는 이 두 지괴가 서로 함께 있었다는 것을 의미하며, 이를 근거로 초대륙 발바라의 존재를 추정한다. 지괴란 사방이 단층으로 둘러싸여 독립적으로 침강 또는 상승을 하는 지각 덩어리를 말한다.

이후 초대륙 우르(Ur)가 약 30억 년 전에 형성되었으며, 오늘날 아프리카, 인도, 오스트레일리아의 암석에 흔적이 남아 있다. 초대륙 케놀랜드(Kenorland)는 약 27억 년 전 저위도에 형성되었는데, 약 25억 년 전부터 분열하기 시작한 것으로 추정한다.

초대륙 콜롬비아(Columbia)는 약 18억 년 전에 형성되었다가 약 16억~12억 년 전에 분열했다. 이것의 암석들은 북아메리카, 남아프리카, 마다가스카르, 인도, 남극, 그린란드, 북유럽, 시베리아, 서아프리카, 북중국, 남아메리카 등에 남아 있다.

초대륙 로디니아(Rodinia)는 약 11억 년 전부터 약 7억 5000만 년 전 사이에 존재했다. 이것의 흔적은 현재 북아메리카, 동유럽, 남아메리카, 서아프리카, 오스트레일리아, 인도, 남극대륙, 시베리아, 북중국과 남중국 등에 남아 있다. 로디니아는 약 7억 5000만 년 전에 맨틀에서 올라오는 거대 상승류에 의해 분리되기 시작했고, 이로 인해 원시 태평양이 탄생했다.

초대륙 판노티아(Pannotia)는 약 6억 년 전부터 약 5억 4000만 년 전 사이에 존재했을 것으로 추정한다. 초대륙 판게아(Pangaea)는 약 3억 년 전에 존재했다. 판게아는 약 2억 년 전에 로라시아(Laurasia)와 곤드와나(Gondwana)로 분리된다. 판게아의 북부를 차지하는 로라시아는 오늘날 북아메리카, 시베리아, 카자흐스탄, 북중국과 동중국을 포함한다. 남부를 차지하는 곤드와나는 남반구의 남극대륙, 남아메리카, 아프리카, 마다가스카르, 오스트레일리아, 아라비아와 인도가 되었다.

판구조론에 의하면 현재 지구상의 대륙과 해양은 10여 개의 주요 판으로 나뉘어 있다. 이들 판이 상대적으로 움직이는 방향에 따라 판의 경계가 만들어진다. 현재 태평양판은 유라시아판과 북아메리카판 밑으

초대륙 판게아의 변화

로 들어가고 있으며, 대서양판은 확장되고 있다. 지구가 지금과 같은 판구조 운동을 지속한다면 5000만 년 후, 대서양은 더욱 넓어지고 아프리카와 유럽이 충돌해 지중해가 사라질 것으로 예측한다. 또한 오스트레일리아는 동남아시아와 충돌하며, 미국의 캘리포니아는 알래스카까지 이동할 것으로 본다.

과학자들은 초대륙이 형성되고 분열하고 이동해 다시 형성되는 데 걸리는 시간을 약 3억~5억 년 정도로 추정한다. 따라서 46억 년 지구의 역사 동안 약 10회에 걸쳐 초대륙이 형성되었다가 사라졌을 것으로 추정하고 있다.

생명체에 필요한 환경: 지구 자기장과 산소

지구의 핵은 액체 상태의 금속이다. 핵의 금속은 자전하는 지구를 따라 회전한다. 핵 속의 철이 계속 회전하니 거대한 자기장이 형성된다. 이것이 바로 지구를 둘러싸고 있는 자기장의 근원이다. 지구는 거대한 자석이다. 지구가 북극과 남극을 잇는 자전축을 중심으로 회전하기 때문에 나침판이 북극과 남극을 가리킨다.

태양은 에너지를 방출하면서 많은 전하로 대전된 입자들을 내보내고 있다. 태양풍이라 불리는 이 에너지 흐름은 초속 약 450킬로미터의 속도로 입자를 운반하고 있다. 이 입자들의 에너지는 너무 강력해 지구 생물체에 치명적이다. 자기장은 대전된 입자들을 밀어내는 성질이 있다. 그래서 태양풍 속에 섞여 있는 대전된 입자들(이온과 전자)은 지구 자기장에 의해 밀려나고 있다. 결국 지구 자기장이 지구를 태양풍으로부터 보호하고 있는 셈이다. 만약 지구 자기장이 없었다면 지구 생명체는 강한 에너지에 노출되어 생존하기 어려웠을 것이다. 현재 금성은 자기장이 없는 것으로 알려져 있다. 그래서 금성에는 태양풍이 직접 도달한다. 아마 금성에 공기가 있고 물이 있다 하더라도 태양풍 때문에 지구와 같은 생명체는 생겨나기 어려웠을 것이다.

지구 자기장 외에 지구 생명체 출현과 유지에 핵심적인 요소는 산소다. 산소는 화학적으로 활동성이 매우 큰 원소로 다른 원소와 결합해 성질을 변화시키는 역할을 한다. 우리 주변에서 사물이 변하거나 녹이 생기는 것은 산소와의 결합 때문이다. 생명체가 흡수한 영양소를 분해해 에너지를 만드는 데도 산소의 역할이 필수적이다. 산소의 강한 결합력은 가끔 독성으로 나타나기도 한다. 주변의 물질을 산화시키고 불태우는 것이 대표적인 예다. 지구상에 존재하는 거의 모든 철은 산소와 결합해 산화철의 상태로 존재한다. 제철소에서 철을 생산한다는 말은 철에서 산소를 분리

누대	대	기	세	
현생누대	신생대	제4기	홀로세	1만 년 전
현생누대	신생대	제4기	플라이스토세	259만 년 전
현생누대	신생대	신제3기(네오기)	플라이오세	533만 년 전
현생누대	신생대	신제3기(네오기)	마이오세	2300만 년 전
현생누대	신생대	고제3기(팔레오기)	올리고세	3400만 년 전
현생누대	신생대	고제3기(팔레오기)	예오세	5600만 년 전
현생누대	신생대	고제3기(팔레오기)	팔레오세	6500만 년 전
현생누대	중생대	백악기		1억 4500만 년 전
현생누대	중생대	쥐라기		2억 년 전
현생누대	중생대	트라이아스기		2억 5200만 년 전
현생누대	고생대	페름기		
현생누대	고생대	석탄기 (펜실베니아기, 미시시피아기)		
현생누대	고생대	데본기		
현생누대	고생대	실루리아기		
현생누대	고생대	오르도비스기		
현생누대	고생대	캄브리아기		5억 4100만 년 전
선캄브리아시대 원생누대	신원생대	에디아카라기		
선캄브리아시대 원생누대	신원생대	크리오제니아기		
선캄브리아시대 원생누대	신원생대	토니아기		10억 년 전
선캄브리아시대 원생누대	중원생대	스테니아기		
선캄브리아시대 원생누대	중원생대	엑타시아기		
선캄브리아시대 원생누대	중원생대	칼리미아기		16억 년 전
선캄브리아시대 원생누대	고원생대	스타테리아기		
선캄브리아시대 원생누대	고원생대	오로시리아기		
선캄브리아시대 원생누대	고원생대	리아시아기		
선캄브리아시대 원생누대	고원생대	시데리아기		25억 년 전
선캄브리아시대 시생누대	신시생대			
선캄브리아시대 시생누대	중시생대			
선캄브리아시대 시생누대	고시생대			
선캄브리아시대 시생누대	초시생대			40억 년 전
선캄브리아시대 명왕누대(하데안기)				46억 년 전

지질시대의 구분

해내는 것을 뜻한다.

약 46억 년 지구의 역사에서 첫 20억 년 동안 대기와 해양에는 산소가 거의 없었다. 지구 대기에 산소가 크게 증가했던 사건은 원생누대 기간 중에 2번 일어났다. 원생누대는 25억 년 전부터 5억 4100만 년 전까지로, 지질학에서 보자면 지구에 산소가 존재한 시기부터 캄브리아기 생명체 대폭발 이전까지를 말한다. 원생누대는 세부적으로 고원생대, 중원생대, 신원생대로 나뉜다.

1차 산소 증가는 고원생대 초기에 있었다. 현재 산소량과 비교해 당시의 산소량은 0.001퍼센트였는데, 이 시기를 거치면서 1퍼센트까지 올라갔다. 이 기간에 산소가 증가했다는 증거는 24억~20억 년 전의 철분이 섞인 암석에 남아 있다. 초기 지구에 산소를 공급하기 시작한 것은 바닷속 광합성 생명체였을 것으로 추정한다. 2차 산소 증가는 신원생대가 끝날 무렵인 8억~5억 년 전이라 알려져 있다. 이때는 현재 산소량의 5~18퍼센트까지 증가한 것으로 추정하고 있다. 이 정도 수준이면 동물들이 호흡하기에 충분한 산소량이었고, 그 결과 신원생대에 동물이 등장한다. 그리고 캄브리아기 생명체 대폭발이 이어진다.

24억 년 전 이전에는 대기에 산소가 없었기 때문에 오존이 형성되지 않았다. 오존은 산소 원자 3개로 이루어진 분자로서 산소보다 훨씬 불안정해 다른 것과 쉽게 결합한다. 오존은 햇빛이 산소와 부딪쳐서 만들어지기 때문에 산소가 없는 곳에서는 존재할 수 없다. 현재 지상 20~25킬로미터 고도에 20킬로미터 두께로 비교적 농도가 높은 오존이 분포하는데, 이것을 오존층이라고 한다. 이 오존층에서 태양의 자외선을 흡수하기 때문에 지구의 생물은 자외선에 의한 피해를 입지 않고 있다. 그래서 산소가 없던 24억 년 전에는 생명체가 육상에서 지금과 같은 화학반응을 일으키기 어려웠다. 그러나 24억 년 전 무렵 대기 중 산소 농도가 증가하면서 대기권에 오존층이 형성되었고, 그 이후에는 육상에서 화학반응이 정상적으로 일어났다. 이러한 화학반응의 하나가 바로 광합성이다.

24억 년 전 무렵 1차 산소 증가가 발생한 원인은 무엇일까? 산소를 만들어내는 방법에는 2가지가 있다. 첫째는 식물의 광합성이다. 식물의 엽록체가 햇빛과 물, 이산화탄소를 이용해 탄수화물과 산소를 생산하는 것을 말한다. 둘째는 광분해다. 광분해는 대기권 상층부에서 물 분자가 자외선과 부딪치면서 산소와 수소로 분해되는 것이다. 이때 생기는 수소는 가벼워서 지구의 중력으로 붙잡을 수 없기 때문에 대기권 밖으로 날아가 버린다. 그러나 산소는 무겁기 때문에 남는다. 하지만 광분해로 생산되는 산소의 양은 광합성으로 생기는 산소의 양에 비해 매우 적다. 따라서 지구에 산소를 갑자기 만들어낸 것은 광합성일 것으로 생각한다.

그러면 언제부터 산소가 증가하기 시작했을까? 이 질문은 '광합성을 최초로 시작했을 것으로 보이는 남세균이 언제 생겨났을까'라는 질문과 같다. 남세균의 출현 시점에 대한 의견은 37억 년 전부터 23억 년 전으로, 10억 년 이상의 차이가 있다. 그러나 산소가 증가하기 이전에 이미 광합성이 시작되었을 것으로 생각할 수 있을 것 같다.

그러면 2차 산소 증가는 어떻게 일어났을까? 일부 학설에서는 이 시기에 바닷속에 플랑크톤이 많이 살기 시작했고, 플랑크톤이 산소를 폭발적으로 생산하기 시작했다고 말한다. 광합성은 물(H_2O)을 분해해 산소를 만드는데, 물 분자의 강력한 결합을 풀 때 전하를 띤 아미노산이 촉매 역할을 한다.

산소 출현에 따른 지구환경의 변화

지구에 산소가 없던 시기에는 모든 생명체가 스스로 광합성을 해 포도당을 합성하고, 이를 분해해 에너지로 활용해왔다. 그런데 산소가 생기면서 생명체의 에너지 공급체계에 변화가 생겼다. 다른 식물이 합성해놓은 유기물을 빼앗아 에너지원으로 사용하는 생명체가 생긴 것이다. 바로 산소호흡을 하는 동물의 출현이다.

활동성이 큰 산소의 출현은 기존의 생명체에게는 크나큰 환경 변화였을 것이다. 분자의 활동성이 크다는 건 다른 분자와 결합해 성질을 변화시킨다는 뜻이다. 이것은 많은 생명체에게 독성으로 작용했을 것이다. 이에 따라 일부 생명체는 이러한 환경 변화에 적응하지 못하고 도태되었을 것이다. 지금도 어떤 사물은 산화되어 부식하거나 썩는 것으로 생을 마감한다.

산소가 출현한 고원생대 초의 생물들은 원시적 세균이었을 것이다. 그중 일부는 산소에 적응하며 세균으로 살아남았다. 또 다른 일부는 산소를 이용해 호흡하는 호기성 세균으로 발전했을 것이다. 즉 유기물을 산화시켜 이산화탄소(CO_2)와 물(H_2O)로 분해하면서 에너지를 얻는 것이다.

앞서 말했듯 지구의 생물은 세포의 구조적 특징에 의해 크게 원핵생물과 진핵생물로 나뉜다. 진핵세균의 일종인 남세균이 광합성을 통해 원시 지구에 산소를 공급한 최초의 생물일 가능성이 높다. 그들의 활발한 활동은 스트로마톨라이트로 보존되어 있다.

남세균은 엽록소처럼 녹색 색소를 가진 생물이다. 선캄브리아시대에는 여러 가지 색소를 가진 광합성 미생물들이 공존했다. 그중에서 남세균은 빛을 잘 흡수할 수 있는 녹색 색소를 가지고 있었기 때문에 다른 미생물보다 더 번성할 수 있었을 것이다. 남세균을 포함한 다양한 단세포 광합성 생물들은 홍조류, 갈조류, 녹조류 등으로 진화해 많은 산소를 공급했다. 최초에 광합성을 시작한 남조류는 지금의 녹조류와 가장 가까운 수중식물이다.

캄브리아기가 시작할 무렵에는 산소가 공기의 약 10퍼센트를 차지했다. 고생대 초까지 물속에서만 살던 조류들이 육상으로 생활 영역을 넓힐 수 있는 기반이 마련된 것이다.

지구 탄생 이후 40억 년 동안 육지에는 생물이 없었다. 고생대 초까지 생물은 바닷속에서 살았다. 생물이 언제 어떻게 육지로 진출했는지 정확히 알 수는 없지만 식물이 제일 먼저 올라왔을 것이라는 추정은 쉽게 할 수 있다. 식물이 먼저 서식지를 마련해놔야 동물이 살 수 있기 때문이다. 육상식물의 기원은 물속의 녹조식물일 가능성이 높다. 현재 육상식물의 색소 성분과 광합성에 의한 당의 생산방식이 녹조식물과 비슷하기 때문이다. 여름이 되면 강이나 호수에 녹조현상을 불러일으키는 녹조류가 모든 육상식물의 조상인 셈이다.

그렇다면 수중식물은 어떻게 육상으로 진출했을까? 해안가의 얕은 물속에 살던 녹조식물이 바위에 붙어 있다가 조석간만의 차이로 물이 빠져 물 바깥으로 노출되었다고 생각해보자. 이런 일이 오랜 시간에 걸쳐 주기적으로 반복되면 육상에서 살아가는 방법을 터득할 것이다. 이러한 방식으로 수중에서 살았던 식물이 서서히 흙에서 살아가는 방식을 익혔을 가능성이 크다.

식물이 육상 환경에 적응하기 위해서는 몇 가지 특별한 기능이 필요하다. 우선 흙에서 수분을 흡수하고, 이 수분을 잎으로 이동시키는 능력이 있어야 한다. 지상으로 올라온 식물은 물을 빨아들이는 뿌리를 만들어냈고 관을 발달시켰다. 육상식물은 번식할 때 포자(홀씨)를 생산한다. 포자는 견고한 물질로 둘러싸여 건조한 환경에서도 견딜 수 있다. 또한 육상의 식물은 제 힘으로 몸을 지탱해야 하기 때문에 몸을 구성하는 줄기가 발달했다. 그 결과 현재 우리와 함께 사는 식물은 위로 높이 자라고 있다.

식물은 언제 육상으로 올라왔을까? 육상식물 화석 중에서 가장 오래된 영국의 쿡소니아(Cooksonia)는 약 4억 3000만 년 전의 것으로 알려져 있다. 그러나 식물의 포자 화석은 아르헨티나의 오르도비스기 지층에서 발견되는데, 이 지층은 4억 7000만 년 전의 것이다. 그래서 학자들은 육상식물이 캄브리아기 또는 전기 오르도비스기에 이미 등장했을 것으로 짐작한다. 이러한 식물의 육상 진출은 생명 탄생 이후 가장 위대한 사건이다.

캄브리아기 생명 대폭발

지질학에서 고생대는 5억 4100만 년 전 캄브리아기 생명체 대폭발부터 2억 5200년 페름기 대멸종까지로 본다. 이 시기에는 캄브리아기, 오르도비스기, 실루리아기, 데본기, 석탄기, 페름기가 있다.

캄브리아기는 지구 역사에서 중요한 의미를 지닌다. 지질시대를 크게 캄브리아기 이전과 이후로 나누는데, 캄브리아기 이전은 암석에서 생물의 흔적이 보이지 않고, 캄브리아기 이후에는 생물 화석이 존재한다.

암석 속에 생물의 화석이 보인다는 건 생물체가 많이 살았다는 뜻이다. 그것도 화석에 남을 수 있는 정도의 생물체가 말이다. 그래서 캄브리아기를 생물체의 대폭발 시기라고 한다. 실제로 본격적인 동물이라 할 수 있는 삼엽충이 가장 번성했던 시기이기 때문에 삼엽충의 시대라고도 부른다.

현재까지의 화석 기록으로는 양치식물(예: 고사리)이 선태식물(이끼식물)보다 오래되었다고 알려져 있다. 그러나 이것은 선태식물의 몸 구조와 생태가 화석이 되기 어려웠기 때문일 것으로 추측된다. 그렇기 때문에 어느 쪽이 먼저 상륙했는가, 즉 녹조식물에서 어느 쪽이 먼저 분화해 상륙했는가가 논란의 대상이다. 그런데 최근에는 녹조류에서 선태류를 거쳐 양치류로 진화해왔다는 설이 더 많은 지지를 받고 있다.

양치식물이 실루리아기 후반 육지에 정착한 뒤로 육상식물들은 빠르게 진화했다. 이를 잘 보여주는 지층이 스코틀랜드 라이니 지방에서 발견된 라이니 처트(Rhynie Chert)다. 데본기 초기에 퇴적된 이 지층에는 다양한 식물뿐만 아니라 박테리아나 버섯 같은 균류의 화석이 남아 있다. 당시의 식물은 지금의 식물과 많이 다르다. 우선 뿌리가 발달하지 않아서 줄기의 일부가 뿌리 역할을 대신했다. 잎이 발달하지 않아 줄기가 광합성을 담당했고, 잎이 진화해서 만들어진 꽃도 없었다. 따라서 이 식물들은 이끼나 고사리처럼 씨앗 대신 포자(홀씨)를 퍼뜨려 번식했을 것이다. 또한 튼튼한 뿌리가 없고 줄기도 가늘어 사람 허리 높이 정도밖에는 자라지 못했다.

식물의 뿌리와 잎이 제 모습을 갖추기 시작한 것은 데본기 중기부터다. 식물이 크게 자라 더 많은 잎을 펼칠 수 있다면 좀 더 많은 햇빛을 받을 수 있다. 그리고 포자나 씨앗을 더 멀리 퍼뜨릴 수 있는 장점이 있다. 이 때문에 생존에 유리한 조건을 갖춘 덩치 큰 식물들이 더 많이 살아남아 번성하게 되었다. 비로소 지구의 육지에는 숲이 우거지기 시작했다.

고사리는 당시 8미터가 넘는 거대한 나무로 자라기도 했다. 석탄기에는 높이 50미터가 넘는 나무들이 울창한 숲을 이루었다. 이 숲에서 죽어 쓰러진 나무들이 땅 속에서 두꺼운 석탄층으로 변해 훗날 인류의 에너지원이 되었다. 식물들이 번성한 데본기에는 토양이 오랫동안 물을 잡고 있었고, 물이 항상 흐르는 하천이 생겼으며 퇴적물이 쌓였다. 데본기 후기에는 수풀이 우거진 늪지대도 형성되었다.

식물의 진화에 있어서 잎과 뿌리의 출현 다음에 일어났던 커다란 변혁은 씨(種子)의 등장이다. 씨로 번식하는 종자식물은 데본기 끝 무렵인 3억 6000만 년 전에 출현한다. 씨는 건조한 환경에서도 잘 견디기 때문에 식물을 널리 전파시킬 수 있었다. 그 결과 석탄기에는 지구 곳곳에 울창한 수풀이 우거졌다.

산소를 생산하는 식물의 발달은 대기 중 산소 농도를 높여주었다. 대기 중 산소 비중이 증가해 석탄기와 페름기에는 30퍼센트에 이르렀다. 산소가 증가하자 산소호흡을 하는 동물들도 크게 발달했다. 날개 길이가 70센티미터나 되는 잠자리가 생존하던 시기도 이때였다.

동물의 육상 진출

지구상의 초대륙 형성과 해체, 산소 농도의 급증 그리고 기후변동 등은 생물의 활동과 진화에 직접적 영향을 미쳤다. 7억 5000만 년 전부터 시작된 로디니아 초대륙의 분열로 새롭게 생겨난 대륙붕 환경에서 생물들이 번성했다. 유기질 탄소가 대륙붕 퇴적물에 많이 매몰되어 대기 중 산소의 비율이 크게 늘어났다. 대기 속의 이산화탄소가 식물에 의해 유기물이 되었고, 이것들이 바닷속에 쌓인다. 이에 따라 당연히 산소의 비율이 높아졌다.

이러한 지구환경 변화는 결국 생명체에 영향을 주어 생물의 다양화를 이끌었을 것이다. 1차 산소 증가 시기에는 지구가 원핵생물의 세계에서 진핵생물의 세계로 변하고, 2차 산소 증가 시기에는 단세포생물에서 다세포동물로 발전했을 것으로 추정한다.

동물은 일반적으로 크기가 크고 구조도 복잡해 수많은 세포를 가지고 있고, 생활할 때 많은 에너지와 산소를 필요로 한다. 현재 가장 오래된 다세포동물의 기록은 해면동물로 6억 3500만 년 전이다. 신원생대가 끝나갈 무렵인 5억 5000만 년 전의 퇴적층에서 동물이 기어가거나 구멍을 뚫은 자국이 있는 화석이 발견되었는데, 캄브리아기에 들어서면 더욱 많이 발견된다. 특히 삼엽충이 많다.

식물이 육상으로 올라오기 위해 물 흡수 문제를 해결해야 했듯이,

동물 역시 육지로 올라오기 위해 같은 문제를 해결해야 했다. 더욱이 동물은 호흡할 때 산소가 필요하기 때문에 공기 중에서 산소호흡을 할 수 있는 기관이 필요했다. 맨 처음 육상으로 올라온 동물은 아마도 절지동물(노래기, 전갈, 거미류)이었을 것이다. 그들이 육상으로 올라온 시점을 정확히 말하기는 어렵지만, 학자들은 실루리아기 지층에서 육상 절지동물의 화석들을 찾아냈다.

어류에서 양서류로, 양서류에서 파충류로 진화

가장 오래된 어류 화석은 중국 쳉지앙의 약 5억 1800만 년 전 지층에서 발견되었다. 그 외에도 어류의 화석이 캄브리아기 지층에서 보고되었다. 어류 화석은 실루리아기 지층에서 자주 나오고, 특히 데본기에는 다양한 어류 화석이 발견된다. 데본기 초에 출현한 어류의 한 부류는 원시적 폐를 가지고 수면 위의 공기를 호흡할 수 있었다. 이런 특성을 지닌 일부 어류가 육상으로 올라와서 양서류(개구리, 도룡뇽 등)로 진화했을 것이다. 데본기 중기 또는 후기의 일이다.

양서류는 물속에 알을 낳아 번식하는데 어릴 때는 물속에서 아가미로 수중 호흡을 하며 살고, 성장하면 육상에서 폐와 피부를 통해 호흡하며 산다. 양서류라는 말도 두 곳에서 서식한다는 뜻에서 왔다.

그린란드의 3억 6500만 년 전 하천 퇴적층에서 최초의 다리를 가진 척추동물인 아칸토스테가(Acanthostega)의 화석이 발견되었다. 아칸토스테가의 머리는 양서류의 특징을 보여주고, 어깨와 다리, 꼬리는 어류에 가깝다. 몸의 길이는 60센티미터 정도로 앞다리는 8개의 발가락을 가지며, 발가락 사이에 물갈퀴가 있다. 한편 척추동물의 발자국 화석은 3억 9500만 년 전 지층에서 발견되었다. 이런 사실로 미루어 볼 때 육상동물의 출현 시점을 그 무렵으로 보는 것이 타당할 듯싶다.

척추동물이 육상으로 진출했던 시기의 지구환경은 어땠을까? 척추동물이 육상으로 올라온 후기 데본기의 대기 중 이산화탄소 함량은 0.35~0.3퍼센트로 지금의 약 10배다. 이산화탄소가 많았기 때문에 데본기의 지구는 무척 따뜻했다. 평균기온이 전기 데본기에 22도, 후기 데본기에 19.5도였다. 이런 변화에 적응하지 못한 생물들이 대량으로 멸종하는 사건이 있었다.

전기 데본기에는 대기 중 산소 함량이 약 25퍼센트였다. 후기에 들어서면서 13퍼센트까지 떨어졌다가 말기에 다시 서서히 증가했다. 후기 데본기는 고생대에서 산소 농도가 가장 낮았던 시기다.

페름기 초기의 지층에서 몸의 구조가 양서류와 파충류의 중간형인 동물이 발견되었다. 양서류에서 파충류로의 진화가 일어난 것으로 보인다. 파충류는 도마뱀, 거북, 악어, 공룡 등이 대표적이다. 이중에서 특히 공룡은 중생대(트라이아스기, 쥐라기, 백악기)의 주인공으로 떠오른다. 파충류는 폐로 호흡하고, 4개의 다리를 가진 냉혈동물이다. 이 파충류로부터 조류와 포유류가 파생되었다. 대부분은 알을 낳아 종족을 번식시키는 난생이지만, 일부는 난생과 태생의 중간 형태인 난태생도 있다.

파충류에서 진화한 조류는 척추동물의 한 종류로서, 앞다리가 날개로 진화해 날 수 있게 되었다. 입은 부리로 발전했고, 온혈동물로서 온몸이 깃털로 덮여 있다. 모두 난생이고, 폐호흡을 하며 시력이 발달했다. 중생대 트라이아스기에 앞다리가 짧고, 두 다리로 달리는 파충류 화석을 볼 수 있는데 이미 뼛속이 비어 있었다. 이것들은 나무 위에 올라가 활공하며 내려오는 능력을 가졌고, 거기에 적합한 깃털과 날개가 발달했다. 쥐라기 시대의 화석에서 발견된 시조새는 파충류에서 조류의 진화를 설명해준다.

미국 텍사스주 시모어 북쪽에 있는 페름기 초기 지층에서 세이무

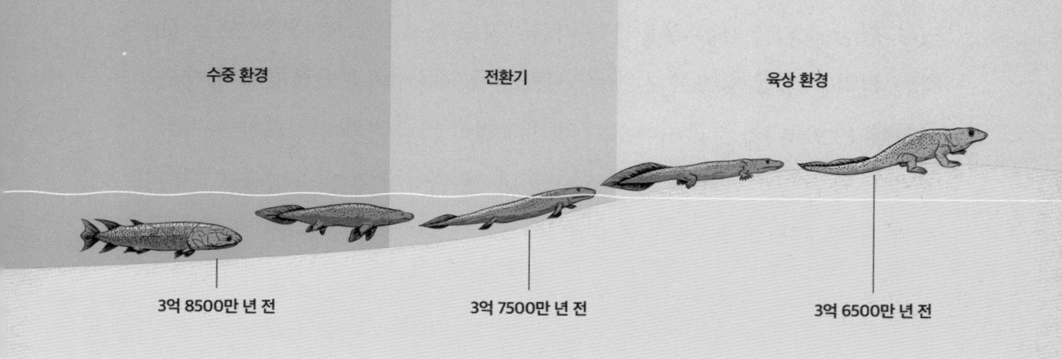

어류에서 양서류로의 진화

리아(Seymouria)의 화석이 발견되었는데, 이 동물 또한 몸의 구조가 양서류와 파충류의 중간형에 해당하는 몸길이 약 60센티미터의 네발동물이었다. 이로 미루어 고생대 말 석탄기에 걸쳐서 양서류에서 파충류로의 진화가 일어나기 시작한 것으로 보인다. 이 시기에 공룡의 조상인 이궁류(Diapsida), 포유류의 조상인 단궁류(Synapsida; 포유류형 파충류), 무궁류(Anapsida) 등이 나타났다. 이러한 분류는 두개골 양쪽에 난 구멍의 개수를 기준으로 한 것이다.

이궁류는 석탄기 후기 동안의 약 3억 년 전에 살았던 생명체로, 두개골 양쪽에 2개의 구멍이 있는 파충류 무리를 말한다. 공룡이 이궁류의 대표 동물이었고, 현존하는 이궁류는 악어와 도마뱀 그리고 뱀과 조류 등이다. 단궁류는 두개골의 양쪽에 구멍이 하나씩 나 있는 동물로서, 포유류의 조상과 현생 포유류를 포함한다. 원시적 초기 단궁류가 진화를 거듭해 포유류로 발전한 것으로 보인다. 단궁류 무리를 포유류형 파충류라고 한다.

단궁류는 페름기 초중기와 후기에 걸쳐 지배적인 육상 척추동물이었다. 단궁류 역시 다른 생물들과 마찬가지로 페름기 말의 대멸종으로 심각한 타격을 입었으나, 그다음에 오는 초기 트라이아스기까지는 상당히 번성했다. 그러다가 트라이아스기 후기에 걸쳐 파충류가 번성하자 위축되었지만, 일부 단궁류가 생존해 6500만 년 전 백악기 후기 대멸종을 견디고 현생 포유류의 조상으로 발전했다.

기온 변화와 공룡의 출현

고생대 기간 중에도 대륙은 이동하고 있었다. 대륙들은 분리되기도 하고 서로 충돌하기도 했다. 고생대의 후반부인 석탄기에는 여러 대륙이 모여 판게아라는 새로운 초대륙을 형성했다. 이 초대륙은 북반구에서 남반구에 걸쳐 길게 배열되었고, 그 영향으로 위도에 따른 기후의 차이가 뚜렷했다. 모든 대륙들이 하나로 뭉쳐지니 적도 부근 해류의 이동이 원활하지 않았다. 그러다 보니 저위도의 에너지가 고위도로 전달되지 않아 극지방은 매우 추운 날씨가 계속되었다.

따뜻하고 습한 적도 지방에는 울창한 수풀이 우거져 북아메리카와 유럽 일대에 두꺼운 석탄층을 남겼다. 당시 남반구에 위치했던 대륙의 고위도 지방에는 후기 석탄기-전기 페름기의 빙하퇴적층이 발견된다. 판게아의 탄생은 지구상의 모든 생명체에 커다란 영향을 미쳤다. 대륙이 합쳐지면서 각기 다른 곳에서 따로따로 진화 과정을 거치던 생명체 종들이 갑자기 모여 생존경쟁을 시작한 것이다.

한편 대륙은 그 후에도 계속 이동해 1억 8000만 년 전 중생대에 들어서면서 남북으로 로라시아와 곤드와나의 두 대륙으로 나뉘기 시작해 1억 3500만 년 무렵에는 완전히 분리되었다. 대륙이 분리되니 해류 이동이 원활해져 적도의 에너지가 극지방으로 전달되었다. 극지방의 빙하가 녹기 시작하고 기후가 온난해지면서 공룡 등의 대형 동물이 살기 좋은 환경이 조성되었다. 그리고 공룡이 멸망하고 신생대가 시작되는 약 6500만 년경에는 현재의 대륙과 비슷한 형태를 갖추기 시작했다.

현재에도 지구상의 대륙은 조금씩 이동하고 있다. 지각 아래 맨틀이 활동하고 있기 때문이다. 지금도 북아메리카와 유럽은 1년에 약 2센티미터 정도씩 멀어지며, 대서양이 커지고 있는 것으로 관측된다.

빙하기

빙하기는 지구 전체의 기온이 현저히 내려간 대륙성 빙하와 남북극의 빙하 그리고 높은 산악지대의 빙하가 확장하는 시기를 말한다. 지구에는 여러 차례 빙하기가 있었고 빙하기 사이에 덜 추웠던 기간을 간빙기라고 부르는데, 지금은 간빙기에 속한다. 빙하기와 간빙기의 주기적 반복은 언제부터 시작되었을까? 이와 관련해 고생대 이전에도 적도를 포함해 전 지구가 빙하로 뒤덮인 시기가 있었다는 증거들이 나오고 있다.

지질학적 증거로 보면 27억 년 전과 8억 년 전에도 빙하기가 있었던 것으로 보인다. 가장 심했던 빙하기는 약 7억 5000만~5억 7000만 년 전에 있었는데, 적도 지방까지 빙하로 덮여 있던 흔적이 발견되고 있다. 그 후 식물과 동물이 육상으로 진출한 고생대는 온도가 높은 간빙기였다. 덕분에 식물이 번성했는데 이런 기후 특성은 초대륙 판게아 탄생으로 저온 시기를 거친 후, 공룡이 주인공으로 떠오른 중생대까지 이어졌다. 중생대에는 위도 60도에 이르기까지 열대기후의 영향을 받았던 것으로 보인다.

그러나 공룡 멸망 후 약 6500만 년 전 신생대가 시작되면서 지구 평균기온은 지속적으로 내려갔고 약 4000만 년 전 처음으로 남극에 빙하가 쌓이기 시작했다. 그리고 플라이오세 중반으로 들어서면서 빙하기와 간빙기가 주기적으로 나타난다. 남극 보스토크 지역에 쌓인 빙하 퇴적물 속에 있는 산소동위원소 비율을 분석하면, 당시 남극 온도와 빙하 면적

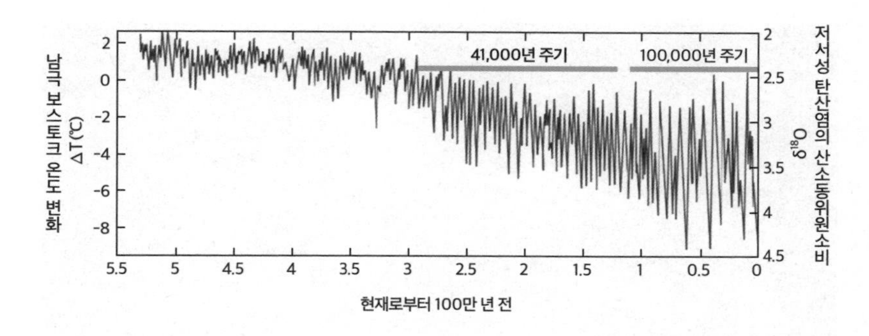

지난 500만 년 동안 남극 지표 온도(왼쪽 축)와 빙하 면적(오른쪽 축)의 변화

을 추산할 수 있다. 이 자료에 의하면 약 320만 년 전부터 100만 년 전까지는 약 4만 1000년 주기로 빙하기와 간빙기가 반복되었다. 그리고 100만 년 전부터 현재까지는 약 10만 년 주기로 반복되고 있다.

지구상의 마지막 빙하기는 11만 년 전인 플라이스토세에 시작되어 1만 전에 끝나서, 약 10만 년 정도 지속되었다. 현재는 이 빙하기 이후의 간빙기로 여겨지며 홀로세로 불린다. 마지막 빙하기 기간 중에도 지구에는 크고 작은 변동이 있었다. 약 2만 6000년~1만 9000년 전은 유독 강한 빙하기로 이때 북아메리카와 유럽의 북부는 2~3킬로미터 높이의 빙하로 덮여 있었다. 현재와 비교해 지구 평균 기온이 섭씨 8도 이상 낮았던 것으로 추정한다. 또한 지질학적 증거들에 의하면 당시 해수면도 현재와 비교해 수 미터 낮았기 때문에, 수심이 낮은 바다는 모두 육지로 노출되어 있었다. 이 빙하기 중 약 4만~3만 년 전에 현대 인류와 같은 종인 호모사피엔스사피엔스가 출현했고 낮아진 해수면 덕분에 그들은 대륙 간 이동을 했다.

지구상의 마지막 빙하기가 끝나는 약 1만 전부터 지구 생태계에는 큰 변화가 왔다. 전 지구적으로 온난해지면서 고위도 지역의 빙하가 후퇴

마지막 최대 빙하기의 지구

하고 숲이 급속도로 확장되었다. 해수면이 크게 상승했고, 그에 따라 알래스카와 시베리아를 잇는 육지가 물에 잠겼다. 이때부터 인간은 농경생활을 하고 신석기시대가 시작되었다. 간빙기에도 작은 기후변동은 있었다. 기원전 1만 950년경에 갑자기 빙하기와 비슷한 상황으로 바뀌었는데, 이 한파는 약 1100년 동안 지속되었다. 그 후에는 기후가 비교적 안정되었지만, 지난 1만 년 동안 약 1500년 주기로 끊임없이 변동이 있었다. 기원전 2200년의 한파는 이집트와 메소포타미아, 그리스, 이스라엘, 인도, 중국을 포함한 유라시아 지역의 여러 고대 도시에 상당한 영향을 미쳤다.

마지막 변동은 소빙기로 불리고 1450~1850년 사이에 있었다. 이 소빙기에는 유럽 알프스의 빙하가 현재보다 훨씬 아래로 내려왔다. 소빙기가 끝난 이후인 오늘날에는 전 세계적으로 빙하가 후퇴하고 있다. 소빙기에 관한 기록은 《조선왕조실록》에도 나온다. 이 기간 동안에 냉해와 가뭄, 홍수, 전염병이 끊임없이 백성들을 괴롭혔다. 특히 숙종 때인 1695년에서 1696년에는 극심한 가뭄이 덮쳐 5년 만에 인구의 약 20퍼센트에 해당하는 141만 6274명이 죽었다.

빙하기가 생기는 데는 몇 가지 원인이 있다. 첫째는 대기 성분의 변화 때문이다. 특히 대기 중의 이산화탄소 비율은 기온과 밀접한 관계가 있다. 이산화탄소 농도가 높아지면 빗물이 산성화된다. 산성화된 빗물은 육상의 이산화탄소 화합물을 녹이고 바다로 흘러든다. 해저에 이산화탄소가 고체화되어 쌓이면 공기 중의 이산화탄소가 줄어든다. 이러한 상태가 수천만 또는 수억 년 동안 지속되면 지구의 온도는 내려간다.

둘째는 지각 이동으로 새로운 대륙이 형성되는 과정에서 육지 위치와 면적 그리고 해류 이동이 변하기 때문이다. 대륙의 위치가 해류 이동을 방해해 적도 지역의 해수가 극지방에 닿지 않으면 극지방은 급속도로 냉각된다. 극지방 온도가 급격히 떨어지면서 고위도 지방에는 빙하가 더 늘어난다. 빙하가 늘어나면 태양복사열의 반사율이 늘어나 태양에너지 흡수가 줄어들 수밖에 없다.

셋째로 밀란코비치 주기(Milinkoritch Cycle)로 알려진 지구 자전축의 주기적 변화가 원인이 될 수 있다. 지구 자전의 세차운동, 자전축의 기울어짐 그리고 지구 공전궤도의 변화는 태양으로부터 들어오는 에너지에 변화를 준다.

넷째로 태양활동의 변화를 들 수 있다. 태양활동도 균일하지 않기 때문에 태양에서 나오는 에너지의 양도 일정하지 않다. 이런 여러 요인들이 지구의 온도에 영향을 미쳤을 것으로 보인다.

첫 번째 원인인 대기 성분 변화로 인한 기온 변동은 현재 우리도 체감하고 있다. 지구온난화의 가장 큰 원인은 이산화탄소의 온실효과다. 원래 지구는 산소가 없고 이산화탄소가 많았다. 이후 시간이 지나 식물이 지구를 덮으면서 광합성으로 이산화탄소를 분해해 산소와 탄수화물이 생산되기 시작했다. 수억 년 동안 식물은 이산화탄소를 분해해, 이를 제 몸속에 탄소 형태로 저장했다. 탄소를 품은 식물의 시체들이 지하에 쌓이면서 이산화탄소 비율이 서서히 줄고 산소가 늘어났다. 그런데 화산이 폭발하며 쏟아져 나온 이산화탄소는 온실효과를 가져왔다. 게다가 이제는 현대 문명이 지하의 탄소를 꺼내 사용하며 대기 중 이산화탄소 비율을 높이고 있다.

대기 온도가 상승하면 물속에 녹아 있는 기체도 영향을 받는다. 용해된 산소와 이산화탄소의 양이 줄어드는 것이다. 특히 물속 이산화탄소가 기화되어, 대기에 이산화탄소가 증가하는 악순환이 계속된다. 또한 물속에 산소가 줄어들면 수중 생명체들에게는 치명적이다. 여름에 기온이 오르면 양식장의 물고기들이 떼죽음하는 이유기도 하다.

지구온난화는 해류의 이동에도 변화를 준다. 해수는 대류작용에 의해 순환하고 있다. 극지방의 차가운 물이 아래로 가라앉으면서 대류가 시작되어, 심해에 산소를 공급하는 한편 적도 지방의 물과 섞인다. 적도 지방에서는 심해의 물이 밀려 올라오면서 바닥에 있던 무기물이 공급된다. 하지만 극지방의 바닷물이 차갑지 않으면 대류를 일으키는 힘이 줄어든다. 물의 순환이 느려지면 바닷속에 산소와 무기물의 공급 상태가 변하여 생태계에 큰 혼란을 가져온다.

공룡의 출현과 멸종

공룡은 중생대 트라이아스 후기에 시작해 쥐라기를 거쳐 백악기 말까지 번성했던 파충류 집단이다. 페름기 말의 대멸종 사건 이후에 시작된 트라이아스기는 지구 생태계가 새롭게 형성되는 시기였다. 이 시기에 조류가 생겨났고 공룡도 출현했다. 초기 포유류의 화석도 트라이아스기 지층에서 발견되고 있다.

트라이아스기가 시작된 2억 5200만 년 전부터 백악기가 끝난 6500만 년 전까지 공룡은 약 1억 5000만 년 이상 지구상에 살았다. 결국 공룡이 살던 시기(트라이아스기, 쥐라기, 백악기)를 중생대로 분류하고 있는 셈이다. 이 시기는 지구가 온난해 공룡이 생존하기 좋은 환경이었다.

여기에 더해 이들은 건조기후에 견딜 수 있는 두꺼운 피부를 가졌고, 굳은 껍질을 가진 알을 낳을 수 있었기 때문에 급격히 번영할 수 있었다.

용반류는 머리가 크고 이빨도 칼처럼 발달한 공격형 공룡이다. 쥐라기의 알로사우루스나 백악기의 티라노사우루스 등이 대표적인데, 둘 모두 거대한 육식성이다. 알로사우루스의 몸길이는 10미터에 이르며 무게는 2톤이나 되었고, 갈퀴 모양의 발톱과 날카로운 이빨이 있었다. 티라노사우루스는 몸길이 12미터에 몸무게는 7톤이 넘었고, 섰을 때의 키는 5~6미터에 달했다.

쥐라기에는 북아메리카에서 아파토사우루스, 카마라사우루스, 디플로도쿠스 등, 유럽에서 케티오사우루스, 아프리카에서 브라키오사우루스 등의 거대한 공룡이 나타났다. 그중에서도 아파토사우루스는 몸길이 20~25미터에, 긴 목과 꼬리가 있으며 몸무게가 30톤이 넘는 거대한 공룡이었다. 브라키오사우루스는 몸무게가 70~80톤이 넘었고, 몸길이는 25미터에 달했다.

한편 날아다니는 익룡류가 출현해 백악기까지 생존했다. 익룡이란 앞발이 날개로 진화한 비행 파충류다. 쥐라기의 대표 익룡은 람포링쿠스다. 몸길이는 20센티미터 정도로 작지만 날개를 펴면 2미터에 이른다. 목이 긴 대신 등이 짧고 튼튼하며 긴 꼬리를 가졌다. 백악기의 프테라노돈은 최대 익룡으로 날개 너비가 8미터나 되었다.

한편 쥐라기에서 백악기까지 물속에서 서식했던 익티오사우루스의 화석은 유럽에서부터 아메리카 대륙까지 광범위하게 발견된다. 전체 길이는 약 2미터로 보존 상태가 좋은 화석을 보면 꼬리지느러미와 등지느러미가 있다. 체형은 돌고래와 비슷하며 신체 크기에 비해 큰 눈을 가졌고, 물고기와 오징어 등 작은 생물들을 먹이로 삼았다. 이렇게 공룡은 육상은 물론 공중과 바다를 누비는 진정한 지구의 주인이었다.

2억 5200만 년 전에 시작된 공룡의 시대인 중생대의 트라이아스기, 쥐라기, 백악기를 간단히 요약해본다.

트라이아스기는 공룡이 출현해 번성하기 시작한 시기다. 주행성인 공룡이 주간의 지상을 지배하는 동안, 포유류는 악조건 속에서 야행성으로 생존을 이어갔다. 한편 식물에서는 겉씨식물이 울창한 숲을 이루어 공룡의 먹이를 제공했다.

약 2억 년 전부터 초대륙 판게아가 현재 모습으로 분리되기 시작했다. 이러한 대륙판 이동에 따른 활발한 화산활동으로 대기 중 이산화탄소 농도가 현재의 5배로 증가해 트라이아스기 대멸종이 발생한다. 트라이아스기 중후반에는 포유류의 조상이라 할 수 있는 새앙쥐 크기의 아델로바실레우스나 메가조스트로돈이 살았다.

쥐라기에는 트라이아스기 대멸종을 견디고 살아남은 공룡의 거대화가 시작되었다. 암모나이트가 번성하고 시조새가 출현했다. 식물로는 겉씨식물에 속하는 은행나무, 소철류 등이 번성했고 원시 속씨식물이 출현했다. 곤충으로 수정되는 충매화의 출현으로 동물과 식물 간에 최초로 공생관계가 형성되었다. 온난한 대기와 풍부한 이산화탄소로 초식동물의 먹이인 식물의 성장은 빠르고 커졌다.

백악기에는 다양한 공룡이 초대륙 전체와 바다 그리고 하늘까지 지배한 것으로 보인다. 9000만 년 전에는 극지방도 연평균 12도를 기록하면서 다양한 공룡이 살아갈 수 있었다.

백악기는 페름기(2억 5200년 만 전)와 트라이아스기(2억 년 전) 두 차례의 대멸종에서 살아남은 소형 야행성 포유류가 고슴도치, 두더지 등 다양한 식충류로 진화한 시기다. 백악기 초기에는 풍매화로 침엽수류인 겉씨식물이 번성했으나, 백악기 중기인 1억 년 전부터는 충매화를 피우고 열매를 맺는 속씨식물이 번성했다. 백악기 말 6500만 년 전에 소행성 충돌로 5차 대멸종이 일어나고, 공룡은 멸망한다.

생명체 대멸종 사건

지구 생명체는 캄브리아기를 지나면서 폭발적으로 증가했다. 5억 4100만 년 전에 시작된 이 캄브리아기를 생물체의 대폭발 시기라고 한다. 식물은 물론 동물까지 이 시기에 크게 발달했다. 실루리아기를 지나면서 양치식물과 선태식물이 육상으로 진출해 번성했고, 데본기 중기부터 육상식물의 뿌리와 잎이 제 모습을 갖추기 시작했다. 식물이 커져 햇빛을 많이 받을 수 있었고, 포자나 씨앗을 더 멀리 퍼뜨릴 수 있게 되었다. 이 때문에 생존에 유리한 조건을 갖춘 덩치 큰 식물들이 더 많이 살아남았고, 비로소 지구의 육지에는 숲이 우거지기 시작했다.

신원생대 빙하시대가 끝나고 전 지구적으로 해수면이 상승해 대륙의 가장자리를 따라 얕은 대륙붕이 만들어졌다. 캄브리아기에 석회질 골격을 가진 생물들이 번성해, 저위도 지방의 대륙붕 지역에는 두꺼운 석회암층이 형성되었다.

지구상의 생물은 끊임없이 환경 변화를 경험하고 시련을 겪는다. 현생누대 기간에도 많은 생물이 한꺼번에 사라진 대멸종 사건이 5차례나 있었다. 대멸종이란 그 당시 살고 있던 종의 50퍼센트 이상이 멸종된 사건을 말한다. 고생대의 오로도비스기 대멸종, 데본기 대멸종, 페름기 대멸종 그리고 중생대의 트라이아스기 대멸종과 백악기 대멸종이 이에 해당한다.

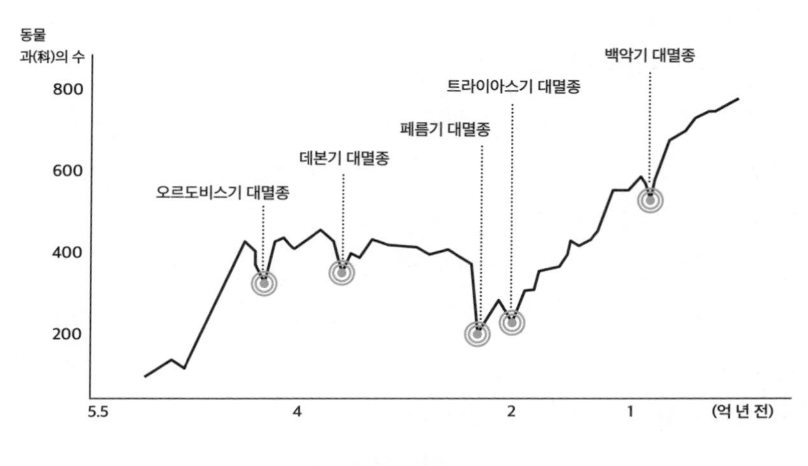

대멸종 연대기

공룡을 멸종시켰던 백악기 대멸종의 원인은 운석의 충돌이라고 알려져 있다. 그러나 다른 대멸종의 원인은 아직 명확히 규명되지 않았다. 운석의 충돌, 빙하기, 화산 폭발에 의한 온난화 등이 거론되고 있다.

지구가 충분히 냉각되기 전에 지구 내부의 열역학적 활동은 매우 활발했다. 당연히 화산활동이 빈번했고, 용암과 함께 뿜어져 나오는 이산화탄소와 메탄가스, 즉 온실가스가 지구의 복사열을 흡수해 세상을 뜨겁게 만들었다. 지구 온도가 상승하면 저온에 적응해 살던 모든 생명체는 극심한 고통을 겪으며 생존력을 잃고 사라진다.

페름기 말의 대멸종 사건

페름기 말은 고생대를 마감하는 시기로 이때 일어난 대멸종은 멸종 사건 중에서도 가장 규모가 컸다. 이때 96퍼센트의 종(種)이 사라졌다. 당시 완전히 사라진 생물로 삼엽충, 고생대 산호를 들 수 있다. 멸종 위기를 가까스로 넘긴 종류로는 암모나이트가 있다. 이것은 지구 전체로 보면 3차 대멸종 사건에 해당한다.

페름기 말 멸종 사건을 경계로 해양생물이 크게 바뀌었다. 고생대에는 삼엽충, 완족동물, 바다나리, 산호 등이 바다를 지배했다. 그러나 중생대에 들어서면서 어류, 연체동물(조개, 전복, 소라 등), 가재와 새우, 성게 등이 번성해 해양 생태계를 완전히 바꾸어놓았다.

생물의 멸종은 비단 해양생물에 국한되지 않았다. 육지에 살던 많은 곤충과 척추동물이 사라졌다. 척추동물에 속하는 양서류, 파충류 중 70퍼센트 가량이 멸종했다. 육상식물도 심한 타격을 받아, 키 큰 겉씨식물이나 종자고사리 등이 멸종하면서 석탄기와 페름기에 울창했던 숲이 사라졌다.

페름기 말의 멸종 사건에 대한 원인은 명확히 밝혀지지 않았지만 가장 유력한 가설은 두 차례의 강력한 화산 폭발이다. 약 2억 6000만 년 전에 중국에서 대규모 화산 분출이 있었고, 2억 5200만 년 전에는 시베리아에서도 대규모 폭발이 있었다. 이 두 폭발 시기가 생물 멸종 시기와 일치한다.

화산 분출은 지하 석탄층에 잠겨 있던 이산화탄소와 메탄가스를 분출시켰다. 이 온실가스는 지구의 온도를 크게 상승시켰고, 이로 인한 지구온난화는 지구환경을 크게 바꾸어놓았다. 또한 화산 분출 시에 이산화황이나 이산화질소 등의 유독가스도 함께 나왔다.

화산 분출 시에 나온 메탄가스는 산소와 결합해 이산화탄소와 물 분자를 만든다. 이 과정에서 산소가 많이 소모되어 대기 중에 산소량이 크게 줄어들었다. 대멸종이 있기 전 석탄기와 페름기에는 대기 중 산소량이 30퍼센트에 달했다. 그러다가 대멸종 시기를 거치면서 산소 농도가 15퍼센트 밑으로 떨어졌다. 풍부한 산소에 적응되어 있던 생명체에게는

암모나이트 상상도

치명적이었다.

지구온난화는 수중 생태계에도 큰 변화를 가져왔다. 앞에서 언급했듯 차가운 극지방의 표면수가 아래로 내려가 대류현상을 일으킨다. 이 대류에 의해 적도 근처 깊은 바다까지 산소와 유기물이 공급된다. 그러나 극지방의 수온이 높으면 대류를 일으키는 힘이 약해진다. 페름기 대멸종 시기 지구온난화는 바다 생명체에도 큰 영향을 주었을 것이다.

트라이아스기 말의 대멸종 사건

페름기 말의 대멸종으로 고생대가 끝나고 중생대가 시작되었다. 페름기 대멸종 사건은 지구 생태계를 완전히 변화시켰다. 이산화탄소와 메탄가스에 의한 온실효과로 지구는 초고온 상태가 되었다. 30퍼센트에 이르던 산소 농도는 캄브리아기 이후 가장 낮았다.

높은 온도와 낮은 산소 농도는 기존 생물들에게 매우 어려운 환경이 되었다. 당시 해수면의 산소 농도가 현재 고도 4000~5000미터에 해당하는 지역과 비슷했다. 그러나 시간이 흐르면서 생물들은 환경에 적응했고,

새로운 생명체가 다시 번성하기 시작했다. 전기 트라이아스기에 들어서서 빠르게 번성한 생물은 연체동물에 속하는 암모나이트였다. 그리고 조개, 소라, 성게, 새우, 어류 등이 번성해 바다의 모습을 변화시켰다.

지구 생물체는 트라이아스기 말인 약 2억 년 전에 또다시 대량 멸종 사태를 맞는다. 이것은 지구 전체로 보면 4차 대멸종 사건에 해당한다. 이때도 페름기에 견줄 만한 대멸종이었고, 특히 트라이아스기에 번성한 암모나이트가 큰 타격을 입었다.

트라이아스기 말의 멸종 원인도 명쾌하게 설명하지 못하지만, 대규모 화산 분출이 유력하게 지목되고 있다. 또한 트라이아스기 말에 있었던 대규모 화산 분출은 초대륙의 분리와 관련이 있다고 본다. 이 당시 하나의 대륙으로 존재하던 초대륙 판게아가 분리되기 시작했다. 이 과정에서 남아메리카와 아프리카 대륙이 만들어지고 대서양이 만들어졌다. 그 결과 해류 이동이 원활해져서 기온이 올라갔다. 대서양 지역에 대규모 화산이 폭발했고, 그 결과 이산화탄소 증가에 의한 기온상승이 일어났다. 생명체의 서식 여건이 악화되어 생명체의 46퍼센트가 멸종했다.

트라이아스기 멸종 이후에 변화된 환경에 맞게 태어난 생명체가 있었는데, 이들이 바로 공룡의 조상이다. 이들은 저산소 시대에 걸맞은 폐를 가졌다. 예를 들어 현재 우리 인간은 폐를 하나만 가지고 있어서, 공기를 들이마신 후에 내뿜어야 다음 숨을 마실 수 있다. 하지만 공룡은 두 개의 공기주머니를 가졌다. 즉 앞주머니(폐)에서 마셨던 숨을 뒷주머니로 넘겨준다. 이렇게 하면 숨을 연속해서 마실 수 있어서 더 많은 산소를 흡수할 수 있다. 효율적인 폐를 활용해 공룡은 무려 1억 5000만 년 이상이나 지구의 주인이 되었다.

백악기 말의 대멸종 사건과 운석 충돌

지구는 백악기 말에 또다시 대규모 멸종 사태를 맞이하는데, 이는 지구의 5차 대멸종 사건에 해당한다. 이때 공룡과 암모나이트가 멸종했고, 포유류, 새, 거북, 악어, 도마뱀 등이 살아남았다.

1980년 미국 UC버클리의 물리학자 루이스 앨바레즈(Luis Alvarez)와 그의 아들인 지질학자 월터 앨바레즈(Walter Alvarez)가 백악기 말 멸종의 원인으로 소행성 충돌설을 발표했다. 그들은 이탈리아에서 발견된 백악기 말의 퇴적층을 연구하다가, 이 지층에 이리듐 원소의 양이 다른 지층보다 30~40배 많다는 사실을 알았다. 이리듐은 원자번호 77의 무거운 원소로 지구에서는 희소한 물질이다. 그러나 우주에서 떨어진 운석에는 많이 함유되어 있다. 그들은 소행성이 지구와 충돌해, 그 충격에 의하여 생겨난 먼지들이 대기 중에 떠올랐다가 가라앉으면서 이리듐이 두터운 퇴적층을 만들었다고 생각했다.

그 후에 많은 논쟁이 있었지만 1991년 멕시코의 유카탄반도 일대에서 소행성 충돌 지점이 발견되며 이 가설에 힘을 실었다. 직경 10킬로미터의 소행성이 충돌해 직경 약 100킬로미터의 흔적을 만들었다. 이 소행성 충돌로 생겨난 먼지와 물방울들이 대기권으로 퍼져 나가 햇빛을 차단했을 것이다. 외부에서 들어오는 에너지가 없어지면 대기권의 대류 활동이 줄어든다. 그러면 구름이 적게 만들어지고 비가 오지 않아서 생명체에 치명적 상태가 된다. 그리고 식물들이 광합성을 하지 못해 생태계가 파괴되었을 것이다.

소행성이 충돌한 지역은 퇴적물이 많이 쌓인 대륙붕 지역이었다. 그 충돌에 의해 많은 이산화탄소가 대기 중으로 방출되었을 것이고, 이는 지구온난화에 기여했을 것이다. 또한 시간이 흐르면서 대기권에 있던 먼지가 가라앉고 많은 물방울들이 온실효과를 일으켜 기온이 상승했을 것이다. 그 결과 오랫동안(50만~100만 년) 지구온난화 시대가 지속되었다.

포유류와 영장류의 출현

공룡을 멸종시킨 대멸종 사건 후 지구는 신생대에 접어들었다. 중생대가 공룡의 시대라면 신생대는 포유류의 시대다. 소행성 충돌로 생겨난 먼지가 서서히 가라앉고 태양 빛이 들어오기 시작했다. 지구의 온도가 꾸준히 상승해 예전의 온도로 회복되었다. 살아남은 식물들은 광합성을 다시 시작하고 탄수화물을 만들어냈다. 식물이 광합성을 재개하자 살아남은 동물들에게도 먹을 것이 생겼다. 파괴되었던 생태계가 서서히 회복되며 온난한 생태계에서 조류와 포유류가 적응력을 발휘해 번성했다.

신생대 첫 번째 시대인 팔레오세의 주인공은 조류였다. 백악기 말의 대멸종 사건으로 뱀, 도마뱀, 악어 등의 몇 종류만 남고 거의 모든 파충류가 전멸했다. 주인공이 없어진 지구에서 조류는 서서히 포식자의 자리를 차지했다. 디아트리마는 2미터 이상의 거대한 조류였다. 큰 몸집과 날카로운 부리는 다른 동물들을 제압하기에 충분했다. 조류가 공룡으로부터 진화한 것을 생각하면, 디아트리마는 공룡의 후예 노릇을 충분히 하고 있었다.

포유류의 일종인 설치류는 공룡시대부터 출현해 뛰어난 적응력을 발휘했다. 토끼나 쥐처럼 몸집이 작으면서도 모든 것을 먹을 수 있는 설치류는 생존경쟁에서 유리하다. 우리의 조상인 포유류가 세상에 두각을 드러낸 것은 신생대 두 번째 시대인 에오세다.

포유류의 등장

포유류의 가장 큰 특징은 암컷이 새끼에게 젖을 먹인다는 점이다. 또 다른 특징은 체온이다. 파충류와 양서류가 냉혈동물인데 반해 포유류는 온혈동물이다. 포유류는 체온을 일정하게 높은 상태로 유지하기 때문에 신진대사의 효율을 높일 수 있다. 이에 비해 파충류는 외부의 에너지(태양열)를 받아들여 신진대사를 할 수 있는 체온으로 올려야만 몸을 움직일 수 있다.

포유류의 체온은 저절로 따뜻한 상태로 유지되는 것이 아니다. 외부에서 섭취한 에너지를 소비해 열을 만들어내야 한다. 외부로 열손실을 줄이기 위해 피부에 털이나 머리카락을 붙이고 살아야 한다. 열이 너무 높으면 땀을 분비해 열을 발산해야 한다.

포유류는 파충류에서 갈라져 나온 것으로 알려져 있다. 포유류의 신체 특징을 가진 파충류가 중생대 트라이아스기에 존재했던 것이 밝혀졌다. 2018년 11월 《사이언스》지는 스웨덴 웁살라대학교와 폴란드 과학아카데미 연구진이 폴란드에서 트라이아스기에 살던 파충류의 화석을 발견했다고 전했다. 공룡의 원조인 이 파충류는 포유류의 특징도 가지고 있었다. 연구팀은 이 동물이 페름기 대멸종 때 죽지 않고 중생대에도 살았을 것이라 보고 있다. 트라이아스기는 여러 대륙이 모여서 초대륙 판게아를 형성하던 시기였다.

최초의 포유동물은 약 2억 2500만 년 전 트라이아스기에 등장했다고 본다. 생쥐 크기와 비슷한 화석으로 발견된 초기 포유류는 각기 기능이 다른 치아와 큰 뇌를 가졌고, 털로 덮인 온혈동물이었을 것으로 추정한다. 페름기 대멸종에서 살아남은 10~12센티미터 정도의 아델로바실레우스나 메가조스트로돈과 같은 포유류는 주행성인 공룡을 피해 야행성 식충류로 발전했다. 예민한 감각기관과 많은 두뇌 활동을 필요로 하는 야

메가조스트로돈 상상 모형

행성 동물로 진화했기 때문에 훗날 포유류가 고등동물로 발전할 수 있는 발판을 마련했다고 볼 수 있다.

야행성 동물이 된 포유류는 청각을 키우기 위해 특별한 귀 구조를 발달시켰다. 어려운 환경에서 생존하기 위한 분투로 뇌를 많이 사용해 대뇌피질이 발달했다. 감각기관이 발달하면서 신경이 예민해지고 뇌 용량이 증가해 기초대사량이 급증했다. 그러나 공룡 천하의 세상에서 포유류는 기초대사량을 위한 영양을 충분히 섭취하지 못해 신체를 제대로 발달시키지 못했고, 1억 년 이상 진화를 이루지 못했다.

최초의 포유류는 알을 낳았다. 알의 껍질은 수분을 보호하고, 태아는 그 속에서 호흡을 했다. 지금도 오리너구리와 바늘두더지는 포유류인데도 알을 낳는다. 현재 오스트레일리아 동부에서 물과 육지를 오가며 살고 있는 오리너구리는 오리처럼 생긴 주둥이를 가졌다. 털이 있고, 알에서 부화한 새끼에게 젖을 먹인다. 알을 낳아 새끼를 부화하는 것을 보면 파충류나 조류인데, 새끼에게 젖을 먹이고 털을 가진 것을 보면 포유류다. 흥미롭게도 오리너구리 유전자에는 파충류와 조류, 포유류의 유전자가 모두 있다는 사실이 밝혀졌다.

중국 베이징에서 발견된 1억 6000만 년 전의 쥐라기 시대 화석은 날개가 달린 포유류의 모습을 보여준다. 쥐라기는 중생대의 두 번째 시기로 1억 8000만 년에서 1억 4000만 년 전에 해당하는데, 이 시대에 초대륙 판게아가 분열되었다. 대륙의 분리는 온난한 기후를 가져왔고 대기는 저산소 상태가 되었다. 당시 포유류는 난생에서 태생으로 진화했다. 태반에서 태아에 산소가 풍부한 어미의 혈액을 공급하는 방법을 발달시켜 저산소 상태를 극복할 수 있었다. 지하 굴에서 서식한 초기 포유류는 식충류를 중심으로 한 잡식성이었다. 이런 특성이 백악기 말의 대멸종을 견디고 살아남는 데 도움을 주었을 것이다.

공룡의 시대인 쥐라기와 백악기에 포유류는 쥐나 토끼 정도 작은 몸집을 가졌던 것으로 보인다. 공룡과 생존경쟁에서 밀리는 상황이었기 때문에 좋은 영양을 섭취할 수 없었을 것이다. 그런데 그 점이 오히려 6500만 년 전 백악기 말의 대멸종 시대에 살아남을 수 있는 이유가 되기도 했다. 작은 몸집은 음식을 많이 먹지 않아도 되었다.

또한 일반적으로 작은 동물은 수명이 짧다. 그래서 세대 간의 간격이 짧고, 당연히 단위시간당 자손도 많이 낳는다. 예를 들어 수명이 50~70년인 코끼리는 50년 동안 자손을 5마리 낳지만, 수명이 1년 남짓한 생쥐는 동일 시간에 수천 마리를 낳는다. 수명이 짧으면 단위시간당 돌연변이가 출현할 가능성이 높아진다. 자손이 많으면 당연히 개체의 다양성이 커지고, 그중에서 생존에 강한 개체가 나타날 가능성이 높아진다. 몸집이 작기 때문에 지구환경의 급격한 변화에도 비교적 견디고 적응하기 쉬웠던 것이다.

중생대를 견디고 살아남은 포유류는 신생대 중반에 들어 크게 번성한다. 이 시기 지층에서 상당히 다양한 포유류 화석이 발견되는데, 이를 통해 지금은 현존하지 않는 동물들이 그 당시에 많이 살고 있었음을 알 수 있다. 포유류에도 여러 종류가 있었다. 태반에서 새끼를 길러서 낳는 포유류, 오리너구리처럼 알을 낳는 포유류, 캥거루처럼 새끼를 주머니에 넣고 기르는 유대류, 고래처럼 물속에서 사는 포유류 등이 있다. 그중에서 태반을 가진 포유류가 현재 가장 번성하고 있다. 아마도 그들이 개중 환경 적응력이 가장 좋았을 것이다.

포유류의 발전

초대륙 판게아는 중생대 중반인 1억 3500만 년경에 완전히 분리되었고, 공룡이 멸망하고 신생대가 시작되는 6500만 년경에는 현재와 같은 대륙이 형성되었다. 대륙이 분리되어 해류 이동이 원활해져서 적도 에너지가 지구 곳곳에 전달되어 가후가 온난해졌다. 온난한 신생대부터는 각 대륙들이 각기 다른 생태계를 형성했을 것이다. 유라시아, 2개로 분리되어 있는 남북 아메리카, 오스트레일리아, 남극 대륙이 이때 형성되었다. 하지만 대륙의 이동은 멈추지 않았다. 신생대에도 인도 대륙이 서서히 북상해 아시아 대륙과 충돌해 히말라야산맥과 티베트고원을 만들었다. 그리고 남아메리카 대륙도 북상해 북아메리카 대륙과 연결되었다.

대륙이 분리되면서 판게아 위에서 살던 생물체들의 상호 교류도 끊겨버렸다. 대륙의 분리는 생활환경의 분리를 의미하고, 생태계의 차이를 만든다. 생활환경이 달라지면 생명체들은 그 속에서 나름대로 적응해 진화해나간다. 신생대의 화석에서는 출발점은 같았던 초기 생명체들이 대륙별로 다른 모습으로 발전해간 차이를 엿볼 수 있다.

대륙이 분리되기 전에 유대류는 어느 곳에나 살고 있었다. 그러나 분리 이후에는 오스트레일리아 대륙에서 유대류 화석이 많이 나오고 있다. 현대에 볼 수 있는 캥거루와 코알라 외에도 많은 종류의 유대류가 살고 있었음을 알 수 있다.

2009년 독일 프랑크푸르트 인근 메셀 피트(Messel pit)에서 5300만~3700만 년 전의 화석들이 출토되었다. 이곳은 각종 어류와 파충류, 조류, 포유류 등 화석의 수와 다양성뿐 아니라 보존 상태가 뛰어난 화석 유적지다. 이 화석들은 그 당시 생태계가 오스트레일리아와 달랐음을 보여준다. 이곳에도 원시 유대류가 있었지만 고슴도치, 고양이, 호랑이 등 태반류가 주로 살았다는 걸 알 수 있다. 딱정벌레와 대왕개미 등 곤충도 함께 보인다.

파키스탄에서 발견된 파키케투스 화석은 개와 비슷한 몸집에 4개의 다리와 긴 꼬리를 가진 포유류다. 이들은 다리뼈와 귀를 발달시켜 물속에서 살기 좋게 변화시켰고, 이를 이용해 수중생활과 육상생활을 겸해서 살았다. 또한 이런 특징 덕에 보다 손쉽게 먹이를 섭취하고 포식자를 피할 수 있었다. 이들은 고래와 돌고래의 조상으로 추정된다. 이미 폐호흡을 했고 물속에서 숨을 참는 방향으로 진화했다.

아메리카 대륙에도 다른 대륙과 달리 독특한 생태계가 형성되고 있었다. 그러다가 남북 아메리카가 연결되자 두 대륙에 살던 생명체들이 섞이기 시작했다. 아프리카 대륙도 수에즈운하를 통해서 아시아와 연결되었고, 아시아와 북아메리카 대륙은 해수면의 오르내림에 따라서 연결과 단절이 반복되었다. 이렇게 대륙의 연결로 생물체의 왕래와 확산이 가능했다.

포유류 중에서 영장류(원숭이 등의 조상)는 7000만~8000만 년 전에 출현했고, 유인원(인간, 침팬지, 고릴라, 오랑우탄의 조상)은 2300만 년 전에 출현한 것으로 보인다.

포유류의 특징 중 하나는 털을 가지고 있다는 점이다. 이동하며 생활하는 동물은 바닷속에 살 때부터 자신과 외부를 구분 짓는 보호막이 필요했다. 이동 시에 물리적 충돌과 적으로부터 자신을 보호하기 위한 보호막은 피부라는 형태로 진화했다. 해양생물의 피부는 단순 피부에서부터 비늘과 단단한 갑각 형태로 발달했다.

동물이 바다를 떠나서 육지로 올라왔을 때 피부는 완전히 새로운 환경에 적응해야 했다. 육지에 올라온 동물은 건조한 대기, 강력한 태양광과 자외선, 극단적 기온 변화, 물리적 충격을 견뎌야 했다. 시간이 흐르면서 표피는 두껍고 단단해지며, 수분 보호를 위한 벽을 생성했다. 점차 표피 일부가 앞으로 튀어나오거나 접히면서 보호막의 역할이 강화되었다. 어류는 물속에 있을 때부터 단단하고 납작한 비늘을 가졌다.

조류와 포유류의 경우에 돌출된 부분이 가느다란 섬유 형태로 발달했다. 조류에서 이 섬유는 여러 갈래로 갈라진 깃털 모양으로 진화했고, 포유류의 경우에는 실의 형태로 발달해 털이 되었다. 털의 생성 과정에 대한 다양한 가설이 있는데, 크게 2가지가 유력하다. 초기 파충류의 비늘이 진화한 것이라는 가설과 지방 분비물을 배출하는 역할을 하면서 생겨났다는 가설이다. 두 번째 가설은 모든 털의 모낭에는 지방체가 있고, 이 지방이 털을 따라 올라와서 피부에 퍼진다는 사실에 근거를 두고 있다. 육상에 올라온 동물은 수분 손실을 막기 위해 피부에 지방을 많이 쌓아둘 필요성이 커졌다.

털은 온도 조절에도 중요한 역할을 한다. 스스로 열을 낼 수 없는 파충류를 보면 온도가 얼마나 중요한지 알 수 있다. 파충류는 활발한 먹이 활동을 위해 태양열을 받아야 한다. 기온이 내려가는 기간에는 활동이 원활하지 못하다. 그러나 포유류는 추운 밤과 새벽에도 사냥을 할 수 있었다. 스스로 열을 만들고 체온을 보호할 수 있는 조류와 포유류는 생존에 더욱 유리했다. 결국 생명체의 진화 압력은 스스로 열을 내고 털을 가지고 체온을 보호하는 방향으로 작용했고, 그 결과 포유류가 지구를 지배했다고 볼 수 있다.

영장류의 등장

영장류에는 원숭이와 고릴라, 오랑우탄, 침팬지, 인간 등이 포함된다. 발가락은 5개가 있다. 엄지발가락에는 넓은 발톱이 있고, 엄지발가락이 다른 발가락과 구별되어 있어서 물건을 잡기 편하다. 가슴에는 2개 또는 4개의 유방이 있고, 새끼는 보통 한 마리씩 낳는다.

영장류의 조상은 공룡시대에 구석이나 나무 위에서 작은 설치류의 형태로 살아야 했다. 설치류는 육식과 초식을 다 하는 잡식성 동물이다. 영장류의 선조는 공룡시대 끝 무렵에 등장한 나무두더지일 가능성이 높다. 이들은 손가락과 발가락이 있어서 물건을 쥘 수 있었고, 주로 과일을 먹고 살았다.

영장류는 곡비원류(Strepsirrhini)와 직비원류(Haplorrhini)로 구분한다. 초기 영장류인 곡비원류는 여우원숭이와 로리스원숭이의 조상인데, 신생대 초반에 번성하다가 사라졌다. 직비원류는 안경원숭이와 유인원이 속해 있는데, 현대에 이르러 크게 번성한 종족이다. 한편 독일의 메셀 화석 유적지에서 직비원류를 닮은 화석(약 4700만 년 전)이 발견되었는데, 이 화석이 초기 영장류의 화석이라고 생각하는 학자가 많다.

하지만 유전자 분석에 기반한 분자시계 시간측정법에 의하면, 영장류가 처음 나타난 시기는 약 7000만~8000만 년 전으로 추정한다. 분자시계는 생명체의 돌연변이는 거의 동일한 비율로 발생한다고 가정하고, 두 생명체가 갈라진 시기를 추정하는 연구방법이다. 예를 들어 하나의 돌연

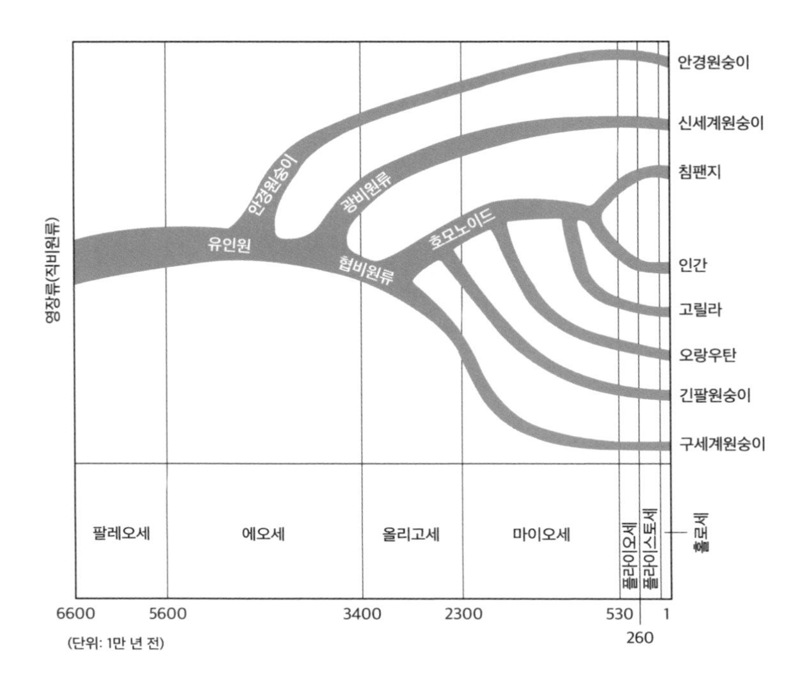

영장류(직비원류)의 진화

변이가 일어나서 생명체 유전자에 정착되기 위한 시간은 거의 일정하다고 본다.

이렇게 가정하면, 두 생명체의 유전자적 거리(차이)를 알면 갈라진 시점을 추정할 수 있다. 예를 들어 형제간에는 유전자가 매우 유사하다. 그래서 서로 갈라진 시기가 최근이다. 아시아인과 아프리카인 사이에는 유전자에 차이가 많다. 당연히 오래전에 갈라졌다고 생각한다. 분자시계 방식에 의하면, 원시 영장류는 7000만~8000만 년 전에 생겨나서, 약 4700만 년 전에 인간의 조상인 직비원류의 모습이 되었다고 추정한다.

직비원류로부터 발전해온 영장류는 진화 트리에 잘 묘사되어 있다.

안경원숭이가 직비원류의 진화 트리에서 가장 먼저 갈라졌다. 북아프리카와 유럽, 아시아, 북아메리카에 널리 퍼졌던 안경원숭이는 오늘날 동남아시아에서만 살고 있다. 안경원숭이와 갈라진 또 하나의 갈래는 유인원이다.

2부 인간의 시대

5장 인간의 탄생

- 유인원과 오스트랄로피테쿠스
- 원시 인간의 출현
- 호모사피엔스의 출현
- 호모사피엔스의 진화와 확장
- 고대문명의 시작

5장에서는

- 영장류에서 유인원으로 발전하는 과정의 가장 큰 특징은 꼬리가 없어졌다는 점이다. 현재 꼬리가 없는 동물은 긴팔원숭이, 고릴라, 침팬지, 인간 등의 유인원이다. 꼬리가 없어진 것은 약 2500만 년 전으로 추정한다.

- 고릴라, 침팬지 등의 유인원은 나무 위에서 살았다. 그중 땅으로 내려와 직립보행을 시작한 종족이 인간으로 진화했을 것이다. 기후변화가 적어 생태계가 유지된 열대우림 지역의 유인원은 열매가 풍성한 나무 위에서 안전하게 살 수 있었기 때문에 굳이 변화할 필요가 없었다. 생활환경의 변화가 진화의 근원적 이유로 작용했다고 본다.

- 인간을 침팬지와 같은 영장류와 구분 짓는 특징은 크게 3가지다. 첫째는 인간의 직립보행, 둘째는 털이 없는 피부, 셋째는 사회 구성단위가 가족이라는 점이다. 여기서 가족이라는 개념은 기본적으로 수컷이 암컷을 도와 새끼를 양육하는 형태를 뜻한다. 침팬지는 인간처럼 가족이라는 개념이 강하지 않다.

- 오스트랄로피테쿠스 화석은 침팬지와 다른 신체구조와 직립보행 생활을 보여준다. 그러나 학자들은 오스트랄로피테쿠스가 현생인류의 조상일 뿐, 현생인류 자체는 아니라고 말한다. 현생인류에게는 인간, 즉 호모라는 말을 붙이는데 호모하빌리스, 호모에렉투스, 호모사피엔스 등이 해당한다.

- 호모에렉투스는 주로 집단으로 수렵생활을 했을 것으로 추정한다. 도구를 사용하고 사회생활을 한 것은 뇌 용량이 증가했다는 뜻이다. 또한 구성원들이 집단 사냥을 하기 위해 단순 어휘로 구성된 원시언어를 사용했을 가능성이 크다.

- 호모사피엔스가 살던 시기에 지구의 기후는 어느 때는 메마른 건기가, 어느 때는 혹한의 빙하기가 오랜 시간 지속되었다. 이러한 고통의 시간을 견디는 과정에서 상상력과 추상화 능력 그리고 추상적인 것을 믿고 공유하는 능력이 발달했을 것이다.

유인원과 오스트랄로피테쿠스

진화 트리를 보면 여러 종류의 원숭이들이 갈라져 진화한다. 거의 마지막에 고릴라가 갈라지고, 끝으로 침팬지가 인간의 조상과 갈라졌다. 인간과 가장 가까운 유전자를 가진 유인원은 침팬지다.

영장류에서 유인원으로 발전하는 단계 중 가장 큰 특징은 꼬리가 없어졌다는 점이다. 과학자들은 꼬리 달린 원숭이와 없는 원숭이의 유전자를 비교 분석해, 꼬리 생성에 관여하는 유전자를 찾아냈다. 돌연변이에 의해서 꼬리를 만드는 유전자가 없어졌고, 이 형질이 그대로 유지되어 유인원으로 진화한 것으로 보인다. 현재 꼬리가 없는 동물은 긴팔원숭이, 오랑우탄, 고릴라, 침팬지, 인간 등의 유인원이다. 꼬리가 없어진 것은 약 2500만 년 전으로 추정한다.

에오세(5580만 년~3390만 년 전) 말기에는 기후가 온난했는데, 그 후 지구의 온도가 서서히 내려갔다. 가장 큰 이유는 이산화탄소 농도의 감소였다. 기온이 내려가자 극지방에 얼음 층이 생겼다. 영장류의 진화는 주로 아프리카의 따뜻한 지역에서 이루어졌다.

한편 1700만 년 전경에는 아프리카 대륙과 유럽 대륙이 연결되어 이동 통로가 있었다. 현재 이베리아반도와 북아프리카 사이가 붙어 있었다고 보면 된다. 스페인의 바르셀로나 인근에서 1300만~1200만 년 전 원숭이와 비슷하게 생긴 대형 유인원(고릴라, 오랑우탄, 침팬지, 인간)의 화석이 발견되었다. 침팬지 정도 크기인 이 화석은 대형 유인원의 공통조상 또는 친척일 가능성이 높다.

유인원 중에서 인간의 조상과 가장 가까운 것은 고릴라와 침팬지다. 고릴라와 침팬지 모두 약 8개월의 임신 기간을 거쳐 새끼 한 마리를 낳는다. 다른 원숭이들과 달리 꼬리가 없으며, 인간과 혈액형, 질병 등에서 유사한 점이 많다. 또한 수십 마리가 무리를 지어서 사회생활을 한다.

이들은 아프리카 숲속의 나무 위에서 산다. 700만~600만 년 전에도 고릴라, 침팬지 등의 유인원은 나무 위에서 살았다. 그중에 땅으로 내려와 직립보행을 시작한 종족이 인간으로 진화했을 것이다. 아프리카 동북부 지역의 유인원이 인간의 조상이 되었다고 보는데, 그들이 나무에서 내려온 이유는 기후변화로 삼림이 훼손되었기 때문일 것으로 생각한다. 기후변화가 적어서 생태계가 유지된 아프리카 열대우림 지역의 유인원은 그대로 나무 위에서 살아 고릴라나 침팬지로 오늘날까지 남았을 것이다. 숲이 유지된 지역에서는 항상 열매가 많고 나무 위에서 안전하게 살 수 있었기 때문에 굳이 변화할 필요성이 적었다. 생활환경의 변화가 진화의 근원적 이유로 작용했다고 본다.

인간과 가장 가까운 동물, 고릴라와 침팬지

고릴라는 영장류 중 가장 몸집이 큰 종으로 수컷이 암컷보다 약간 더 크다. 수컷은 일어서면 몸길이가 170~185센티미터이고 몸무게는 135~275킬로그램이며, 암컷은 몸길이가 125~150센티미터이고 몸무게는 70~90킬로그램이다. 뇌 용량은 약 409시시로 인간의 3분의 1 정도다. 얼굴은 검고, 콧구멍이 크고 코는 납작하며, 앞이마 눈 위에 뼈가 두껍게 튀어나왔다. 온몸이 검은색 또는 갈색 털로 덮여 있고, 나이 든 수컷은 등에 은백색의 털이 난다.

현재 고릴라는 아프리카 열대우림에서 서식하는데 대부분은 높은 산의 숲속에서 생활하지만 일부는 저지대에서 살기도 한다. 고릴라는 버섯, 나뭇잎, 양치류 등의 채식을 주로 하지만, 작은 곤충이나 개미, 달팽이 등을 먹기도 한다. 도구를 사용하고 나무 위에서 산다. 나무 위에서 서식하는 이유는 적으로부터 보호하기 위함일 것이다. 유인원, 영장류 그리고 초기 인간은 모두 나무 위에서 잠을 잤다.

힘이 센 수컷은 약 30마리 이상의 큰 무리를 형성하지만 평균 10~15마리가 군집을 이루는 경우가 대부분이다. 수컷 한 마리가 암컷 여러 마리를 데리고 사는 일부다처제다. 무리를 이끄는 수컷은 먹이를 찾고 가족들을 보호하는 일을 한다. 모든 가족들은 무리의 보호를 받지만, 성장해 등에 흰털이 난 수컷은 따로 떨어져 나가 독립된 무리를 만들어야 한다.

대체로 온순하며 사람을 공격하는 일은 거의 없다. 위협을 받아 흥분할 때는 뒷발로 일어서서 이빨을 드러내고 앞발로 가슴을 두드린다. 수명은 40~50년이며 수컷은 9~12세, 암컷은 6~9세가 되면 성적으로 성숙한다. 고릴라의 유전자는 침팬지 다음으로 인간과 유사하다.

침팬지는 유인원의 진화에서 인간과 가장 늦게 갈라진 동물이다. 침팬지는 똑바로 일어섰을 때의 몸길이가 수컷이 120~170센티미터, 암컷은 100~130센티미터 정도다. 몸무게는 수컷 약 40~70킬로그램, 암컷 약 30~50킬로그램 정도다. 앞이마 두개골에는 눈썹처럼 생긴 융기가 있다. 뇌 용량은 400시시로 고릴라와 유사한 인간의 3분의 1정도다. 앞다리가 뒷다리보다 길고 꼬리는 없다. 네 다리로 보행하며 사람처럼 지문이 있다. 얼굴 빛깔은 연주황색에서 검은색까지 다양하며, 온몸이 검은색이나 갈색 털로 덮여 있다.

아프리카 열대우림과 사바나 초원에서 서식한다. 침팬지는 습한 밀림에서만 사는 고릴라에 비해 건조지대에서도 잘 적응한다. 나무 위에 나뭇가지로 집을 지어 그곳에서 서식한다. 다양한 먹이를 섭취하는데, 주식은 과일과 나뭇잎이다. 최근의 생태연구로는 침팬지가 곤충을 잡아먹고 육식도 한다고 밝혀냈다. 또한 도구의 사용, 먹이의 분배, 복잡한 조직생활 등을 보여준다. 이러한 행동들은 사람을 제외한 다른 영장류에서는 찾아보기 어렵다.

침팬지는 30~80마리가 안정된 사회적 단위로 생활하고 있으며, 그 활동 영역은 30~40제곱킬로미터까지 미친다. 사회 모습도 고릴라에 비해 더욱 복잡하고 계층적이다. 아주 폐쇄적이며 영토에 다른 무리가 들어오는 것을 막는다. 무리 내에서 가족과 같은 개념은 없고, 남녀 사이의 교류는 자유롭다. 번식 기간은 정해져 있지 않고 암컷의 성 주기는 약 37일이다. 수명은 40~45년이며 수컷은 8~9세, 암컷은 6~8세면 성적으로 성숙한다. 침팬지는 인간과 유전자가 가장 비슷하다. 미국 인디애나대학교의 매튜 한(Matthew Hahn) 교수팀은 인간과 침팬지의 유전자 중에 93.6퍼센트가 같다고 발표했다.

인간을 침팬지와 같은 유인원과 구분 짓는 특징은 크게 3가지다. 첫째는 인간의 직립보행이다. 둘째는 털이 없는 피부, 셋째는 사회 구성단위가 가족이라는 점이다. 인간은 사회생활을 하면서도 가족이라는 기본단위를 기반으로 한다. 가족이라는 개념은 기본적으로 수컷이 암컷을 도와 새끼를 양육하는 것을 말한다. 그러나 침팬지는 인간처럼 가족이라는 개념이 강하지 않다.

인류 진화의 분수령, 직립보행

침팬지와 갈라진 인간의 조상은 언제 출현했을까? 어디서부터 인간의 조상이라고 봐야 할까? 고릴라와 침팬지는 기본적으로 네 발로 걷는다. 가끔 두 발로 걷는 일도 있는데, 앞발로 새끼를 안아야 하거나 어떤 물건을 들어야 하는 경우다. 그에 반해 인간은 보통 두 발로 보행하고 이것이 다른 동물과 가장 큰 차이점이다. 그래서 화석에서 인간의 조상을 찾을 때 직립보행 여부에 초점을 맞춘다.

초기 인간은 나무 위에서 살았다. 그러나 점점 땅으로 내려올 일이 많아졌다. 무리의 크기가 커져 먹이가 부족하거나 화산 등으로 서식지가 파괴되는 경우도 있었을 것이다. 지층 연구에 의하면 그들이 살던 아프리카 동북부 지역은 여러 차례 심한 기후변화를 겪었다. 수백만 년 동안 쌓인 퇴적층은 한 지역이 습지가 되기도 하고 사막으로 변하기도 했음을 보여준다.

생활환경이 변하면 새로운 서식지를 찾기 위해 먼 거리를 이동해야 했다. 두 발로 걷는 것은 네 발로 걷는 것보다 에너지가 적게 소모되어 장거리 이동에 유리하다. 현재 침팬지와 인간의 주행 시 에너지 소모를 비교해보면, 인간의 직립보행이 에너지 효율이 훨씬 높다. 이렇게 인간은 에너지 절약형 보행기술을 습득해 장거리 이동으로 생활터전을 확보하고 발전했다.

그리고 두 발로 일어서서 직립보행을 하면 앞발이 자유로워 다른 일을 할 수 있다. 익숙해지기만 하면 피신과 먹이 사냥에도 유리했다. 또한 앞발(손)을 여러 가지 용도로 사용하니 그에 해당하는 뇌가 발달했을 것이다. 현생인류의 뇌에서 손과 발을 관장하는 뇌 부위를 비교하면, 손에 해당하는 부분이 훨씬 크게 발달했음을 알 수 있다. 결국 직립보행은 뇌의 발달에도 기여했다고 볼 수 있다. 이같이 직립보행은 에너지 절약형 생활방식, 손으로 도구를 이용할 수 있는 길을 열어주었고, 뇌의 발달도 유발시켰다. 이러한 이유들로 직립보행은 인간으로 발전하는 분수령이 되었다.

정리하자면 침팬지에서 인간으로의 진화는 다음과 같다. 현재 침팬지 서식지는 아프리카 중부의 적도 지역이다. 아마 수백만 년 전 아프리카가 열대우림으로 덮여 있던 시기에는 전 지역에 침팬지가 살았을 것이다. 그러다 심한 기후변화로 동북아프리카의 밀림이 파괴되어 초원이나 사막이 되었다. 숲이 망가지니 땅으로 내려와야 했고, 먹이를 찾아 먼 거리를 이동해야 했다. 그중 일부는 두 발로 걷는 것에 익숙해지면서 초원생활에

인류의 진화

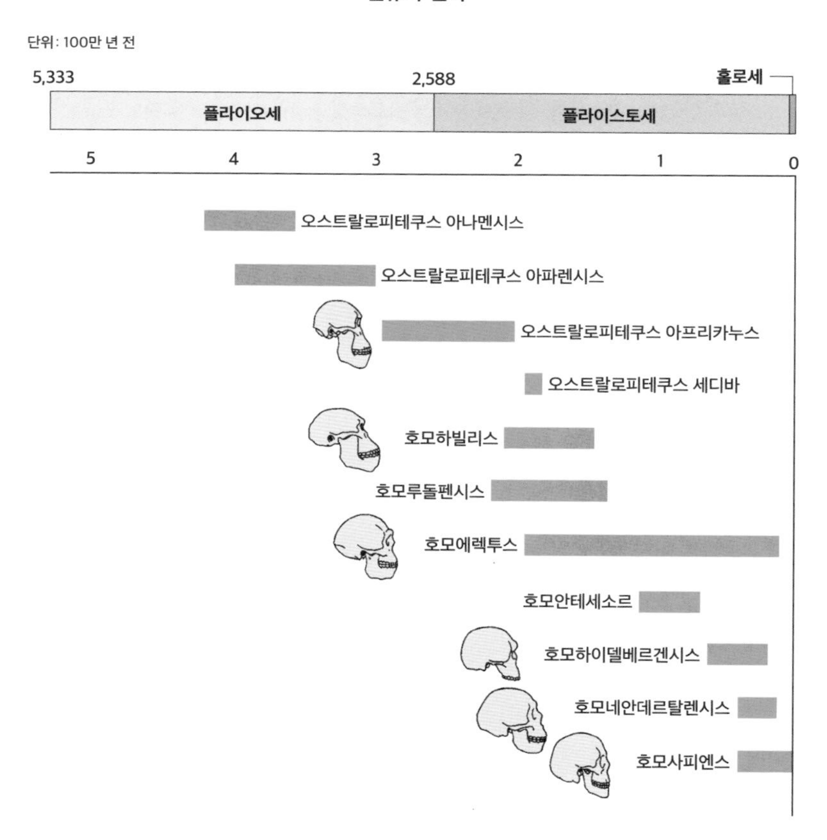

적응했고, 직립보행 동물로 진화했을 것이다. 한편 아프리카 지역 중에서도 기후변화가 적어서 여전히 밀림이 유지되는 곳이 있었다. 이곳에 사는 침팬지와 고릴라들은 특별히 불편함 없이 나무 위에서 생활했다. 그들에게는 해로운 도전이 없었다. 외적 도전이 없으니 익숙한 생활방식을 바꿀 이유가 없었다. 그래서 그들은 수백만 년이 지난 지금도 나무 위에서 살고 있다. 그리고 인간에게 유인원이라는 이름으로 불리고 있다.

700만~500만 년 전의 화석들은 인간의 특성과 원숭이의 특성을 함께 보여주고 있다. 그래서 대체로 이즈음이 인간의 조상이 시작되던 시기라고 본다. 투마이(Toumaï)는 아프리카 중부에 있는 차드의 주라브 사막에서 2001년에 발견된 영장류의 두개골 화석이다. 차드어로 '삶의 희망'이라는 뜻이며, 정식 명칭은 TM266이다. 침팬지와 사람 사이 중간 단계의 치아 구조를 가졌고, 인류 진화의 첫 단계 화석으로 추정한다. 과학적 분석으로 약 700만 년 전인 신생대 마이오세 때 존재했던 것으로 밝혀졌다. 실제로 분자시계를 이용한 분석에 의하면, 인간과 침팬지는 약 600만 년 전에 갈라졌다.

인간의 조상 오스트랄로피테쿠스

오스트랄로피테쿠스(Australopithecus)는 '남쪽의 민꼬리 원숭이'라는 뜻이다. 인간을 침팬지와 다르게 만든 것이 직립보행이라 보는데, 그 흔적은 케냐와 에티오피아 등지에서 발견된 화석에서 찾을 수 있다.

가장 오래된 화석은 영국의 고인류학자 미브 리키(Meave Leakey)가 케냐의 투르카나 호수에서 1995년에 발견했다. 그녀가 발굴한 오스트랄로피테쿠스의 초기 종족으로 생각되는 아나멘시스는 약 420만~370만 년 전에 살았을 것으로 추정되는데, 키가 100센티미터에 두개골의 용적이 500시시 정도였다고 한다. 지질시대 플라이오세에 해당하는 화석으로 골반과 다리뼈의 구조로 보아 직립보행을 했을 가능성이 보인다. 물론 화석으로 직립보행 여부를 판별하기란 것은 매우 어려운 일이다.

그다음으로 오래된 오스트랄로피테쿠스의 화석은 2016년에 발굴되었다. 미국 클리블랜드 자연사박물관과 독일 막스플랑크 진화인류학연구소 연구진은 에티오피아 아파르주에서 380만 년 전에 형성된 초기 인류의 두개골 화석을 발견했다. MRD라고 이름이 붙은 이 화석은 오스트랄로피테쿠스 아나멘시스의 두개골이다. 연구진은 2019년에 이 화석의 얼굴을 복원해 학술지 《네이처》에 발표했다.

1978년에 영국의 고인류학자 메리 리키(Mary Leakey) 연구팀이 발견한 라에톨리 발자국(Laetoli footprints)은 정말 두 발로 걸어간 자국을 보여준다. 약 360만 년 전의 이 화석이 발견된 곳은 탄자니아 세렝게티국립공원의 올두바이 협곡에서 남쪽으로 45킬로미터 떨어진 화산활동 지역이다. 이 발자국의 주인공은 오스트랄로피테쿠스의 또 다른 종인 오스트랄로피테쿠스 아파렌시스(Australopithecus afarensis)다. 발자국은 약 24미터가량 남아 있는데, 아마 화산재 위를 걸어간 후에 다시 화산재가 쌓인 것으로 보인

오스트랄로피테쿠스 아나멘시스 MRD의 두개골 화석과 복원된 얼굴 모습

다. 이 발자국 화석으로 비로소 직립보행의 흔적을 확실하게 찾았다.

2000년 12월에는 에티오피아 디키카에서 3세 여아로 보이는 화석이 발견되었다. 이것은 330만 년 전에 살았던 오스트랄로피테쿠스 아파렌시스 화석으로 밝혀졌는데, 이름은 살렘(Salem)으로 붙여졌다.

오스트랄로피테쿠스의 화석을 최초로 발견한 것은 1974년이다. 미국의 고인류학자 도널드 요한슨(Donald Johanson) 연구팀은 에티오피아 아파르 삼각지대(Afar Triangle)에서 발굴 작업을 하고 있었다. 지루함을 달래기 위해 음악을 틀어놓고 일했다. 사람의 것으로 보이는 뼛조각 화석들이 나왔고, 신체의 40퍼센트 정도가 보존된 양호한 상태였다. 그때 흐르던 음악이 비틀스의 〈루시 인 더 스카이 위드 다이아몬드(Lucy in the Sky with Diamonds)〉였다. 요한슨은 이 화석 인간의 이름을 '루시'라 붙였다. 요한슨 박사는 루시를 320만 년 전에 살았던 오스트랄로피테쿠스 아파렌시스라 추정한다. 또한 골반뼈와 엉덩이뼈의 분석 결과 여자였을 것이라고 주장했다. 루시는 키 110센티미터, 몸무게 29킬로그램이며 외모는 침팬지처럼 생겼을 것이라고 본다. 두개골 조각들은 두뇌가 침팬지와 같이 작았음을, 골반과 다리뼈는 직립보행을 했음을 말해주었다. 루시를 통해서 뇌가 커지기 전에 직립보행을 했다는 것을 유추할 수 있다.

1924년 남아프리카공화국 타웅의 230만 년 전 석회암에서 발견된 오스트랄로피테쿠스 아프리카누스(Australopithecus africanus)는 어린아이의 화석이어서 타웅 차일드라 불린다. 또한 남아프리카 지역에서 이와 동일한 특징을 가지는 200만 년 이상 된 화석이 여럿 발견되었다.

남아프리카공화국 요하네스버그 근교에 인류의 요람(Cradle of Humankind)이라 불리는 석회암 동굴이 있다. 여기서 발견된 오스트랄로피테쿠스 세디바(Australopithecus sediba)는 지금까지 발견된 오스트랄로피테쿠스 중에서 가장 현대인에 가까운 신체구조를 가졌다. 특히 손의 구조로

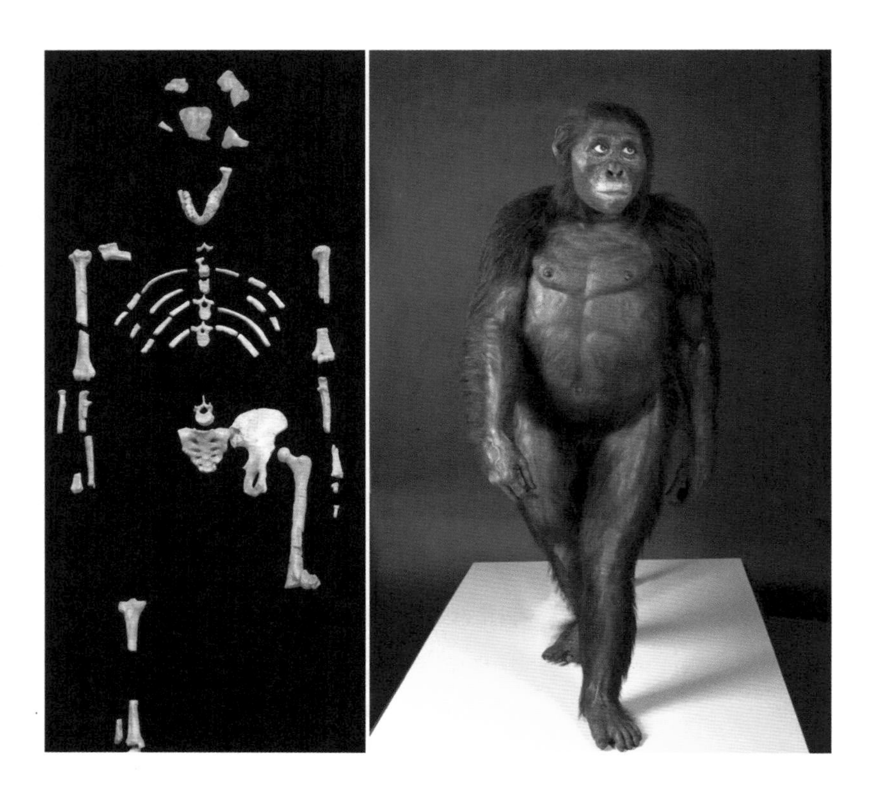

오스트랄로피테쿠스 아나멘시스 루시의 화석과 모형도

보아 돌로 된 도구를 사용했을 것으로 추정한다. 키는 약 130센티미터 정도다. 현재 학자들은 오스트랄로피테쿠스 아프리카누스와 오스트랄로피테쿠스 세디바가 초기 호모(homo)에 가깝다는 것에 대체로 동의한다. 호모는 인간이라는 뜻이다. 직립보행을 시작한 오스트랄로피테쿠스는 인간의 조상이지만 인간이라 부르지는 않는다.

원시 인간의 출현

오스트랄로피테쿠스 화석은 침팬지와 달라진 신체구조와 직립보행 생활을 보여준다. 지질시대가 현대와 가까워질수록 화석의 신체구조도 현대인과 유사해졌다. 그러나 학자들은 오스트랄로피테쿠스는 현생인류의 조상일 뿐 현생인류는 아니라고 말한다. 현생인류에게는 인간, 즉 호모라는 말을 붙이는데 호모하빌리스, 호모에렉투스, 호모사피엔스 등이 해당한다.

도구를 사용한 호모하빌리스

처음으로 손을 사용하기 시작한 호모하빌리스는 250만~170만 년 전 사이에 생존했다고 본다. 이들의 두개골 용량은 530~800시시며, 동아프리카와 남아프리카의 여러 유적지에서 발견된다. 이들은 직립보행을 하면서 두 손이 자유로워졌고, 자유로워진 손으로 도구를 만들기 시작했다. 호모가 석기를 사용하기 시작한 것은 250만 년 전쯤으로 알려져 있다. 도구를 만들고 사용하려면 손과 눈의 감각과 조절 능력이 발달해야 한다. 따라서 두뇌가 발달하는 쪽으로 인류는 진화했다.

인간의 조상이라 할 수 있는 직립보행 오스트랄로피테쿠스의 두뇌 용량은 약 500시시 정도였다. 그러다가 약 250만 년 전에 이르러서 인간은 도구를 만들기 시작하고 뇌 용량이 커진다. 그런데 이들 사이 약

400만 년 동안 인간의 뇌 용량이 변하지 않는다. 여기에 대한 하나의 가설은 기후변화다. 지층 연구에 의하면 약 250만 년 전 동아프리카에는 사막화로 큰 환경 변화를 겪었다. 이러한 격변에 적응하는 과정에서 인간은 손과 두뇌를 더욱 많이 사용했고, 그 결과로 두뇌 용량이 증가해 진보된 인간으로 발전했다는 가설이다. 실제로 직립보행 인간의 출현 후, 초기 약 400만 년 동안은 뇌 용량 변동이 거의 없다가 후기 200만 년 동안 급격히 커졌다.

호모하빌리스(Home habilis)의 화석은 1959년 탄자니아 올두바이 협곡에서 영국의 고인류학자 루이스 리키(Louis Leakey) 연구팀이 발견했다. 176만 년 전에 석기를 사용한 것으로 생각되는 가장 오래된 호모의 두개골을 발견했는데, 이 화석을 호모 종의 가장 초기 것으로 인정한다. 호모하빌리스란 손을 사용하는 사람이라는 뜻을 가지고 있다. 오스트랄로피테쿠스에 비해 머리 표면의 크기가 확장되었고, 눈두덩이가 많이 튀어나오지 않았다. 함께 발견되는 도구를 통해 호모하빌리스가 석기를 제작했음을 짐작할 수 있다. 그래서 고고학적 시대 구분에서 석기시대의 시작을 호모하빌리스 시대로 간주한다. 이들의 도구는 매우 조악한 수준이지만, 도구를 만들 수 있다고 생각하고 이를 실행한 것이 큰 진보다.

리키 박사의 연구팀은 1972년에 케냐의 루돌프 호수(현 투르카나)에서 고대 인류의 화석을 발견했다. 당시 발견된 단 하나의 화석만으로는 이 화석이 별개의 인류종인지 확인할 수 없었기 때문에 'KNM-ER 1470'으로 불렸다. 이 팀은 2007~2009년에 또다시 그 근처에서 약 195만~178만 년 전 인류의 두개골과 턱뼈 2개 등 3개의 화석을 발견했다. 이 화석들은 호모에렉투스와는 다른 종인 인류 화석이라는 사실을 확인하고, 이를 호모루돌펜시스(Homo rudolfensis)라고 명명했다. 호모루돌펜시스 화석은 뇌 용량이 크고, 넓고 긴 형태의 얼굴을 가지고 있다. 이 화석은 같은 시기에 여러 종류의 인류 조상이 함께 살았다는 것을 보여준다. 약 200만 년 전 동시대에 케냐 일대에 호모하빌리스와 호모루돌펜시스, 호모에렉투스 등이 살았던 것이다.

불과 언어를 사용한 호모에렉투스의 출현

호모에렉투스(Homo erectus, 곧선 사람)는 인류 진화상에서 호모하빌리스와 호모사피엔스의 중간 단계에 위치한다. 1984년 케냐 투르카나 호수 근처에서 호모에렉투스의 대표적 표본이 된 화석이 발견되었다. 투르카나 소년(Turkana boy)으로 불리는 이 화석은 약 160센티미터의 키에 뇌 용량이 880시시 정도 되었다. 뼈의 성장판을 관찰해 11~12세일 것으로 추정했으나 치아 분석 결과 사망 당시 약 8세일 것으로 추정한다. 치아와 골격의 성숙 단계를 보면 호모에렉투스는 현생인류보다 성장 속도가 빨랐던 것으로 보인다. 참고로 현재 침팬지는 약 8세가 되면 성장이 완료되어 짝짓기를 한다. 현생인류는 12세 정도가 되어야 사춘기가 시작된다. 성장기가 길어진 것은 부모나 사회로부터 배우는 기간이 길수록 생존에 유리했기 때문일 것이다.

탄자니아 올두바이와 케냐 투르카나의 150만 년 전의 지층에서 호모에렉투스 화석과 함께 새로운 형태의 석기들이 출토되었다. 이는 앞서 호모하빌리스가 사용한 도구들보다 더 정교하고 효율적이었다. 이와 더불어 생활방식에서 등장한 중요한 변화로는 불을 사용하고, 무리를 지어 모여 살고, 장거리를 이동한 것 등을 꼽을 수 있다. 또한 돌을 쪼개서 날카롭게 만들어 손도끼로 사용한 흔적도 남아 있다.

약 200만~150만 년 전에 아프리카에서 출현한 호모에렉투스는 중앙아시아를 거쳐서 유럽, 아시아, 등지로 퍼져 나간 것으로 보인다. 특히 인도네시아 자바인, 중국 베이징인 등 오래된 호모에렉투스 화석이 발견되면서 당시에 인류가 상당히 넓은 지역에 퍼져 살았음을 알 수 있다.

1991년에서 2005년 사이 조지아의 드마니시에서는 호모하빌리스와 호모에렉투스의 중간 단계로 보이는 초기 인류 화석이 발견되어 호모에렉투스 게오르기쿠스(Homo erectus georgicus)라 명명되었다. 이곳에서 발견된 두개골은 180만 년 전의 것으로 추정되며, 아프리카 밖에서 발견된 두개골 중 가장 작고 원시적인 형태이다. 뇌의 크기는 현생인류의 절반 크기에 불과하다.

초기 호모에렉투스의 뇌 용량은 700~800시시 내외로 오스트랄로피테쿠스에 비해 약간 커졌다. 그러나 나중에는 평균 1000시시 정도로 커지는데 이는 현생인류 뇌 용량의 3분의 2에 해당한다. 뇌 용량의 진화는 인간과 같은 고등동물로 발전하는 과정으로 이해된다. 특히 후두부의 아랫부분과 전두엽 부위가 커졌다. 이 부위의 발달은 감각과 균형기관, 사고 작용의 발달에 기여했을 것으로 보인다.

호모에렉투스는 턱은 약간 튀어나오고, 눈 위쪽에 돌출된 부분이 있다. 눈썹 부근이 튀어나온 모습은 네안데르탈인까지 유지되고 현생인류에서 없어진다. 두개골은 다른 종에 비해 얇다. 초기 호모에렉투스는 키가 130센티미터 정도로 커졌고 강건하며 단단한 근육을 가졌다. 호모하빌리스처럼 팔이 길지 않으며 전체적으로 현생인류와 거의 유사하다.

큰 어금니는 호모하빌리스보다 작고, 호모사피엔스의 것보다는 다소 크다. 이러한 변화는 음식물 섭취 과정에서 양 턱과 치아 운동량의 현격한 감소와 관계가 있을 것이다. 식물성보다 씹기 쉬운 동물성 음식물을 더 먹게 되었다고 볼 수 있다. 이는 불의 사용과도 관련이 있어 보인다. 음식을 익혀 먹으면서, 구강 운동을 줄이면서도 동물성 단백질을 많이 섭취할 수 있다.

이들은 주로 수렵생활을 했으며 집단적으로 사냥을 했다고 추정한

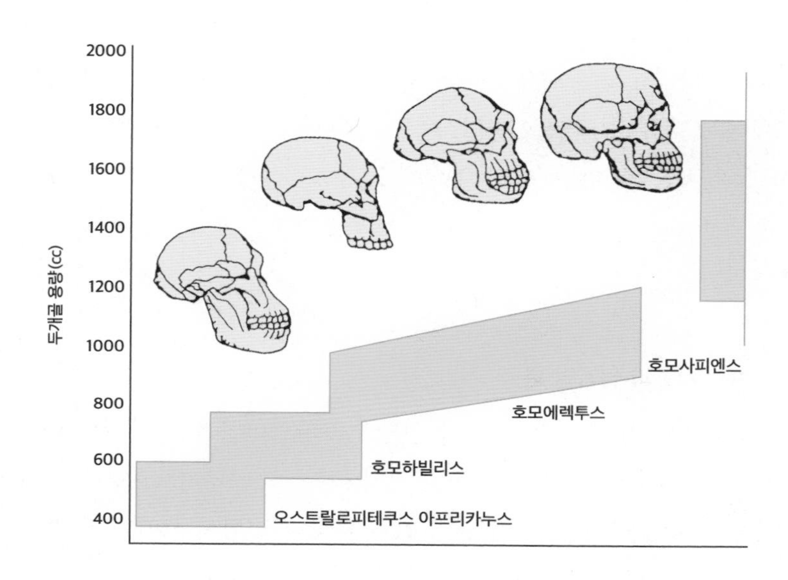

인간의 진화에 따른 두개골 용량의 변화

다. 도구를 사용하고 사회생활을 한 것은 뇌 용량의 증가와 관련이 있다. 또한 이들은 전보다 더 크고 강한 동물을 사냥했다고 추정한다. 잘 깎인 주먹도끼, 찍개, 찌르개 등의 도구가 화석과 함께 발견된다.

집단 사냥으로 인해 초기 언어가 발달했을 가능성이 있다. 구성원들이 합동작전으로 사냥을 하려면 효율적인 소통이 필요했을 것이다. 단순 어휘로 구성된 원시언어를 가졌을 가능성이 높다.

2003년에는 인도네시아에서 고고학계를 뒤흔든 화석이 발견되었다. 자바섬 동쪽 적도 위의 플로레스섬에서 유적과 함께 발견된 신종 인류 화석이다. 발견지의 이름을 따서 호모플로레시엔시스(Homo floresiensis)라 명명되었는데, 난쟁이 인간 호빗(Hobbits)이란 별명으로도 알려져 있다. 이것은 약 9만 5000년~1만 8000년 전의 화석이었는데, 석기 등 함께 발견된 유물 역시 9만 4000년 전~1만 3000년 전의 것이었다. 이 화석 인간은 키가 약 1미터이고 뇌 용량은 약 380시시다. 덩치가 작은 것은 식량과 자원의 부족에 적응했기 때문인 것으로 생각되지만, 뇌 용량이 침팬지 정도인 것에 대해서는 수수께끼로 남아 있다. 과거 자바섬에 진출한 호모에렉투스에서 분화된 것으로 추정되지만, 아직 이들의 계보에 대해 다양한 의견이 존재하고 있다.

불의 사용과 인간의 털

그리스의 신 프로메테우스는 신들만이 사용하던 불을 훔쳐서 인간에게 전해주었다. 이에 제우스는 프로메테우스를 코카서스의 바위산에 쇠사슬로 묶어 낮에는 독수리에게 간을 파먹히고, 밤이 되면 다시 간이 재생되어 다음날 또다시 독수리에게 간을 쪼이는 무한반복의 고통을 겪는 벌을 내렸다. 후일 헤라클레스가 독수리를 사살하고 프로메테우스는 고통에서 해방되는데, 이 신화에서도 불의 중요성을 강조하고 있다.

1929년에 중국 저우커우뎬에서는 베이징원인의 두개골 화석이 발견되었는데, 60만~50만 년 전 인류의 흔적이었다. 인류 화석을 포함해 총 27개의 유적과 유물이 발견되었는데, 당시 인류가 불을 사용했을 것으로 보이는 흔적이 남아 있었다. 석기, 동물 화석, 각종 장식품이 나왔는데, 불을 사용한 잿더미와 불에 탄 뼛조각, 불씨를 보존한 흔적 등도 있었다. 이러한 불 사용의 흔적은 이스라엘, 헝가리, 남부 프랑스, 스페인 등에서도 발견된다.

인간이 불을 처음으로 본 것은 번개였을 것이다. 번개에 맞은 나무가 타오르는 모습을 보며 무척 놀랐을 것이다. 그런데 그 속에서 타 죽은 동물을 먹어본 인간이 있었다. 날것으로 먹을 때와 비교할 수 없는 맛이었다. 불의 효용성을 깨닫게 된 것이다.

프로메테우스의 조각상

또한 초기에는 다른 짐승들처럼 불을 보면 겁을 먹고 도망쳤을 것이다. 그런데 가까이 가보니 따뜻했다. 불이란 것이 참으로 묘했다. 불이 있으면 무서운 동물들도 쫓을 수 있고, 추위를 이길 수 있고, 음식도 익혀 먹을 수 있다는 것을 깨달았다. 특히 추운 날씨에는 더욱 요긴했다. 불이 막연히 두려운 것이 아니라 잘 이용하면 아주 유용하다는 것을 알았다.

인간이 다른 동물들과 결정적 차이를 만든 것은 불을 활용하면서부터다. 사람만이 가진 것들은 모두 불의 발견과 관련되어 있다. 인간은 불의 열로 추위를 극복한다. 음식을 익혀 먹으면서 먹을 수 있는 음식도 많아졌다. 예를 들어 지금도 감자와 몇 가지 식물은 익히지 않으면 쓴 맛 때문에 먹기 어렵다. 익혀 먹으니 흡수율이 높아지고 영양 상태도 좋아져 오래 살게 되었다. 불의 사용 덕분에 인간은 날씨를 극복하고 열대지방 외에 서식지를 넓힐 수 있었다.

현생인류의 뇌 용량은 약 1400시시로서 체중의 약 2퍼센트 내외에 해당한다. 그런데 뇌는 에너지의 20퍼센트를 사용한다. 뇌를 유지하기 위해서는 충분한 영양을 흡수해야 한다. 불을 사용해 섭취할 수 있는 음식물의 폭을 넓히고, 소화 흡수율을 높인 점은 뇌의 발달에 좋은 영향을 미쳤을 것이다.

한편 인간과 가까운 고릴라와 침팬지 모두 몸이 털로 덮여 있다. 인간의 조상도 피부가 털로 덮여 있었을 것이다. 그런데 왜 인간은 털이 사라지는 쪽으로 진화했을까? 불의 사용과 관련이 있을 것으로 추정한다. 털은 원래 추위를 막기 위해 빙하기에 발달했을 텐데 날씨가 온화해진 간빙기에 아프리카에 사는 인간의 조상에게는 털이 밤에는 필요하지만 낮에는 거추장스러운 존재였다. 그런데 불을 사용하면서 밤에도 추위를 견디는 방법을 알았다. 털은 더욱 불필요해졌다.

우연히 돌연변이에 의해서 털이 적은 개체가 태어났고, 이 개체는 따뜻해진 환경에 유리했다. 피부와 땀샘을 통한 열 발산 효율이 좋아진 것이다. 털이 많으면 피부에 땀이 나더라도 공기에 노출이 잘 되지 않아 열 발산이 원활하지 않다. 사냥하고 포식자에게서 도망가려면 오래달리기를 해야 하고, 그러기 위해서는 열 발산이 중요한데, 털이 적은 개체가 유리했다. 아무리 빠른 동물이라도 몇 분을 뛰면 쉬어야 한다. 오래 달릴 수 있는 털이 적은 인간은 동물이 지칠 때까지 뛸 수 있어 먹잇감을 얻고 위험에서 벗어나기에 유리했고, 생존력이 높아졌다. 이렇게 털을 없애는 방향으로 진화의 압력이 작용했을 것이다.

그러면 인간의 털은 언제부터 사라졌을까? 진화유전학자인 마크 스톤킹(Mark Stoneking)은 매우 흥미로운 추론을 한다. 인간을 포함한 거의 모든 동물은 기생충을 가지고 있다. 인간의 피부에는 이가 기생하고 있다. 현재 인간에게는 머리카락에 기생하는 이와 체모(음모)에 기생하는 이가 서로 다르다. 스톤킹 박사는 인간이 털로 덮여 있던 시절에는 한 종류의 이가 기생했을 것으로 본다. 피부에 털이 없어지면서 모든 이는 머리카락으로 이동했을 것이다. 그렇다면 현재 체모에 서식하는 사면발니는 어디서 왔을까? 유전자의 유사성으로 볼 때, 이것은 고릴라에게 옮은 것이라는 연구가 나왔다. 그렇다면 그 시점은 인간의 털이 사라진 후일 것이다. 인간에게 옮겨 온 사면발니와 현행 고릴라의 이 사이의 유전자 거리를 분석하면, 사면발니의 이동 시기를 추정할 수 있다. 유전자 분석을 이용한 분자시계 연구는 두 종의 이가 최후의 공통조상을 가진 게 약 300만 년 경임을 추정해냈다. 이 연구를 통해 스톤킹은 인간의 털 역시 약 300만 년경 사라졌을 것으로 추정한다. 같은 방식으로 추론하자면 인간이 불을 사용한 것도 비슷한 시기일 것으로 보인다.

한편, 불의 사용은 언어의 발달과도 관련이 있다는 가설이 있다. 익힌 음식을 먹기 시작하면서 씹는 시간이 대폭 줄어 턱과 구강 근육, 두개골이 약해졌다. 근육이 약해지면 정교해진다. 구강 근육이 정교해지면서 혀와 입술, 목청이 조화를 이루어 소리를 내는 능력이 발달하게 되었다.

호모사피엔스의 출현

호모사피엔스(Home sapiens, 지혜로운 사람)는 호모에렉투스와 유사한 특징을 많이 지니고 있지만, 현생인류에 더욱 비슷한 고인류 화석이다. 이들의 흔적은 인도네시아, 중국, 아프리카, 유럽 등 구대륙 각지에서 보인다. 초기 호모사피엔스는 후기 호모에렉투스와 상당 기간 동안 공존했다. 호모에렉투스에서 분화된 호모하이델베르겐시스(Homo heidelbergensis) 역시 오랜 시간 공존한 것으로 보인다. 호모사피엔스 초기에는 화석의 형태나 생활 내용에 있어서 이들 집단 사이에 확연한 차이가 보이지 않는다.

호모사피엔스가 발달한 후에는 호모에렉투스와 비교해 두개골의 용량과 형태에서 큰 차이가 보인다. 호모사피엔스의 뇌 용량은 1300~1450시시 정도다. 호모사피엔스는 두개골 상단의 융기 부위와 두개골의 두께가 전반적으로 감소하는 경향을 보인다. 치아의 변화는 어금니 사용의 감소와 앞니 사용의 증가와 관련이 있다. 즉 불의 사용으로 음식물을 씹는 기능은 감소하고, 언어 발달로 앞니 사용이 늘었다.

2022년에 부산대학교 악셀 팀머만(Axel Timmermann) 교수 연구팀은 기후변화가 인류 진화에 어떤 영향을 미치는지 연구하고 그 결과를 발표했다. 그들은 기후와 인류 진화를 연관 짓기 위해서 어떤 인류종이 언제, 어디서 살았는지와 어떤 기후 조건을 경험했는지에 대한 기본 정보를 수집해야 했다. 연구팀은 대륙 빙하와 온실가스 농도, 천문현상의 변화 등을 이용해 과거 200만 년의 기온과 강수량 등 기후 자료를 만들고 기후현상을 모의 실험했다. 또한 인류 화석과 고고학적 표본 조사를 통해 아프리카, 유럽, 아시아 등 전 세계 3200개 지점에 200만 년 동안 누가 거주하고 있었는지 파악했다.

연구팀의 연구결과에 의하면 200만~100만 년 전 초기 아프리카에 서식한 인류는 안정적 기후 조건을 선호해 동부와 남부 아프리카 지역에만 서식했다. 그러나 80만 년 전 큰 기후변화가 닥치며, 호모하이델베르겐시스는 먹이를 찾아서 유라시아 지역까지 진출했다. 약 40만 년 전에 유라시아로 간 호모하이델베르겐시스가 호모네안데르탈렌시스(Homo neanderthalensis)로 분화했다. 그리고 약 30만~20만 년 전 아프리카에 남은 호모하이델베르겐시스로부터 호모사피엔스가 분화되었다. 기후변화는 호모사피엔스가 출현하는 데 결정적 역할을 했다.

고대 인류에서 종의 분화가 일어난 이유는 거대한 기후변화(빙하기)에 의해 '유전적 병목현상'이 나타났기 때문이다. 유전적 병목은 갑작스러운 환경 변화로 집단 내 인구가 급격히 감소하면서 집단 전체의 유전자도 일부만 남아 다양성이 떨어지는 현상이다. 그 후에 다시 인구가 증가하면 유전적 다양성이 커지면서, 이전 집단과 비교해 유전적으로 상당히 다른 종이 만들어질 가능성이 크다.

호모사피엔스는 언제 어디서 등장했을까

우리 인류의 직계 조상인 호모사피엔스는 약 30만~20만 년 전에 출현한 것으로 보인다. 이 시기의 북아프리카는 저온과 가뭄현상이 계속되고 있었다. 이러한 기후변화에 적응하는 과정에서 큰 진화가 일어난 것으로 보인다. 호모사피엔스의 생활상을 보여주는 유적은 아프리카와 유럽에서 널리 발견되고 있다.

호모사피엔스는 턱과 이빨이 작아지면서 튀어나와 있던 입 부분이 들어갔다. 이마가 거의 수직으로 곧은 형태가 되어 얼굴이 전체적으로 반듯한 모양이 되었다. 그러면서 코와 턱끝이 얼굴에서 두드러진다. 머리뼈의 모양이 더욱 둥글어졌으며 두께도 얇고 무게도 가벼워졌다.

호모사피엔스는 독특한 석기문화를 발달시켰다. 후기 구석기시대에 도구는 더 정교하고 다양해졌다. 이들은 동굴 등에서 거주했으며 사냥감이나 물을 얻기 위해 강과 가까운 곳에서 살았다. 서식지에서는 석기와 화석화된 동물뼈 등이 함께 발견된다. 불을 능숙하게 다루었으며, 마찰로 불 피우는 법을 터득했다.

호모사피엔스는 초기 언어를 사용했을 것으로 추정한다. 또한 종교와 예술 의식도 발달시켰다. 네안데르탈인과 마찬가지로 시체를 매장했으며, 작은 돌이나 동물뼈 등으로 만든 장신구를 함께 묻기도 했다. 동굴 벽에 다양한 형태의 문양이나 선, 동물 등을 그리거나 새겨놓기도 했다. 돌과 진흙, 동물뼈나 뿔 등을 재료로 조각상을 만들기도 했다.

호모사피엔스의 대표적 구석기시대 도구는 주먹도끼로 대표되는 아슐리안(Acheulean) 석기다. 이들은 껍질을 벗기듯이 돌을 가공하는 방법인 박리과정을 통해 석기를 만들었고 이러한 방법을 전통으로 계승했다. 이와 같이 기술을 전승한다는 것은 이들의 사고능력이 발달했음을 보여준다. 이는 인식체계의 조직화가 이루어지고 있었다는 증거다. 주먹도끼는 호모에렉투스도 사용한 인간 도구의 히트작이다.

또한 케냐의 올로게세일리에(Ologesailie)와 탄자니아의 이시밀라(Isimila)에서도 전형적인 아슐리안 석기가 발굴되었는데, 이 석기들을 살펴보면 초기 호모사피엔스의 제작 기술이 전문화되는 양상을 보여준다. 생활환경에 따라 상이한 석기들이 발견되고 작업에 따라 각기 다른 도구들이 발견되기도 한다. 이같이 작업 목적에 따라 도구를 제작하고 선택적으로 사용하는 능력이 있었던 것으로 보인다.

스페인의 토랄바(Torralba)에는 약 30만 년 전에 형성된 아슐리안 유적지가 있다. 여기서는 불을 사용해 매머드와 같은 대형 동물을 늪지에 몰아넣어 사냥한 것으로 추정된다. 모든 종류의 자원을 체계적으로 활용한 것이다. 30만 년 전부터 아프리카에서 유럽으로 이주해 거주하던 네안데르탈인은 나름대로 문화를 구축해 살고 있었다. 그후 10만 년 전부터 아프리카에서 출현한 호모사피엔스가 중동을 거쳐 유럽으로 이주하기 시작했다.

이러한 이동에는 토바 화산의 폭발이 결정적 영향을 미쳤다. 7만 5000년 전 인도네시아 수마트라섬에서 토바 화산이 매우 강력한 폭발을 일으켰다. 지금의 토바 호수에서다. 이 폭발은 지구상 마지막 빙하기를 심화시켰다. 폭발 후 10년 동안 화산재가 하늘을 덮어 지구 온도는 5도나 떨어졌다. 숲과 초원, 모든 서식지가 파괴되었다. 인간을 포함한 모든 동물들이 먹을 것이 없었다.

토바 화산의 폭발로 달라진 환경에 적응하지 못한 동식물과 유인원은 멸종했다. 이때 유럽과 아시아에 흩어져 있었던 호모에렉투스나 호모하이델베르겐시스가 변화에 적응하지 못하고 사라졌을 것이다. 호모사피엔스는 소수가 남아 바닷가로 가서 조개를 잡아먹으며 생존을 이어갔다. 유럽에 거주하던 네안데르탈인과 최근 아프리카에서 이주해온 호모사피엔스도 거의 멸종해, 1만 명 정도만 생존했을 것이라고 추정한다. 네안데르탈인들은 먹을 것을 찾아 스페인의 지브롤터와 같은 해변가로 이주해 소수만 살아남았다. 인도네시아에 살고 있던 호모플로레시엔시스도 겨우 연명하고 있었다. 오늘날 인간들의 유전자를 조사해보면, 우리는 7만 년 전에 생존한 1000명에서 1만 명 가량의 호모사피엔스의 자손들이다. 그 당시 호모사피엔스는 거의 멸종 지경에까지 이르렀다가 구사일생으로 살

약 3만 5000년에서 1만 년 전 사이에 크로마뇽인들이 그린 라스코 벽화

아남은 것이다.

1987년에는 현생인류인 호모사피엔스의 기원에 대한 놀라운 논문이 발표되었다. 레베카 칸(Rebecca L. Cann), 마크 스톤킹, 앨런 윌슨(Allan C. Wilson) 3명이 학술지 《네이처》에 발표한 〈미토콘드리아 DNA와 인간의 진화(Mitochondrial DNA and human evolution)〉라는 논문이었다. 이들은 유전공학과 생화학을 이용해 유전자 속에 있는 미토콘드리아 DNA를 연구했다. 인간의 미토콘드리아 DNA 추적을 통해 현생인류는 20만 년 전 동아프리카 지역에 살던 한 여성으로부터 내려왔다는 사실을 밝혀냈다. 참고로 우리 몸 세포 속에 있는 미토콘드리아는 엄마로부터만 유전되기에 미토콘드리아 유전자로는 모계의 혈통만 알 수 있다.

이렇게 지구 환경을 극적으로 바꾼 토바 화산 폭발 이후 현생인류인 호모사피엔스가 아프리카에서 유럽으로 본격적으로 이주한 것으로 보인다. 서아시아에서는 4만 5000년 전, 유럽에서는 4만 년 전부터 그들의 흔적이 보인다. 이렇게 유럽에 정착한 호모사피엔스를 크로마뇽(Cro-Magnons)인이라고도 한다. 크로마뇽이란 말은 이들의 화석이 발견된 지명에 유래한다. 이들의 흔적은 프랑스 니스의 테라 아마타(Tera Amata) 유적이 대표적이다. 이 유적은 11개의 층이 퇴적되어 있는데, 각 층에 집터가 발견되었다. 이 유적에는 기둥 구멍과 화덕자리가 있고, 도구를 제작하는 작업공간도 있다. 도구는 주로 아슐리안 석기에 해당한다.

크로마뇽인들은 라스코(Lascaux)와 알타미라(Altamira) 동굴에 빨강·검정·노랑 등의 색으로 말·사슴·들소 같은 다양한 동물상을 그렸는데, 사냥의 성공과 풍요를 기원하는 주술적 의미가 담겨 있다. 또한 독일 스바비 알브에 위치한 울름이란 도시 근처 홀레 펠스(Hohle Fels) 동굴에서 3만 5000년 전의 피리가 발견되었다. 독수리의 앞날개 뼈를 정교하게 다듬어 만든 21.8센티미터의 피리 표면과 구조가 거의 완벽하게 남아 있다. 이와 유사한 피리는 남서 프랑스 아브리 블랑샤드에서도 발견되었다.

독일의 슈테델(Stadel) 동굴에서는 3만 4000년 전의 유물인 사자인간(Lion Man)이 발견되었다. 매머드의 상아를 깎은 높이 31센티미터의 조각으로, 인간의 형상에 사자의 얼굴을 가지고 있으며 발을 벌리고 똑바로 서서 정면을 바라보고 있다. 이 사자인간은 현실 세계에 존재하지 않는 초자연적 존재를 표현한 가장 오래된 조각상

사자인간 조각

이다. 동굴에서는 종교적 의식이 행해졌을 것으로 보이고, 사자인간은 종교적 믿음에 관한 유물로 보인다.

그들은 왜 그림을 그리고 조각을 만들고 음악을 연주했을까? 본 것을 재현하기 위해서? 아름다움을 찬미하기 위해서? 상상한 것을 표현하기 위해서? 종교 의식을 위해서? 이들은 이미 예술과 상징의 단계까지 발전했음을 짐작할 수 있다. 호모사피엔스가 살던 시기에 지구의 기후는 거친 때가 많았다. 어느 때는 메마른 건기가, 어느 때는 혹한의 빙하기가 오랜 시간 지속되었다. 그들의 삶은 지금의 북극지방이나 알래스카의 에스키모 생활을 연상하면 될 것 같다. 이러한 고통의 시간을 견디는 과정에서 인간은 상상력과 추상화 능력이 발달했고, 추상적인 것을 믿고 이를 공유하는 능력이 진보했을 것이다.

추상화된 것을 구성원들 사이에 공유해 믿음을 가지고 종교적 의식을 했다는 것은 언어가 발달했음을 말해준다. 호모사피엔스는 언어 구사 능력을 본격적으로 발달시켰고 구성원 사이의 소통이 원활해지며 고도로 조직화된 생활양식을 형성했다. 이러한 조직력에 힘입어 동물을 사냥하고 침입자들을 막아낼 수 있었다.

네안데르탈인: 현생인류가 되지 못한 고대 인류

네안데르탈인(Neanderthal man)의 특징을 가진 최초의 종은 35만 년 전에 유럽에 나타났으며, 약 13만 년 전에 이르러서 유럽 지역에 널리 퍼졌다. 그 후에 5만 년 전까지 아시아에서 살았으며, 유럽에는 3만 3000년 내지 2만 4000년 전까지 살았다. 네안데르탈은 1856년 독일의 네안데르(Neander) 계곡에서 화석이 발견되었기 때문에 붙여진 이름이다.

네안데르탈인은 유라시아로 이주한 호모하이델베르겐시스의 후손이라는 견해가 많다. 호모하이델베르겐시스는 1907년 독일의 하이델베르크 근처에서 발견된 화석이다. 유럽으로 들어온 호모에렉투스가 진화했다는 학설과 아프리카에서 이미 진화한 호모하이델베르겐시스가 유럽으로 이동해왔다는 학설이 공존하고 있다. 이들의 화석은 스페인의 아타푸에르카(Atapuerca) 동굴에서 많이 발견되었다. 1890년대에 발견된 이 동굴은 원시 모습과 생활방식에 대해 소중한 정보를 밝혀주었다. 여기에서는 석영으로 만든 손도끼도 발견되었는데, 이것은 실제 사용보다 장식용이었을 가능성이 높다.

네안데르탈인이 살던 시기에 유럽은 기후가 좋지 않았다. 특히 그들이 존재하던 시기 후반 유럽은 빙하기였다. 중부 유럽의 대부분이 빙하로 덮였고, 알프스 산맥에는 대규모 빙하가 쌓였다. 그래서인지 이들은 큰 머리, 짧고 다부진 체격, 큰 코 등 여러 가지 면에서 추위에 강한 신체적 특징을 지녔다. 뇌 용량은 1300~1600시시로 현대인보다 컸을 것으로 추정한다. 남성의 평균 키는 165센티미터, 여성은 153~157센티미터다.

네안데르탈인의 화석은 남북으로는 독일에서부터 이스라엘과 지중해 연안 나라까지, 동서로는 우즈베키스탄에서부터 영국에 이르기까지 광범위한 지역에 분포되어 있다. 그러나 그들의 인구 밀도는 매우 낮았을 것으로 보인다.

네안데르탈인은 고등 언어가 없었다는 학설이 지배적이었다. 그러나 1983년 이스라엘 케바라(Kebara) 동굴에서 현대인의 것과 비슷한 네안데르탈인의 설골(hyoid bone)이 발견되면서 그들도 언어를 가졌을 가능성이 제기되었다. 설골은 혀의 근육과 후두를 연결하는 부분인데 이 뼈는 네안데르탈인이 언어 사용의 해부학적 증거다. 최근에 네안데르탈인에 대한 유전자 염기서열을 분석한 결과, 그들도 언어 능력과 연관이 있는 FoxP2 유전자를 지녔다고 한다.

네안데르탈인은 사냥꾼답게 큰 무리를 지어 다녔다. 불을 잘 다루었고 고기를 구워 먹었다. 또 가죽을 걸쳐 입었고 겨울에는 불을 피우기도 했다. 그리고 빙하기였기 때문에 먹을 수 있는 식물이 거의 없어 육식을 주로 한 것으로 보이는데, 육식에 대한 의존은 여러 가지 면에서 생존에 불리했을 것이다.

네안데르탈인은 돌에서 조각을 떼어내어 사냥 무기를 만들고 긁개와 칼을 만들었다. 죽은 사람을 땅에 묻었고 조개껍데기를 수집하고 색소를 이용해 그림을 그렸다. 그러나 그들이 존속했던 기간 동안 그들의 기술과 생활방식은 많이 변하지 않았다. 도구 제작 과정에서 큰 변화도 없었고, 신체 장신구도 발견되지 않는다. 호모사피엔스가 지속적으로 도구의 변화를 보여주는 모습과 다르다. 네안데르탈인과 호모사피엔스는 상당히 오랜 기간 동안 공존했지만 네안데르탈인은 서서히 자취를 감춘다. 그들이 사라진 이유는 아직 명확히 설명되지 않는다.

오랜 기간 동안 과학자들은 네안데르탈인과 호모사피엔스 사이의 관계에 대해 연구해왔다. 유전자를 분석하는 분자시계는 약 50만 년 전에 두 종족이 갈라졌다고 한다. 미토콘드리아 DNA의 염기서열 분석을 보면 두 종족이 유전적으로 전혀 다른 특성을 지니고 있다. 그러나 2010년 독일 막스플랑크 진화인류학연구소는 새로운 결과를 발표했다. 그들은 크로아티아의 한 동굴에서 출토된 4만 년 전의 네안데르탈인 뼛조각에서 DNA를 추출해 분석하고 현생인류의 유전자와 비교했다. 네안데르탈인의 유전자에 호모사피엔스의 유전자가 포함되어 있다는 결과가 나왔다. 결국 두 종족은 얼마 간은 유전자 일부를 공유했음이 밝혀졌다.

인간이 모든 경쟁자들을 물리치고 지구의 주인공 자리를 차지한 이유는 무엇일까? 도구 사용과 사회 형성이 주원인이었을 것이다. 불을 다루고 석기와 나뭇가지를 활용했기에 생존에 유리했다. 또한 사냥과 농경생활에서 집단 활동이 큰 힘을 발휘했다. 사회적 활동이 가능했던 것은 언어의 발달 덕분이었다. 언어가 있었기 때문에 의사소통과 협력이 가능했다.

마지막까지 함께 살았던 네안데르탈인과 호모사피엔스 사이의 경쟁 관계는 어떠했을까? 왜 네안데르탈인은 호모사피엔스와의 경쟁에 밀려 사라졌을까? 객관적 조건으로 보면 네안데르탈인이 호모사피엔스보다 열등해 보이지 않는다. 키도 크고 뇌 용량도 컸던 것으로 보인다. 수준의 차이가 있을 수 있지만, 언어도 사용했을 가능성이 있다. 이 이유에 대해 여러 가지 학설이 존재한다.

우선 네안데르탈인은 식생활이 육식에 치우쳤다. 식물을 먹지 않는다는 것은 영양소의 다양성과 양을 매우 제한한다. 특히 빙하기를 견뎌내리면 더 많은 영양소를 필요로 했다.

네안데르탈인이 30만 년 이상 사는 동안 그들의 생활 모습이 별로 변하지 않았다는 점도 눈길이 간다. 그에 비해 호모사피엔스는 지속적으로 도구를 발전시키며 진보했다. 호모사피엔스는 처음에는 돌을 주워서 사용하다가, 쪼개서 뾰쪽하게 만들어 사용하고, 나중에는 갈아서 날카롭게 만들어 사용했다. 호모사피엔스는 물고기를 잡기 위해 덫을 만들었고 새를 잡기 위해서 작은 화살을 사용한 흔적도 있다. 동물 사냥에 사용하는 창을 보면 두 종족의 기술 수준에 차이가 명확히 보인다. 호모사피엔스가 사용하던 창은 작고 가늘었기 때문에, 동물을 향해 던질 수가 있다. 그리고 여러 개를 가지고 다닐 수 있었다. 프랑스의 1만 8000년 전 유적지에서는 창을 던지는 투창기도 발견되었다. 이에 반해 네안데르탈인이 사용하던 창은 굵고 컸기 때문에, 던지지 못하고 직접 찌르기만 할 수 있었으며 여러 개를 가지고 다닐 수가 없었다. 이들의 유물에서는 활이나 창 등의 원거리 무기는 아직 발견되지 않았다. 이들은 사나운 동물들을 사냥할 때 가까이 접근해야 공격할 수 있었기에 사냥 효율이 매우 떨어졌다.

호모사피엔스는 현재에 만족하지 않고 새로운 것에 대한 필요성을 느끼며 도구를 발전시켰고, 네안데르탈인들은 안주하고 진보에 대한 욕구가 적지 않았나 생각해본다. 그렇기에 호모사피엔스가 전쟁에서도 유리한 위치를 점했을 가능성이 높다. 현대사회에도 하던 대로 하는 사람과 새로운 시도를 하는 사람의 결과는 큰 차이가 있다. 원시시대나 지금이나 호기심과 탐구 정신이 인류 발전의 원동력임은 틀림없다.

그럼 여기서 원시 인간이 현대 인간과 거의 유사한 호모사피엔스까지 발달해온 핵심 동인들을 정리해보자. 인간 진화의 첫 번째 전환점은 직립보행이다. 기후변화에 적응하기 위해 나무에서 내려와 걷기 시작한 오스트랄로피테쿠스는 두 발로 걷는 것이 에너지 효율적이라는 것을 깨달았다. 두 발로 걷다 보니, 앞발이 자유로워져 손을 사용하는 호모하빌리스로 진화해갔다. 손의 사용은 인류의 두 번째 분수령이다. 손을 사용하며 손재주가 늘어나자, 이를 관장하는 두뇌가 발달했다. 호모에렉투스는 손을 이용하여 세 번째 전환점인 불의 사용을 익혔다. 불을 사용해 음식을 익혀 먹으니 영향 흡수력이 좋아졌으며, 쓴맛 때문에 먹지 못하던 식물도 먹을 수 있게 되었다. 이로써 두뇌 성장에 충분한 영양분을 공급할 수 있게 되었다. 또한 익힌 음식을 먹으면서 구강이 약해져 언어가 발달할 수 있게 되었다.

한편, 직립보행 때문에 인간이 덜 성장한 채로 태어나게 되었다는 가설이 있다. 두 발로 걸으니 모든 체중이 골반에 실려 골반 뼈가 두꺼워지게 되었고, 자연히 아기가 나오는 통로가 좁아졌다. 머리가 크면 이 통로를 통과하기 어려워, 인간은 머리가 더 커지기 전에 태어나 그 이후로 머리가 성장하고 완성된다. 인간이 다른 동물에 비해 더 오랜 시간 보호자의 보살핌이 필요한 이유가 여기에 있다.

호모사피엔스의 진화와 확장

자연환경은 계속 변하고 인간은 그에 적응하기 위해 변화한다. 약 30만~20만 년 전 지구상에 출현한 호모사피엔스도 계속 변화했다. 드디어 현대인과 같은 신체적 특징을 지닌 화석이 나타나기 시작했다. 이같이 현생인류와 거의 똑같은 인간을 호모사피엔스사피엔스(Homo sapiens sapiens)라고 한다. 호모사피엔스에서 호모사피엔스사피엔스로의 진화는 인류학에서 큰 전이라고 할 수 있다. 이 변화는 대략 4만~3만 년 전 사이에 일어났다. 이 시기는 지구의 마지막 빙하기(6만~1만 5000년 전)에 해당한다. 전환기적 특징은 프랑스의 로투스(l'Hotus), 크로아티아의 빈디자(Vindija), 레바논의 스쿨(Skhul) 유적 등에 잘 드러난다. 아시아 지역의 대표적인 호모사피엔스사피엔스 화석은 중국의 산정동인이 있다.

현생인류 호모사피엔스사피엔스의 출현

도구의 전문화와 이에 수반된 신체 각 부위의 변화가 호모사피엔스사피엔스 진화에 큰 영향을 주었다. 기술의 발전은 행동양식 변화를 가속화했고, 따라서 진화의 속도 역시 빨라졌다. 그러한 과정에서 어느 유전자가 다른 유전자를 대체할 때, 전이가 발생하는 것이다. 유전자 변이는 돌연변이에 의해서 일어날 수 있다. 돌연변이에 의한 변형이 새로운 환경에 적합하면 생존경쟁에서 유리해지고 그 유전자가 우세하게 번식한다.

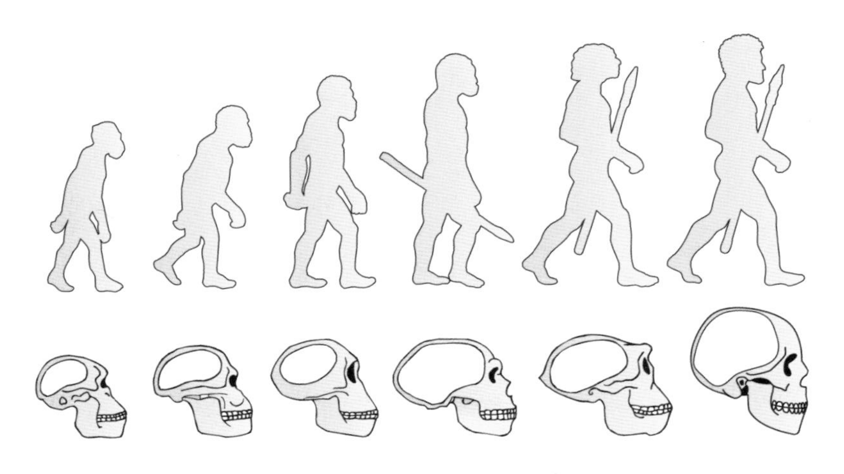

인류의 진화와 뇌 발달

호모사피엔스사피엔스는 앞니가 현저히 작아졌고, 안면 하부가 돌출된 정도가 감소했다. 또한 안면근육의 운동량이 적어져 두개골 윗부분도 작아졌다. 하지만 뇌 용량은 거의 변하지 않았는데, 두개골의 폭은 줄었지만 길이가 늘어났기 때문이다. 근육 사용이 줄어 사지 뼈의 두께가 줄었다. 3만 년 전경이 되면 이러한 변화 과정이 일단락되면서 현생인류인 호모사피엔스사피엔스가 형질적 진화 과정을 마친다.

진화는 전 세계적으로 일어났지만 각 지역마다 그곳의 환경에 따라 차이가 있었다. 예를 들어 서유럽에서는 신체가 커지고 아프리카 남부에서는 작아지는 경향이 발견된다. 덥고 건조한 아프리카 기후에는 작은 키가 효율적이고, 유럽에서는 큰 키가 사냥에 유리했기 때문이었을 것이라 해석된다.

독특한 피부색을 지닌 집단은 비교적 늦게 화석에 나타난다. 집단 간의 피부색 차이는 각 지역의 환경에 적응하는 중에 나타난 자연선택의 산물일 가능성이 크다.

현재 침팬지, 원숭이, 개, 소, 돼지처럼 털을 가지고 있는 동물들의 피부색은 하얗다. 아마 인간과 침팬지의 공통조상도 그랬을 것이다. 인간은 진화하는 과정에서 몸에 털이 없어진다. 앞서 논의했듯이, 불의 사용으로 추위를 극복하게 되며 털이 더울 때 열 발산을 방해하는 존재가 되었기 때문일 것이다.

털이 없어지자 태양 자외선으로부터 피부를 보호할 방법이 필요해졌다. 자외선은 몸 안의 엽산을 파괴하는데, 엽산은 아미노산과 핵산의 합성에 필수적인 영양소다. 엽산이 부족한 산모는 신경계 결손 아이를 출산할 가능성이 커지고, 엽산이 부족한 남성은 비정상적 정자를 생산할 수 있다. 피부색을 어둡게 만드는 멜라닌 색소는 자외선으로부터 몸을 보호한다. 아프리카에서는 피부색이 짙은, 즉 멜라닌 색소가 많은 개체가 종족 번식에 유리한 환경이 수만 년 동안 지속되어, 결국 어두운 피부만 남게 되었을 것이다. 한편 유럽 등 고위도 지방으로 이주한 인간은 비타민D를 합성하기 위해 필요한 자외선에 상대적으로 적게 노출되었는데, 비타민D가 부족하면 뼈가 정상적으로 자라지 못하는 구루병에 걸리게 된다. 구루병에 걸리면 골반이 정상적으로 발달하지 못해 출산에도 어려움이 있다. 그렇기 때문에 햇빛이 약한 지역에서는 멜라닌 색소가 적은, 옅은 색 피부가 진화에 유리했을 것이다.

호모사피엔스사피엔스의 등장은 고고학상으로 후기 구석기시대의 시작을 의미한다. 이 시기 석기문화의 대표적 특징은 돌날떼기 기법이다. 이 기법은 쐐기를 이용해 돌에서 돌날을 떼어내는 방법이다. 이 방식에는 정교한 손동작이 필요해서, 신체 발달을 수반했을 것이다. 또한 호모사피엔스사피엔스는 추상적 상징을 이용했고 예술 행위를 했다. 이들이 새겨놓은 조각과 동굴 그림은 상당한 예술적 수준을 보여주며 다양한 경제활동, 종교생활을 했음을 알려준다.

호모사피엔스의 정복 활동

호모사피엔스는 매우 호전적이었던 것으로 추정한다. 5만 년 전에 호모사피엔스가 들어오기 전 오스트레일리아 대륙에는 현존하지 않는 거대한 동물들이 살고 있었다. 키가 2미터에 몸무게 220킬로그램이나 되는 캥거루, 현재 호랑이 정도 크기의 주머니사자, 길이가 5미터나 되는 도마뱀, 무게 2.5톤의 웜뱃이란 동물도 살고 있었다. 그런데 호모사피엔스가 들어온 후에 이런 대형동물들이 서서히 사라졌다.

대형동물 매머드는 북반구 전역에 수백만 년을 살았는데 호모사피엔스가 시베리아를 거쳐서 알래스카로 진출하는 시기인 1만 6000년경 매머드의 흔적이 차츰 사라진다. 1만 6000년 전에는 빙하기로 해수면이 매우 낮았다. 그래서 시베리아와 알래스카 사이가 육지로 연결되어 있었든지 또는 바다가 매우 좁아서 작은 배를 타고 건널 수 있었다. 아메리카 대륙에서도 비슷한 일이 일어났다. 아메리카 대륙에는 무게 8톤에 키가 6미터나 되는 땅늘보를 포함한 많은 대형동물들이 살고 있었다. 그런데 이런 대형동물들이 북아메리카로 들어온 호모사피엔스가 남하하는 시기에 맞추어 흔적이 사라지기 시작했다.

대형동물의 멸종 이유로는 기후를 포함한 환경 변화와 인간의 사냥, 두 가지 가설이 거론된다. 사실 1만 2800년 전 경에 매우 심한 저온이 계속되었는데 이를 영거드라이아스(Younger Dryas)라고 한다. 그런데도 인간의 이동 시기와 맞물려 이들의 흔적이 없어진 점은 인간과 관계가 있을 가능성이 높다는 것을 암시한다. 그렇다면 환경 적응력이 뛰어난 인간은 가는 곳마다 그 지역 동물들과 싸워 이겨 지구의 유일한 정복자로 자리매김한 것으로 보인다.

고대문명의 시작

고고학은 인간이 남긴 유적과 유물들을 연구해 과거의 문화와 역사, 생활 방법을 연구하는 학문 분야다. 그러기 위해 인간이 남긴 각종 물질적 흔적에서 그것들의 성격을 규명하고, 그들 사이의 관계를 밝힌다. 그리고 거기서 과거 인간의 행동 양식과 사회, 문화, 경제적 여러 측면을 연구한다. 문자가 아직 발명되지 않아 문자적 기록이 없는 선사시대의 역사를 이해하는 데 고고학은 필수적 학문이다. 고고학의 발달에 힘입어 인류가 언제 기원했으며, 세계 각지의 다양한 문화가 어떠한 과정을 거쳐 현대문명에 도달하게 되었는지 이해할 수 있게 되었다.

고고학 분야에서는 인류 역사가 기록되기 이전의 시대를 도구의 재료에 따라서 돌, 청동, 철의 순서로 구분한다. 이를 따라서 선사시대를 석기시대(Stone Age), 청동기시대(Bronze Age), 철기시대(Iron Age)로 나누는 3시대 구분법이 일반화되었다. 석기시대를 조금 더 자세히 보고자 할 때에는 구석기와 신석기로 세분하기도 한다.

구석기시대: 자연 의존적 문명

석기를 만드는 방법에 따라서 구석기시대와 신석기시대를 구분한다. 구석기시대는 돌을 깨뜨리거나 떼어내 만든 '뗀석기'를 사용했던 시대를 말한다. 양손에 돌을 하나씩 잡고, 한쪽 돌을 다른 돌로 때리면 조각이 떨어져 나간다. 그 후 추가적 가공 없이 쓰임새에 맞는 것을 골라 그대로 사용했다. 재료는 강가나 해안에서 쉽게 구할 수 있는 자갈이나 돌들이 이용되었다. 사용되었던 석기로는 외날찍개, 쌍날찍개, 주먹도끼, 사냥돌, 긁개, 찌르개 등이 있다. 구석기시대보다 한 단계 발전한 신석기시대는 큰 돌에서 떼어낸 돌을 갈아서 날카롭게 만들어 사용했다. 이를 갈아서 만든다 해서 '간석기'라 한다.

지역에 따라 다르지만, 구석기시대는 약 250만~200만 년 전에 시작되었다. 인간은 돌과 뼈, 나무 등을 도구로 사용했고, 호모하빌리스부터 이러한 도구 사용이 보편화되었다.

구석기시대에는 들판의 열매와 뿌리를 채집하며 살았다. 이 시기는 경제활동을 자연에 의지했다는 점에서 스스로 곡식을 재배하는 신석기시대와 차이가 있다. 또한 도구를 이용해 동물을 사냥해 먹었고, 물가에 사는 사람들은 강가에서 물고기를 잡아먹기도 했다. 구석기시대의 사람들은 동물의 습격에 대항하기 위해 3~10명 정도 무리를 지어 다닌 것으로 추정한다. 그 당시에는 현재보다 더 무서운 맹수들이 많이 살고 있었고, 혼자서는 이런 사나운 맹수들을 상대하기 어려웠기 때문이다.

이들은 주로 동굴에서 살았다. 동굴 이외에도 암벽 위쪽이 기울어지거나 아래쪽이 움푹 들어가서 비나 햇빛을 피할 수 있는 바위 그늘에서도 살았다. 동굴을 찾기 어려운 강가에서는 나무줄기 같은 것을 얽어서 만든 '막집'에서 살기도 했다.

구석기 유적 동굴에서는 뗀석기 외에도 호랑이, 원숭이, 코뿔소, 코끼리 등의 뼈가 많이 출토되고 있다. 그리고 동굴 벽에 그림을 그렸는데, 주로 사냥의 대상이 되는 들소, 사슴, 말, 곰 등의 동물을 그렸다.

특별히 우두머리는 없었던 것으로 보인다. 다만 나이가 많고 경험이 있는 사람이 무리를 이끌었을 것으로 추정한다. 이 시대는 모든 사람이 신분의 차별 없이 평등했다고 보인다.

신석기시대: 농경과 정착의 시작

약 1만 5000년 전에 마지막 빙하기가 끝나면서, 기후는 전반적으로 온난 다습해지고 극지방의 두꺼운 얼음이 녹으면서 툰드라 지역이었던 곳은 삼림지대로 바뀌었다. 신석기시대는 이 간빙기의 온난한 자연환경 속에서 인간이 정착해 농경생활을 시작하고 간석기를 사용하던 시대를 말한다. 당시 사용하던 간석기는 돌을 갈아서 날카롭게 연마한 것인데 도구를 이렇게 만들기 위해서는 신체와 두뇌가 정교하게 발달해야 했을 것이다.

이 시기의 가장 큰 변화는 구석기시대의 수렵과 채집 경제를 벗어나 농경을 기반으로 안정된 생활을 시작했다는 점이다. 예전처럼 식량을 구하기 위해 떠돌지 않고 집을 만들고 농사짓고 가축을 기르며 정착생활을 했다. 이렇게 한 곳에 정착해 살게 되면서 같은 핏줄의 씨족들이 모여 마을을 이루고 씨족 중심의 사회가 되었다. 그러면서 점차 규모가 커지고 부족이 생겨났다.

이 시대의 특징은 생산경제의 발전과 기술의 진보 두 가지를 들 수 있다. 인간이 식량을 재배할 수 있게 되면서 자연의 의존에서 벗어나 자연을 이용해 생산할 수 있게 되었다. 한곳에 정착했다는 것은 맹수의 위험으로부터 어느 정도 스스로를 보호할 수 있게 되었다는 뜻이기도 하다. 정착하고 집단생활을 하며 결과적으로 문명발달의 기초가 마련되었다.

신석기시대 유적에는 사람들이 살았던 움집의 형태가 발견되고 있다. 움집이란 땅을 파서 바닥을 다진 뒤 기둥을 세우고 풀이나 갈대, 짚 등을 덮어 만든 집이다. 2~3명, 많게는 6~8명이 한 집에 살았을 것으로 보인다. 가운데 화덕자리가 있는 것으로 보아 자유자재로 불을 사용했다는 사실을 알 수 있다. 또한 뼈바늘로 가죽을 연결해 옷도 지어 입었고, 조개껍데기로 장신구를 만들었다.

신석기시대 사람들은 인간 생활에 영향을 미치는 해, 달, 산, 강, 동물 등에 영혼이 깃들어 있다고 믿었던 것 같다. 특정 동물이나 자연물을 자신들의 수호신으로 생각해 숭배했고, 이런 신앙을 바탕으로 예술 활동도 했다. 이 시기에도 모든 사람이 평등했다. 지배자와 피지배자로 구분되지 않았고, 함께 농사짓고 서로 도우며 살았던 것 같다. 경험이 많은 최고 연장자가 촌장 또는 족장 역할을 맡아 부족을 이끌었다.

신석기시대의 석기 종류에는 사냥에 이용되는 돌화살촉과 돌창, 일상용구인 돌도끼 그리고 농사에 쓰이는 도구와 어로에 사용되는 그물추 등이 있었다. 신석기시대부터 사용된 토기는 점토를 물에 개어 빚은 후 불에 구워 만든 용기다. 이것은 농경생활에서 얻은 식량을 저장하고 식수를 담아두는 데 사용했다. 처음에는 자연적인 구덩이나 풀로 만든 바구니, 목기 등을 용기로 사용했으나, 점차 흙을 반죽해 일정한 형태로 만들어 썼다. 우연한 기회에 흙이 불에 타서 단단해진 것을 보고 토기를 발명했다고 추정한다. 신석기시대에는 빗살무늬토기를 사용했는데, 이것은 기원전 6000~기원전 5000년에 출현했을 것으로 본다. 이러한 빗살무늬토기는 중국 동북지방, 시베리아 등과 북부 유럽에서도 발견되고 있다.

오늘날의 개들은 유럽 회색늑대의 후손으로 알려져 있다. 이 두 종은 유전자 서열 99.5퍼센트를 공유한다. 회색늑대가 가축화된 시기는 정확하지 않지만 1만 4000년 전부터 가축화된 개의 존재를 암시하는 여러 가지 흔적이 나타나고 있다. 그래서 대체로 마지막 빙하기가 끝나는 시기인 1만 5000년 전경에 가축화가 시작된 것으로 추정한다.

청동기시대: 사유재산과 계급의 출현

청동기시대는 청동을 이용해 도구를 만들어 사용하던 시대를 말한다. 인류는 순수한 구리를 7500~6500년 전에 이라크 북부에서 사용하기 시작했지만 이것은 강도가 약해 도구로 사용하기에 부적합했다. 이후 청동 야금술이 알려지고, 청동 도구가 제작되고 사용되었다. 청동은 구리와 주석의 합금으로 만들어진다. 주석의 포함 정도에 따라서 강도가 달라지기 때문에 용도에 맞게 이 비율을 조절해야 한다.

청동기시대에는 광석에서 금속을 추출하는 정련법과 그 용액을 틀(거푸집)에 부어 모양을 만드는 성형 기술, 구리에 주석과 아연을 섞어서 합금을 만드는 기술 등 금속을 다루는 기술인 야금술이 발달했다. 그러나 청동으로 무언가를 만드는 일은 무척 어려웠고, 구리와 주석을 구하는 일도 쉽지 않았다.

야금술의 발상지는 이란의 동북부 지역으로 추정한다. 가장 오래된 청동기는 이집트에서 7700년 전의 피라미드 밑에서 발견되었다. 인도에서는 4500년 전에, 중국에서는 4000년 전에 청동기를 사용한 흔적이 있다. 중국의 주나라 서적에는 용도에 맞게 청동을 만들기 위한 합금 비율을 기록한 것이 남아 있기도 하다. 하지만 청동의 원료인 구리와 주석의 산지와 산출량이 제한되어 있어서, 실제 생활에 이용되기보다 지배 계급의 무기나 장식품으로 사용되었다는 의견이 지배적이다. 청동기시대라지만, 실제로 일반인의 생활 도구는 여전히 돌이나 나무로 만든 것들이었다.

청동기시대에는 농사의 모습도 변했다. 사람들은 어떻게 하면 곡식을 더 많이 거둘 수 있을까 생각했다. 논에 물을 끌어다가 가두는 방법을 알아내어, 벼농사를 짓기 시작했다. 재배하는 곡식도 다양해지고, 시간이 흐를수록 농기구도 농사짓는 기술도 좋아졌다.

농경 기술이 발달하자, 농사지을 땅이 늘어나고 수확량도 증가했다.

당연히 먹고 남는 곡식도 많아졌다. 자기 땅에서 농사를 지어 얻은 곡식은 자신의 재산이 되었다. 자연스럽게 많이 가진 사람과 적게 가진 사람 간의 차이가 생겼다. 재산이 생기자 남들보다 많이 가지고 힘이 센 사람, 경험이 많은 사람이 부족의 우두머리인 족장이 되었다. 족장은 자기 자신을 하늘의 자손이라고 말하고, 하늘의 뜻을 앞장세워 부족을 다스렸다. 사람 사이에 계급이 생겼고 지위와 재산에 따라 사람들 사이에 차별이 발생했다. 사람들은 옷으로 자신의 지위를 나타내기 시작해, 청동으로 만든 장식품을 옷에 달아 꾸미기도 했다.

청동기시대에는 같은 부족끼리 모여 촌락을 이루고 살았다. 강한 부족일수록 촌락의 크기도 컸다. 신석기시대에 비해 움집의 크기도 커졌는데, 크고 좋은 집은 족장의 집이었다. 촌락 주변에는 나무로 만든 울타리를 여러 겹으로 치고 도랑을 파서 다른 부족이나 짐승들의 침입을 막았다. 논밭이나 곡식, 물을 더 많이 차지하기 위해 부족들끼리 싸우기도 했는데, 부족을 지키고 부족의 힘을 키우려면 강한 무기가 필요했다. 그래서 무기를 만들기 시작했다.

한편 무늬가 없는 그릇을 만들어 사용했다. 신석기시대에는 땅 위에서 빗살무늬토기를 구웠지만 청동기시대에는 땅을 파서 가마를 만든 뒤, 그 속에서 그릇을 구웠다. 가마를 이용하면 굽다가 갈라질 위험성이 적었다. 사람들은 더 이상 그릇에 무늬를 새기지 않았다. 이렇게 아무 무늬가 없는 청동기시대의 그릇을 민무늬토기라고 한다.

청동기시대 사람들도 누군가가 죽으면 땅에 묻었다. 특히 족장의 무덤은 크고 화려하게 만들었다. 커다란 받침돌을 괴고, 그 위에 큰 덮개돌을 덮은 족장의 무덤을 고인돌이라고 한다. 그런데 이렇게 큰 돌을 옮기려면 수백 명의 사람이 필요했기 때문에 고인돌이 클수록 족장의 힘이 셌다는 것을 뜻한다. 거대한 고인돌을 보면 당시 지배 계급의 권위와 권력이 어느 정도였는지 짐작할 수 있다. 사람들은 고인돌 안에 죽은 족장과 함께 청동검, 돌칼, 돌화살촉, 장신구 등을 묻었다. 어떤 고인돌은 무덤이 아니라 제사를 지내는 제단의 역할을 했다는 주장도 있다.

철기시대: 대규모 전쟁과 국가의 출현

철기시대는 인류가 도시나 국가를 형성한 문명 단계에 들어서면서 시작되었다. 철을 녹이기 위해서는 섭씨 1000도 이상의 온도가 필요하기 때문에 가열 기술이 무르익은 후에 철기 제조가 발달할 수 있었다. 청동은 상대적으로 녹는 점이 낮다. 철의 원료는 세계 각지에 널리 분포되어 있고, 합금이 아니기 때문에 야철 기술만 알면 철기를 만들 수 있었다. 따라서 청동보다 사용이 용이했다.

인류가 최초로 철을 이용해 제조한 것은 약 6000년 전에 이집트에서 만들어진 철제구슬로 알려져 있다. 이것은 자연산 그대로의 철을 두드려 만들어졌다. 약 5000년 전이 되자 중동지방의 시리아, 바그다드 같은 지역에서 철의 제련 기술이 개발되었는데, 정련된 철을 이용한 유물 중 가장 오래된 것은 철제단검이다.

본격적인 철의 제작은 약 3500~3200년 전 서아시아의 히타이트(Hittite) 제국에서 시작되었다. 그 후 히타이트 왕국이 멸망하자 그 주민들이 사방으로 흩어지면서 철에 대한 지식이 주변 지역에 전파되었다. 그 영향으로 메소포타미아, 이집트, 이란 지역에서 약 3000년 전부터 철기가 이용되었다. 이 무렵 유럽 전역도 철기문화로 접어든다. 약 2800년 전에는 흑해 연안에도 야철 기술이 전파되어 스키타이(Scythai) 문화를 꽃피웠다. 스키타이 유목민에 전해진 철기문화는 동방으로 퍼져서 중앙아시아를 거쳐 중국으로 전파되었다.

중국 은대의 유물로 도끼의 날 부분을 철로 쓴 청동도끼가 있지만

스키타이 문명의 철제단검

철기문화가 나타나는 시기는 춘추전국시대이고, 본격적으로 철기가 보급되는 것은 진나라와 한나라 시대다. 이 시기에 농업이 발달한 데는 철로 만든 농기구의 역할이 컸다. 덕분에 철기시대에는 물건을 만들어내는 수공업, 물건을 사고파는 상업도 발전했다.

철기시대에 석기는 제한적으로 사용되었다. 철기가 본격적으로 공급되기 전에는 돌도끼, 돌화살촉, 숫돌, 가락바퀴 등이 여전히 사용되었으나 점차 줄어든다. 철기시대의 토기로는 민무늬토기와 타날문토기가 사용되었는데 민무늬토기는 발전되어 경도가 높아지고, 모양이 다양해졌다. 타날문토기는 표면에 두드린 흔적이 있는 토기를 말한다. 가마도 종래의 개방된 노천요가 아니라 지붕을 씌운 터널형의 굴가마로 발전해 높은 화력으로 매우 단단한 토기를 구워냈다.

철기시대에는 더 이상 거대한 규모의 고인돌은 만들지 않았다. 흙구덩이를 파서 나무판으로 널을 대놓고 시체를 묻는 널무덤이나, 2~3개의 항아리를 옆으로 이어 관으로 사용하는 독무덤 같은 형태가 나타난다. 철기시대에는 철제 농기구를 사용하면서 농업 생산량이 증가했다. 또한 강력한 철제 무기의 등장으로 전쟁이 빈번해지면서 넓은 영토를 차지하는 국가가 등장한다.

6장 인간의 뇌와 의식의 탄생

- 뇌신경 세포의 전기신호와 기억
- 뇌의 진화와 구성
- 뇌의 인식과 의식
- 변화하는 뇌와 강화학습
- 사회적 지능과 가치

6장에서는

- 뇌세포를 연결하는 것은 시냅스다. 시냅스에 의해서 뇌세포들이 회로를 형성한다. 이 뇌세포회로가 기억도 하고 몸을 움직이기도 하는데, 자주 사용하지 않으면 시냅스 연결이 끊어져 버린다. 기억을 저장하려면 시냅스를 항상 연결 상태로 유지해야 한다.

- 동물은 파충류에서 포유류 그리고 인간으로 발전했다. 이러한 진화 과정이 인간의 뇌 속에 그대로 기록되어 있을 것으로 생각한다. 뇌의 기능은 크게 생명, 감정, 이성의 3가지로 나뉘며, 뇌의 구조 역시 이에 대응하는 부위로 구분된다. 진화 순서도 이와 동일하다고 본다.

- 지능은 크게 유전적 요인과 환경적 요인의 영향을 받는다. 뇌의 기본 구조는 유전자가 만들고, 뇌세포 연결은 경험을 통해 형성된다. 즉 뇌의 기본 구조가 바로 유전적 요인이고, 뇌세포 연결이 환경적 요인이라 볼 수 있다.

- 뇌는 새로운 자극이 들어오면 대부분의 경우 반사적으로 대응하지 않고, 기억하고 있는 사실을 다시 떠올려본다. 결정하고 실행하기에 앞서서 생각하며, 지금 이 행동이 미래에 어떤 결과를 가져올지, 나에게 가장 유리한 것이 무엇인지 선택한다.

- 학습은 결국 개체의 생존과 종족 보존에 유리한 방향으로 이루어진다. 뇌가 의사결정을 할 때는 언제나 그 선택의 효용성을 생각한다. 뇌가 중시하는 효용성은 '개체의 생존'과 '종족 보존'이 기준이 된다.

- 도파민은 쾌락을 일으키는 신경전달물질이다. 사랑, 칭찬, 권력, 마약 등이 도파민 분비를 촉진한다. 도파민이 분비되면 뇌는 쾌락을 느끼고, 또다시 같은 감정을 느끼고 싶어 뇌의 각 부분을 그 방향으로 작동시킨다. 그래서 도파민은 뇌 보상시스템의 주역이다.

- 사회적 결정이 어려운 이유는 내 의사결정이 다른 사람에게 영향을 주기 때문이다. 상대방의 결정은 또다시 내 결정에 영향을 미친다. 내가 결정하기 전에 상대방의 결정을 예측하고, 그 예측 결과를 참고해 나에게 유리한 결정을 내려야 한다. 물론 상대방도 나와 같은 과정을 거쳐 결정을 내린다.

뇌신경 세포의 전기신호와 기억

뇌는 사물을 인식하고 기억하는 곳이다. 인간은 태어나서 죽을 때까지 새로운 것을 배우는데, 이것은 어떻게 기억되는 것일까? 만약 '휴먼'이라는 단어를 기억하고 있다면, 이 휴먼은 어떤 형태로 저장되어 있을까? 글자로 쓰여 있을까, 그림으로 그려져 있을까? 아니면 암호화해서 기억하고 있을까?

뇌가 기억과 사고작용의 주체인 것은 알려졌지만, 정작 어떤 형태로 기억을 저장하는지 알려진 것은 최근의 일이다. 현재 학계는 뇌세포 사이의 연결이 기억한다는 것을 정설로 받아들인다. 세포 사이의 연결이 기억한다는 말이 이상하게 들릴 것이다. 어떻게 연결이 기억을 만든다는 말인가?

전기신호가 흐르는 신경세포

우리의 뇌 속에는 약 1000억 개 이상의 신경세포(neuron)가 있다. 신경세포 중 뇌에 존재하는 것을 뇌세포라 한다. 신경세포들은 혼자 따로 있으면 아무 일도 못한다. 다른 세포와 연결되어 신호를 주고받아야 한다. 이러한 연결을 담당하는 것이 시냅스다.

신경세포는 세포체(세포의 몸통)와 가지돌기, 축삭돌기 그리고 시냅스 등으로 구성되어 있다. 세포체는 세포의 가장 기본적인 몸체이고 이 속에

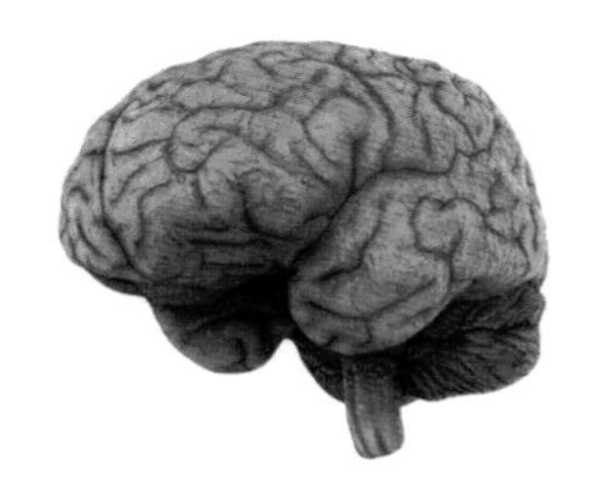

인간의 뇌

세포핵이 들어 있다. 가지돌기는 다른 신경세포의 시냅스로부터 신호를 받아들이는 수신기 역할을 한다. 그리고 축삭돌기는 다른 신경세포에게 신호를 전달하는 통신선로이며, 그 끝에 붙어 있는 시냅스는 다른 뇌세포에 신호를 주는 부분이다. 가지돌기를 통해 들어온 신호는 세포체로 전달되어 하나로 종합된다. 이것이 축삭돌기를 거쳐 시냅스를 통해 다른 세포에 전해진다. 이때 흐르는 신호는 전기신호다. 이 신호는 가지돌기에서 시냅스 방향으로만 흐르고, 반대로는 흐르지 않는다.

신경세포 내부는 평소에는 음전하 상태다. 외부에 비해서 내부에 음전하를 띄는 칼슘(Cl^-)이 많고, 양전하를 띄는 나트륨(Na^+)과 칼륨(K^+)이 적기 때문이다. 전위 차이를 만들어 전기적으로 불안정 상태를 유지하는 것이다. 마치 활시위를 당겨놓고 대기하는 것과 비슷한데, 이때 외부 자극이 들어오면 재빨리 대응할 수 있다. 긴장하거나 각성이 되어 있을 때 불안정성이 높은 것을 생각하면 된다. 일반적으로 수면 상태에서는 불안정성이 낮지만 평상시에 민감한 사람은 불안정성이 높을 것이다. 인간은 생존을 위해서 불안정성이 높은 방향으로 진화했을 것이고, 이러한 불안정성이 사람을 사회적인 동물로 인도했을 것이다. 만약 인간이 불안정하지 않았다면, 외부 자극이나 위험에 둔감하여 위기의식을 느끼지 않았을 것이고 생존을 위해 상호 협력하려고 노력하지도 않았을 것이다. 이에 관해서는 10장에서 좀 더 살펴보도록 하겠다.

신경세포는 자극이 들어오면 활성화된다. 여기서 자극이라는 것은 인간이 외부에서 받아들이는 감각신호 또는 옆 신경세포가 전해주는 신호다. 신호가 들어와 신경세포가 활성화되면 외부의 나트륨이온이 들어

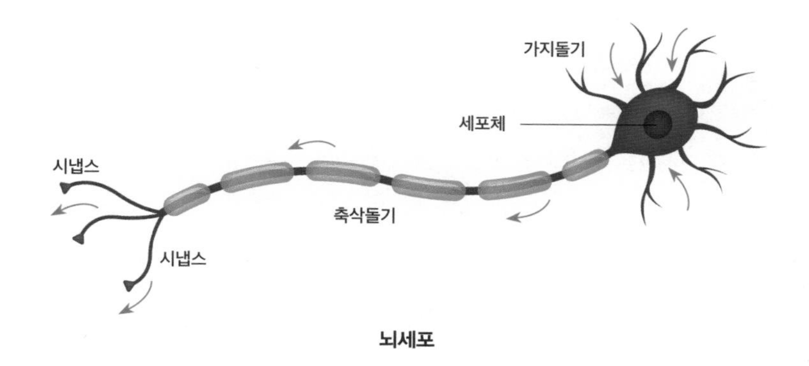

뇌세포

오고, 세포 안팎의 전위차가 반전된다. 이 변화는 축삭을 따라 이동하는데 이 전압의 변화를 활동전위라고 한다. 그럼 여기서 전기가 흐르는 원리와 신경세포에서 활동전위가 이동하는 원리를 잠깐 살펴보자.

전기선에 전기는 어떻게 흐를까? 원자 내 전자들은 핵과의 인력에 의해 고정되어 있다. 그러나 자유전자는 일정한 범위 내에서 자유롭게 이동할 수 있다. 주로 금속에서 자유전자가 이동하고, 이러한 물질을 전도체라 한다. 전도체에 전기가 흐르게 하려면 양쪽 끝에 전위 차이를 만들어 주면 되는데 전자가 많은 원자는 옆의 원자에게 전자를 넘겨준다. 전자를 받은 원자는 다시 그 옆의 원자에 넘겨준다. 이런 식으로 전자가 많은 곳에서 적은 곳으로 이동한다. 이 과정을 전기가 흐른다고 말한다.

신경세포에서 활동전위가 이동하는 원리는 조금 다르다. 신경세포에서 자극을 받은 곳은 전하 분포가 역전이 된다. 즉 내부가 (+)로 대전된다. 그러면 이 부분은 주변에 있는 (−)를 끌어당긴다. (−) 전하가 끌려가 없어진 부분은 전위가 (+)로 변해 활동전이가 이동한 것처럼 보인다. 이런 식으로 전하가 끌려가서 활동전위가 이동하는데, 이것이 바로 전기신호가 이동하는 것이다. 신경세포 내에서 활동전위가 이동하는 모습은 물결이 이동하는 것을 연상시킨다. 전기선에서 전기 흐름은 전자가 직접 이동하지만, 신경세포에서는 전위 차이가 파동처럼 이동한다.

전기선은 피복으로 둘러싸여 있어서 합선이나 누전이 되지 않는다. 신경세포에서도 전선에 해당하는 축삭돌기가 수초(myelin sheath)에 둘러싸여 전기 흐름의 효율을 높인다. 유지질로 되어 있는 수초는 절연체 역할을 하는데 신경회로가 수초화되면 효율이 증가해서 자극에 대한 신속한 반응이 가능하다. 초속 1미터로 흐르던 전기신호가 수초화되면 초속 150미터 정도로 빨라진다.

그런데 수초화는 처음부터 진행되는 것이 아니라 그 신경회로를 반복해 안정적으로 사용할 때 이루어진다. 예를 들어 시각 정보와 청각 정보를 관장하는 부분들은 어린 시기에 수초화되어 무의식중에 빠르게 정보를 처리한다. 이에 반해 사고작용을 하는 전두엽 부문은 수초화가 매우 늦게 진행된다. 전두엽은 여러 가지를 고려하며 고민하는 곳이기 때문에 즉각적 의사결정을 하는 일이 적다.

신경세포에는 전기신호만 흐르는 것이 아니다. 신경전달물질도 흐른다. 우리가 슬픔에 빠져 있거나 흥분된 상태라면 이는 신경전달물질 때문이다. 신경전달물질에는 아미노산류(아세틸콜린, 글리신, 아스파라진산), 아민류(도파민, 아드레날린, 노르아드레날린), 펩티드류(바소프레신), 지방산류(히스타민, 세로토닌) 등이 있다.

그러면 신경전달물질은 어떻게 이동할까? 축삭돌기 내부에는 미세소관이라는 좁은 관이 있다. 신경전달물질은 소포(vesicle)에 담겨 있고, 모터 단백질이 소포를 가지고 미세소관을 타고 이동한다. 축삭돌기의 끝단인 시냅스에 도착하면, 소포가 터지고 다음 세포에 신호가 전달된다.

기억은 뇌세포회로다

전자회로가 기능을 하기 위해서는 여러 개의 소자가 연결되어 회로를 형성해야 한다. 소자는 독자적으로는 아무 기능도 수행하지 못한다. 이런 소자 사이를 연결하는 것이 스위치인데 모든 전자회로는 스위치를 연결해놓은 것이라고 말할 수 있다. 스위치들이 연결된 회로가 전기를 흐르게 한다.

우리의 뇌도 마찬가지다. 뇌세포를 연결하는 것은 시냅스다. 시냅스에 의해서 뇌세포들이 회로를 형성한다. 이러한 뇌세포회로가 기억도 하고 몸을 움직이기도 한다.

전자회로와 뇌세포회로는 큰 차이가 있다. 전자회로는 한번 만들어놓으면 변하지 않는다. 고장이 나지 않는 한 저장된 정보는 아무리 오래되어도 사라지지 않는다. 그러나 인간의 뇌세포회로는 자주 사용하지 않으면 시냅스 연결이 끊어져 사라진다. 우리가 오래된 친구의 이름을 잊어버린다거나 어떤 외국어를 자주 사용하지 않으면 어휘력이 현저하게 줄어드는 것은 바로 이 때문이다.

시냅스는 어떻게 뇌세포 사이를 연결해 기억을 만들까? 기억을 저장하기 위해서는 시냅스를 항상 연결 상태로 유지해야 한다. '호랑이'라는 존재를 기억하는 과정을 예로 들어보겠다. 뇌 속에는 수많은 신경세포가 있지만 처음에는 모두 떨어져 있다. 호랑이를 보면 자극받은 신경세포가 활성화된다. 이렇게 만들어진 활동전위 신호는 시냅스를 통해 옆 세포에 전달된다. 그런 후에 시냅스 연결은 다시 끊어진다. 그런데 호랑이에 아주 놀랐든지 또는 자주 본다고 가정해보자. 신호전달이 강하거나 반복되면 시냅스 연결이 활성화되어 신경세포 사이의 시냅스 연결이 강해진다. 연결이 강화되면 작은 신호가 들어와도 전달이 잘 된다. 즉 두 세포가 연결되어 호랑이를 기억하는 뇌세포회로가 생긴 것이다.

기억은 저장 기간에 따라 수초간 기억되는 단기기억, 며칠간 지속되는 최신기억, 수개월에서 길게는 평생 지속되는 장기기억 등으로 나뉜다. 장기기억은 해마와 편도를 포함하는 측두엽 내부, 간뇌의 핵, 전뇌의 기저부 등 3개 부위가 관계한다고 알려져 있다. 특히 편도는 감정과 밀접한 관계를 맺고 있어서 강한 감정과 관련된 기억은 아주 오랫동안 저장된다.

뇌에서 신경세포 간 연결성이 얼마나 오랫동안 유지될 수 있을까? 노르웨이의 신경생리학자 테리에 뢰모(Terje Lømo)와 영국의 신경과학자 팀 블리스(Tim Bliss)는 1973년 장기기억강화(LTP, Long term potentiation) 개념을 발표했다. 그들은 해마로 들어가는 신경에 전극을 연결해 짧은 시간 동안 반복적으로 자극을 주면 신경세포 간의 연결성이 증가하며, 이후에는 작은 자극에도 시냅스 연결이 쉽게 활성화되는 것을 알아냈다. 계속된 많은 연구에 의해 시냅스 연결의 강화현상이 장기기억을 만든다고 짐작하고 있지만, 장기기억을 만드는 정확한 기작은 아직 밝혀지지 않았다.

뇌의 진화와 구성

신경세포는 뇌에만 존재하는 것이 아니다. 인체의 모든 곳곳에 신경세포가 퍼져 있기 때문에, 인간은 각 신체로부터 감각을 받아들이고, 신체에 있는 근육세포를 움직일 수 있다. 뇌에는 특별히 신경세포가 밀집되어 있어 뇌는 신경세포 덩어리라 할 수 있다.

모든 생명체에는 신경세포가 있다고 봐야 한다. 신경세포가 없다면 생명을 유지하기 어렵기 때문이다. 스스로 움직이지 못하는 식물의 경우에도 마찬가지다. 생명체 내부에서 상호작용을 하기 위해서는 어떤 형태로든지 신호를 주고받아야 하기 때문이다. 미모사 같은 식물은 건드리면 잎을 오므려 닫는다. 외부의 자극을 받아들이고, 이에 따라서 잎을 오므리도록 명령하는 신경이 있다는 뜻이다. 파리지옥도 먹을 것이 주머니에 들어오면 덫을 닫아 먹이를 잡는다. 이러한 생명체들은 신경세포가 밀집된 형태로 존재하지 않고 곳곳에 분산되어 있다고 볼 수 있다.

인간의 뇌는 어떻게 진화했을까

엽록체가 없어서 생존을 위한 에너지를 다른 생명체로부터 빼앗아 섭취해야 하는 동물의 경우에는 신경계의 발달이 절실했을 것이다. 아마 신경세포와 근육세포 덕분에 동물이 살아남았을 것이다.

신경세포가 처음 등장했을 때에는 한 곳에 집중되어 있지 않고 신체 여러 곳에 분산되어 있었을 것이다. 해파리는 현존하는 동물 중에서 가장 단순한 신경계를 가지고 있는데, 이것이 바로 분산형 신경계다. 신체 각 부위에 분산되어 있는 신경세포들이 그곳으로 들어오는 외부 자극에 각기 반응한다.

현존하는 절지동물, 연체동물, 척추동물의 신경계는 각자 다른 형태로 진화해왔다. 그중에서 양서류, 파충류, 조류, 포유류 등의 척추동물은 한 곳에 신경세포가 집중되도록 발전해왔다. 거의 모든 신경세포가 뇌에 집중되어 있고, 나머지 신경세포는 신체 각 부위와 뇌를 연결하는 역할을 한다. 신체에 퍼져 있는 신경세포들은 신체 부위의 감각을 뇌에 전달하고, 뇌의 결정을 신체에 전달해 근육세포를 작동시킨다.

그렇다면 왜 척추동물은 집중형 신경계로 진화했을까? 만일 해파리처럼 분산형 신경을 가졌다면, 외부 자극에 대해서 신속히 반응할 수 있었겠지만 종합적으로 최적화된 반응은 어려웠을 것이다. 분산형 신경은 각 신체를 통합 조정하는 데 불리하기 때문이다. 그래서 고등동물은 신체 작동의 최적화에 유리하도록 뇌가 진화했을 것이다.

이와 같이 뇌에 신경세포가 밀집되어 있다 보니 신경세포 사이의 상호작용이 연결 회로를 만들기 시작했을 것이다. 시냅스가 만드는 이 연결은 결국 기억이라는 선물을 인간에게 안겨주었고, 더 나아가 의식을 가진 고등동물로 발전하게 했다.

인간의 뇌는 오랫 동안 진화를 통해서 형성되었다. 동물은 파충류에서 포유류로, 그리고 인간으로 발전했다. 이러한 진화 과정이 뇌 속에 그대로 기록되어 있을 것으로 생각한다. 뇌의 기능은 크게 생명, 감정, 이성의 3가지로 나눠지고, 실제로 뇌의 구조도 이에 대응하는 부분으로 구분되며, 진화 순서도 이와 동일하다고 본다.

인간의 뇌는 크게 세 부분으로 이루어져 있다. 첫 번째 부분은 뇌의

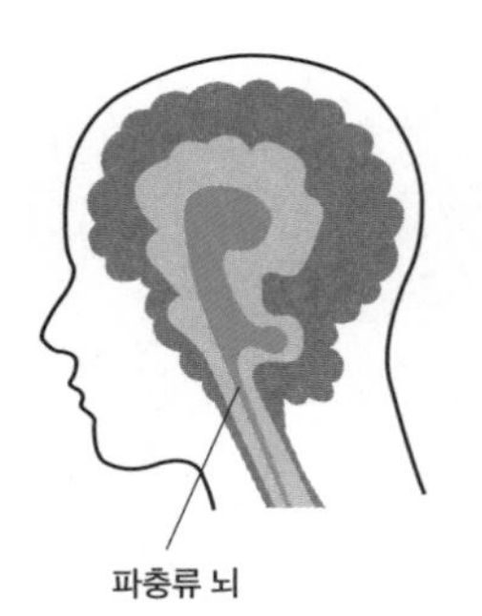

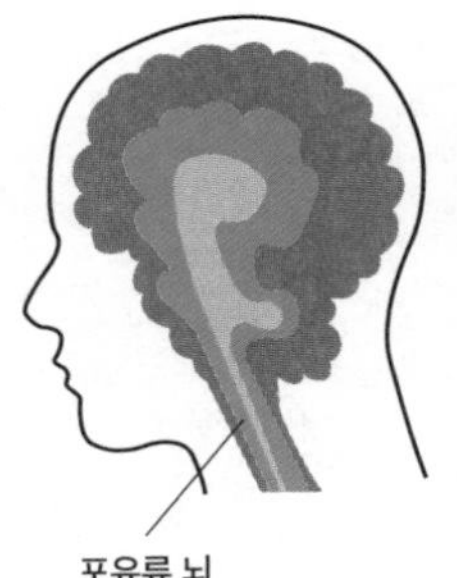

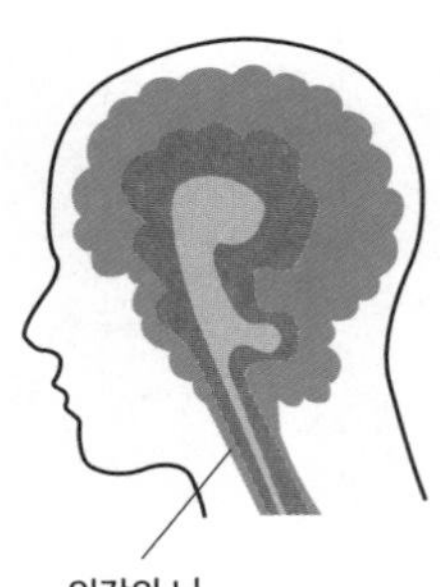

뇌의 진화 과정

내부 가장 아래에 있는 뇌간과 소뇌다. 이 부분은 호흡, 심장박동, 혈압조절 등 생명 유지에 필수적인 기능을 관장하고 있다. 가장 근원적 기능이어서 잠자는 순간에도 멈추지 않고 작동한다. 작동을 멈추면 그 순간에 생명체는 죽는다. 이 부분은 동물의 진화 단계에서 매우 초기에 발달된 곳이다. 뇌세포들이 집중되어 뇌가 만들어지던 시절에 형성되었을 것으로 보인다. 파충류 때도 가지고 있었을 부분으로, '파충류의 뇌'라는 별명이 있다.

두 번째 부분은 뇌의 중앙에 위치한 중뇌로 중간에서 모든 신경 정보를 연결해주는 허브 역할을 하며 감정 기능을 담당한다. 뇌의 구조를 보면 주로 변연계에 해당하는 곳인데 외부에서 들어오는 신호에 따라 반응한다. 물론 자기 자신의 생명을 보호 유지하기 위해 반응한다. 포유류들이 흥분과 공포의 감정을 보이거나, 꼬리를 흔들면서 사랑의 감정을 보이는 것은 바로 중뇌의 역할이다. 이성에 관심을 가지고 종족보존을 위한 본능적 행동도 바로 이곳과 관련이 있다. 다시 말해 중뇌는 개체의 생존과 종족의 보존을 위한 원초적 본능을 관장한다. 이처럼 본능적 감정 활동은 주로 자기 자신의 생명을 보호하기 위한 작동이기 때문에 이기적

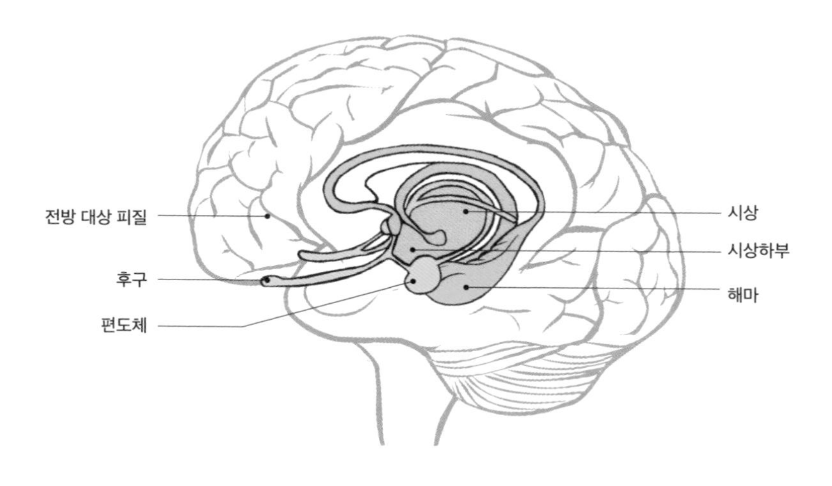

뇌의 내부 중앙에 있는 변연계

활동이라 볼 수 있다. 이러한 감정 표현은 파충류에 비해 포유류에서 크게 발달했다.

세 번째 부분은 전뇌를 포함하는 대뇌의 피질부를 말한다. 이곳은 영장류와 유인원의 단계에서 크게 발달했다. 고도의 사고작용과 창의적 생각을 하는 기능을 관할하며 주로 합리적이고 이성적 사고작용과 관련이 있다. 여기서 이성적이란 윤리, 예의 등 타인에 대한 배려, 사회적 약속 등과 관계되는 경우가 많다. 또한 이 부위는 학습과 기억을 하는 중요한 뇌 부분이다. 인간에게 고유한 철학과 창의 활동 등은 모두 이곳과 연관되어 있다.

뇌의 구성과 역할 분담

인간의 뇌는 1.4킬로그램으로 약 1000억 개의 뇌세포로 구성되어 있는데, 어떤 일을 할 때 모든 세포들이 동원되는 것이 아니라 필요한 부분만 작동한다. 개체 보존을 위한 기본적 기능은 뇌의 깊은 곳이 관장한다. 아래쪽의 뇌관은 맥박과 호흡, 체온 등 생명 유지에 직결되는 일을 담당한다. 그 위쪽에 위치한 변연계는 동기, 감정, 학습, 기억 등을 담당하고 있다. 기억을 담당하는 해마와 감정을 담당하는 편도체 그리고 자율신경에 관계하는 시상하부가 변연계에 포함되어 있다.

해마는 변연계의 한가운데 있으며, 학습, 기억, 새로운 것의 인식 등에 관여한다. 편도체는 변연계의 가장 깊은 곳에 있으며, 고통과 공포 등의 감정에 관여한다. 시상하부는 양쪽 뇌의 사이 일부이며, 항상성의 유지에 관여하고 자율신경계통과 내분비계통을 조절한다. 항상성은 살아있는 생명체가 생존에 필요한 안정적 상태를 능동적으로 유지하는 과정이다.

인간의 뇌는 겉 부분, 즉 피질이 다른 동물에 비해 잘 발달해 인간답게 생각하고 행동한다. 피질도 여러 영역으로 구분되어 있고, 영역마다 역할이 주어져 있다. 예를 들어 앞이마 부분에 있는 전두엽은 사고작용을 담당한다. 어떤 선택이나 의사결정을 하기 위해 고민하는 곳이다. 측두엽에 가까운 전두엽에 있는 브로카 영역(Broca's area)은 언어의 표현을 담당한다. 이곳에 문제가 생기면 말하기에 어려움이 생긴다.

후두엽은 시각 정보를 처리하는 곳으로 눈을 통해서 들어오는 영상신호를 담당한다. 이곳이 고장 나면 눈으로 정상적 시각 정보가 들어와도 인식하지 못한다. 그리고 관자놀이 부근에 위치하는 측두엽은 기억과 언어에 관여한다. 측두엽 뒤편에 위치한 베르니케 영역(Wernicke's area)은 언어의 이해를 담당하고 있어 이 영역이 손상되면 언어 이해력에 심각한 영향을 미친다고 알려졌다.

뇌의 위쪽에 위치한 두정엽에는 감각피질, 운동피질, 연합피질이 있다. 감각피질은 신체를 통해 들어오는 감각신호를 관장한다. 운동피질은

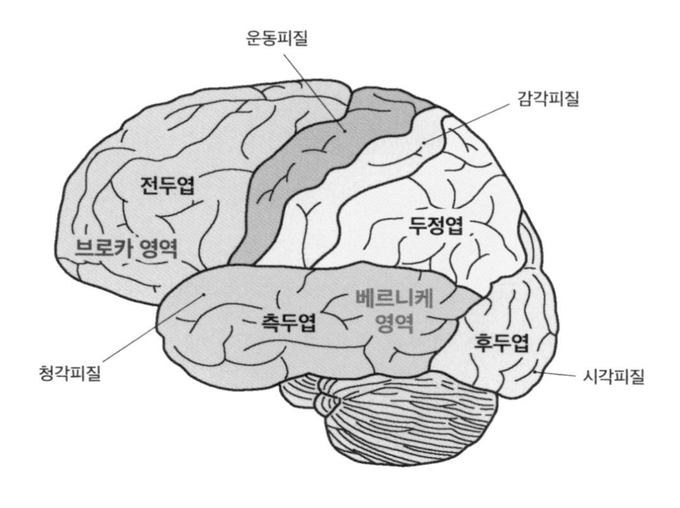

다양한 기능으로 분화된 뇌의 피질

신체 각 부위의 운동을 조절한다. 그리고 연합피질은 감각과 운동신호를 적절하게 조절하는 일을 한다. 예를 들어 우리가 날아오는 공을 보고 손을 들어서 잡는다고 해보자. 눈으로 들어오는 감각신호를 참고해 그에 맞게 운동기관을 작동시켜야 한다. 그러기 위해서는 두정엽의 감각피질, 운동피질, 연합피질이 협동을 잘해야 한다.

이러한 영역과 그 역할이 명확히 구분되는 것은 아니다. 기능과 영역이 서로 중복되는 경우가 대부분이다. 그리고 특정한 일을 하기 위해서는 여러 부위가 협동해야 하는 경우가 많다. 그래서 어느 영역이 주로 어떤 기능과 깊은 관련이 있다 정도로 이해하는 것이 좋다.

수행할 일이 복잡하면 동원되는 영역도 크다. 예를 들어 기억한 것을 그대로 글씨로 쓴다면, 측두엽(기억)과 두정엽의 운동피질(글쓰기)만 일하면 된다. 그런데 기억을 참고해 중요한 선택을 하여 글을 쓴다고 하면, 측두엽(기억)과 전두엽(판단), 두정엽(글쓰기)이 협동해야 한다. 뇌의 여러 영역이 함께 공동으로 일해야 하는 문제는 처리하는 데 시간이 걸린다. 그래서 우리의 뇌는 이것을 기억하고 있다가 다음에 동일한 상황이 생기면 단순하게 처리한다. 조건반사적으로 자동 대응하는 것이다. 그래서 인간의 뇌는 습관이란 것을 만든다. 자주 발생하는 일은 깊이 생각하지 않고 빨리 자동으로 반응한다.

어린이가 호랑이를 보았다고 해보자. 처음에 호랑이를 봤을 때(후두엽)는 기억장소에 기록(측두엽)되어 있는지 찾아보고, 어떻게 행동해야 할지 고민한다(전두엽). 이것이 무섭게 보이면 얼른 피하라고 신체에 명령을 내린다(전두엽). 그러면 즉시 발을 움직여서(두정엽) 도망간다. 이것이 처음 호랑이를 봤을 때의 사고작용이다. 그런데 다시 호랑이를 보게 되었다고 해보자. 이때는 호랑이가 무서운 동물이라는 것을 기억하고 있는 상태다. 눈을 통해서 호랑이 모습이 들어왔다(후두엽). 호랑이가 무서운 동물이라는 기억이 있다(측두엽). 얼른 발을 움직여 도망친다(두정엽). 기억된 것에 따라서 단순하게 즉각적으로 반응한다.

뇌의 인식과 의식

인식은 인간이 사물을 이해하는 과정을 말한다. 이 인식 과정을 통해 인간은 세계(자연과 사회)에 대한 지식을 획득하고, 이 지식에 기반해 세계에 반응한다. 인식은 사물을 이해하는 과정과 결과를 포함하는 데 비해, 지식은 이미 인식하고 있는 사실의 체계적 축적을 말한다. 즉 인식 과정을 통해 지식이 축적된다. 인식의 대상에는 개별적 사물뿐 아니라 사건과 추상적 대상 그리고 논리적인 것도 포함된다. 또한 과거 사건뿐 아니라 미래 사건도 인식의 대상이 될 수 있다.

의식은 인간이 자연과 사회를 인식하면서 생기는 지식, 감정, 의지 등 일체의 심리적·정신적 활동을 말한다. 또한 세계를 인식하고 미래를 예측하고 목표를 세우고, 목표를 달성하기 위한 활동들이다. 우리가 어떤 사물을 인식하는 일은 의식이 있을 때에만 가능하다. 잠이 들면 무의식의 상태가 되고 무의식 상태에서는 뇌의 일부분만 작동한다.

지각의 범주화

뇌에는 매우 다양한 신호가 들어온다. 이 신호 중 생존에 필요하다고 판단되는 것은 기억한다. 이와 같이 뇌가 신호를 인식하는 과정을 지각이라 한다. 즉 지각이란 인간이 감각기관을 통해 사물의 존재를 알아차리거나 그것이 무엇인지 아는 것을 말한다.

우리의 뇌는 너무 많은 종류의 신호(정보, 개념 등)를 다루어야 한다. 그래서 편리를 위해 이 신호들을 특정 기준으로 나누고 그 특징별로 기억하고 관리한다. 즉 뇌는 입력된 신호를 속성별로 분류한 후 대표적인 특성을 기억한다. 이와 같이 사물을 속성별로 인식하는 방식을 지각의 범주화라고 한다. 동일한 속성의 사물들을 하나의 범주로 나타내면, 그것이 개념이다. 우리 인간은 개념을 통해서 사물을 분류하고 체계적으로 이해한다. 지각의 범주화는 과거의 경험 기억을 바탕으로 만들어진 틀로 새로운 대상을 인식한다. 즉 과거 경험에 의해 범주가 만들어지고, 새로운 것들을 이 범주에 끼워넣는다. 가끔 기존의 범주가 잘못되었다 싶으면 새로운 범주를 만들어 새로운 인식의 틀로 사용하기도 한다.

이러한 지각의 범주화는 인간의 생존 욕구를 바탕으로 형성된다. 다시 말해 사물의 인식도 기본적으로 인간 본능이 제시하는 가치에 의해서 이루어진다. 외부에서 들어오는 정보(신호)를 나의 욕구(가치)에 비추어 나에게 어떤 의미를 가지는지 판단하는 것이다. 예를 들어 나에게 이로운 것 또는 해로운 것 등으로 구분한다.

사물이 범주화되면 그 범주화된 속성에 언어(단어)를 붙인다. 우리가 생각하는 거의 모든 것은 언어로 표현된다. 언어로 표현되지 않은 것은 잘 이해가 되지 않고 기억이 오래 가지도 않는다. 언어로 표현할 수 없는 느낌이나 생각들은 다른 사람에게 전달도 어렵다.

언어는 범주화된 대상을 단어로 표현한다. 그리고 단어는 대상을 상징한다. 즉 언어란 단어(상징)에 실제 존재하지 않지만 뇌가 상상으로 만들어낸 추상(범주화된 대상)의 의미를 부여한 것이다. 이렇게 상징을 통해 언어화를 하며 추상적 개념을 소통하고 더 쉽게 기억할 수 있게 되었다. 다시 말해 언어를 사용하면 새로운 대상에 대한 기억과 지각을 효율적으로 할 수 있다. 따라서 언어 능력이 확대되면서 인간의 의식은 대폭 발달한다.

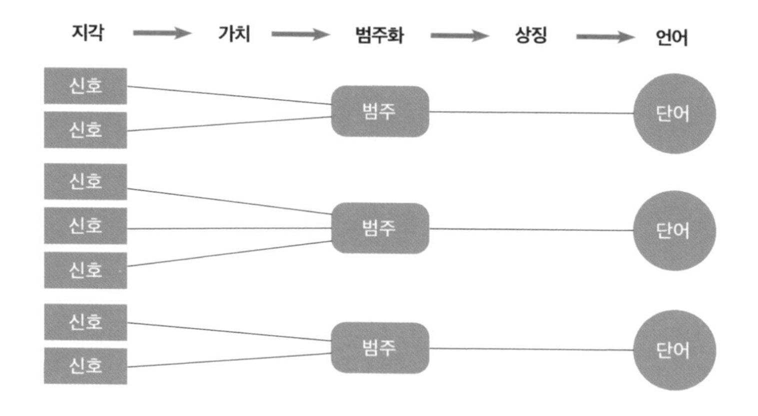

범주화와 언어를 통한 의식화 단계

인간 의식의 형성

기억은 신경세포에 자극을 주는 것에서 시작한다. 기억이 없는 동물은 지각의 범주화나 개념 형성을 못한다. 따라서 의식을 이해하기 위해서는 기억을 먼저 알아야 한다. 우리의 기억들은 단독으로 존재하는 것이 아니라 특정 대상과 관련된 것들의 관계 속에 저장된다.

시간 의식도 기억이 있기에 가능하다. 기억된 경험과 현재 진행 중인 일을 비교하면, 그 관계 속에 과거라는 개념이 형성되는 것이다. 미래에 대한 의식도 과거 기억을 토대로 현재의 일을 판단하여 생긴다. 예를 들어 어느 원시 인간이 우연히 사과 1개를 친구에게 주었다. 그랬더니 며칠 후에 그 친구가 사과 2개를 주었다. 더 많은 사과를 받은 원시인은 이 사실을 기억한다. 또 다른 기회에 사과가 1개 더 생겼다. 이 원시인은 생각한다. 이 사과를 지금 먹을까 아니면 그 친구에게 줄까? 친구가 또다시 2개를 돌려줄 미래를 상상한다. 이와 같이 과거를 기억하기 때문에 미래를 상상하면서 현재의 의사결정을 한다. 기억 덕분에 인간은 눈앞의 현실로부터

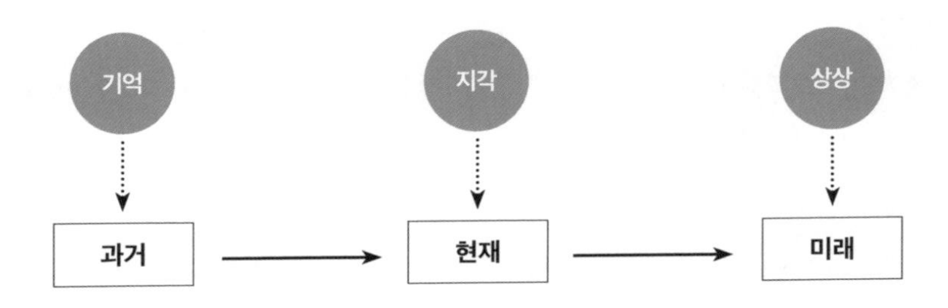

과거를 기억하기 때문에 미래를 상상할 수 있게 되는 시간 의식

해방되어 자유롭게 상상할 수 있다. 과거의 경험을 바탕으로 미래를 예측하고 미래 행동을 계획한다.

그런데 앞서 예로 들었던 원시인은 이어서 생각한다. 내가 친구에게 또다시 사과를 주면 이 친구는 뭐라고 생각할까? 혹시 내가 사과를 더 돌려받기 위해 속보이는 짓을 한다고 생각하진 않을까? 그러면 친구는 나를 어떻게 생각할까? 이와 같이 이 원시인은 타인의 관점에서 나를 바라본다.

즉 스스로 자기 자신을 바라보는 자아의식이 시작되고, 의식의 주체로서 자아가 형성된다. 자아의식이란 자기 자신이 스스로를 인식하는 것을 말한다. 자아란 사고, 감정, 의지 등의 여러 작용들을 주관하는 주체를 말한다. 인간은 현실과 떨어져서 자유롭게 생각할 수 있기 때문에 자기 자신을 바라볼 수 있다. 그 결과 인간은 자신의 사고 과정 그 자체를 의식하는 고등동물이 되었다.

고등동물은 마음과 정신을 가진다. 마음과 정신은 가끔 혼용된다. 마음은 개인적이고 내적인 움직임과 관련되어 있으며 자기 자신 내부에 자리하는 개념이다. 정신은 사상이나 이념에 기반하는 고차적인 마음의 움직임으로 개인을 초월하는 의미다. 그런 의미에서 정신은 인간의 마음이나 신체를 지배하는 상위의 개념이다. 그래서 마음을 주관적이고 정서적이며 개인의 내면에 머무르는 반면, 정신은 민족정신이나 시대정신 등으로 보편화되기도 한다.

이러한 마음과 정신은 모두 공통적으로 인간의 의식에서 나온다. 사물을 인식하고 기억하고 범주화하고, 이를 회상해 의사결정을 하는 방식에 관한 것이다. 결국 마음과 정신도 기억력에서 출발한 인식과 의식 때문에 생긴 것이다.

변화하는 뇌와 강화학습

인간의 온몸을 조절하는 신경계를 만들기 위해서는 매우 정교한 신경세포의 연결망이 필요하다. 신경세포들이 적절한 곳에 위치하고, 그것들 사이를 연결하는 시냅스가 있어야 한다. 단백질은 이 모든 신경계의 재료다. 이러한 단백질을 만들기 위해서 DNA가 RNA에게 정보를 주고, RNA가 아미노산을 합성해 단백질을 생성하고 신경세포를 만든다. DNA가 인간의 신경계를 설계하는 것이다. DNA가 아니면 신경세포에 필요한 단백질이 만들어지고 모여서 세포핵, 축삭돌기, 가지돌기 등을 형성하지 못한다.

유전자에 의해 만들어진 신경세포들은 뇌에서 출발해 척수를 통해 전신으로 퍼져 나간다. 그리고 뇌에서는 전두엽, 측두엽, 후두엽, 두정엽 등으로 영역이 구분되고 변연계는 해마, 편도체, 시상하부 등으로 구성된다. 이렇게 뇌의 기본 구조가 DNA의 명령에 의해서 만들어진다.

그런데 앞서 말했듯 뇌세포는 시냅스에 의해서 연결되고, 연결이 기억을 만든다. 그리고 이러한 연결은 생기기도 하고 없어지기도 한다. 뇌는 항상 가변적이다. 새로운 기억이 만들어지고, 망각도 일어난다. 그리고 이러한 기억이 사물에 대한 인식과 의식을 형성하기에 인식과 의식도 항상 변한다. 즉 뇌세포는 DNA의 지령에 의해서 만들어지지만, 실제로 기억을 만드는 뇌세포 연결은 항상 바뀐다.

뇌의 가변성과 인간의 지능

이미 DNA에 의해서 뇌가 만들어졌는데, 왜 또다시 시냅스를 이용해 연결을 만들어서 가변성을 주었을까? 예일대학교 신경과학과 이대열 교수는 그의 저서 《지능의 탄생》에서 이에 대한 답을 제시하고 있다. 만약 태어날 때 DNA에 의해서 만들어진 상태로 뇌가 일생 동안 신체를 운영하면서 살아간다면 환경 변화에 적응하지 못할 것이다. 일생 동안 인간은 항상 새로운 환경을 만난다. 그래서 환경에 대응하는 방식을 고정해놓으면 변화에 적응하기 어렵다. 변화 적응이 어려우면 진화에서 도태되었을 것이다. 그러면 인간 대신 변화 적응에 유리한 다른 생물체들이 살아남았을 것이다.

결론적으로 뇌의 기본 구조는 DNA가 만들어주었지만 뇌는 새로운 경험 기억을 이용해 기능을 수정한다. DNA가 일생 동안 생명체를 완전하게 운영할 수 없기 때문이다. 만약 변화 기능이 없이 DNA가 전부 결정한다면, 뇌는 지능이 없는 로봇과 같이 처음에 정해놓은 일만 할 것이다.

인간은 환경 변화에 적응하며 살 수 있는 개체로 발전해왔다. 더 나아가 환경을 인간에게 적합하게 바꾸는 능력까지 가졌다. 이와 같이 환경에 적응하고 환경을 변화시키는 능력이 인간의 지능이다.

지능은 임의의 문제에 대해 사고하고 해결하는 능력과 학습 능력을 포함하는 종합적 능력이다. 하버드대학교 심리학과 교수 하워드 가드너(Howard Gardner)는 인간의 지능이 서로 다른 특징을 지닌 여러 유형의 능력으로 구성되어 있다고 보았다. 그는 지능을 개인이 특정 상황이나 맥락에서 문제를 해결해내는 능력, 또한 개인이 살고 있는 문화에서 가치 있다고 생각하는 것을 만들어내는 능력이라고 생각했다. 그는 지능이 총 8가지로 구성되어 있다는 다중지능이론을 주장했다. 언어(linguistic), 논리 수학(logical-mathematical), 공간(spatial), 신체 협응(bodily-kinesthetic), 음악(musical),

대인관계(interpersonal), 자기 이해(intrapersonal), 자연 탐구(natural) 지능이 그것들이다.

지능에 영향을 미치는 요인으로는 크게 유전적 요인과 환경적 요인이 있다. 뇌의 기본 구조는 유전자가 만들고, 뇌세포 연결은 경험을 통해 형성된다. 즉 뇌의 기본 구조가 바로 유전적 요인이고, 뇌세포 연결이 환경적 요인이라 볼 수 있다.

미네소타대학교 토마스 부처드(Thomas Bouchard) 교수팀은 1981년에 유전적 요인이 개인의 지능에 얼마나 영향을 미치는지 알아보기 위해 쌍둥이, 가족, 입양 아동에 관한 연구 결과를 발표했다. 약 5만 쌍의 쌍둥이와 그들의 친척들에 대한 100편 이상의 연구를 분석해 유전자와 지능지수가 얼마나 상관이 있는지 알아봤다.

같은 환경에서 자란 일란성쌍둥이는 지능지수에서 0.86의 상관을 보였으며 같은 환경에서 자란 이란성쌍둥이는 0.60의 상관을 보였다. 같은 환경에서 자란 형제자매의 지능지수는 약 0.47의 상관을, 부모자식은 0.50을 보였다. 모두 같은 환경이었고 유전자의 유사성에만 차이가 있었으므로 지능지수에서 유전자의 영향이 크다는 것을 알 수 있다. 그 후 1996년에 인지심리학의 선구자 울릭 나이서(Ulric Neisser)는 부모와 아이의 지능 상관계수가 0.75로 매우 높게 나타났다고 발표하기도 했다.

환경적 요인이 지능에 영향을 미치는 현상을 플린 효과(Flynn effect)라고 한다. 뉴질랜드 심리학자 제임스 플린(James Flynn)은 산업화된 20여 개국의 지능지수 변동 추세를 장기적으로 관측한 결과, 시간이 지날수록 새로운 세대의 지능지수가 전반적으로 증가한다는 사실을 밝혀냈다. 예를 들어 네덜란드, 노르웨이, 이스라엘, 벨기에에서는 한 세대(30년)가 지난 후 지능지수가 평균 18이나 상승했다. 이런 현상은 현대사회가 점점 더 많은 정신적 활동을 요구하는 사회가 되고, 세대가 거듭될수록 더 풍부한 지적 자극들이 출현하기 때문일 가능성이 높다.

학습하는 뇌

뇌는 기억하며 동시에 외부 자극에 반응한다. 뇌는 새로운 자극이 들어오면 대부분의 경우에 반사적으로 대응하지 않고 기억하고 있는 사실을 다시 떠올려본다. 과거에 유사한 외부 자극이 왔을 때 어떤 판단과 행동을 했고, 그 행동의 결과로 어떠한 상황이 전개되었는지 돌이켜보는 것이다. 그러면서 결정하고 실행하기에 앞서서 생각한다. 지금 이 행동이 미래에 어떤 결과를 가져올지 나에게 가장 유리한 것이 무엇인지 선택한다. 즉 과거를 참고하며 미래를 예측해, 현재를 판단한다. 과거에서 배우는 학습이다.

학습이란 경험이나 연습의 결과로 뇌에서 일어나는 변화를 말한다. 앞에서 언급한 것처럼 인간의 뇌는 DNA가 구성해주었지만 뇌세포는 회로를 형성해 새로운 것을 배운다. 이와 같이 신경계를 가진 모든 동물은 학습을 한다. 학습을 통해서 좀 더 신속하고 적합하게 행동한다. 그렇기 때문에 새로운 환경이 펼쳐지더라도 효과적으로 대응해 살아남는다. 학습은 지능의 핵심이며 동물이 효율적으로 살 수 있도록 해준다.

만일 동물이 특정한 자극을 받았고 경험을 했는데도 뇌에 아무런 변화가 일어나지 않는다면, 즉 학습이 안 되면 어떤 일이 벌어질까? 그러면 당연히 의사결정과 행동도 변하지 않을 것이고, 환경 변화에 효율적으로 적응하지 못할 것이다.

그러면 이토록 중요한 학습은 어떻게 이루어지는 것일까? 학습을 일으키는 실질적 요소는 뇌세포의 연결과 그 뇌세포회로에서 비롯되는 기억이다. 그리고 학습의 결과는 변화된 행동으로 표현된다.

헨리 몰레이슨(Henry Molaison)의 이야기는 학습이 일어나는 뇌 영역에 관한 가장 유명한 사례다. 헨리는 7세 때 자전거 사고를 당한 이후로 수십 년간 뇌전증(간질)을 앓고 있었다. 1953년 미국의 신경외과 의사인 윌리엄 스코빌(William Scoville)은 뇌전증이 해마에서 시작된다는 것을 알아내고, 몰레이슨의 뇌 양쪽에 있는 해마를 제거하는 수술을 했다. 뇌전증은 치료가 되었지만, 몰레이슨은 뜻밖에도 수술 이후 새로운 기억을 전혀 만들지 못했다. 이 일은 해마가 학습과 기억에 중요한 역할을 하고 있다는 것을 알려주었다.

그러나 해마만 학습에 관여하는 것은 아니다. 학습에는 두 가지 방식이 대표적이다. 첫째는 언어를 이용해 표현하고 다른 사람에게 설명할 수 있는 '서술적 학습'이다. 일반적으로 학습이라 생각하는 지식 축적 등이 해당하고, 언어 사용이 발달한 인간이 다른 동물에 비해 뛰어나다. 둘째로는 신체 훈련을 통해 형성되는 '절차적 학습'이 있다. 자전거를 타거나 악기를 연주하는 일은 신체의 훈련을 통해서 얻어지는 절차적 학습에 해당한다. 그런데 1996년 미국의 신경과학자로 기억 시스템을 연구해온 마크 패커드(Mark Packard)와 제임스 맥고우(James McGaugh)는 이 2가지 학습에 관여하는 뇌 부위가 동일하지 않다는 사실을 발표했다. 서술적 기억은 해마가 관여하고, 절차적 기억은 기저핵과 밀접한 관련이 있다는 것이었다. 서술적 기억은 주로 해마의 작용에 의해 측두엽에 기억되는 것으로 알려져 있다. 기저핵은 대뇌반구에서 뇌간에 걸쳐 있는 영역이며, 신체의 균형을 위한 안정성을 유지하는 역할을 한다. 즉 절차적 기억은 신체 전체에 퍼져 있는 신경세포와 연관이 있다.

생존을 위한 뇌의 강화학습

학습은 결국 개체의 생존과 종족 보존에 유리한 방향으로 이루어진다. 뇌가 의사결정을 할 때에는 언제나 그 선택의 효용성을 생각한다. 여러 대안 중에서 효용성이 가장 높은 것을 선택한다. 뇌가 중시하는 효용성은 개체의 생존과 종족 보존을 위한 효용이다. 그리고 이 효용성을 숫자의 개념으로 표현한 것이 가치함수다. 뇌는 언제나 이 가치함수를 최대화시키는 방향으로 의사결정을 한다. 여기서 함수라 함은 수식을 뜻하는 것이 아니라, 개념적으로 함수의 역할을 한다는 뜻이다.

학습으로 새로운 뇌세포회로가 생기면 의사결정의 주체인 뇌가 변했다는 것을 의미한다. 바꾸어 말하면 가치함수가 변했다는 뜻이다. 가치함수가 조금이라도 변하면 그에 따른 의사결정도 변할 수 있다.

우리의 뇌는 새로운 정보가 들어오면 가치함수에 비추어 의사결정을 한다. 그런데 이런 가치함수를 따져보는 일은 노력이 든다. 어떤 경우에는 순간적으로 되기도 하고, 어떤 경우에는 하루 이틀 시간이 걸리기도 한다. 이 계산을 매번 새로 한다면 번거로울 것이다. 그래서 동일한 상황에서 동일한 정보가 들어오면 무의식중에 자동으로 의사결정을 하기도 한다. 가치함수와 의사결정의 자동화다. 이것을 의사결정의 경향성 또는 습관이라 부르기도 한다. 습관은 뇌세포회로가 그 방식으로 형성되어서 만들어진다. 이렇게 자신에게 유리한 선택을 학습하는 것을 강화학습이라 한다.

강화학습은 실제로 뇌 속에서 어떻게 구현될까? 뇌의 강화학습에 관련된 주요한 요소는 신경전달물질인 도파민이다. 도파민은 뇌간에 존재하는 복측피개부와 흑질에서 분비된다. 도파민 신경세포는 뇌의 거의 모든 영역과 연결되어 있어서 다른 신경계에 광범위한 영향을 준다. 특히 도파민은 측핵을 자극한다. 이곳이 자극되면 쾌락을 느낀다. 쥐의 측핵에 전기선이나 광섬유를 꽂아서 자극하면 쥐가 쾌감을 느낀다.

다시 말해, 도파민은 쾌락을 일으키는 신경전달물질이다. 사랑, 칭찬, 권력, 마약 등이 도파민 분비를 촉진한다. 이것이 분비되면 뇌는 쾌락을

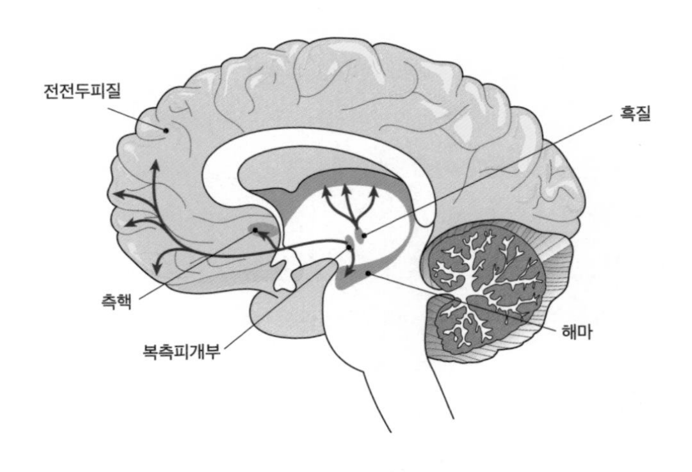

도파민의 보상시스템

느끼고, 또다시 같은 감정을 느끼고 싶어 뇌의 각 부분이 그 방향으로 작동한다. 그래서 도파민은 뇌의 보상시스템의 주역이다. 특정한 행위를 하거나 특정 외부 자극이 들어오면 도파민의 보상이 주어진다. 여기서 보상은 쾌락이고, 한번 보상을 받으면 또다시 그 보상을 받고 싶은 충동을 느낀다.

마약이나 알코올처럼 인위적 자극을 제외하면, 도파민은 개체의 생존과 종족 보존에 유리할 때 분비되는 방향으로 진화해왔다. 대표적인 것이 종족 보존을 위한 섹스에서 쾌감을 얻는 것이다. 만약 섹스에 쾌락이라는 보상이 없었다면 현재까지 종족이 보존되지 못했을 것이다.

보상시스템의 반대 방향으로 강화학습이 이루어지기도 한다. 인간은 두려움과 통증을 느낀다. 이것은 뇌의 편도체와 관련이 있다고 알려져 있다. 뇌의 중심부인 변연계 속에 위치한 편도체는 신체의 여러 부위에서 들어오는 감각신호와 긴밀하게 연결되어, 공포와 고통 등의 신호 처리와 학습에 관계한다. 통증은 개체의 생존에 대한 위험신호라 할 수 있다. 배가 고프거나 질병에 걸리면 고통스럽다. 신체가 부상을 당하면 통증이 온다. 위험 상황에 직면하면 온몸이 바들바들 떨린다. 이러한 몸의 신호들은 다가올 위험을 알리고, 이에 대비하도록 경고를 하는 것이다. 만약 통증이 없다면 경고도 없을 것이고 뇌는 위험에 대비하지 못할 것이다.

뇌는 위험신호에 대응해 자기 자신을 보호하기 위한 반응을 한다. 위험으로부터 피신하거나 반격을 해서 자신을 보호하기 위한 행동을 한다. 이해관계에서 자신에게 피해가 없는 쪽으로 선택하는 것도 마찬가지다. 편도체에 반응한 의사결정과 행동은 모두 자기 자신을 보호하기 위한 본능에서 나온 것이기 때문에 감정적 반응이고 동시에 이기적 결정이다.

정리하자면 인간의 강화학습은 도파민의 보상시스템과 편도체에서 비롯되는 회피 반응으로 일어난다. 인간의 보상시스템은 도파민이 제공하는 기쁨을 매개로 한다. 기쁨과 안전이 가리키는 방향으로 뇌의 의사결정이 이루어진다. 그런데 자연적인 기쁨은 개체와 종족의 보존을 위한 방향을 지향한다. 어떠한 행동으로 성과를 내면 생존에 도움이 되고 기쁨이 주어진다. 그래서 향후 그 행동을 반복하고자 한다. 물론 인위적인 마약, 담배, 알코올 중독은 예외다.

편도체가 주관하는 위험이나 고통스러운 상황을 회피하는 일은 당연히 생존에 도움이 된다. 편도체가 가르치는 위험이나 고통에 관한 것도 학습을 통해서 네거티브 방향으로 지식이 쌓인다.

심적 시뮬레이션

현재의 의사결정이 미래에 가져올 효과를 예측해보는 것을 심적 시뮬레이션이라 한다. 현재 가지고 있는 지식을 바탕으로 특정한 의사결정을 했을 때 예상되는 가상의 결과와 보상에 대해 모의실험을 해보는 것이다. 이 작업은 전두엽에서 이루어진다. 이 과정은 뇌의 강화학습과 직접 관련되어 있다. 심적 시뮬레이션을 하면서 어떤 결정이 나에게 궁극적으로 이로운지 생각하게 된다. 그러면서 그 일에 관련된 가치함수를 고쳐나간다. 즉 새로운 환경에 대한 의사결정과 그에 따른 행동의 결과를 예측하면서 앞으로 어떤 결정을 할지 학습하는 것이다.

아침에 비가 오지 않는다. 그런데 일기예보에서 오후에 비가 올 것으로 예측했다고 가정해보자. 일기예보가 맞는다고 생각하는 사람은 오후에 비가 오는 상황을 심적으로 시뮬레이션한 후 우산을 들고 출근해야겠다고 생각한다. 일기예보가 틀리는 경험을 많이 한 사람은 시뮬레이션한 후 우산을 갖고 나가지 않을 것이다. 일기예보를 믿는 사람과 믿지 않는 사람은 마음속에 가지고 있는 가치함수가 다르다. 각기 다른 경험을 한 사람들은 각자 마음속에 다른 가치함수를 가지고 있다.

만약 심적 시뮬레이션이 없다면 아무리 유용한 지식을 습득해도 이를 의사결정에 반영할 수 있는 방법이 없다. 앞에서 강조한 바와 같이 우리의 뇌는 항상 새로운 경험을 하면, 그에 따라서 새로운 뇌세포회로가 만들어진다. 무엇이 안전하게 많은 기쁨을 가져올 결정인지 끝없이 학습한다. 즉 기쁨을 최대화하고 위험을 최소화하는 방향으로 계속해서 가치함수가 조정되어 강화학습이 일어나는 것이다.

호모사피엔스가 출현하고 지금까지 지구의 환경은 수없이 많은 변화를 거듭해왔다. 그 변화 속에서 인간은 대응하고 적응하며 존재를 유지하며 현대문명을 일궈왔다. 이것은 심적 시뮬레이션을 하면서 배운 지식을 활용한 강화학습 덕분이다.

사회적 지능과 가치

인간은 여러 가지 고민을 하며 살아간다. 그런데 이러한 고민의 사례를 보면 대부분이 주위 사람들과 관련된 것이다. 우리 인생의 문제들을 보면 어떤 것들은 간단하게 결정할 수 있지만, 또 많은 것들이 답이 명확히 보이지 않는다. 대다수 문제에 정답이 없으며, 상황에 따라 사람에 따라 결과가 달라진다. 이렇게 복잡한 뇌의 의사결정 중에서 가장 까다로운 것은 대체로 인간관계에 얽혀 있는 문제로 이는 인간이 사회적 동물이기 때문이다.

물론 인간은 자연에 영향을 많이 받고 그에 대응하는 의사결정을 해야 하는 때도 많다. 그런데 이러한 일은 대부분 비교적 단순하다. 자연현상은 나의 결정과 상호작용하지 않는다. 자연은 나의 결정에 영향을 받지 않고 거의 고정되어 있다. 그래서 자연과 관련된 사항은 거의 고민거리가 되지 않는다. 그저 자연에 적응하고 어떤 경우에는 체념한다.

사회적 결정이 어려운 이유는 내 의사결정이 다른 사람에게 영향을 주기 때문이다. 상대방의 결정은 또다시 내 결정에 영향을 미친다. 내가 결정하기 전에 상대방의 결정을 예측하고, 그 예측 결과를 참고해 나에게 유리한 결정을 내려야 한다. 물론 상대방도 나와 같은 과정을 거쳐 결정을 내릴 것이다. 그래서 서로에 대한 예측과 결정은 한 차례로 끝나지 않고 반복될 수 있다. 이러한 심적 시뮬레이션이 계속해서 반복될 가능성이 있다 보니 사회적 문제를 해결할 때에는 최적의 의사결정을 하기가 쉽지 않다.

예를 들어 주식시장을 상상해보자. 어느 회사에 주주인 나는 또 다른 주주와 함께 있다. 상대방이 앞으로 회사의 전망이 좋아질 것이라 했다고 가정해보자. 나는 그 말을 듣고 2가지 생각을 할 수 있다. 첫째는 그 사람의 말을 믿고 정말 주가가 오를 것으로 예상하고 주식을 사는 것이다. 둘째는 그 사람이 자신의 주식을 팔려고 헛소문을 낸다고 생각하는 것이다. 과거에 이 사람은 정직하지 않은 행동을 한 적이 있다. 그래서 이번에도 그럴 거라고 결론을 내리거나 과거에 그랬으니 이번에는 정직하게 말할 거라고 예측할 수도 있다. 이때 나와 상대방 모두 서로의 결정을 예측하기 위한 시뮬레이션을 반복하게 될 것이다.

인간 본능에 의한 이기심

인간이 복잡한 사회적 문제를 해결해가는 과정을 설명하는 좋은 방법으로 게임이론(game theory)이 있다. 인간은 본래 이기적 동물로 자기 개체와 종족을 보존하기 위해서 진화해왔다. 그렇지만 인간에게는 이타적인 모습도 있다. 게임이론을 통해 인간이 어떻게 이타적 결정을 하는지 알아보자.

게임이론은 사회적 의사결정 과정을 수학적으로 연구하는 이론이다. 게임이론은 게임의 참가자가 상대방의 생각을 충분히 고려하며 합리적으로 사고한다고 가정한다. 게임 속에서 참가자는 상대방을 살피며 전략적인 선택을 한다. 예를 들어 모두가 좋아할 만한 A라는 선택지가 있다고 하자. 이때 다 같이 경쟁하다가 한 사람만 A를 획득하고 나머지는 아무것도 얻지 못하는 것보다 경쟁 없이 혼자서 차선책인 B를 차지하는 것이 나을 수도 있다. 다른 참가자가 어떤 선택을 할지 고려하여 나에게 가장 큰 만족감을 줄 전략적 선택을 하는 것이다. 가장 안 막히는 길로 가려는 운전자, 최대 이윤을 남기면서도 고객이 부담없이 살 만한 가격을 책정하고 싶은 사장, 무역 협상을 하는 국가의 정상 등 모든 인간은 이런 게임에 계속 참여하고 있다. 이런 게임이론에 따르면 당장 나의 입장만 생각할 것이 아니라 게임에 참여하는 다른 사람들의 결정까지 고려하며 장기적인 관점을 가져야 한다.

눈앞의 이익만 본다면 기업은 수단과 방법을 가리지 않고 많은 돈을 버는 데에만 집중할 것이다. 그런데 최근 들어서 기업들이 사회적 책임이나 ESG 경영을 강조하고 있다. 기업이 이익 추구에만 매달리지 않고 사회적 봉사와 기여에 힘쓰겠다는 말이다. 실제로 위대한 경영 구루 같은 기업가들은 성공 비결을 고객중심의 경영이라고 말한다. 동네 유명 맛집 사장님에게 성공 비결을 물어도 그 대답은 비슷하다. 고객의 만족을 위해 일을 하다 보니 돈도 벌고 성공하게 되었다고 말한다. 이런 식당에는 단골손님이 많고 고객과 주인 사이에 강한 유대감이 존재한다. 어떻게 이런 일이 생기는 것일까? 그 답은 정거장 앞의 식당에서 얻을 수 있다.

정거장 앞의 식당은 일반적으로 음식이 맛없다. 그리고 단골손님보다 일회성 손님이 많다. 식당 주인과 고객 사이에 일회성 게임이 벌어진다. 정거장 앞 식당은 대부분 일회성 고객이기 때문에 아무리 주인이 고객의 만족을 위해 일해도 그 효과가 잘 나타나지 않는다. 다음에 또 오는 일이 매우 드물기 때문이다. 그러니 식당 주인은 음식 품질이나 친절보다 다른 것에 관심을 기울일 가능성이 높다.

동네식당도 당연히 이윤을 추구할 것이다. 그런데 유동인구가 상대적으로 적은 그곳에는 색다른 전략이 필요하다. 음식의 품질에 신경을 더 쓰고 고객을 정성으로 대하는 것이다. 짧게 보면 인간의 본능인 이기심과 기업의 이윤 추구에 반하는 전략이다. 비싼 재료를 사용하면 할수록 이

윤은 줄어들기 때문이다. 그런데 동네식당이 고객중심 전략을 선택하는 이유는 일회성 손님보다 단골손님이 중요하기 때문이다. 처음 왔다가 만족해야 그다음에 또 오고, 반복해서 방문해야 단골이 된다. 식당 주인의 입장에서 보면 영업은 일회성이 아니다. 이윤 추구도 일회성이 아니다. 여기서는 같은 주인과 같은 고객 사이의 게임이 반복된다. 이 경우에 의사결정은 일회성이 아니다. 지속적 관점으로 고객을 상대한다. 그래서 이기적 본능을 앞세우면 안 된다. 과거 기억을 더듬어 보니 오늘 내가 조금 손해를 보더라도 고객이 만족해야 다음에 또 손님으로 방문하기 때문에 길게 보면 내게 더 큰 이익이 된다.

인간은 과거에 어떤 행동을 했을 때 상대방이 그에 대해 어떤 대응을 했는지 기억한다. 나의 행동과 상대방의 대응이 어떤 결과를 가져왔는지 학습한다. 우리는 학습한 내용을 참고해 새로운 결정을 한다. 인간은 나 자신을 생각하는 단계를 넘어서 상대방의 뇌 속에 어떠한 가치함수가 만들어질 것인지 생각하며 의사결정을 하고 있는 셈이다. 고객들이 내 식당을 좋아하게 만들기 위해서, 다시 오게 만들기 위해서, 현재의 이익을 포기하고 미래에 투자한다. 장기적 이익을 위해 상대방의 가치함수에 긍정적 신호를 주고, 관계와 신용을 쌓는다.

동네식당도 결국 자기 자신을 위해 영업한다. 목적을 달성하는 방법이 다를 뿐이다. 정거장 식당처럼 일회성 게임을 하는 곳과 동네식당처럼 반복 게임을 하는 곳은 전략이 완전히 다르다. 인간이 서로 연결되어 상호작용을 하며 살고 있는 사회는 일회성 연결이 아니다. 동네식당처럼 반복 게임으로 이루어진 것이 인간의 공동체사회다. 궁극적으로 자신의 이익을 위해서는 신용을 쌓아야 하고, 신용을 쌓기 위해서는 현재의 이익을 양보하는 모습을 보여야 하는 것이다. 이처럼 인간은 현재 이익을 양보하고 미래 이익을 추구하며 이타적 결정을 한다.

가치판단을 하는 뇌

뇌는 다양한 영역으로 나뉘어 각자 역할을 수행하고 있다. 최근에는 기능적 자기공명영상(fMRI) 덕분에 특정 기능과 관련 있는 영역을 훨씬 정확히 알 수 있다. 어떤 일을 수행하게 한 후 fMRI로 촬영해 보면 뇌의 활성화되는 영역을 볼 수 있다.

사회적 관계를 이끌어가는 일은 뇌의 어느 영역이 담당하고 있을까? 여기에는 크게 3개 영역이 관여하고 있다.

첫째는 보상 뇌라고 불리는 측핵이다. 인간은 즐거운 일을 하면 도파민이 분비되고 측핵이 자극되어 쾌감을 느낀다. 인간은 보상을 받기 위해 적극적이고 새로운 것을 시도하려는 경향이 있다. 새로운 일을 성취하면 보상(기쁨)이 오기 때문이다. 이성을 만나서 사랑을 나누고 싶은 충동과 다른 사람들 앞에서 자랑하여 우쭐대고 싶은 욕구도 도파민 영역의 산물이다. 또한 고속도로에서 과속으로 운전하며 느끼는 쾌감은 도파민의 충

사회적 의사결정에 관여하는 뇌의 부위

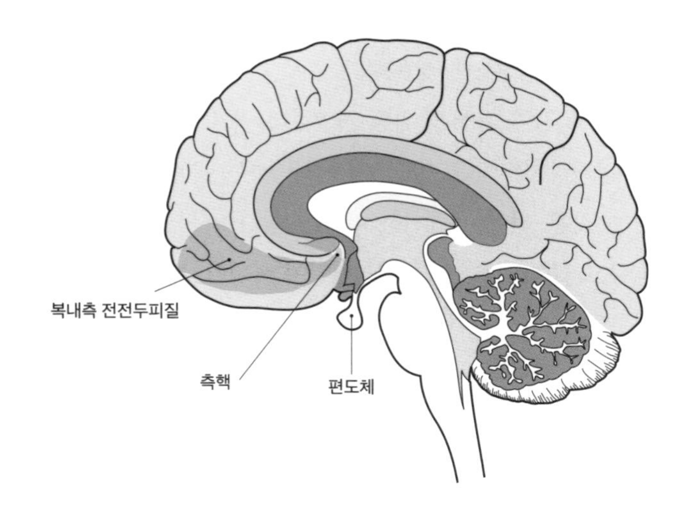

동 신호다.

둘째로는 편도체가 관여하고 있다. 편도체는 위험 회피와 공포에 관여한다. 개체 보존을 위해서 위험한 상황이 발생하면 편도체가 활성화되어 그에 대한 대응책을 발동시킨다. 예를 들어 고속도로에서 과속운전을 할 때 느끼는 두려움은 편도체가 보내는 억제 신호다.

셋째는 복내측전전두피질이다. 뇌의 앞부분에 있는 전두엽의 일부인 이곳은 주로 감정과 관련한 의사결정을 한다. 윤리, 도덕, 공감 등 대인관계에 관한 사고를 할 때 활성화된다. 복내측전전두피질은 도파민의 충동 신호와 편도체의 억제 신호를 참고해 결정한다. 즉 도파민과 편도체의 신호를 가치함수에 대입해 최종 결정을 한다.

예를 들어 뻥 뚫린 고속도로에서 달리고 싶은 충동(보상, 쾌락)과 과속운전에서 오는 두려움이 동시에 들어올 때, 학습된 가치를 고려해 복내측전전두피질이 결정한다. 과거에 이 도로에서 사고가 얼마나 발생했는지, 경찰의 단속 카메라가 있는지, 야간인지 주간인지 등의 기억을 불러온다. 이것들이 가치함수를 구성하기 때문이다. 그래서 종합적으로 판단하고, 판단이 가져온 결과를 기억한다. 가치학습을 하는 것이다.

효율적 의사결정은 보상(이익, 쾌락)과 두려움(손실, 통증) 사이에서 균형을 유지하는 것이다. 측핵, 편도체와 긴밀히 연결된 전전두피질은 보상이나 두려움 어느 한쪽에 치우치지 않고 자신에게 이익이 되는 의사결정을 한다.

이처럼 사회적 결정에는 유독 뇌를 많이 사용해야 한다. 뇌는 사용할수록 발달하기에 사회적 동물인 인간은 무수히 많은 심적 시뮬레이션과 사회적 결정을 하며 두뇌가 더욱 발달했을 것이다. 이는 복잡한 의사결정이 줄어들면 뇌가 퇴화할 위험도 있다는 것을 암시한다. 이 주제에 대해서는 3부에 더 자세히 논하고자 한다.

7장 사상과 종교의 출현

- 문명과 사상의 출현
- 동양사상의 출현
- 서양 기독교 사상의 출현
- 그리스철학의 출현
- 중세 암흑시대와 르네상스

7장에서는

- 사상은 사람들의 생각과 행동을 반영하고 규정한다. 따라서 사상은 현실을 움직이는 원동력이 되며 정치, 경제, 사회, 과학기술, 문화를 지배하고 변혁까지 일으킨다.

- 불교에서는 자아는 우주와 동일하며, 언제든 변할 수 있다고 말한다. 이것은 모든 사람에게 똑같이 적용된다. 모든 사람이 평등하다는 불교 사상은 자연스럽게 자리를 잡았고, 계급사회인 인도에서 많은 호응을 받았다.

- 예수의 가르침을 오늘날의 기독교로 정립한 사람은 바울이다. 바울은 예수를 신적 존재로 승화시키고, 그의 죽음과 부활을 신에 의한 인간의 구원이라는 관계로 해석했다. 또한 선교 여행을 통해 다른 민족에게 이를 전파함으로써, 세계 종교의 기반을 마련했다.

- 그리스철학은 기원전 585년 밀레토스의 탈레스가 활동을 시작한 때부터 플라톤이 세운 아카데메이아가 폐쇄된 529년까지 1000년 이상 지속된 고대의 철학을 말한다. 그리스철학의 절정은 소크라테스·플라톤·아리스토텔레스가 속했던 시기로, 이를 전후해 3기로 나뉜다.

- 중세 암흑시대(Dark Ages)는 서로마 몰락 후 학문과 예술의 부흥을 도모하는 15세기경까지를 말한다. 교회 세력과 세속 세력이 대립하며 긴장관계를 유지했고, 종교 전쟁으로 많은 이가 목숨을 잃었다. 또 다른 고통은 페스트(흑사병)의 유행이었는데, 이로 인해 전 유럽 인구의 절반가량이 사망했다.

- 중세시대에 큰 변화를 준 것으로 인쇄술의 발달과 르네상스, 종교개혁을 꼽을 수 있다. 구텐베르크의 금속활자는 좋은 지식을 평민들에게까지 보급할 수 있게 해주었고, 르네상스로 인해 인간 중심의 사고가 가능해졌으며, 종교개혁은 억눌려 있던 민중의 마음을 어루만져 사회 전반을 변화시킬 개혁의 힘이 되어주었다.

문명과 사상의 출현

사상(thought)이란 인간이 살아가면서 가지게 되는 세계관을 종합적으로 이르는 말이다. 개인이나 집단이 자기가 처한 상황에 대응하는 사고체계와 행동방식을 뜻하기도 한다. 사유(thinking)란 생각하는 일, 즉 개념, 구성, 판단, 추리 등의 사고작용을 말한다. 우리의 일상적 의사결정은 필연적으로 개인의 사상 속에서 이루어지고 이러한 사고체계의 영향을 받는다. 그래서 우리는 동일한 외부 자극에 대해 비슷한 생각과 대응을 하는 사람들에게 동일한 사상을 가졌다고 말한다. 특히 많은 사람이 공통으로 가지는 사고체계를 사상이라 한다. 이러한 사상은 비슷한 경험과 교육을 통해 형성되는 경향이 있기 때문에 시대, 지역, 경험, 교육, 역사가 동일한 사람들이라면 사상 또한 비슷한 경우가 많다.

세계관이란 세계를 바라보는 나의 관점이라 말할 수 있다. 이것은 내가 터득한 지식을 포함해 실천적이고 정서적 측면까지 포함하는 포괄적 지식체계다. 따라서 세계관은 인간이 어디에 있는지 위치를 알 수 있게 해주고, 어느 방향으로 나아가는지 어떻게 살아야 하는지 생각하게 해준다. 사람에 따라서 세계관이 다를 수 있고, 그렇기 때문에 생각과 행동이 달라질 수 있다. 세계관은 사상과 밀접한 관련이 있다. 예를 들어 지구가 태양주위를 돌고 있다는 세계관을 가지고 있으면, 그것을 바탕으로 의사결정을 한다. 태양이 지구 주위를 돌고 있다는 천동설 세계관을 가진 사람들은 자신들의 신념에 따라 갈릴레이를 죄인으로 다루었다.

우리의 의식은 항상 무엇에 대해 작용하고 있으며 그것은 사고의 작용으로 나타나고, 사고 작용은 어떤 내용을 낳는다. 그런데 이 내용에 체계와 통일성이 주어질 때, 우리는 이것을 어느 사상의 견해, 관념, 개념이라 한다. 사상이란 포함하는 범위가 광범위하기 때문에 분야별 또는 공간적, 시간적으로 범위를 정해 구체화하는 경우가 많다. 철학사상 또는 문학사상, 동양사상 또는 서양사상, 근대사상 또는 현대사상 등이다.

사상은 그 시대를 대변하는 사람들의 생각과 행동을 반영하고 규정하기도 한다. 따라서 사상은 그 시대의 현실을 움직이는 원동력이 되며, 정치, 경제, 사회, 과학기술, 문화를 지배하고 또는 변혁까지 일으킨다. 이러한 사상은 단순한 사고의 내용이 아니라, 성선설과 성악설, 자본주의와 사회주의, 기독교와 불교 등의 형태로 나타난다. 따라서 사상은 인간 본능과 세계관에 바탕을 둔 정의 또는 선악과 관련이 있으며, 예술적 아름다움과 문화적 가치와 관련되어 있다.

우리는 매일 생각하고 행동함에 있어서 특정 사상의 영향을 받는다. 한두 명에 그치지 않고 수천만, 수억 명에게 영향을 주는 사상은 당연히 우리 인류가 나아가는 방향에 영향을 미친다. 따라서 우리 인류가 생각하는 방식인 사상이 어떻게 형성되고 앞으로 어떻게 발전할지 알아야 한다. 그것이 바로 인간이 지배하는 지구와 인간 사회의 미래를 결정하기 때문이다.

사회적 강화학습의 결과, 사상

앞에서 모든 사고 작용은 뇌에서 일어난다고 했다. 뇌의 사고 작용은 뇌세포회로에 흐르는 전기적 신호다. 그렇다면 시대를 대변하는 사상은 뇌에서 어떻게 형성될까?

사고체계 방식은 뇌세포회로에 의해 결정된다. 그런데 이 회로는 매우 강하게 연결되어 있어서 거의 모든 의사결정에 영향을 미친다. 우리는 이것을 사고 습관이라고 한다. 사상이란 많은 사람이 공통으로 가지는 정신적 습관이라 할 수 있다. 즉 비슷한 사상을 가진 사람들의 뇌 속에 비슷한 뇌세포회로가 생성된 것이다.

그러면 이런 공통적인 뇌세포회로는 어떻게 형성되는 것일까? 앞에서 살펴봤듯이 뇌세포회로는 반복을 통해 만들어진다. 사람이 성장하는 동안 지속적인 외부 자극을 받거나 정보를 흡수하면 그에 해당하는 회로가 만들어진다. 이 자극이 많은 사람들에게 공통으로 주어지면 그 사람들에게 비슷한 뇌세포회로가 만들어진다. 그리고 이러한 학습이 광범위한 시간과 공간을 관통해 이루어지면 사상으로 자리 잡는다. 그러나 학습이 특정 지역에 국한되면 지역주의 또는 국민정서로 불릴 것이다. 예를 들어 싯다르타와 예수의 가르침을 배운 사람들이 공감하고 그 내용을 세대를 통해 전달하면, 그에 해당하는 뇌세포회로가 많은 사람들에게 형성된다. 지속적으로 교회에서 설교를 듣거나 절에서 설법을 들으며 그에 공감하면, 기독교나 불교 사상에 해당하는 뇌세포회로가 형성되는 것이다.

우리는 앞에서 학습 중 강화학습을 공부했다. 강화학습이란 가치가 가리키는 방향으로 학습이 이루어지는 것을 말한다. 그래서 강화학습에는 가치함수가 있다. 인간의 사고와 행동은 기본적으로 자신의 생존과 종족 보존을 위한 것이다. 본능의 충족을 위한 방향으로 학습이 이루어진다. 그래서 가치함수란 본능의 방향에 맞추어져 있다.

인류는 약 7000년 전부터 모여 살면서 도시를 형성하고 본격적인 사회생활을 시작했다. 모여 살다 보니 사람들끼리 부대끼는 일이 많아지고 골치 아픈 일이 많았다. 소규모 사회생활은 서로 모두 알기 때문에 상부상조하면 된다. 그런데 숫자가 많아지면서 문제가 생겼다. 모르는 사람을 어떻게 대해야 할지 혼란스러웠다.

초기의 도시생활은 야생에서처럼 약육강식이 지배하고 있었다. 그런데 약육강식이 지배하는 세계에서는 결국 나 자신도 안전하지 못하다는 것을 깨달았다. 어떻게 살아야 할지 새로운 삶의 방식이 필요했다. 지금으로부터 약 2500년 전 세계 문명 발상지에서 나타난 세 스승 싯다르타, 공자, 소크라테스의 가르침에서 공통된 핵심은 '사랑'이다. 서로 협동하고 사이좋게 지내라는 것이다. 이러한 가르침은 대규모 사회생활에 유효했고 세대를 통해 전수되며 타 지역으로 전파되었다. 그리고 서서히 종교나 철학이라는 형태로 정형화되기 시작했다. 이것이 바로 사상의 출현이다.

많은 사람이 동일한 생각을 하게 되고 이것이 시간과 공간을 넘어 퍼지면서 거대한 사상이 되었고, 현재에도 우리 일상에 영향을 미치고 있다. 현존하는 거대한 사상들은 인간의 본능(이기심)과 사회적 본능(이타심)을 절묘하게 배합해 최적화한 것들이라 말할 수 있다. 그런데 그 사상은 우리의 뇌에 뇌세포회로의 형태로 기억되고 있다. 사상이란 가치함수에 따라서 강화학습된 결과다.

세계 4대 문명 발상지

지금까지 알려진 문명의 발상지는 네 곳이다. 세계 4대 문명이라 불리는 이 지역들은 기원전 7000년경부터 등장했다. 서쪽에서부터 보면 이집트 문명, 메소포타미아 문명, 인더스 문명, 황허 문명이다. 이들은 모두 청동기 문명이고, 문자를 사용하고 도시국가를 발전시켰다. 지리적으로는 큰 강을 기반으로 했는데, 큰 강은 문명 발달의 필수적 요소였다. 식수와 농업용수를 확보해 지속적인 농사를 가능하게 해주었고, 강을 따라서 교역이 이루어졌다. 이집트는 나일강, 메소포타미아는 티그리스강과 유프라테스강, 인더스는 인더스강 그리고 황허는 황허강을 기반으로 발달했다.

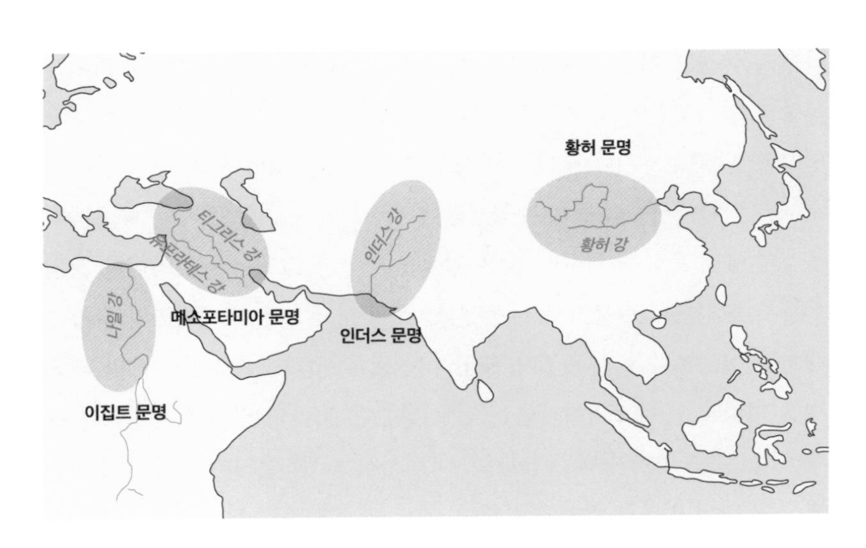

세계 4대 문명 발상지

이들 초기 문명에는 몇 가지 공통점이 있다. 문자, 관료체계, 기하학, 건축술 그리고 천문학이 발달했다. 소통과 기록을 위한 문자와 사람들을 조직해 큰 힘을 낼 수 있는 관료체계가 없었다면 문명은 형성되기 어려웠을 것이다. 또한 계산과 토지관리를 위한 수학과 기하학, 건축물을 건설하기 위한 기술이 필요했다. 이와 함께 반드시 필요한 지식이 바로 천문학이다. 계절의 변화를 예측해 농사를 짓고, 강의 범람을 예측해 대비하기 위함이다. 따라서 모든 문명은 상당한 수준의 천문 관측 기록을 남겼다. 그리고 모든 문명권에서 어느 정도 정확한 일식과 월식의 예측이 가능했고, 비교적 정확한 춘하추동의 주기를 측정했다.

4대 문명 중에서 가장 오래된 것은 메소포타미아 문명이다. 메소포타미아는 두 강 사이의 땅이라는 뜻이다. 이 지역은 홍수가 날 때마다 상류에서 기름진 흙이 떠내려와 농경지가 비옥했다.

메소포타미아 문명은 기원전 7000~기원전 6000년경 현재 이란과 이라크의 국경을 이루는 자그로스 산맥에서 시작된 것으로 보인다. 이때는 목축과 농경생활이 막 시작된 신석기시대였다. 이곳에 정착해 살던 농경민이 만든 채문토기와 구리를 사용한 흔적이 출토되었다. 이 무렵 남부의 수메르 지방에서도 최초의 정착생활이 시작되었다.

수메르 문화는 역사상 많은 업적을 남겼다. 그들은 동그라미와 짧은 선으로 표시한 그림문자를 사용했고, 그 후에 점토판에 쐐기형의 글자를 새기는 설형문자를 사용했다. 또한 12진법과 60진법을 사용했으며 태음력을 따랐고, 수메르법이라는 법전도 남겼다. 노아의 방주의 원형이라 할 수 있는 홍수 설화가 담긴 〈길가메시 서사시〉도 잘 알려져 있다. 저수지를 만들어 강의 범람을 막기도 했다.

하늘의 신과 지상을 연결하기 위해 거대한 건축물인 지구라트를 각 도시에 건설했는데, 성경의 구약에 나오는 바벨탑이 바빌론에 있었던 지구라트를 가리키는 것이라는 해석도 있다. 지리적 특성 때문에 외부와의 교섭이 빈번해, 폐쇄적인 이집트 문명과는 달리 개방적이고 능동적이었다. 또한 국가의 흥망과 민족의 교체가 극심했다. 수메르는 바빌로니아, 아시리아에 통합되었고, 이어서 페르시아 제국에 편입되었다.

이집트 문명은 기원전 3000년경 나일강 하류에서 시작되었다. 이집트는 지리적 위치가 폐쇄적이어서 메소포타미아 문명에 비해 정치적, 문화적 색채가 단조롭다. 특히 사막과 바다로 둘러싸여 있어서 외부의 침입 없이 2000년 동안 폐쇄적으로 고유의 문화를 유지했다. 나일강이 주기적으로 범람했고 농토는 비옥했다. 나일강변은 언제나 풍요로웠고 홍수는 규칙적으로 일어났다. 이집트인들은 이러한 주기적 범람과 복구를 위해서 기하학과 천문학, 건축술을 발달시켰다. 또한 태양력과 의술 등 실용학문도 발달했다.

이집트는 정치와 종교가 결합된 신권정치였다. 왕인 파라오는 신의 아들이기도 했다. 파라오의 강력한 권력은 기하학과 풍부한 노동력을 이용해 거대한 건축물인 피라미드를 건설했다.

인더스 문명은 기원전 3000년경부터 인더스강 유역을 중심으로 발전했다. 인더스강은 인도 북부에서 발원해 파키스탄을 거쳐 인도양으로 흘러간다. 이 강을 따라 문명 발생의 유적들이 발견되었다. 인더스 문명을 대표하는 도시로 하라파와 모헨조다로를 꼽을 수 있다. 두 도시는 계획도시로 청동기와 구운 벽돌을 사용하고, 도로망이 정비되어 있었고, 상하수도 시설과 공중목욕탕 등 위생 시설을 갖추고 있었다. 현재 이 지역은 매우 건조하고 황량한 모습이지만 그 당시에는 인더스강의 영향으로 비옥하고 삼림이 울창해 사람이 살기 좋은 여건을 갖추고 있었다. 인더스 문명을 이룬 지역에는 여러 종족이 섞여 살았던 것으로 추측된다. 하라파 유적지에서 발굴된 인골이 14종이나 되며 약 1000년 동안 번성했다.

인더스 문명은 다양한 종족의 사람들이 어울려 사는 국제도시의 면모를 보였는데, 그것은 바다를 통해 메소포타미아 문명과 활발히 교류했기 때문이다. 하지만 이 활력 넘치는 도시들은 기원전 1500년경 유럽 서쪽으로부터 들어온 아리아인에 의해 멸망했다. 아리아인은 원주민들을 정복하고 정착해 자신들의 종교적, 철학적 경전인《베다》를 전파했다.

황허 문명은 기원전 5000년경 중국 황허강 유역에서 시작되었다. 황허 유역의 황토 지대는 물대기만 제대로 하면 농사를 짓기에 좋은 땅이었다. 이 지역 사람들은 조와 수수를 재배했고, 개나 돼지 등 가축을 사육했다. 촌락들이 마을을 이루었고 신분의 높낮이도 존재했다. 규모가 커진 마을 가운데서 몇몇 도시 국가가 탄생했다.

오늘날 확인되고 있는 가장 오랜 왕조는 전설 속의 하 왕조로 기원전 2100년쯤부터 황허 유역에서 문명의 초기 단계가 시작되었다. 이어 기원전 1300년쯤 은허에 도읍한 은의 유적지에서는 많은 청동기와 갑골문자가 새겨진 거북 껍질과 동물뼈가 출토되어 당시의 정치와 문화를 엿볼 수 있다. 기원전 11세기에 은 왕조를 쓰러뜨리고 호경에 도읍한 것이 주나라다. 주에서는 왕족과 공신이 각 지방을 다스리고, 그들을 세습의 제후로 삼아 납세와 군사의 의무를 이행하게 하는 봉건제를 실시했다.

인류의 위대한 스승들

사람들이 모여 살며 도시가 형성되고, 도시생활은 이전의 생활보다 훨씬 복잡하고 어려웠다. 기존에는 만나는 사람이 가족이나 씨족으로 제한되어 있었으나, 도시에서는 전혀 관련이 없는 사람들과도 어울려 살아야 한다. 이전의 세계에서는 가족이나 씨족이 아닌 사람은 경계 대상이거나 침입자였다.

그러나 도시에서는 모든 사람을 경계하고 멀리하면서 살아가기 어렵다. 수십 수백만 년 동안 지속해오던 삶의 방식을 그대로 적용할 수 없게 된 것이다. 사람들이 도시라는 형태로 밀집 생활을 하게 되자 삶의 방식에 혼란스러워지기 시작했다. 동물에서 진화해온 인간은 본질적으로 약육강식의 논리를 따른다. 맹수와의 싸움에서 살아남고 약한 동물을 잡아먹으며 성장해왔다. 도시에서 만나는 모든 낯선 사람들도 모두 경쟁의 대상이었다. 생존경쟁에서 살아남기 위해 사랑과 배신, 음모와 공격, 살인과 절도가 반복되었다. 모든 사람들이 약육강식의 논리로 사는 사회는 공동체로 발전할 수 없었다.

이러한 혼란과 고통 속에서 인간 공동체의 평화와 번영을 생각하는 소수의 사람들이 있었다. 나는 누구인가, 인간은 어떤 존재인가, 그리고 사회라는 공동체는 어떻게 발전할 것인가. 이러한 질문을 던지며 인간의 생존방식에 대해 고민하는 사람들이 있었다. 휘몰아치는 혼란 속에서 나 개인의 욕망뿐만 아니라 상대방의 욕구도 함께 생각하는 사람들이 나타났다. 이들은 상대방도 함께 평화와 자유를 누려야 나 자신의 평화가 보장된다고 생각했다. 그리고 점차 질문에 대한 답을 깨닫기 시작했다. 공동체 속에서 함께 살아가려면 타인의 생존과 평화를 보장해주어야 한다는 삶의 해답을 찾은 것이다.

서로 협동하고 사랑해야 한다. 이는 낯선 가르침이 아니다. 원시 인간이 밀림을 헤매며 뭉쳐서 대응하던 바로 그 생존방식이다. 원시시대에는 동물들과 싸워 이기기 위해 협동생활을 했다. 그러나 이제 밀집된 도시생활에서는 사람 속에서 살기남기 위해 협동생활이 필요했다. 이와 같이 눈앞의 단기적 이익보다 인간의 삶에 대한 장기적 성찰을 하는 사람들이 초기 문명이 발달한 여러 곳에서 나타났다. 오늘날 우리는 이들 선각자들이 제시한 삶의 방식과 사상의 틀 속에서 살아가고 있다. 지금으로부터 약 2500년 전의 일이다. 인간 생활의 중대한 전환점이 되는 시기였다. 생존방식이 약육강식에서 상호공존으로 바뀌었다.

이 시기에 여러 곳에서 많은 선각자들이 인간의 지혜로운 삶의 방식을 터득하고 이를 설파했다. 그중에서 특히 오늘날 현대인의 사상체계에 영향을 주고 있는 인물들은 인류의 스승으로 모시고 있다. 인도에서는 싯다르타가 나타났고, 중국에서는 노자와 공자가 활동했다. 그리고 고대 그리스에서는 소크라테스와 플라톤, 아리스토텔레스가 가르쳤고, 이스라엘에서는 사무엘, 예레미야, 아사야, 예수 등의 선지자들이 출현했다.

동양사상의 출현

우연인지 필연인지 모르겠으나 약 2500년 전에 전 세계에서 거의 동시에 인류의 스승이 출현하고 사상의 혁명이 일어난다. 그 시기에 도시가 형성되기 시작했다. 도시생활로 사람들 사이의 교류가 많아지자 물자 부족으로 인한 갈등이 발생하기 시작했다. 그래서 약육강식의 법칙만으로는 사회를 유지해나갈 수 없음을 깨달은 것이다. 문명 발상기에 깨우친 세계관은 오늘날 우리 인간의 의식에 영향을 주고 있으며, 그 스승들의 가르침은 인류의 생활규범이 되었고 미래에도 영향을 줄 것이다.

힌두교의 경전이 된 《베다》

인류에게 가장 많은 영향을 준 2개의 경전은 《베다》와 《구약성경》을 꼽을 수 있다. 《베다》 경전은 인도 사상의 뿌리로 오늘날 우파니샤드와 힌두교, 불교의 바탕이 되었고, 이들은 훗날 인도와 동양사상에 큰 영향을 미쳤다. 《구약성경》은 서양사상의 뿌리라 할 수 있다. 유대교, 기독교, 이슬람교가 이 《구약성경》에 기원을 두고 있다.

《베다》 경전은 기원전 1500년경에 인도에 들어온 아리아인이 가져왔다. 아리아인은 카스피해 연안의 코카서스 지역에서 유목생활을 하며 살던 민족이다. 그들이 어떤 이유로 자신들의 땅을 떠나서 이동을 시작했는지 밝혀지지 않았다. 이들은 여러 방향으로 퍼져 나갔는데, 한 무리가 현

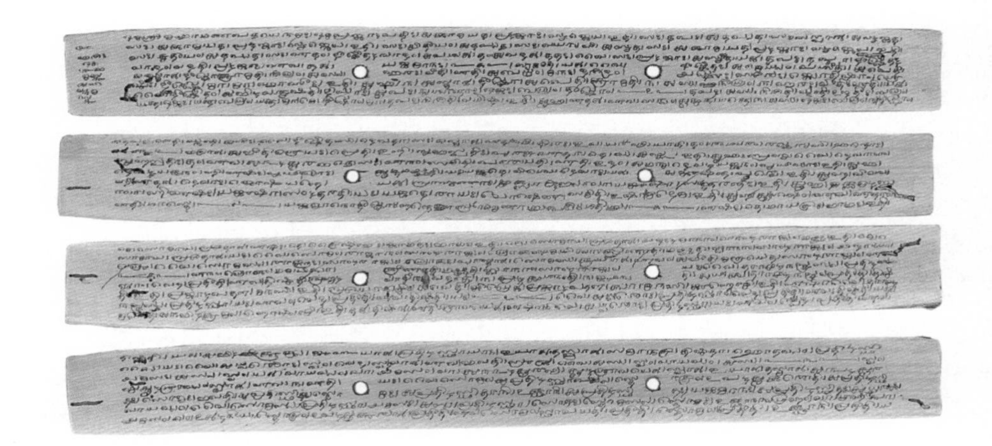

《베다》 경전

재의 인도 지역으로 들어왔다. 당시 아리아인은 초기 청동기 문화를 가지고 있었고 바퀴를 이용한 수레와 전차를 사용할 줄 알았다. 이들은 원주민을 정복하고 인도 인더스강과 갠지스강 유역에 정착한다.

아리아인들이 인도에 도착했을 때, 그들의 손에는《베다》 경전이 있었다. 베다는 산스크리트어로 지식, 지혜, 앎이라는 뜻이다. 이 경전은 종교, 신화, 철학적 내용이 담긴 방대한 양의 문헌이다. 지금까지 인류 역사에서 발견된 가장 오래된 경전 중 하나다. 문자가 사용되기 전부터 신에게 직접 들은 내용이 구전되어오다가 기원전 1500년부터 기원전 1200년경에 산스크리트어로 기록되었다. 아리아인들은《베다》 경전을 신과 인간을 연결해주는 종교, 철학, 우주관에 관한 지식체계로 생각한다. 또한 고대 인도의 종교와 사상, 관련된 노래·시·기도문, 제례 집행의 방식, 주문 등 방대한 지식을 담고 있다.

《베다》 경전은 순환적 세계관을 보여준다. 신과 자연 그리고 인간이 순환적으로 연결되어 있다. 신은 우주의 원리를 지배한다. 이 말은 신이 자연을 지배하고, 자연은 인간을 지배하고, 인간은 신을 섬기는 계급인 브라만을 움직인다. 브라만은 제사를 지내 신을 움직인다.

《베다》 경전은 인간이 가질 수 있는 다양한 사고방식을 포함하고 있다. 특히 신들도 매우 다양한 모습으로 등장하는데, 다소 모순되어 보이기도 하지만 상호 공존한다. 다수의 신이 존재한다는 다신교적 관점(다신론)이 포함되어 있기도 하고, 절대적인 유일신을 가정하는 관점(유일신론)도 있다. 만물에 신이 깃들어 있다는 관점(범신론)도 존재한다. 이와 같이 《베다》 경전에는 인간이 생각할 수 있는 신과 우주에 대한 다양한 관점이 망라되어 있다.

유일신론에서는 신과 인간은 완전히 구분된 존재다. 유일신을 따르는 《구약성경》에는 우주를 창조한 하나님이 있고, 그렇게 만들어진 인간은 신이 될 수 없다. 그러나 범신론에서는 우주와 세계가 인간과 동일 선상에 존재한다. 그래서 신은 우주의 모든 것을 나타내면서 동시에 나 자신(자아)을 말하기도 한다. 여기서 내가 생각하는 세상이 곧 신이 된다. 우주를 생각하고 있는 나는 곧 신이 될 수도 있다.

《베다》는 《리그베다》, 《사마베다》, 《야주르베다》, 《아타르바베다》 이렇게 네 종류의 책으로 이루어져 있고, 각 권은 내용상 〈산히타〉, 〈브라마나〉, 〈아라냐카〉, 〈우파니샤드〉로 나눠져 있다. 〈산히타〉는 제식에 사용되는 찬가, 주문 등에 대한 기록이고, 〈브라마나〉는 제식의 규칙과 의의 등을 담고 있으며, 〈아라냐카〉는 비밀 제식과 신비적 요소를 이야기한다. 〈우파니샤드〉는 문답 형식으로 철학적 고찰을 하는 부분인데, 뇌과학적 측면에서 특히 이 〈우파니샤드〉가 흥미롭다.

〈우파니샤드〉는 기원전 5세기부터 기원전 1세기까지 오랜 시간에 걸쳐서 산스크리트어로 정리된 경전이다. 〈우파니샤드〉는 《베다》 경전 중에서 가장 핵심적 사상을 철학적으로 정리한 문서다. 〈우파니샤드〉는 두 가지 주제에 집중해 탐구하고 있다. 그것은 전체로서의 '세계', 부분으로서의 '자아'다. 그리고 이것들 사이의 '관계'를 말한다.

세계는 자아를 제외한 모든 것을 말한다. 우주와 물질, 태양과 지구, 시간과 공간, 인간과 동물 그리고 초월적 신을 포함하는 모든 것을 가리킨다. 자아는 나의 내면 세계를 말한다. 나의 마음속에는 기억, 욕망, 슬픔과 기쁨, 쾌락과 고통, 용기와 두려움, 희망과 좌절, 관념과 정체성 등이 있다. 이 모든 것들이 나의 '의식'을 구성하는 자아가 된다. 곧 나의 의식이 자아가 된다.

결국 〈우파니샤드〉는 우리 인간의 사고체계(사상)를 구성하는 두 가지 근원(세계와 자아)을 다루고 있다. 즉 우주와 자아다. 이렇게 두 가지를 구분해 생각하면, '이원론'적 사상이라 할 수 있다. 그런데 〈우파니샤드〉에는 이 둘 사이의 관계를 "우주와 자아는 하나다"라고 정의한다. 나의 밖에 존재하는 모든 것(우주)과 나 자신 속의 자아는 본질적으로 합일된 하나다. 결국 '일원론'에 이르게 된다. 이와 같이 합일에 이른 세계와 자아는 하나로서 영원불변하다.

인간이 세상(우주)을 이해하는 것은 모두 뇌세포회로에 기록된다. 뇌에 기억되지 않는 것은 인식되지 않는다. 내가 인식하지 못하는 세상은 설사 있다 하더라도 의미가 없다. 내가 인식하는 것만 나의 세상인 것이다. 그러니까 나의 뇌 속에 기억된 것과 내가 인식하는 우주는 일치한다.

결론적으로 자아는 뇌세포회로에 기록되어 있다. 내가 인식한 우주도 뇌세포회로에 기록되어 있다. 나의 뇌 속에 기억되지 않는 우주는 존재하는 우주가 아니다. 그러니 결국 자아와 우주는 하나다. 이와 같이 자아와 우주가 동일하다고 생각하면, 개인별로 각자 고유한 우주를 가졌다는 말이 된다. 사람마다 각자 하나씩 고유의 뇌(뇌세포회로)를 가지고 있다. 지구상에 80억 명의 인간이 살고 있다면, 결국 80억 개의 우주가 존재하는 셈이다. 우주의 모든 것들도 내가 인식하는 것들만 나의 것이라는 생각이다.

우리의 뇌는 항상 변하고 있고, 오늘의 나는 어제의 나와 다르다. 새로운 뇌세포회로가 생기고 또 없어졌기 때문이다. 그래서 나라는 자아는 항상 변한다. 새로운 정보가 들어오면 뇌세포회로가 변하기 때문이다. 오늘의 뇌는 어제의 뇌와 다르고, 오늘의 나는 어제의 나와 다르다. 나의 뇌 속에 기억된 우주도 항상 변한다.

이 점은 불교에서 말하는 무아(無我)의 개념과 상통한다. 무아는 불변의 자아는 없다는 관점이다. 〈우파니샤드〉와 불교는 우주와 자아가 일체라는 일원론 관점이라는 것은 같지만, 그 자아의 가변성에서는 차이가 있다. 〈우파니샤드〉는 자아의 불변을 말하고, 불교는 불변의 자아는 없다고 말한다.

불교의 출현

약 2500년 전 네팔과 인도의 접경 지역 히말라야 기슭에 카필라라는 작은 왕국이 있었다. 이 왕국에 왕자가 태어났다. 이름은 싯다르타였다. 히말라야에서 은둔하던 어느 성자가 내려와서 아기를 보더니 말했다. "아이가 왕이 되면 전 세계를 다스리는 왕이 될 것이고, 출가하면 모든 사람을 구제하는 붓다(깨달은 자)가 될 것이오." 왕은 왕자가 자신의 대를 이어 나라를 다스리기 바라는 마음에서 왕자가 바깥세상을 보지 못하도록 왕궁 밖으로 나가는 것을 막았다. 청년이 된 왕자는 세상을 알기 위해 몰래 왕궁을 빠져나와 배고프고 병들어 고통받는 사람들을 보고는 충격을 받았다. 왕궁으로 돌아온 왕자가 바깥세상에서 본 굶주림과 죽음의 고통을 잊지 못하고 괴로워하자, 이를 눈치챈 왕은 왕자를 이웃나라 아름다운 공주와 결혼을 시켰다. 사랑스러운 아기가 태어났다. 하지만 29세 싯다르타의 앞을 막을 수는 없었다. 번뇌와 고통에서 벗어나 참된 깨달음을 얻기 위한 길을 나선 것이다. 모든 욕망을 끊고 세계를 있는 그대로 보려는 그의 수행이 결실을 맺었다. 그의 나이 35세 되던 어느 날 드디어 깨달음에 이르렀다. 우주와 자연의 진리를 깨달은 싯다르타는 다른 사람들에게 자신의 깨달음을 전파하기 시작했다. 인도 전역을 돌아다니며 설법을 이어갔다. 설법을 듣고 그를 따르는 이들이 늘어났고 제자들의 규모가 커졌다.

붓다는 인간의 삶을 고통과 번뇌가 넘치는 세상으로 본다. 그리고 그 원인을 집착이라 생각한다. 모든 고통의 근원은 집착이고, 그 고통에서 벗어나는 길도 집착에서 벗어남이라 말했다. 이것이 불교의 가장 기본적 가르침이다. 인간이 짊어진 생로병사의 모든 고통에서 해방되기 위해서는 집착을 버리라는 말이다.

붓다의 가르침은《베다》경전에 뿌리를 두고 있다. 그래서 윤회와 해탈이라는 기본 세계관은 동일하다. 우주와 자아가 동일하다는 일원론 관점도 동일하다. 그러나 베다 사상과 다른 점이 있다. 바로 자아를 바라보는 관점이다.《베다》에서는 자아가 고정불변이라 말하지만, 불교에서는 무아를 말한다. 무아란 불변하는 자아는 존재하지 않는다는 말이다. 불교의 무아설은 다른 종교와 비교할 때 독특한 이론이다. 대부분의 종교에서는 영혼의 존재를 인정하고 죽음 후에 이것이 윤회하든지 또는 하늘나라로 간다고 설명한다. 그러나 불교에서는 변하지 않는 실체란 있을 수 없다고 말한다.

불교에서는 우주와 자아가 동일한 것이고, 이것은 언제든지 변할 수 있다고 말한다. 불교에서는 나도 신이 될 수 있다. 나도 수도를 잘하면 붓다가 될 수 있다. 우주와 자아가 동일하고, 또 항상 변할 수 있기 때문이다. 이것은 모든 사람에게 똑같이 적용된다. 이렇게 모든 사람은 평등하다는 사상이 자연스럽게 자리 잡았다. 이런 평등사상은 계급사회인 인도에서 많은 호응을 받았다.

앞에서 뇌과학의 관점에서 볼 때, 자아와 우주가 합치된 자아는 우리 인간의 뇌 속에 기억된 것(뇌세포회로)이라 말했다. 그러면서 뇌세포회로는 항상 변한다고 말했다. 자아를 뇌세포회로로 인식하면 당연히 자아도 항상 변한다. 고정불변의 뇌세포회로는 없기 때문이다. 불교의 가르침이 뇌과학 관점에서도 타당하다고 생각된다.

도가사상의 출현

우주와 인생을 근원적으로 탐구하는 도가사상(道家思想)은 노자(老子)로부터 시작된다. 노자의 출생과 사망 연도는 정확하게 알려지지 않았다. 우리가 잘 알고 있는 공자보다 약 40세 더 앞선 시대 사람으로 알려져 있다. 그는 중국 춘추시대 초나라에서 태어났다. 젊은 시절 주나라에서 오늘날 도서관에 해당하는 기관에서 문서관리직을 맡아서 일했다. 춘추시대 말기에 주나라가 급격히 쇠퇴하며 세상이 혼란에 빠지자 이를 한탄한 노자는 관직을 그만두고 은둔생활을 시작했다.

노자가 관직에 있을 때 공자가 찾아와서 '예(禮)'에 대해 물었다. 70대의 노자에게 30대 초반의 공자는 예라는 주제로 나를 알아달라고 세상을 돌아다니는 혈기왕성한 청년으로 보였다. 노자는 공자에게 훌륭한 장사꾼은 가장 좋은 물건은 감추어 내놓지 않고, 덕이 있는 사람은 마치 어리석은 듯 보인다고 말했다. 알듯 모를 듯한 말로 자신을 알아달라고 돌아다니는 행동을 은유적으로 꾸짖었다. 이것이 바로 두 사람의 가치관 차이를 잘 보여준다. 노자는 초월적 가치를 강조하고, 공자는 현세적 가치에 중심을 두었다.

노자는 《도덕경》이라는 5000여 자에 해당하는 글을 남겼다. 이 책에서 노자는 '도(道)'와 '덕(德)'에 대해 가르친다. 노자에게 '도'는 우주의 실체와 우주가 운행하는 원리를 말한다. '덕'은 자기 내면의 본질 또는 질서에 해당한다. 노자는 그래서 우주와 자아가 하나로 연결된 실체인 도덕을 강조한다. 도덕이란 우주의 운행질서가 반영된 인간의 마음을 말한다. 그래서 노자는 어떤 일이든 무리해서 하려 하지 않고, 스스로 그러한 대로 자연의 이치처럼 사는 무위(無爲)의 삶을 강조했다. 무위란 인위(人爲)의 반대로 도를 따르는 행동을 말한다.

노자의 사상은 지금 생각해보면 그다지 새롭게 들리지 않는다. 그러나 그 당시 모든 일은 하늘의 뜻이라 생각하고, 인간은 수동적 존재였던 점에 비추어보면, 인간의 의지를 강조한 점은 매우 혁명적이다. 비로소 인간은 신으로부터 독립적으로 생각하는 존재가 된 것이다.

여기서 우리는 일원론적 인도사상이 떠오른다. 우주와 자아는 하나다. 노자의 사상도 마찬가지다. 노자에게 인간은 거대한 우주 속에서 질서에 따라서 움직이는 하나의 부분에 지나지 않는다. 지금도 우리는 거대한 우주를 생각하면 인간이 얼마나 작은 존재인지 알게 되고, 일상에 일희일비하지 않는다. 인간은 자연 속에서 살고 자연의 영향을 받기 때문에 자연의 이치를 고려하지 않고는 인간의 삶을 이야기할 수 없다.

하지만 다음에 소개할 공자의 사상에서는 자연이 중요한 요소가 아니다. 공자의 관심은 인간들 사이의 인(仁)과 예(禮)다. 그래서 공자는 현실의 문제가 있으면 이것을 적극적으로 뛰어들어 개선하려고 노력한다. 그러나 우주와 자연의 섭리를 바라보는 노자에게는 이러한 현실 문제는 지엽적인 것들이다. 자연의 거대한 이치에 따라서 결국 그 문제도 해결될 것이다. 그래서 노자의 가르침을 따르는 도가사상은 인위적으로 애쓰지 않고, 굳이 드러내지 않으며, 도의 이치에 따라서 물 흐르듯이 따라가라 가르친다.

어느 사상이나 철학 체계에서도 그렇듯이 거대한 도가사상에도 한계점이 있었다. 자연의 이치를 믿고 기다리기에는 인간의 삶은 너무 복잡하고 각박했다. 도가사상은 너무 높고 닿기 어려운 이상에 가까웠다. 땅에 발을 딛고 사는 인간에게는 현실 문제에 대한 답이 필요했다. 현실 문제를 해결해주고 균형을 잡을 수 있게 해주는 대안적 가르침이 필요했다. 이에 대한 답을 공자가 제시한다.

유가사상의 출현

유가사상(儒家思想)은 공자가 체계화한 사상체계로, 유교(儒敎) 또는 유학(儒學)이라고도 한다. 공자는 기원전 551년 주나라 제후국이던 노나라에서 태어나 기원전 479년 73세의 나이에 세상을 떠났다. 공자는 70세인 아버지와 16세인 어머니 사이에서 요즘 말로 하면 혼외자식으로 태어났다. 정식 자식으로 대접 받지 못하는 설움 속에 태어난 공자의 유년기는 매우 불우했다. 세 살 되던 해에 아버지가 세상을 뜨고, 장님이 된 어머니마저 17세에 여의었다. 이러한 가운데서도 공자는 주나라의 관제와 예법을 연구했고, 그의 노력이 쌓이자 점차 예에 관한 전문가로 알려졌다. 30세가 되었을 때 중국 역사상 처음으로 학교를 세우고 제자들을 가르치기 시작했다. 제자들은 신분을 가리지 않고 받았다. 공자 자신이 신분 차별을 받았기 때문인 것으로 보인다. 그런 면에서 공자가 차별적 신분으로 태어난 것이 평등사상에 영향을 미쳤을 것이다. 공자의 나이 32세 무렵에 노나라 왕의 명으로 주나라의 수도인 낙양에 가게 되었는데, 바로 이때 노자를 만난다.

공자의 가르침은 5경(《시경》, 《서경》, 《역경》, 《예기》, 《춘추》)으로 남아 있다. 5경은 공자가 제자들을 가르칠 때 사용한 교과서인데, 전해 내려오는 좋은 지식을 정리해 편집한 것으로 보인다. 《논어》는 공자와 제자들의 언행을 기록한 책이다. 공자가 직접 저술한 것이 아니라 사후에 제자들이 기술했다. 공자의 핵심 사상은 인(仁)으로 압축된다. 이 개념은 매우 포괄적이고 추상적이라서 모호하지만, 공자사상의 중심축에 해당한다. 공자는 인(仁)이라는 개념을 매우 포괄적으로 사용했는데, 일반적으로 사랑, 관용, 성실, 지혜, 정직, 효성, 인간성, 인정, 친절 등의 단어와 연결되어 있다. 다시 말하면 인간으로서 마땅히 해야 할 궁극의 지향점인 인본주의 사상이라 말할 수 있다.

공자가 죽자 제자들은 스승에게서 배운 대로 예를 갖추어 3년상의 장사를 지냈다. 그리고 스승의 가르침을 《논어》라는 책으로 정리했다. 이후에 제자들은 각 지방으로 흩어져 가르침을 전파하기 시작했는데, 제자들에 따라서 학파가 형성되기도 했다. 맹자는 인간의 본성이 기본적으로 선하다고 생각해 성선설을 주장하고, 그 원래의 좋은 심성을 발현시키기 위한 교육을 강조했다. 순자는 인간의 심성은 악하다고 생각해 성악설을 주장했는데, 이러한 인간의 악한 심성을 억제하기 위해 규율을 강조했다. 성악설 계열의 한비자는 인간을 법과 규범으로 관리해야 한다는 주장으로 법가를 탄생시켰다.

공자의 가르침은 철저히 현실 세계를 대상으로 정리되어 있다. 모든 종교에서 중시하는 죽음 이후의 세상에는 관심이 없다. 인간 사이의 관계에 관한 그의 가르침은 2500년 동안 동양인의 의식을 지배해왔고, 지금 이 순간에도 우리의 생각과 행동에 영향을 주고 있으며, 미래에도 그럴 것이다.

노자 vs. 공자

유가사상은 인(仁)과 예(禮)가 중심축을 이룬다. 이것들은 현실 속에서 인간들 사이의 원만한 관계를 중시한다. 현실 속 인간관계는 질서로 작동할 수 있다. 다시 말해 인간관계의 질서 유지는 현상유지를 위한 도구가 될 수 있다. 유가사상을 비판하는 일부 학자들은 바로 이런 점을 지적한다. 인간 사이의 예법은 제시했지만 거대한 우주와 세계관에 관한 언급은 없다. 더 나아가 유가사상이 동양사상의 주류로 자리 잡아 동양이 서양에 비해 현상유지를 선호하는 경향으로 흐르지 않았을까 생각해본다. 또한 유가사상은 사람들 사이의 질서를 중시하다 보니 결과적으로 창의적 분위기를 저해하는 방향으로 작용했을 가능성이 있다. 유가사상은 도가사상에 비해 자연에 대한 관심이 적었기 때문에 동양인이 서양인에 비해 자연에 대한 관심이 적었을 수도 있다. 일부 서양에서 논쟁이 있던 천동설이나 지동설도 동양에서는 거의 논의되지 않았다. 관심이 인간 사이의 관계와 충성, 효성으로 국한되어 있었던 것이다.

공자의 가르침이 다른 사상과 달리 현실 세계를 다루다 보니, 큰 범위의 세계관을 제시하지 못했다. 거시적 세계관이 없는 사상체계에서는 길게 보지 못하기 때문에 미래지향적 사회 변화를 도모하기 어려웠을 것이다. 유교 문화권에서 저 너머 세상을 동경하고 탐구하려는 사람이 적었던 이유와도 관련이 있을 것 같다. 만약 노자의 가르침이 동양의 주류 사상으로 자리 잡았다면 어떻게 되었을까? 물론 도가사상은 자연의 이치를 강조하며 현실 도피적인 면이 있다. 그러나 이러한 거시적 사상을 가지고 좀 더 긴 안목으로 세상을 바라봤더라면 어떻게 되었을지 상상해보는 즐거움이 있다.

그렇다면 왜 도가사상은 동양에서 주류 사상으로 자리 잡지 못했을까. 인간 세상은 언제나 2개의 힘에 의해서 유지 발전한다. 하나는 현실 속의 왕권이고, 다른 하나는 이상 속의 사상체계(종교)다. 이 2가지 힘은 언제나 상호작용하면서 발전해왔다. 왕권이 사상에 영향을 주고, 동시에 사상이 왕권에 영향을 주기도 했다. 왕권이 사상을 억압하기도 했고, 어느 때는 사상이 왕권을 뒤집기도 했다. 현재 사상체계는 왕권을 뒤집거나 왕권과 타협해 살아남은 것이다. 유학은 왕권과 공존하기에 좋은 사상적 체계를 가지고 있다. 왕에게 충성하고 부모에게 효도하고 어른을 공경하라는 가르침은 왕권과 아주 잘 부합한다. 로마와 기독교의 관계에서도 그런 면이 보인다. 초기에 갈등을 겪고 국교로 공인된 후에 왕권과 공조하며 국가를 지배했다. 현재 불교 국가와 이슬람 국가에서도 비슷한 양상을 보인다. 사상도 환경 변화에 따라서 진화한다고 말할 수 있을 것이다.

서양 기독교 사상의 출현

현대 서양사상은 헬레니즘과 헤브라이즘이라는 2가지 뿌리를 가지고 있다. 헬레니즘은 그리스, 로마로 이어지는 철학으로 서양사상의 기원이 되었다. 구약성경의 세계관을 말하는 헤브라이즘은 기독교 사상의 뿌리가 되었다. 헬레니즘은 인간을 중심에 두고 생각하는 인본주의 경향이고, 헤브라이즘은 신을 중심에 두고 생각하는 신본주의 사상이라 할 수 있다. 서양의 역사를 보면 이 2가지 정신이 대립하고 상호작용하면서 발전하고 있다. 392년 로마가 기독교를 국교로 선포하기 전까지는 다양한 사상이 혼재하고 있었지만, 그 이후에는 신본주의 사상이 유럽을 지배했다.

이처럼 헬레니즘과 헤브라이즘이 대립하는 것처럼 보이지만 사물을 인식하는 이원론적 사고체계에서는 공통 요소를 가지고 있다. 플라톤 이후의 철학이 이데아와 현실을 구분해 인식하듯이 기독교에서도 세상을 천국과 지상으로 구분하고, 신과 인간을 구분해 바라보았다. 이는 조로아스터교와 유대교의 이원론적 관점이 그대로 전수된 것이라 볼 수 있다. 이러한 이원론적 사상은 신과 인간의 일체를 강조하는 인도 사상과 자연과 인간의 합체를 강조하는 도가 사상과 차이가 있다.

조로아스터교: 이원론적 세계관을 가진 고대 페르시아 종교

조로아스터교는 예언자로 불리는 조로아스터(Zoroaster)에 의해 창시된 고대 페르시아의 종교로 유일신을 섬긴다. 조로아스터는 기원전 660년 경 지금의 이란 북부 지역에서 태어난 것으로 추정된다. 그는 12세에 집을 떠났고, 30세에 영적 체험과 함께 신의 계시를 받은 후에 각 지역을 돌아다니며 자신의 깨달음을 가르치기 시작했다. 초기에 미친 사람 취급을 받던 조로아스터는 깨달음을 지속적으로 전파했다.

조로아스터교는 오늘날의 이란 동북부 지역에서 시작해 동쪽으로는 아프가니스탄까지, 서쪽으로는 페르시아 전역으로 전파되었다. 페르시아의 사산 왕조시대에는 조로아스터교가 국교로 지정되기도 했다. 훗날 중동 지역에 이슬람교가 도래하면서 그 교세가 크게 줄었으나, 오늘날에도 인도, 이란, 아제르바이잔 등지에 15만여 명 정도의 신자가 있는 것으로 추정된다.

조로아스터교의 경전은 《아베스타》라고 한다. 조로아스터가 각지를 돌면서 설파한 내용은 오랫동안 입에서 입으로 전해져오다가 3~4세기 사산조 페르시아 때에 와서야 문자로 기록된 것이다.

조로아스터교는 우주를 선과 악의 두 원리로 설명하는 이원론적 세계관을 가지고 있다. 여기에서는 선을 상징하는 신과 악을 상징하는 신이 경쟁하고, 결국 선의 신이 이겨서 유일신이 된다. 세상은 언제나 선과 악이 싸우는데, 인간은 이 둘 중에서 선을 택해 살아야 한다.

조로아스터교에서는 육체와 영혼은 분리되어 있다고 생각한다. 사람이 죽으면 영혼은 천국의 입구에 도달한다. 그곳에서 그 사람의 삶이 심판을 받는다. 악한 삶을 살았으면 그 영혼은 지옥으로 가고, 선한 삶을 살았으면 천국으로 간다.

당시 대부분의 종교가 여러 신을 섬기는 다신론적 종교였던 것을 고려하면 조로아스터교의 유일신 사상은 획기적이었다. 유일신을 포함해 세상을 선과 악으로 보는 세계관과 죽음 이후의 심판론 등은 유대교, 기독교, 이슬람교에 영향을 준 것으로 보인다.

조로아스터가 활동하던 때는 동서양에서 현자들이 깨달음을 설파하던 시기다. 현재는 교세가 크게 위축되었지만 현대 종교에 준 영향을 감안하면 싯다르타, 공자, 소크라테스 등과 함께 인류의 스승 반열에 당당하게 오를 수 있다고 생각한다. 독일의 철학자 니체는《차라투스트라는 이렇게 말했다》에서 미래를 이끌어갈 대표적인 초인으로 조로아스터를 추앙했다. 차라투스트라는 조로아스터의 독일어 발음이다.

유대교: 신의 선민임을 자처하는 유대인의 종교

유대교는 만물의 창조자인 유일신(야훼)을 신봉하면서, 스스로 신의 선택받은 민족임을 자처하는 유대인의 종교다. 여기에서는 때가 되면 메시아(구세주)가 와서 세상을 심판하고 지상천국을 건설한다고 믿는다. 유대교는 유대 민족의 역사와 함께 형성된 민족 종교이기 때문에 역사를 모르면 이해하기 어렵다.

유대 민족의 역사는 기원전 2000년경으로 거슬러 올라간다. 서아시아와 아프리카 동북부에 걸쳐서 살던 셈족의 한 집단을 족장 아브라함이 인솔해 가나안(지금의 팔레스타인)에 정착했다.

한편 아브라함의 손자 야곱은 기근 때문에 이집트로 이주했고, 그들의 자손은 이집트의 노예가 되었다. 그중에 신의 음성을 들은 모세는 동족들을 이끌고 이집트 탈출에 성공한다.

이때 십계명을 준수하는 대신에 신은 유대 민족을 지켜주기로 약속한다. 마침내 이스라엘 민족은 가나안 땅에 정착해 약 200년 동안 평화로운 생활을 한다. 다윗과 솔로몬 왕의 시기에 크게 발전했다.

그러나 솔로몬 왕이 죽자 부족이 분열하고 왕국이 남북으로 나뉘었다. 결국 북쪽은 아시리아군, 남쪽은 바빌로니아군에 의해 멸망했다. 북쪽 주민은 추방당하고 난 뒤 역사에서 모습을 감추었지만, 남쪽의 주민은 기원전 586년 바빌로니아에 강제 이주되어 포로생활을 한다.

유대인의 귀환이 실현된 것은 기원전 538년 바빌로니아 왕국이 페르시아에 정복되면서다. 신전이 재건되고 방벽도 쌓아올린 예루살렘은 위엄을 다시 회복했다. 이때 유대교의 경전인 《구약성경》의 기본 구성이 완성되었다. 그러나 기원전 63년부터는 강대한 로마제국의 지배를 받는다. 그리고 기원후 30년 예수의 처형 이후 로마제국에 대한 유대인들의 저항이 시작되지만, 70년에 예루살렘은 함락되고 유대인들은 조국에서 추방되어 유랑 생활이 시작된다.

유대교에 있어서 이스라엘인은 정해진 때(종말)에 메시아가 심판을 하고, 이때 의롭지 못한 자는 영원히 하늘나라에 가지 못하고 멸망한다고 생각했다. 이러한 종말론은 조로아스터교에서 세계를 선신과 악신의 투쟁으로 보고, 최후에는 선신이 승리해 새로운 세계가 온다는 것에 영향을 받은 듯하다.

기독교: 예수 그리스도를 인류의 구원이라고 믿는 종교

기독교는 예수 그리스도에 의해 창시된 유대교 계열의 종교다. 유대교가 이스라엘 민족 종교인 반면 기독교는 일반화된 종교다. 기독교에는 많은 종파가 있는데, 크게 로마가톨릭교회, 동방교회(그리스정교), 프로테스탄트교회의 3대 교단이 있다.

기독교를 세운 예수는 지금의 이스라엘 남부 베들레헴에서 목수인 요셉과 마리아 사이에서 태어났다. 마리아는 예수를 잉태하기 전에 대천사 가브리엘에게서 아기가 태어날 것임을 알게 되었다. 이를 수태한 것을 알려주었다는 뜻으로 '수태고지'라고 한다. 마리아는 성령으로 잉태했고, 요셉은 만삭인 마리아와 함께 마구간에 묵고 있다가 아기 예수를 낳았다.

보티첼리의 〈수태고지〉

예수의 정확한 출생 연도는 기원전 7년과 기원전 4년 사이로 추정한다.

그 당시 이스라엘 지역은 기원전 63년부터 로마의 지배하에 놓인다. 유대인들은 로마의 지배 속에서 착취의 대상이 되었고 따라서 거의 노예처럼 살고 있었다. 거기에 더해 유대교의 율법가와 제사장은 로마 세력과 결탁해 자신들의 배만 불리며, 일반 사람들에게는 엄격한 율법을 강요하면서 핍박했다. 일반 사람들은 구약의 예언처럼 메시아가 출현하기를 갈구하고 있었다.

아버지 밑에서 목수 일을 배우고 있던 청년 예수는 다른 사람들처럼 유대교 교회에 참석해 예배를 올렸다. 그곳에서 예수는 자신이 고난 받는 사람들을 이끌 것이라고 말했다. 사람들은 목수의 아들이 이상한 이야기를 한다고 비웃었다. 예수는 30세가 되자 출가해 고행의 길을 나선다. 척박하고 쓸쓸한 광야에서 그는 40일 동안 금식하며 삶의 길을 터득한다.

깨달음의 핵심은 사랑이었다. 하나님 나라가 구원의 길이다. 우주에 존재하는 모든 것을 창조하고 지배하는 유일신 하나님을 믿음으로, 영원한 생명을 얻고 하나님 나라로 들어갈 수 있다고 가르쳤다. 고난과 죽음에서 구제 받기 위해서는 신과 인간에 대한 철저한 사랑이 요구된다. 때로는 적도 사랑해야 할 정도로 큰 사랑이다.

예수는 어부들과 가난한 사람들을 대상으로 자신이 깨달은 가르침을 전파하기 시작했다. 병에 걸린 사람이나 마귀에 들린 사람을 치유한다는 소문이 나자, 각지에서 많은 사람들이 몰려들었다. 많은 사람들이 모이자 예수는 갈릴래아 호수 북쪽의 낮은 언덕 위에서 사람들을 향해 가르침을 설파했다.

원래 유대교는 현 세상에서 착하게 살면 죽음 이후에 복을 받는다고 가르친다. 현세에서 착한 일을 하지 않으면 죽은 이후에 심판을 받아 지옥에 떨어진다. 그런데 현실은 이와 너무 동떨어진 세상이었다. 유대교 제사장들과 로마 군인들의 폭정과 억압은 갈수록 심해지고 희망이란 보이지 않았다. 이러한 암흑의 시대에 예수의 출현은 한줄기 희망이었다. 많은 사람들은 《구약성경》에서 말하는 메시아가 바로 지금 태어난 것이라 믿기 시작했다.

예수가 예루살렘에 왔을 때 많은 사람들이 환호하며 겉옷을 벗어 길 위에 펼쳐놓을 정도였다. 기존의 질서를 뒤흔드는 엄청난 사건이었다. 로마 권력과 결탁해 군림하던 유대교의 율법가와 제사장들에게는 예수가 좋게 보일 리 없었다. 그들은 예수를 제거하기로 했다.

예수는 최후의 만찬장에서 제자들에게 빵과 포도주를 나눠주며 감사 기도를 올렸다. 그러면서 제자들 중에 한 명이 자신을 팔아넘길 것이라 말했다. 유대 제사장들에게 매수된 유다가 예수를 고발했다. 예수는 유대인의 자치기구에서 신성모독과 로마에 대항한 반역자의 죄목으로 사형이 선고되었다. 하지만 사형을 집행하기 위해서는 로마 총독의 승인을 얻어야 했다.

예수를 넘겨받은 로마 총독 빌라도가 보기에 예수의 죄목이 명확하지 않았다. 로마에 저항한 증거를 찾을 수 없었다. 그는 처형의 결정을 다시 유대인에게 넘겼다. 그 당시 유대인의 명절인 유월절에는 죄수 한 명을 살려주는 전통이 있었다. 빌라도는 유대인들에게 예수와 도둑 바라바 중 한 명을 풀어주라고 말했다. 유대인들은 도둑을 선택했다. 빌라도는 물에 손을 씻으며 말했다. "나는 이 사람의 피에 책임이 없다." 그리고 예수를 처형하라 지시했다.

십자가에 못 박아 처형하는 것은 로마가 식민지 죄인을 죽이는 방법이었다. 예수는 채찍을 맞으며 자신이 매달릴 십자가를 매고 골고다 언덕까지 올라갔다. 다른 두 명의 도둑들과 함께 처형되었다. 예수는 말했다. "이제 모두 이루었다. 아버지, 제 영혼을 아버지 손에 맡깁니다." 십자가에서 내려진 예수의 몸은 그 당시 관습에 따라서 동굴에 놓였다. 하지만 이틀 후에 예수의 시신은 사라졌다. 그리고 다시 살아난 모습으로 제자들 앞에 나타났다. 그리고 하늘로 올라갔다.

예수의 죽음 후에 그의 가르침을 따르는 사람들은 자신들이 유대교와 다른 새로운 종교를 믿는다고 생각하지 않았다. 사실 예수는 자신이 신과 같은 존재라는 말을 하지 않았고, 가르침도 지상에서 하나님의 나라를 실현하는 마음 자세에 대한 것이었다. 이러한 예수의 가르침을 오늘날의 기독교로 정립한 사람은 바울이었다. 바울은 예수를 신적 존재로 승화시키고, 이러한 예수의 죽음과 부활을 신에 의한 인간의 구원이라는 관계로 해석했다. 그러면서 많은 선교 여행을 통해 유대인을 넘어서 다른 민족에게 전파해 세계 종교의 기반을 마련했다.

그리스철학의 출현

그리스 문명은 기원전 500년경부터 시작해 약 200년 동안 전성기를 이루었다. 이때 탄생한 그리스 정신은 유럽 역사에 지대한 영향을 미쳤다. 철학, 과학, 예술, 정치 등 거의 모든 분야에서 유럽 문화의 전형으로 발전했다. 이 시기에 탈레스, 피타고라스, 소크라테스, 플라톤, 아리스토텔레스 등의 사상가들이 활동했다.

그리스철학의 발달 배경

그리스 지역에는 많은 도시국가들이 경쟁하며 발전하고 있었다. 그 중에 아테네와 스파르타가 가장 부강하고 강력한 국가로 부상했다. 두 도시국가는 서로 협력하거나 대립하면서 공존했는데, 내부의 체제는 크게 달랐다. 스파르타는 군사 조직처럼 강력한 조직의 국가였다. 강력한 군사력을 바탕으로 주변국을 점령하며 점령지 주민들을 엄격한 신분제에 따라서 지배했다.

스파르타와 달리 아테네는 오랫동안 민주제 정치체제를 유지하고 있었다. 일시적으로 독재적 권력이 등장하기도 했지만, 대체로 아테네에서는 시민의 자유로운 참정 기회를 제공하고 정치적 발언의 자유를 보장했다. 그리스 민주주의의 핵심은 민회였다. 시민권을 가진 성인 남자들이 모인 민회에서는 전쟁이나 전염병에 대한 대비나 정치 문제 등 중요한 정책을 다수결 투표로 결정했다. 시민권을 가진 시민들이 국가의 정책을 결정하는 직접 민주정치라 할 수 있다. 노예나 여자, 외국인이 아닌 성인 남자들이 모였고 많을 때는 1만 명 이상이 모이기도 했다. 평의회는 민회에서 제비뽑기로 뽑힌 500명으로 구성되는데 국가의 행정 사무를 관장하고 집행할 공무원을 뽑았다. 이러한 민주적 정치사회체제는 훗날 유럽 정치체제의 모범이 되었다.

기원전 5세기 무렵의 페르시아 제국은 세계 최강의 국력을 자랑했다. 페르시아는 바빌론, 이집트, 인도 부근까지 영향을 미쳤고 강력한 군사력으로 그리스 식민지를 점차 점령했다. 이 과정에서 페르시아는 그리스를 정복하기 위한 큰 전쟁을 세 차례 일으킨다. 기원전 490년에는 2차 전쟁이 일어났다. 페르시아는 아테네를 공격하기 위해 단거리 해상으로 진입하지 않고 육지로 돌아서 공격했다. 그리스군과 페르시아군의 접전은 아테네에서 42킬로미터 떨어진 마라톤 평원에서 이루어졌다. 그리스군은 2배나 많은 페르시아군을 무찔렀다. 그러나 이것은 페르시아의 계략이었다. 아테네군이 육로 방어에 전력을 집중하는 사이에 몰래 해상 공격을 진행하고 있었다. 그리스군은 마라톤 평원의 승리 소식과 함께 페르시아군의 계략을 아테네 시민에게 알려야 했다. 그냥 놔두면 무방비 상태의 아테네가 함락될 것이 뻔했다. 누군가 빨리 달려가서 알려야 했다. 한 병사가 선발되었다. 이 병사는 쉬지 않고 달려서 아테네 시민에게 승리의 소식과 함께 해상 공격이 올 것임을 알리고 죽었다. 사기가 오른 아테네 시민은 힘을 모아 해상 공격에 대비했다. 페르시아군은 미리 대비하고 있는 아테네를 함락시킬 수 없었다. 결국 기원전 449년 아테네와 페르시아는 협약을 맺으며 전쟁을 끝냈다.

페르시아가 쳐들어왔을 때 그리스는 단결했으나 그들이 물러나자 내부에서 패권 다툼이 발생했다. 그리스의 두 강자인 아테네와 스파르타가 각자 자기 편 동맹시들을 거느리고 펠로폰네소스전쟁을 일으킨 것이다. 기원전 447년부터 27년간 계속된 이 전쟁으로 인해 그리스 전역이 파괴되고 아테네 인구가 절반으로 줄어들었다. 전쟁은 스파르타의 승리로 끝났고, 아테네는 민주제를 포기하고 스파르타처럼 과두 정치체제를 채택해야 했다. 그러나 아테네 시민의 끈질긴 요구에 의해 1년 만에 민주제로 돌아왔다.

전쟁은 끝났지만 그리스 전역의 갈등과 혼란은 계속되었다. 남은 사람들은 이념과 이해관계로 싸우고 있었다. 이러한 혼란 속에서 사람들은 자신은 어디서 왔고 어디로 가는 존재인지 근원적 질문을 던지기 시작했다. 죽음과 삶의 경계선에 서 있는 많은 사람들은 인간의 근원과 본질에 대한 답을 찾았다.

그리스철학은 기원전 585년 밀레토스의 탈레스(Thales)가 활동을 시작한 때부터 플라톤이 세운 아카데메이아(Acadēmeia)가 폐쇄된 529년까지 1000년 이상 지속된 고대의 철학을 말한다. 그리스철학의 절정은 소크라테스·플라톤·아리스토텔레스가 속했던 시기를 전후해 3기로 나눌 수 있다.

1기는 소크라테스 이전의 시기로 철학의 형성기다. 이때의 관심은 인간을 둘러싼 자연의 근원이 도대체 무엇인가 하는 데 있었다. 2기는 아테네철학이라고 불린다. 페르시아전쟁 이후 아테네가 그리스 문화의 중심이 되면서 사상가들이 아테네에 몰려들어 철학이 꽃피게 되었다. 이때 대우주(자연)에 쏠렸던 관심이 소우주(인간)로 돌려졌다. 3기는 아리스토텔레스 이후의 시기를 말한다. 알렉산드로스대왕(재위: BC 336~BC 323)에 의한 헬라스 통일과 동방원정이 있은 후 그리스철학은 순수한 그리스인이 아닌 사람들에 의해 발전했다. 이 시기에는 그리스의 특색을 상실하면서 넓은 세계로 발전해가는 헬레니즘시대로 접어든다.

자연 중심 철학

최초의 철학자로 알려진 탈레스는 자연현상을 신화적 또는 종교적으로 설명하는 기존의 사고방식에 대해 질문을 던진 최초의 사람이다. 탈레스가 보기에 자연은 신화의 대상이 아니라 과학원리에 의해서 작동하는 것이었다. 신의 조화라고 여겨지던 일식과 월식을 자연현상이며, 달이 빛나는 것은 태양빛을 반사하기 때문이고, 지진도 신들과 아무런 상관없이 물위에 떠 있는 육지가 움직이는 것이라고 설명했다. 그는 그 외에도 많은 자연현상에 대해 질문을 던졌다. 지구의 크기와 형태, 하지와 동지의 날짜에 대해, 심지어 태양-지구-달의 관계에 대해서도 질문했다.

탈레스는 만물의 근원은 물이라고 했다. 지금 생각하면 우스꽝스러운 말이지만, 세상 모든 일이 신의 조화로 이루어진다고 믿던 그 당시로서는 혁명적인 사고였다. 그리스 철학자 엠페도클레스(Empedocles)는 만물의 근원은 흙, 공기, 물, 불이라 주장했는데, 이 4가지 원소가 서로 다른 비율로 섞여 여러 가지 물질을 만들어낸다고 생각했다. 한편 레우키포스(Leukippos)는 만물은 더 이상 나누어지지 않는 입자로 되어 있다고 말했고, 그의 제자 데모크리토스(Demokritos)는 더 이상 나누어지지 않는 입자를 아토모스(atomos), 즉 '원자'라 불렀다.

고대 그리스의 철학자이자 수학자인 피타고라스(Pythagoras)는 과학적 아이디어를 숫자로 표현할 수 있음을 최초로 입증해냈다. 그는 스승 탈레스의 주선으로 이집트로 유학을 떠나 23년간 수학했다. 이집트인들이 회계에 사용하던 수학을 피라미드의 높이를 계산하는 데 적용한 그는 수학을 다양한 형태의 기하학에 접목하려 노력했다. 피타고라스 정리는 바로 이때 정립한 것이다. 피타고라스가 직접 책을 쓰지 않았기 때문에 그의 연구는 제자들의 기록으로만 남아 있다. 그래서 피타고라스와 제자들의 업적을 구분하기 어려워 피타고라스학파의 업적이라고 말하기도 한다. 피타고라스학파에서는 지구가 둥글다고 믿었으며, 지구의 자전으로 인해 낮과 밤이 생기고, 기울어진 자전축에 의해서 계절의 변화가 생긴다고 했다. 더 나아가 지구가 태양을 중심으로 돌고 있다는 지동설도 주장했다.

탈레스는 자연이 규칙을 따라서 작동한다고 생각했고, 피타고라스는 이 규칙을 수학적으로 표현할 수 있다고 주장했다. 이러한 사상은 훗날 아리스토텔레스로 이어져 오늘날의 과학에도 영향을 미쳤다.

고대 그리스의 천문학자이자 수학자인 아리스타르코스(Aristarchos)는 피타고라스 정리를 이용해 지구와 달, 태양의 거리, 지구와 달의 상대적 크기를 계산했다. 그리고 지구가 자전과 공전을 동시에 하고 있다고 주장했다. 그는 지구 대신 태양이 우주의 중심에 자리하고 있으며, 지구는 1년에 한 번 태양을 공전한다고 했다. 또한 지구는 하루에 한 번씩 자전한다고 주장했다. 당시로서는 너무나 파격적인 그의 이론은 사람들로부터 비웃음을 샀다. 이러한 지동설은 플라톤, 아리스토텔레스와 프톨레마이오스의 천동설에 의해서 묻혀 있다가 약 1000년 후에 코페르니쿠스에 의해서 되살아난다.

아테네에서 꽃 피운 고대철학

그리스철학의 2기는 페르시아전쟁을 승리로 마감한 아테네가 그리스 문화의 중심이 되면서 꽃피우던 시기다. 소크라테스가 혼을 중심으로 한 인간 철학을 개시해, 자연에 쏠렸던 관심이 인간에게 모아졌다. 플라톤은 이성에 의해서만 인식할 수 있는 완전한 이데아의 세계를 추구했다. 아리스토텔레스는 경험에 의한 지식을 중시했다.

소크라테스(Socrates)는 아테네에서 조각가인 아버지와 산파인 어머니 사이에서 태어났다. 젊은 시절 다른 그리스 청년들처럼 철학, 기하학, 천문학 등을 공부했다. 세 차례에 걸쳐서 펠로폰네소스전쟁에 참여하기도 했

자크 다비드의 〈소크라테스의 죽음〉

다. 그는 낡은 옷차림으로 아테네 광장을 돌아다니며 다양한 사람들과 토론했다. 거리에서 청년들을 모아놓고 철학적 논제에 대해 토론하고 깨달음을 얻는 것을 좋아했다. 특히 사회 정의와 용기, 절제와 경건 등의 인간 덕목에 대해 강조했는데 많은 청년들이 그를 따랐다. 그들 중에는 플라톤도 있었다.

소크라테스는 진리가 외부에 있는 것이 아니라 사람의 내면에 있다고 생각했다. 자연의 원리에 관심을 두던 그리스철학이 인간 중심으로 바뀌는 것이다. 아폴로 신전 기둥에 새겨져 있다는 "너 자신을 알라"라는 말은 소크라테스가 즐겨 사용해 소크라테스의 말로도 유명한데 진리 탐구는 바로 자신의 내면에서 시작해야 한다는 말로 해석된다. 진리는 일방적으로 외부에서 주입시킬 수 있는 것이 아니라 스스로 깨달아야 한다고 생각했다. 그래서 소크라테스는 사람들에게 적절한 질문을 던지고 그에 대한 답을 듣고, 또다시 질문을 함으로써 스스로 깨우치게 돕는 일을 했다. 이러한 교육 방법을 산파술이라 불렀다. 산파가 아기를 낳게 도와주듯, 선생님도 도와주는 일을 한다는 뜻이다. 소크라테스는 책을 집필하지 않아서 직접적 기록은 없다. 그러나 그의 가르침과 행적은 제자인 플라톤의 책에 자세히 나온다.

소크라테스는 말년에 정치적 문제에 휩쓸렸다. 당시 아테네에는 기존 민주주의 세력과 스파르타식의 귀족주의 정파 간의 갈등이 있었다. 소크라테스는 현실정치에 직접 참여하지는 않았으나 그의 이론들은 민주주의를 비난하는 것처럼 보였다. 제자와 친구들 상당수가 귀족주의 편에 있었기 때문이다. 결국 소크라테스는 신성모독과 청년들을 타락시킨다는 죄목으로 사형이 선고되었다. 그의 친구들은 탈출을 권했지만 그는 악법도 법이니 지키겠다고 말했다. 제자들과 영혼은 불멸한 것이라는 대화를 나눈 후 조용히 독배를 마셨다.

플라톤(Platon)은 소크라테스의 제자이자 아리스토텔레스의 스승이다. 플라톤은 스무 살 무렵 소크라테스의 문하로 들어가 제자가 되었다. 소크라테스의 처형으로 큰 상실감을 겪은 플라톤은 아테네를 떠나서 여러 지역을 떠돌아다닌다. 마흔 살이 지나 고향 아테네로 돌아온 플라톤은 아카데메이아를 세워 제자들을 가르쳤다. 그의 사후 플라톤 아카데미라고 불린 이 학교는 6세기까지 지속되었다. 그는《형이상학론》,《향연》,《국가론》등 30여 편에 달하는 저서를 남겼다.

플라톤의 저작과 사상은 고대 서양철학의 최고봉이라 평가받는다. 그의 사상은 스승 소크라테스뿐 아니라 다른 철학자들의 다양한 철학적 요소들과 조화를 이루고 있다. 존재와 생성, 다원성과 윤회, 구원과 영혼 등 모든 것들이 플라톤을 통해 진지하게 논의되었다. 또한 그는 아테네 민주주의 정치이론에 회의를 품었고, 그에 따라서 현명한 철학자가 통치하는 철인정치를 주장했다. 그리고 인간을 탐구하는 데 있어 고대 인도철학과 유사한 요소들을 끌어들이기도 했다.

플라톤 철학의 가장 중요한 특징은 이데아론이다. 이데아란 절대적이고 완벽한 불변의 이상적 세계를 말한다. 현실은 항상 낡고 병들고 사라져간다. 플라톤은 이데아가 실제로 존재하고 있으며, 우리 현실세계는 이데아의 그림자일 뿐이라 말했다. 그러면서 우리 인간의 삶은 이데아를 추구하는 삶이어야 한다고 주장했다. 이와 같은 현실과 이데아를 구분 짓는 관점은 그 후 유럽 이원론 사상의 바탕이 된다. 플라톤의 철학은 중세 기독교 철학과 근현대 사상체계 형성에 중요한 역할을 했다.

아리스토텔레스(Aristoteles)는 플라톤의 제자다. 17세에 플라톤의 아카데메이아에 들어가 스승이 죽을 때까지 거기에 머물렀다. 그 후 여러 곳에서 연구하며 제자들을 길렀는데, 한때 알렉산드로스 대왕을 가르치기도 했다. 플라톤이 초월적 이데아의 세계를 존중한 것에 비해, 아리스토텔레스는 인간에게 가까운 자연물을 존중하고 이를 지배하는 원리를 추구하는 현실주의 입장을 취했다.

그의 사상적 특징은 작은 것에서 출발하는 경험주의와 전 분야에 걸친 경험 지식을 통합 정리하는 종합성에 있다. 아리스토텔레스의 저작들은 논리학, 자연학, 윤리학, 정치학, 수사학, 시학, 생물학 등에 걸쳐서 매우 다양한데, 이러한 저서들을 통해 이 분야 학문들이 탄생했다. 플라톤을 고대철학의 정점이라 한다면, 아리스토텔레스는 고대 학문의 집대성자라 할 수 있다.

독일 철학자 칸트는 《순수이성비판》에서 그리스철학은 인간에 대한 고민과 삶의 방식에 대한 확실한 방향을 보여주었다고 말했다. 인류는 긴 혼란 후에 그리스인에 의해 인간이 나아갈 길을 확실히 발견했다고 말할 수 있다.

세상의 원리를 밝혀낸 그리스의 과학철학자

아르키메데스(Archimedes)는 고대 그리스의 수학자이자 물리학자다. 이탈리아 시실리섬에서 태어난 그는 이집트 유학 중에 나선을 응용해 만든 양수기 '아르키메데스의 나선식 펌프'로 유명하다. 지금도 관개용 등으로 사용하고 있다. 그는 지렛대 원리를 발견했고, 이를 응용한 도르레를 발명했다. 그는 왕 앞에서 "긴 지렛대와 지렛목만 있으면 지구라도 움직여 보이겠다"라고 장담하기도 했다.

왕은 자신의 금관이 순금이 아니고 은이 섞였을 것이라 의심하고 아르키메데스에게 그것을 감정하라고 했다. 아르키메데스는 목욕탕에 들어갔을 때 물 속에서는 자기 몸의 부피에 해당하는 만큼 무게가 가벼워진다는 것을 문득 알아냈다. 흥분한 그는 옷도 입지 않은 채 목욕탕에서 뛰어나와 "유레카(Eeureka)!"를 외치며 집으로 달려갔다. 그 금관과 같은 분량의 순금덩이를 물속에서 달아 보니 순금덩이가 더 무거운 것을 알아냈다. 즉 왕관에는 불순물이 섞여 있었다. 그는 이 원리를 응용해 부력의 법칙을 발견했다.

유클리드(Euclid)는 그리스의 수학자로 기하학을 집대성해 기하학의 대명사로 불리는 학자다. 그의 저서 《기하학원론》은 플라톤의 수학론을 기초로 한 것으로, 그 이전의 기하학 업적을 집대성함과 동시에 계통을 부여해 이론체계를 구성했다. 지금도 유클리드라 하면 기하학과 동의어로 통용될 정도로 그의 저서 《기하학원론》은 유명하다.

클라우디오스 프톨레마이오스(Klaudios Ptolemaeos)는 고대 그리스의 천문학자이자 수학자다. 그는 지구가 우주의 중심에 있고 태양계의 천체들은 달·수성·금성·태양·화성·목성·토성의 순서로 위치하고 있다고 생각했다. 하늘에서 떨어지는 물건은 모두 지구를 향해 떨어지므로 지구가 우주의 중심이고, 따라서 모든 천체는 지구를 중심으로 회전하는 천동설을 주장했다. 그는 기하학, 지리학, 광학, 역법 등에서도 많은 업적을 남겼다.

로마와 중세 암흑시대

로마의 역사는 기원전 8세기 무렵부터 시작되는데, 그리스에서 지중해를 건너 이주해간 한 집단이 테베레강 근처에 정착하면서 역사가 시작되었다. 초기의 왕정기를 거쳐서 기원전 공화정으로 바뀐다. 왕정의 마지막 왕인 트르퀴니우스는 로마 출신이 아니고, 피렌체 출신이었다. 피렌체 출신의 왕들이 오랫동안 재위하자 로마인들에게 왕정은 정복자들의 통치를 의미했다. 결국 로마인들은 왕을 몰아내고 공화정을 열게 되었다.

공화정의 시작은 로마가 거대한 대제국으로 발전하는 데 매우 의미 있는 변화였는데, 이는 그리스식 민주국가 운영제도의 영향을 받은 것이다. 그리스에서는 아고라에 성인 남성들이 모여서 토론했는데, 사안에 따라서는 인원이 너무 많아 비효율적이었다. 로마에서는 코미티움(Commitium)에 모여서 토론하긴 했지만, 일종의 대의정치를 개발했다. 원로 전문가들로 구성된 원로원과 평민들로 구성된 평민회가 있었다. 원로원은 300명의 귀족으로 구성된 체제로 권력의 중심적 역할을 했다. 원로원에서 선출되는 집정관은 2명이었고 임기는 1년이었으며 행정과 군대를 관할했다. 평민들의 모임인 평민회는 호민관을 선출했는데, 호민관은 임기 1년 동안 평민의 권익을 대변한다. 원로원과 평민회의 이원체제는 오늘날 상원과 하원을 두는 많은 나라의 전형으로 남아 있다.

왕정, 공화정, 제정으로 발전한 로마

로마는 포에니전쟁에서 승리하면서 지중해 연안의 모든 지역을 지배했고 북아프리카, 서아시아까지 영토를 확장했으며, 북유럽 영국까지 지배했다. 하지만 정복 전쟁이 계속되면서 정복지를 속주 삼아 통솔하는 전쟁 영웅의 권력이 커졌다. 특히 카이사르는 황제와 같은 권력을 행사했다. 로마인들은 승리 소식에 환호하면서도 공화정에 대한 신념 또한 높았다. 브루투스는 카이사르를 암살하면서 공화정을 지키려고 했지만 결국 로마는 다시 왕정(제정)으로 전환되었다.

기원전 27년 옥타비아누스는 원로원으로부터 아우구스투스라는 칭호를 받으면서 황제가 되었고, 로마는 제정기로 들어간다. 로마는 5현제 시대를 맞아 영토를 더욱 확장하며 평화시대를 구가했다. 로마는 정복지의 문화와 신을 인정하는 다문화, 다신교 정책으로 제국의 통합과 번영을 누렸다. 하나로 통합된 거대 경제권을 형성하면서 많은 교역이 발생해 도로와 항구가 발달했다. 로마를 대제국으로 만든 5현제 시대는 똑똑한 사람을 양자로 맞아서, 그에게 황위를 물려주었다. 그런데 이 관례를 끝낸 사람은 자식에게 황위를 물려준 마르쿠스 아우렐리우스였는데, 그는 전쟁터에서도《명상록》이라는 책을 쓴 철학 황제로 알려져 있다. 그 이후 친족에게 세습하는 기간 동안 무능하고 방탕한 황제들이 많이 나타났다.

나라가 약화되고 황제의 권위가 흔들리자 군인 황제들이 나타나기 시작했다. 군사반란으로 황제를 죽이고 자신이 황제가 되는 일이 반복되었다. 235년부터 284년까지 50년 동안 26명의 황제가 있었는데, 대부분 2년도 못 가서 암살당했다. 이 시기를 군인 황제시대라고 한다.

로마의 전성기를 대체로 기원전 70년부터 기원후 192년까지로 본다. 로마가 성장하던 이 시기에는 상당히 관용적 분위기였다. 정복지를 통합해 하나의 로마로 만들기 위해서 노력했다. 정복지를 그 지역 귀족이 다스리도록 자치권을 부여했다. 정복지의 귀족들에게는 로마의 시민권을 부여하고 원로원 의원의 자격을 주었다. 평민들은 로마 평민으로 편입시켰다. 98년부터 117년까지 통치한 트라야누스는 스페인에서 태어났고, 그의 계승자 히드리아누스 역시 스페인 출신이었다. 히드리아누스의 계승자인 안토니누스 피우스는 골족(프랑스) 출신이었고, 그 다음의 황제인 마르크스 아우렐리우스의 아버지는 안달루시아 출신이었다. 더 나아가 193년에는 북아프리카 출신인 셉티미우스 세베루스가 황제에 오르기도 했다. 이러한 관용 정신 때문에 외부의 좋은 인력과 문화가 유입되어 확대 발전하게 되었다고 말한다. 트리아누스 이후 4명의 이민족 출신 황제는 5현제에 속한다.

5현제 이후에 엉터리 황제들이 연속해서 나오고, 나라가 어려워지자 로마의 관용 정신은 후퇴하기 시작했다. 폐쇄정책 때문에 나라가 기울기 시작했다고 말하기도 한다. 나라 안의 반란은 계속되고, 시민들의 살림살이가 궁해지자 더욱 폐쇄적으로 변했다. 신앙의 자유를 인정하기 위해 313년 콘스탄티누스 1세는 밀라노칙령을 발표하며 기독교를 공인하기로 결정한다. 그 후 392년에 데오드시우스 1세는 기독교를 국교로 인정하게 되었다. 그러나 기독교를 국교로 정하고 다른 종교를 배척하기 시작하면서 로마의 다양성과 관용은 크게 훼손되었다. 이제 로마는 정복 전쟁을 통해 영토를 넓히는 것보다 기존 영토를 지키기 힘겨운 처지가 되었다.

4세기에 흑해 북쪽의 게르만인 서고트족이 동양계인 훈족에게 밀려 로마제국으로 침입해 들어오기 시작했다. 그 후 동고트, 반달, 프랑크, 앵글로색슨 등 게르만 종족이 계속 침입해왔다. 로마 시내는 서고트족으로부터 방화와 약탈을 당했다. 테오도시우스 황제 이후 395년 로마제국은 동서로 나뉘어 통치되었다. 서로마제국은 476년에 게르만인 용병 대장 오도아케르에 의해 멸망했다. 한편 동로마제국(비잔티움 제국)은 1000년을 더 유지해 1453년 오스만제국에 의해서 멸망한다.

성장기 로마 시민들의 삶은 대부분 평화롭고 풍요로웠다. 정복 전쟁에서 빼앗은 물자가 들어오고 일을 해줄 노예들이 넘쳐났기 때문이다. 많은 정복지 사람들에게 시민권을 주기도 했지만 대부분의 정복지 사람들은 노예로 편입되었다. 생산은 노예가 하기 때문에 로마 시민권을 가진 사람들은 할 일이 없었다. 넘쳐나는 노예 때문에 남아도는 시간을 활용할 필요가 생겼다. 황제는 시민들의 여가 활용을 위해서 즐겁게 해주어야 했다.

이때 만들어진 것이 콜로세움과 같은 원형경기장과 대형 목욕탕이다. 경기장에서는 검투사들이 서로 싸우며 피를 흘렸고, 어떤 때는 맹수와 싸우기도 했다. 수만 명이 들어가는 경기장에 물을 채우고 배를 띄워서 수상전을 보여주기도 했다. 경기장에서는 잔혹함에 열광했고 대형 목욕탕에서는 쾌락이 넘쳐났다. 노동은 노예가 하고 국방도 용병이 하고 로마 시민은 즐기는 일만 하면 되었다. 그러나 풍요와 쾌락이 지속되면 이를 감당하기 어려운 것이 인간이었다. 거대한 제국 로마는 기울기 시작했다.

종교가 지배한 중세시대

중세 암흑시대(Dark Ages)는 서로마 몰락 후 학문과 예술의 부흥을 도모하는 15세기경까지의 중세시대를 말한다. 서양 역사에서 그리스 로마 시대를 고대라 하고, 게르만 민족 이동 이후 동로마제국의 멸망까지를 중세시대라 한다. 그 이후 시대를 근대로 보고 있다. 일반적으로 중세라면 암흑시대란 느낌을 주고 있다. 그것은 중세를 비판하고 나선 르네상스기의 인문주의자들이 중세의 문화와 사회를 비난했기 때문이다.

서로마제국의 멸망 후에도 게르만인의 침입을 막아낸 비잔틴 제국(동로마제국)은 상공업이 발달해 수도 콘스탄티노플을 중심으로 무역이 발달했다. 한때 서로마제국의 영토를 상당 부분 회복하기도 했다. 프랑크

족은 카를로스 대제 시대에 유럽의 반 이상을 정복해 로마 교황과 함께 비잔틴 제국의 영향에서 벗어난 서유럽 세계를 이룩했다. 그 후 870년 프랑크왕국은 동프랑크, 서프랑크, 이탈리아 3국으로 분열했다.

기독교는 1054년에는 비잔틴 황제를 우두머리로 하는 그리스 정교회와 로마교회의 권위를 인정하는 로마가톨릭교회로 분리되었다. 교회와 수도원은 헌납된 토지의 영주가 되었고, 각지의 대주교와 주교도 세속의 제후와 맞먹는 권력을 가졌었다. 수도원이 농토를 개간하는 일에 앞장서서 넓은 영지를 소유했고, 자연스럽게 대영주가 되었다.

영주들은 각기 자기의 영지에서 독립해 살았으나, 잇따른 적의 침입 때문에 제후 또는 왕과 주종 관계를 맺고 안전을 보장받았다. 영주는 왕에게 충성을 서약하고 군역 등의 의무를 이행하고, 왕은 영주의 영지 지배권을 인정해주었다. 이것이 봉건제도다. 11세기에 들어서면서 이 제도가 널리 퍼졌다.

십자군원정에 따라서 동방무역으로 도시가 발전해 북이탈리아에서는 베네치아와 제노바가 번영했다. 1215년 영국에서는 귀족들이 존 왕에게 라틴어로 '자유 대헌장'이라는 뜻의 〈마그나카르타〉에 서명하게 해 법에 의한 지배를 문서로 밝혔다. 그 후 1295년 의회가 성립되어 왕권은 크게 제약을 받게 되었다.

봉건제도는 중앙집권 체제에 비해 사회 전반에 큰 차이를 만들었다. 각 지역이 어느 정도 자율권을 가지고 자신들의 발전을 추구할 수 있었다. 인접 지역과의 관계는 협력과 동시에 경쟁관계가 형성되었다. 이러한 모습은 중앙의 관리가 파견 와서 지배하는 중앙집권 국가에서는 볼 수 없는 현상이었다. 이와 같이 경쟁이 존재하는 분권화 사회체제는 훗날 유럽 사회가 과학혁명과 산업혁명을 일으켜서 세계를 지배하는 근원적 토양을 제공했다.

중세시대의 주요한 사상으로는 교부철학과 스콜라철학이 있다. 교부철학이란 기독교 교부들의 철학·사상 등을 주된 연구 대상으로 삼는 학문이다. 교부(Father of the Church)란 교회의 아버지라는 뜻으로 5~8세기경에 교회의 정통교리를 저술로 설명하고, 성스러운 생활을 함으로써 신도의 모범이 된 사람들을 말한다. 결국 교부철학은 기독교의 가르침을 철학적 연구 대상으로 삼는 학문인 셈이다.

기독교는 처음에 이스라엘 민족의 민족종교로 출발해 다른 세상과는 이질적 종교였지만, 서서히 다른 세상에 전파되면서 고대 그리스철학 사상과 부딪쳤다. 2개의 거대한 사상이 만나자 부조화가 드러났다. 그리스철학은 이성적으로 생각하는 사상인 반면, 기독교는 이성으로 설명되지 않는 신비로운 사상이었다. 교부철학에서는 이성으로 파악할 수 있는 범위 내에서 설명할 수 있는 기독교 교리를 개발했다. 이렇게 기독교 사상이 하나의 종합적 세계관으로 형성되고, 그 위에 중세 기독교의 신학체계가 세워졌다. 그리스철학과 그리스도교는 통일성이 없이 혼재하고 있었지만, 얼마 후 조화로운 기독교 사상으로 통일되었다.

스콜라철학은 교부철학의 뒤를 이어 발생한 철학 흐름이었다. 스콜라철학 시대를 800년경부터 넓게 16, 17세기까지로 본다. 스콜라철학의 전성기인 13세기에는 고대 그리스철학 사상이 기독교 사상에 반영되었다. 아리스토텔레스를 비롯한 고대 철학자들의 사상이 스콜라철학에 깊이 녹아들었다. 철학을 신학을 위해 사용했다는 점에서 교부철학까지 포함한 기독교철학으로 일컬어지지만, 구체적 내용과 시기에서 교부철학과 차이가 있다.

스콜라철학에서는 교부철학이 세워놓은 기독교 교리를 철학으로 이해하고 증명하려고 시도했다. 스콜라철학의 목표는 중세 사람들이 진리라고 믿었던 기독교 신앙에 철학을 접목해 이성적 근거를 부여하는 것이었다. 그 과정에서 스콜라 철학자들은 이전 사상들을 통합해, 비교하고 고찰해 그것을 비판적으로 검증한 후에 결론을 이끌어냈다.

중세 저명한 스콜라 학자들 대부분은 교회와 수도원 학교에서 학문을 배우고 가르쳤으며, 신앙과 관련된 다양한 철학 이론들을 개발했다. 이러한 이론은 수도원 학교, 즉 중세 대학을 중심으로 활발히 논의되고 사회로 퍼져 나갔다. 스콜라철학은 그것이 시작된 학교에만 국한되지 않고 유럽 전역에 광범위하게 영향을 미쳤다.

중세는 교회 세력과 세속 세력이 대립하며 긴장관계를 유지하고 있던 시대였다. 십자군전쟁은 이슬람교도들이 봉쇄한 기독교인들의 순례지인 예루살렘 지역을 해방시키기 위해 1095년 교황 우르바누스 2세가 소집한 클레르몽 공의회에서 출전이 결정되어 1270년까지 계속되었다. 예루살렘은 1차 십자군에 의해 탈환되었지만, 십자군원정은 그 후에도 계속되어 총 8회의 출전이 있었다. 전쟁이 장기화됨에 따라 원래 성전의 의미를 잃고 침략과 약탈 전쟁으로 변질되었다. 십자군전쟁의 또 하나 중대한 과오는 유대인 학살이다. 유대인들은 학살되거나 재산을 몰수당하거나 강제로 개종되어야 했다.

중세의 또 다른 고통은 페스트(흑사병)의 유행이었다. 1347년에 시작되어 1352년까지 맹위를 떨친 이 병으로 인해 전 유럽 인구의 절반 가량이 사망했다. 이후에도 간헐적으로 발병해 통계에 따라서 2500만에서 6000만 명이 사망한 것으로 알려져 있다. 그 후에 서유럽의 인구는 16세기가 되어서야 페스트 유행 이전 수준이 된 것으로 보인다.

흑사병은 쥐벼룩을 통해서 전염되었기 때문에 도시에서 더욱 위력을 발휘했다. 사람의 접촉에 의한 전염이란 것을 알게 된 사람들은 공동체로부터 멀어지는 격리 생활을 했다. 항구에 들어오는 외국 선박에 대해서는 항구에 내리기 전에 40일 동안 검역 대기를 명령하고, 40일 동안 환자가 발생하지 않은 배에 한해서 상륙을 허가했다.

전염병에 대한 지식이 전무했던 그 시절에 사람들이 할 수 있는 것은 기도밖에 없었다. 그런데 기도의 효과는 없고 성직자의 부패에 대한 반감이 높아졌다. 교회는 더욱 강하게 압박을 가해 교회를 따르지 않는 사람들을 이단으로 몰아세웠다. 종교재판과 마녀사냥이 대표적이다.

르네상스 문예부흥

르네상스는 14~16세기 서유럽에 나타난 문화운동인데, 고대 그리스와 로마 문화를 부흥시키려는 운동이다. 이 문화운동은 사상, 문학, 미술, 건축 등 다방면에 걸쳐 있다. 5세기 로마제국의 몰락과 함께 지나치게 신 중심의 사회가 전개되어 인간성이 소외되었다는 반성에서 시작되었다. 따라서 그리스 로마 시대에 인간을 중심에 두고 생각하던 사상을 회복하는 문예부흥 운동이었다. 그래서 르네상스를 인간성의 해방과 인간의 재발견, 그리고 합리적 사고와 자연철학의 길을 열어준 근대 사상의 출발점으로 본다. 이러한 르네상스 정신은 인문주의, 즉 휴머니즘이라 할 수 있다.

신 중심에서 인간 중심으로의 변화는 인간의 역사에서 매우 큰 변화를 가져온다. 신 중심 사회에서는 모든 것이 신의 뜻으로 해석하게 되어, 인간의 노력은 불필요하든지 또는 무의미한 일이었다. 그러나 인간 중심 사회에서는 인간이 세상의 주역이기 때문에 인간이 세상을 바꿀 수 있다고 생각하게 되었다. 따라서 인간은 목적을 달성하기 위해 노력할 이유를 가지게 되었다. 자연현상에 대해서도 신의 뜻으로 생각하다가 자연현상의 이치에 호기심을 가지기 시작했다.

이러한 변화가 일어나게 된 계기는 십자군전쟁과 동로마제국의 멸망을 꼽는다. 그리스 지역에 기반을 둔 동로마제국은 비교적 고대 그리스의 사상을 이어받고 있었다. 십자군전쟁을 통한 동서양의 교류는 서유럽 사

르네상스의 발상지, 이탈리아의 피렌체

람들의 의식을 일깨우는 계기가 되었다. 또한 동로마제국이 오스만튀르크에 의해 압박을 받고 결국 멸망(1453년)하자 많은 지식인들이 서유럽으로 이주했다. 중세 유럽 사회에서 모든 권력은 교황청의 교황에게 집중되어 있었지만, 르네상스 시대를 거쳐 근대사회로 넘어가는 과정에서 각 국가별로 국왕이 최고 권력자가 되었다.

르네상스의 발전에는 피렌체의 명문가 메디치 가문의 역할이 컸다. 이 당시에는 문예활동을 후원하는 왕가와 귀족들이 여럿 있었다. 그중 메디치 가문은 미켈란젤로, 보티첼리, 라파엘로 등 유명한 예술가, 시인, 철학자, 과학자들이 활발하게 활동하고 교류할 수 있게 해주었다.

고대 유럽은 동서 로마의 분리로 인해 사상적 분열이 일어났다. 서로마제국이 지배하던 서유럽은 기독교 사상이 깊이 뿌리를 내려서 헤브라이즘이 지배하는 사회로 발전했다. 이에 반해 동로마제국이 자리 잡은 그리스 지역은 헬레니즘 사상이 뿌리를 내리고 있던 사회였다. 그런데 동로마제국의 멸망으로 유럽 사회가 통합되는 과정을 맞이하게 된다. 즉 르네상스란 헤브라이즘과 헬레니즘 사상의 융합이라 볼 수 있다.

인쇄술의 발달과 종교개혁

독일의 인쇄업자였던 요하네스 구텐베르크(Johannes Gutenberg)는 1434년에 목판 활자를 만들었다. 그 후 1450년에 금은 세공사 요한 푸스트(Johann Fust)와 동업으로 인쇄소를 설치하고 금속활자를 개발해 최초로 36행의 라틴어 성경을 인쇄했다. 1455년에는 유명한 라틴어판 《구텐베르크 성경》이 출판되었고, 그의 새로운 인쇄 방법은 전 유럽으로 급속히 퍼져 나갔다. 그 후에 구텐베르크의 금속활자 인쇄 방식은 지식 전달의 속도와 양을 혁명적으로 증대시켰다.

1400년경의 필사본 성경 한 권의 가격은 약 60굴덴이었는데, 이것은 조그만 농장 하나와 맞먹는 가격이었다. 문제는 비싼 가격만이 아니었다. 수요에 비해 공급이 턱없이 부족해, 필요한 사람이 책을 구입할 수 있는 기회는 하늘의 별 따기처럼 어려웠다. 또한 수작업으로 책을 복사했기 때문에 오탈자가 많이 발생했다. 구텐베르크의 인쇄술이 나온 후 1500년경에는 성경책의 가격이 5굴덴으로 떨어졌다. 인쇄술의 발달로 학문의 발달이 가속화되었고, 특히 철학 부문에서 인문주의라는 새로운 사고방식이 유행하게 되었다. 이것은 이탈리아를 중심으로 시작된 르네상스와 독일에서 시작된 종교개혁에 많은 영향을 주었다.

구텐베르크는 교회에서 발행하는 면죄부를 금속활자로 인쇄해 많은 돈을 벌었다. 그런데 아이러니하게도 구텐베르크는 성경을 값싸게 공급해

면죄부를 팔던 교회를 망하게 만들어버린 셈이 되었다.

한편 금속활자는 구텐베르크보다 70여년 앞서 한국의 고려시대에 발명되었다. 현재 1377년에 백운이라는 승려가 만든 불교 서적《직지심체요절》이 세계에서 가장 오래된 금속활자본으로 남아 있다. 이 책은 조선 말기에 프랑스 공사였던 빅터 플랑시(Victor Colin de Plancy)가 수집해 프랑스로 가져가 현재 파리 국립도서관에 소장되어 있다. 이처럼 금속활자가 한국에서 먼저 발명되었지만, 이 기술이 계속 발전해 사회 변혁에 영향을 주지 못했던 점은 아쉬움으로 남는다.

종교개혁은 16세기 전반 절대적 권위 속에 세상을 지배하던 기독교의 개혁을 외치는 운동이었다. 중세시대 기독교는 유럽의 사회, 정치, 문화, 사상 등 생활의 여러 분야를 지배하고 있었기 때문에 종교개혁은 중세사회 전반의 큰 변화를 가져왔다. 중세사회의 중심에서 막강한 권력을 휘두르던 교회와 성직자들이 부조리 속에 썩어가고 있었지만 아무도 앞장서서 이를 지적하지 못했다. 종교재판이라는 무시무시한 압박 수단이 있었기 때문이다. 당시 교회의 권력에 맞선다는 것은 바로 죽음을 의미했다. 그런데 이때 일어난 사람이 독일 작센의 수도사이며 대학의 신학교수인 마르틴 루터(Martin Luther)였다. 1517년 10월 31일에 교회의 부당한 처사를 비판하는 〈95개 조 반박문〉을 발표한 것이다.

그는 하나님에 의한 구원은 교회를 통해서만 가능하다는 주장에 반대하고, 신자들 누구나 하나님과 직접 대화할 수 있다고 주장해 교황청에 정식으로 반기를 든 것이다. 루터의 핵심은 인간은 오직 믿음으로 구원받을 수 있다는 것이었다. 즉 성경에 쓰여 있는 하나님의 말씀을 믿으면 된다. 교회가 만든 형식이나 권위 같은 것은 구원과 아무런 관련이 없다. 모든 사람은 신 앞에 평등하다. 따라서 인간을 구속하는 모든 율법은 없어져야 한다는 것이었다. 종교 분야에서 일어난 또 하나의 인간 해방이었다.

그러나 교황청은 이를 무시하고 기득권을 유지하는 데에만 몰두했다.

종교개혁의 직접적 시발점은 교회의 면죄부 판매였다. 이 무렵 교황청과 교회는 부패한 생활 때문에 재정적으로 적자에 허덕이고 있었다. 그런데도 교황 레오 10세는 성베드로 대성당을 건축하기 위해 면죄부를 팔았다. 이때 사제들은 누구든지 회개하고 기부금을 내면 죄를 용서받을 수 있다고 말했다. 루터는 교황의 면죄부 판매에 항거한 것이다. 루터는 성직자와 교회의 부조리와 부당한 일을 널리 알렸다.

교황은 루터를 로마교회에서 추방한다는 내용의 글을 루터에게 보냈다. 하지만 루터는 사람들 앞에서 종이를 불태워버렸다. 그러나 이러한 루터의 용기에 박수를 보내는 사람들도 많았다. 루터는 라틴어로 되어 있던 성경을 독일어로 옮겼다. 당시 성경은 어려운 라틴어로 쓰여 있어 성직자만 읽을 수 있었는데, 이제는 평민들도 성경을 읽을 수 있게 되었다. 새로 나온 금속활자 인쇄술에 의해서 널리 전파되었다. 이제 사람들이 쉽게 성경을 읽을 수 있게 되자 성직자들은 성경과 다르게 말할 수 없었다. 루터를 따르던 영주들과 도시 사람들은 새로운 종교인 루터교를 만들었다. 결국 교황과 황제도 마침내 1555년 루터교를 정식 종교로 받아들였다.

칼빈의 종교개혁

독일에서 루터가 종교개혁을 이끌어냈다면 동시대 프랑스에서는 신학자 존 칼빈(Jean Calvin)이 종교개혁을 주창했다. 칼빈은 1536년 실용적인 기독교 정신을 강조하는 《기독교강요》를 출간했다. 그는 현세의 생활도 함께 강조하여 수도원에만 갇혀 있지 말고 현실 세계와 자유롭게 접촉할 것을 권장했다. 또한 일상의 정치 문제나 경제생활에도 관심을 가질 것을 권고했다. 또 하나님이 창조하신 이 자연을 마음껏 누리는 것도 기독교인의 권리라고 주장한다. 이로 인해 그동안 금기시되었던 경제활동과 이윤

추구가 자연스러운 일로 인정되기 시작했다. 전통적인 기독교 사상에서 벗어난 캘빈주의는 근대 자본주의를 형성하는 데 결정적인 역할을 한 것으로 평가되고 있다. 이러한 캘빈주의는 프랑스에서는 위그노파, 영국에선 장로파와 청교도파로 발전하여, 전체 유럽의 사상에 큰 영향을 주었다. 특히 영국의 청교도파는 미국으로 건너가 실용주의 사상을 실현했다.

중세시대에 큰 변화를 준 것으로 인쇄술의 발달과 르네상스, 종교개혁을 꼽을 수 있다. 구텐베르크의 금속활자는 좋은 지식을 평민들에게까지 보급할 수 있게 해주었고, 르네상스로 인간 중심의 사고가 가능해졌으며, 종교개혁은 억눌려 있던 민중의 마음을 어루만져 사회 전반의 변화를 가져올 개혁의 힘을 발휘하게 해주었다.

유럽의 중세시대를 암흑시대라고 하지만 훗날 유럽이 세계를 지배할 기초 토양을 준비한 시대일 수 있다. 나는 근대 이후 서양이 동양을 압도하게 된 이유를 중세시대에 잉태된 두 개의 씨앗에 있다고 생각한다. 첫째는 봉건제도가 가지는 사회의 역동성이다. 각 지역이나 국가는 서로 경쟁하며 발전했다. 그에 비하여 중앙집권제인 중국과 한국은 지역 간의 경쟁이 있을 수 없었다. 반면에 봉건제인 일본은 서양 문물을 신속화게 받아들여, 동양에서 가장 먼저 근대화에 성공했다. 둘째는 이윤추구를 허용한 캘빈주의에 있다. 칼빈의 실용적인 종교개혁 이념은 상공업이 발달할 수 있는 이론적인 근거를 제공한다. 캘빈주의 위그노파는 가톨릭 국가인 프랑스에서 배척을 받아 네덜란드에 정착하여 상공업을 발전시켰다. 영국의 캘빈주의인 장로교와 청교도는 산업혁명이 일어날 수 있는 실용주의 토양을 조성할 수 있었다.

8장 근대사회의 혁명

- 과학혁명, 세계관의 전환
- 철학혁명, 휴머니즘의 회복
- 시민혁명, 자유·평등·인권
- 산업혁명, 개척과 혁신
- 의료혁명, 질병과의 전쟁

8장에서는

- 과학혁명은 천문학에서 시작됐다. 리퍼세이가 망원경을 발명하고, 갈릴레이가 천체를 관측하여 지동설을 정착시켰다. 사람들은 천체의 중심이 태양이고, 지구는 태양계의 여러 행성 중 하나일 뿐이라는 사실을 깨달았다. 물질세계를 구성하는 원소의 다양성을 알게 된 후 우주, 물질, 생명에 대한 이해의 폭도 넓어졌다.

- 인간 중심 사상은 철학혁명을 야기하여 인간 중심 문학, 이성을 강조하는 합리주의, 감성을 중시하는 낭만주의, 개인의 주체성을 내세우는 실존주의 등을 등장시켰다. 또한 인간에 대한 질문은 기존 사상체계에 큰 변화를 가져왔다. 인간에게는 본질이 존재하고 우리의 이성은 그것을 생각해낼 수 있다는 합리론을 시작으로 경험론, 관념론, 계몽주의가 이어졌다.

- 루소의 사회계약론은 개인의 자연권과 국가의 관계를 다룬다. 국가의 주권은 국민에게 있다는 그의 사상은 프랑스대혁명에 큰 영향을 주었고 근대 민주주의 사상의 기초가 되었다. 프랑스혁명은 민주주의 발전에 가장 큰 영향을 준 시민혁명의 전형으로, 전 국민이 자유의지로 자유와 평등을 위해 일어선 혁명이라는 점에서 세계사에 큰 획을 긋는 사건이다.

- 산업혁명이란 18세기 중엽 영국에서 시작된 기술혁신과 이에 수반된 사회·경제구조의 변혁을 말한다. 산업혁명 시대를 연 증기기관은 육체노동이 필요한 곳에 활용되기 시작했고, 기계는 인간의 육체적 한계를 뛰어넘은 엄청난 생산성 향상을 보여주었다.

- 20세기 중반까지 인간은 페스트, 천연두, 결핵, 콜레라 등 여러 질병과의 전쟁에서 승리해왔다. 그러나 21세기에 들어와서 상황은 바뀌었다. 바이러스의 변형이 많이 나타나면서 새로운 전쟁이 시작된 것이다. 또한 암과의 싸움에서도 아직 길이 보이지 않아 인류를 지치게 하고 있다. 하지만 과거에 그랬듯이 새로운 전쟁에서도 인간은 지혜롭게 싸워 이길 것으로 생각한다.

과학혁명, 세계관의 전환

신 중심의 중세사회에서는 모든 것이 신의 뜻에 따라 이루어졌다. 하늘의 천문현상은 물론 자연현상도 모두 신의 섭리에 의한 것이었다. 인간은 어떠한 노력도 할 필요 없고 오로지 신의 처분만 기다릴 뿐이었다. 르네상스를 거치면서 인간은 자신들이 세상의 중심이라는 것을 알게 된다. 인간 중심의 사회에서는 인간의 능력과 노력에 의해서 세상을 바꿀 수 있다는 사실을 자각했다. 사물을 주도적으로 바라보기 시작하자 자연현상에 대해서도 왜 그럴까 하는 호기심이 생겨났다. 사실 자연에 대한 호기심은 고대 그리스시대에 활발히 전개되었다. 소크라테스가 태어나기 전인 기원전 500년경에 탈레스, 피타고라스 등은 자연현상에 일정한 원리가 존재한다는 사실을 깨닫고 그 원리를 찾기 위해 노력했다.

숫자의 기원

숫자는 인간이 사회활동을 하면서 자연스럽게 출현했을 것으로 추정된다. 개수라는 개념이 생겨나고, 그것을 표현하는 방식으로 숫자가 이용되었을 것이다. 지구상에는 다양한 형태의 숫자 표기법이 있었다. 숫자를 표기하는 기호뿐 아니라 진법도 다양했다. 2진법, 5진법, 10진법, 12진법, 16진법, 60진법 등이 있었다.

기원전 2500년경에 고대 바빌론 사람들은 60진법을 사용했다. 이

60진법의 흔적은 현재 시간이나 각도를 나타낼 때 남아 있다. 예를 들어 1분은 60초로 구성되어 있고, 원을 한 바퀴 돌면 360도라고 한다. 또한 12진법은 시간에 남아 있다. 하루 중의 오전, 오후는 각각 12시간으로 되어 있다. 현재 널리 사용되는 10진법은 기원전 1700년경에 고대 이집트에서 출현했다. 10진수는 9개의 숫자로 표현되며, 기원전 1300년경에 중국 상나라에서도 사용된 기록이 있다. 인도에서도 기원전 3세기경 1부터 9까지의 숫자를 사용했다.

고대 이집트인들은 9개 숫자로 10진수를 표기했을 뿐 자릿수에 의미를 부여하지는 않았다. 처음으로 숫자의 자릿수에 의미를 부여한 이들은 60진법을 사용한 고대 바빌론 사람들이었다. 이때 빈자리가 생기면 혼란이 왔다. 예를 들어 숫자 206에서 가운데 0을 바빌론 사람들은 공간을 두어서 표현했다. '2 6'이라고 쓴 것이다. 그런데 2006처럼 0이 2개가 들어가는 숫자를 표기하려면 빈자리를 2개 이상 두어야 하니 혼란스러웠다. 그들은 60진법을 사용하기 시작한 1000년 후에 빈자리에 기호 '+'를 사용하기 시작했다. 예를 들어 206은 2+6, 2006은 2++6으로 표시했다. 이런 빈자리를 표시하기 위해서 고대 그리스와 중국에서는 작은 동그라미를 사용했다. 그러나 이 기호가 독립적 숫자로 사용되지는 않았다. 단지 빈자리를 나타낼 뿐이었다.

0을 독립적 숫자로 인정한 것은 인도인들이다. 6세기에 인도인들이 0을 자릿수 개념으로 사용하기 시작하면서 아무것도 존재하지 않는다는 '제로'라는 의미가 부여되었다. 이와 같이 현재 우리가 사용하는 아라비아숫자의 10진수 체계는 오래전부터 10진법을 사용하던 인도인들이 발명했다. 그러나 아라비아인들이 세상에 전파하면서 아라비아숫자라고 알려지게 된 것이다.

이 위대한 업적이 인도인들의 것임을 알게 된 이상 크레디트를 인도인들에게 돌려주어야 하지 않을까? 즉 '아라비아숫자' 대신에 '인도숫자'라고 부르는 것이다.

중세의 과학

탈레스와 피타고라스가 활동하던 그리스 초기 철학의 관심은 인간을 둘러싼 자연에 집중되었다. 탈레스와 피타고라스 등은 만물의 근원에 관심이 있었고, 천체의 이동에 대해 질문을 던졌다. 모든 것이 신의 조화에 의한 것이라고 생각하던 당시에는 매우 도전적 질문이었다. 소크라테스 이후에 활동한 아르키메데스와 유클리드 등은 물리학과 기하학의 기초를 쌓았다.

그리스 과학을 계승하는 가운데 나타난 첫 번째 장애물은 로마제국이었다. 로마는 기원전 146년에 그리스를 정복하고, 기원전 46년에 메소포타미아를 정복한다. 로마의 세계 지배는 수백 년간 수학과 과학에 기울여온 관심을 종교로 이동하는 계기를 마련했다. 그리스에서는 종교의 자유가 폭넓게 인정되었다. 이것은 자유로운 사상의 출현이 가능한 환경을 제공했다. 그런데 로마에서는 종교 문제로 갈등이 많았다. 예를 들어 초기에는 기독교를 박해하다가 국교로 인정한 다음에는 타종교를 박해했다. 이처럼 로마는 사상의 자유가 크게 제한되는 사회였다.

로마에도 존속 기간 동안 거대한 공학 프로젝트가 많았다. 그러나 로마인의 과학정신은 프로젝트를 위해서 측정하고 계산하는 데 그쳤다. 그 원리를 이해하고 규칙을 찾아내는 일에는 관심이 적었다. 그래서 로마 시대에는 유명한 수학자나 과학자를 찾아보기 어렵다. 로마가 과학적 환경을 제공하지 못했지만, 476년 서로마제국이 멸망한 후의 사정은 더욱 좋지 않았다. 기독교가 유럽을 지배하면서 지방의 수도원과 교회들이 생활의 중심이 되었다. 이 시대에는 종교가 권위와 사상의 중심이 되면서 실용성에 기반한 과학정신은 설 자리가 없어졌다. 드디어 고대 그리스의 유산은 유럽에서 잊혀졌다.

다행히 그리스 지역을 차지한 동로마제국은 사정이 조금 달랐다. 그리스 유산이 남아 있었고, 또한 그것들이 아랍 세계로 흘러 들어가는 통로를 마련해주었다. 아랍의 지배세력은 그리스 학문의 유용성을 알게 되었다. 이들은 그리스 과학을 아랍어로 번역하는 사람들을 후원했다. 이렇게 아랍의 과학자들은 실용 광학, 천문학, 수학, 의학 분야에서 유럽을 앞지르고 커다란 진보를 이루었다.

기독교가 유럽을 지배하고 각 지방의 수도원이나 성당이 생활의 중심이 된 중세 유럽 사회에서는 종교적 이슈가 모든 사람들의 관심사였다. 자연의 이치나 이에 관한 탐구는 관심에서 멀어져 있었다. 이렇게 고대 그리스의 지적 유산은 유럽 사회에서는 계승되지 못했다.

이슬람 제국은 스페인에서 페르시아에 이르기까지 수세기 동안 광대한 지역을 지배했다. 이에 따라 그리스 헬레니즘 문명권의 의학, 자연철학 등 수많은 지식들이 이슬람권으로 유입되었다. 이슬람 지도자들은 그리스 학문의 가치를 인정하고 배우려는 자세를 취했다.

9세기 초반에는 당시 수도였던 바그다드에 '지혜의 집'이라 불리는 연구소를 세우고, 많은 학자들이 이곳에서 그리스 서적을 아랍어로 번역했다. 번역 과정에서 정교하고 긴 주석을 덧붙여 독특한 아랍 과학으로 발전시켰다. 이렇게 이슬람 세계에서 광학, 천문학, 기하학, 연금술이 발전하게 되었고, 후대 과학 발전에 큰 영향을 미친다.

11세기 이후 유럽에 대학이 설립되면서 그리스의 과학과 의학 서적에 대한 수요가 늘어났다. 서유럽 대부분 지역에서 그리스 서적은 존재하지 않았다. 서유럽의 학자들은 아랍어로 된 고대 그리스 서적들을 라틴어로 번역했다. 그래서 아랍의 과학은 그리스의 과학 저술들을 보관해두었다가 유럽에 전달하는 역할을 하기도 했다.

11~14세기가 되면서 유럽과 이슬람 세계에 큰 변화가 일어난다. 십자군전쟁은 동서양의 교류를 촉진시키는 역할을 한다. 이슬람 세계는 징기스칸의 몽고군 침략에 의해서 흔들린다. 안정된 지원이 필요한 과학과 예술 분야가 위축될 수밖에 없었다.

유럽의 과학의 발달은 대학과 밀접한 관계가 있다. 대학이 지식인들의 토론 공간이기 때문이다. 1088년 볼로냐, 1200년 파리, 1250년 옥스퍼드에 설립된 대학은 그 당시 지식인들을 교육하고 토론하는 장소로 발전했다. 특히 이러한 대학에서는 과학이 철학과 신학과 함께 다루어야 할 중요한 학문으로 인정받고 있었다. 초창기 이들 대학은 오늘날과 같은 형태의 모습과는 거리가 멀었다. 강의를 할 수 있는 특별한 공간이 주어지지 않았고, 교회나 셋방 등을 돌아다니며 강의해야 했다. 학생들이 교수에게 보수를 직접 지불하는 경우도 있어서, 못 가르치면 교수는 해고되기도 했다.

초기의 불안정한 상태 속에서도 유럽의 대학들은 과학의 발전에 크게 기여했다. 공통의 관심을 가진 지식인들이 함께 모여서 비판하고 토론할 수 있다는 것은 지식발전의 가장 강력한 원동력이다. 이렇게 시작된 유럽의 과학에 대한 관심은 코페르니쿠스와 갈릴레이를 거쳐서 뉴턴에 이르러 금자탑을 쌓게 된다.

동양에서는 대학이 유럽보다 일찍이 발달했다. 중국의 당나라와 한국의 고구려에 이미 국자감이란 이름의 대학이 있었다. 귀족 자제를 교육하는 국가기관이었는데, 주로 윤리와 문학만을 다루고 과학 등 실용 분야는 학문으로 생각하지 않았다. 이러한 동양 대학의 전통은 근대까지 이어져서 유럽과의 과학 경쟁에서 낙후되는 결과를 초래했다.

천문학에서 시작된 과학혁명

영국 역사학자 허버트 버터필드(Herbert Butterfield)는 유럽의 근대사회를 형성하는 3가지 주요 사건으로 르네상스, 종교개혁, 과학혁명을 꼽았다. 과학혁명은 16~17세기에 걸친 과학의 발전을 말한다. 이 시기의 과학혁명은 천문학에서 시작되었다.

니콜라우스 코페르니쿠스(Nicolaus Copernicus)는 폴란드에서 상인의 아들로 태어났다. 크라쿠프대학을 졸업한 후 21세에 프롬 보르크 성당에 취직했다. 그는 23세 때부터 9년 동안 이탈리아에 유학하며 천문학 공부에 열중했다. 이탈리아에서 그리스 고문헌을 접한 코페르니쿠스는 고대 그리스 천문학자인 아리스타르코스의 지동설을 처음 알게 되었다. 그는 귀국한 후 태양을 중심으로 하는 행성의 운동에 관한 연구를 계속해, 1530년경에는 지동설이 이들 행성의 움직임을 합리적으로 설명할 수 있다는 것을 알게 되었다. 코페르니쿠스의 지동설은 1543년에 《천체의 회전에 관하여》라는 책으로 출판되었다.

지구가 자전하면서 태양 주위를 돈다는 지동설은 기원전 5세기경에 피타고라스학파가 주장했다. 그러나 아리스토텔레스의 천동설이 주류를 이루면서 유럽에서 지동설은 잊혀져버린다. 천체를 관측하던 코페르니쿠스는 의문을 가졌다. 왜 수성과 금성(내행성) 그리고 화성과 목성, 토성(외행성)이 다른 움직임을 하는가. 지구보다 태양에 가까이 있는 내행성(수성, 금성)은 태양 주위를 맴돌면서 움직인다. 그런데 지구보다 먼 궤도를 돌고 있는 외행성(화성, 목성, 토성)은 큰 궤도를 그리며 운행한다. 이 차이를 명쾌하게 설명할 수 있는 이론은 지동설이라 생각했다. 그러나 그는 자신의 이론을 증명할 방법을 찾지 못했고, 그의 이론은 인정받지 못했다.

독일의 천문학자인 요하네스 케플러(Johannes Kepler)는 신학을 공부하다가 코페르니쿠스의 지동설을 알게 되어 천문학으로 전공을 바꾸었다.

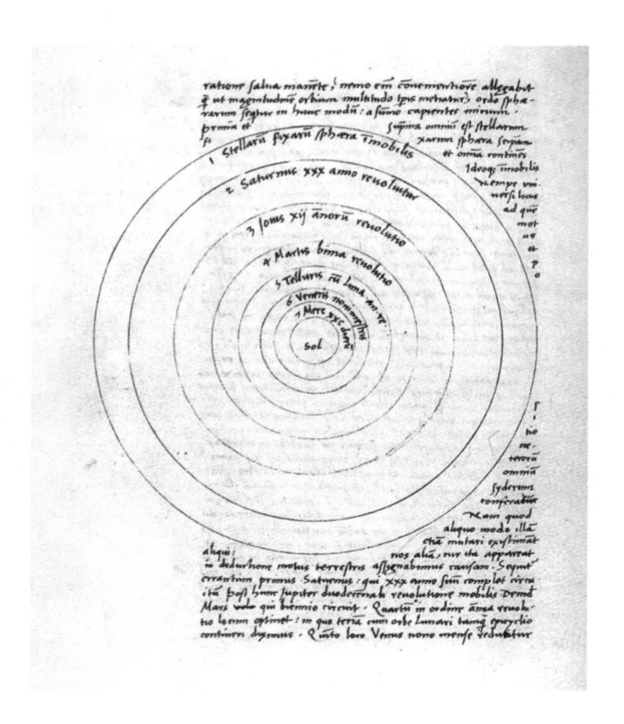

코페르니쿠스의 우주

대학에서 수학과 천문학을 강의하며 행성의 수와 크기, 배열 간격에 대해 연구했다. 그는 행성의 운동에 관한 제1법칙인 '타원궤도의 법칙'과 제2법칙인 '면적속도 일정의 법칙'을 발표해 코페르니쿠스의 지동설을 발전시켰다. 1619년에는 행성의 공전주기와 공전궤도의 반지름과의 관계를 설명한 행성운동의 제3법칙을 발표했다. 그러나 그의 생전에는 인정받지 못했다.

지동설에 결정적 공헌을 한 도구는 망원경이다. 17세기 초 네덜란드의 안경 직공인 한스 리퍼세이(Hans Lippershey)는 볼록렌즈와 오목렌즈를 겹쳐서 보면 사물이 커 보인다는 사실을 발견해, 1608년 2개의 렌즈를 이용한 망원경을 개발했다.

한편 1609년 이탈리아의 천문학자 갈릴레오 갈릴레이도 망원경에 대한 소식을 듣고 자신의 천체망원경 개발에 성공했다. 갈릴레이는 더 개량해 30배 이상의 크기로 확대해 천체를 관측했다. 갈릴레이는 자신이 개발한 망원경으로 태양의 흑점, 달의 표면, 금성의 차고 기울음, 목성의 위성을 관찰했고, 지동설이 그 관찰 결과를 설명한다고 발표했다. 달에도 산과 계곡이 있다는 것을 알았고, 천체가 지구를 중심으로 회전하지 않는다고 생각했다. 또한 목성도 그것을 중심으로 회전하는 위성 4개를 가지고 있다는 사실을 알아냈다.

1610년 이러한 관측결과를 《별세계의 보고》로 발표해 큰 관심을 끌었다. 그 후로도 천문관측을 계속해 태양흑점에 대한 논쟁을 벌였고, 그 내용을 《태양흑점에 관한 서한》에 발표했다. 이 무렵부터 갈릴레이는 자신의 천체 관측 결과를 바탕으로 코페르니쿠스의 지동설에 대한 확신을 갖는데, 이때부터 로마교황청과 갈등이 시작되었다.

갈릴레이는 1632년 《프톨레마이오스-코페르니쿠스 2개의 주요 우주 체계에 대한 대화》라는 책을 출판했고, 이 책에서 지동설을 주장하며 지구의 공전과 자전 때문에 밀물과 썰물이 생긴다고 강조했다. 그 책을 출판한 다음해에 갈릴레이는 교황청에 소환되었고 몇 차례의 심문 후 유죄가 선고되었다. 재판정에서 갈릴레이는 앞으로 이단행위를 하지 않겠다는 서약을 하고 풀려났지만 가택연금의 형벌이 주어졌다. 그는 가택연금 상태에서도 계속 저술활동을 하다가 생을 마감했다.

의학의 발달

다른 분야에서도 과학의 발전은 계속되고 있었다. 벨기에 의사 안드레아스 베살리우스(Andreas Vesalius)는 1543년에 《인체 해부학》이라는 책을 출판해 근대 해부학의 기초를 마련했다. 이 책은 해부학뿐만 아니라

의학 전반에 걸쳐 큰 자극을 주어 많은 의학자들이 활동할 수 있게 해주었다. 영국의 의사이자 생리학자인 하비(William Harvey)는 혈액순환의 원리를 밝혀내서 생리학의 기초를 다졌다. 그는 심장은 펌프 역할을 하며, 이러한 심장은 생명의 기본이고 모든 삶의 근원이라고 생각했다.

1590년 네덜란드의 안경 제작 기술자 얀센(Zacharias Janssen)은 렌즈 2개를 사용해 물체를 확대해서 볼 수 있는 현미경을 개발했다. 얀센이 개발한 현미경은 오늘날의 망원경과 비슷한 모양이다.

1660년 네덜란드의 레이우엔훅(Anton van Leeuwenhoek)은 렌즈를 연마하는 방법과 금속을 세공하는 방법을 익혀, 눈으로 보이지 않는 작은 물질을 볼 수 있는 현미경을 만들었다. 그가 만든 현미경은 40~270배까지 확대가 가능했다. 그가 제작한 현미경은 대물렌즈와 대안렌즈를 이용한 것으로 오늘날의 현미경과 비슷한 모양이다. 레이우엔훅은 자신이 만든 현미경으로 시냇물 속에 어떤 물질이 들어 있는지를 관찰했다. 또한 동물에서 얻은 각종 작은 물질과 정자와 곤충도 관찰했다. 레이우엔훅은 이런 과정을 통해 세포의 존재를 처음 확인했다.

레이우엔훅은 현대 현미경과 가장 유사한 현미경을 만들어서 식물 세포를 비롯해 치아에 있는 박테리아, 연못에 사는 작은 생물 등 여러 가지 생물의 모습을 관찰하고 기록했다. 이때부터 미생물의 존재가 알려져 연구가 시작된 것이라고 보면 된다.

세상을 보는 관점을 바꾼 뉴턴과 다윈

영국의 수학자, 물리학자, 천문학자인 아이작 뉴턴(Isaac Newton)은 코페르니쿠스로부터 시작된 과학혁명의 완성자이자 근대 과학의 아버지라고 할 수 있다. 그는 갈릴레이가 사망하던 1643년에 태어났다.

19세에 케임브리지대학교 트리니티 칼리지에 입학한 뉴턴은 실험이나 수학을 중요시하는 오늘날과 달리 논리에 따라 주장을 펴나가는 논쟁, 토론을 중요하게 여기는 대학의 교육방식에 실망했다. 23세에 수학교수 아이작 배로(Isaac Barrow)가 부임하면서 새로 개설된 기하학과 광학 수업을 듣고, 독학으로 갈릴레이의 역학, 케플러의 광학과 천문학, 보일의 색채론, 데카르트의 기계적 철학을 공부했다. 초기에는 특히 광학에 관심이 많아 빛이 어떻게 움직이고, 어떻게 눈에 보이는지, 반사와 굴절 현상은 어떻게 일어나는지 연구했다. 1669년 스승인 아이작 배로가 석좌교수 자리를 물려주고 은퇴하자 캠브리지대학교에서 최초로 한 강의도 광학이었으며, 광학 연구로 얻은 지식과 손재주로 반사망원경을 만든 공로를 인정받아 1672년에 영국왕립학회 회원이 되었다.

뉴턴은 모든 물체 사이에는 인력이 존재한다는 만유인력의 법칙을 제시하고, 이 이론을 이용해 천체의 운동을 설명했다. 영국은 물론 대륙의 과학자들은 뉴턴의 이론에 호의적이지 않았다. 그러나 뉴턴이 위대한 과학자로 남을 수 있었던 것은 지구 위의 두 물체가 서로 끌어당기는 힘인 중력을 정량적이고 수학적으로 설명할 수 있었기 때문이다.

뉴턴은 1687년에 출간한 저서 《프린키피아(자연철학의 수학적 원리)》에서 근대 역학과 근대 천문학의 체계를 정립했다. 그는 만유인력의 법칙을 제창하고, 지구와 사과, 지구와 달, 태양과 지구 사이의 거리의 제곱에 반비례하는 인력이 작용한다는 점을 알아냈다. 《프린키피아》는 세 권으로 되어 있는데, 1권에서는 운동의 관성 법칙, 운동 법칙(F=ma), 작용-반작용 법칙이라는 3가지 운동 법칙을 소개하고, 이를 결합해 모든 운동을 수학적으로 설명했다. 2권에서는 마찰이 있는 공기와 같은 유체 내에서 움직이는 물체의 운동을 다루었다. 3권에서는 만유인력을 도입하고, 이것이 행성운동의 구심력으로 작용한다고 주장했다. 이를 바탕으로 행성의 타원운동에 있는 규칙을 수학적으로 표현했다. 또한 만유인력이 구심력으로 작용하는 천체는 케플러의 3가지 행성운동 법칙을 따른다는 것을 증명했다. 코페르니쿠스로부터 150년 가까운 세월 동안 과학의 여러 분야에서 일어난 다양한 발견들은 뉴턴이라는 하나의 정점을 거치면서 근대과학이라는 체계로 정립되었다.

《프린키피아》를 출간한 이후 뉴턴은 더 유명해졌다. 그는 1688년의 명예혁명 이후에 케임브리지대학교 대표로 하원에 진출해서 정계에 입문했다. 1703년에는 왕립학회 회장으로 선출되었고, 1705년에는 영국 왕실로부터 기사 작위를 받았는데, 이는 과학자로서 첫 번째로 받은 것이었다.

과학혁명이 완성되면서 사람들이 세상을 보는 눈이 완전히 바뀌었다. 천체의 중심은 태양이고, 지구는 태양계에 존재하는 여러 행성 중 하나일 뿐이라는 것을 알게 되었다. 자연현상이 신의 섭리가 아니라 일정한 법칙에 따라 작동한다는 것을 알게 되자 사물을 객관적으로 바라보게 되었다. 물질세계를 구성하는 원소가 다양하다는 것을 알게 되자 우주, 물질, 생명에 대한 이해의 폭이 넓어졌다.

찰스 다윈(Charles Darwin)은 생명체 탄생과 발전에 관한 인식 전환을 일으킨 영국의 생물학자다. 세상 만물은 신에 의해서 창조되었다고 믿던 시기에 그의 진화론은 생물학뿐만 아니라 신과 인간의 관계, 인간과 동물의 관계, 인간과 사물의 관계에까지 인식의 대전환을 가져왔다.

1831년 22세 때 해군측량선 비글호에 박물학자로서 승선해, 남아메리카·남태평양의 여러 섬(특히 갈라파고스제도)과 오스트레일리아 등지를 두루 탐사하고 1836년에 귀국했다. 항해 중에 동식물의 모습이나 지질 등에 관한 자료를 조사 수집 정리해 1839년에 《비글호 항해기》를 출간했다. 그는 이 책의 집필을 위해 관찰기록을 정리하며 진화론의 기초를 확립했다.

다윈은 1859년에 《종의 기원》을 출간해 생물체는 자연선택에 의해서 진화 발전한다고 주장했다. 자연선택설은 생물의 어떤 종에 돌연변이가 생겼을 경우 환경에 적합한 것이 살아남고 나머지는 사라져버린다는 견해다. 결국 모든 생물체는 신이 단시간에 창조한 것이 아니라 자연선택과 진화에 의해서 오늘날의 모습이 되었다는 이론이다. 다윈의 진화론은 뉴턴 역학이론과 함께 사상의 혁신을 가져와 인간의 종교관과 세계관에 큰 영향을 미쳤다.

미세 입자의 운동을 설명하는 양자역학

한편 뉴턴 역학이 설명하지 못하는 세상의 영역을 풀이해보고자 등장하여, 지금까지도 많은 학자들이 연구하고 있는 분야가 있다. 양자역학(quantum mechanics)은 원자, 분자, 소립자 등의 미시적 대상에 적용되는 역학이다. 과학자들은 17세기부터 사물의 관계에서 나타나는 힘을 꾸준히 연구해왔다. 일상생활에서 많이 보는 사물들 사이 힘의 관계를 잘 설명해주는 것이 뉴턴 역학이다. 그러나 이 뉴턴 역학은 지구나 태양 등 우주의 거대한 물체들 사이의 힘은 설명해주지 못했다. 이러한 거대 물질 사이의 역학 관계를 설명해준 것이 1905년에 발표된 아인슈타인의 생대성이론이다. 20세기에 들어오면서 과학자들은 미세 물질 사이의 힘은 기존의 고전역학으로 설명되지 않는다는 것을 알게 되었다. 이에 20세기 초 플랑크, 보어, 아인슈타인, 하이젠베르크, 드브로이, 슈뢰딩거 등 많은 과학자들이 그 대안으로 양자역학이라는 새로운 역학체계를 제시했다.

고전역학은 현재의 상태를 정확히 알고 있으면, 다음에 측정해도 동일한 현상으로 보일 것이라는 결정론적(deterministic) 입장을 취한다. 그러나 양자역학은 현재 상태를 정확히 알더라도 미래의 측정값은 정확하게 예측하기 어렵다는 입장이다. 즉 확률론적(probabilistic) 입장을 취한다. 예를 들어 어느 곳에 전자의 존재가 측정되었어도, 항상 그렇게 존재한다고 말할 수 있는 것이 아니라, 확률적으로 존재한다고 말해야 한다는 것이다. 이를 불확정성원리라 말한다.

사물을 바라보는 이러한 패러다임 변화는 물리학, 화학, 전자공학, 컴퓨터공학, 암호 등 많은 분야에 큰 영향을 미쳤다. 양자이론의 발달은 양자컴퓨터의 개발로 이어지고, 21세기의 가장 큰 게임체인저 중에 하나가 될 것으로 예상하고 있다.

철학혁명, 휴머니즘의 회복

휴머니즘(humanism)은 인간주의, 인본주의 또는 인도주의라는 뜻이며, 라틴어의 후마니타스(humanitas)에서 유래했다. 천문학, 수사학, 역사, 윤리, 정치 등 인간 생활에 관심이 많고, 인간성을 존중하려는 경향을 뜻한다. 르네상스 시기에 사상으로 대두된 휴머니즘은 그리스와 로마의 고전 작가 작품을 수집, 정리, 연구하면서 이를 가르치고 배우는 기풍이었다. 그리고 이러한 일을 하는 사람들을 휴머니스트라고 불렀다.

르네상스 시기를 거치면서 인간은 비로소 자신의 모습을 바라볼 수 있게 되었다. 인간은 어떤 존재인가? 인간은 과연 신으로부터 해방된 것인가? 인간의 자유의지는 존재하는 것인가? 인간의 인식은 어떻게 형성되는가? 이러한 인간에 대한 질문은 기존의 사상체계에 큰 변화를 가져왔다. 인간에게는 본질이란 것이 존재하고, 우리의 이성은 그것을 생각해 낼 수 있다는 합리론에서 시작해 경험론, 관념론, 계몽주의로 이어졌다. 이러한 철학 사조의 변화는 인간이라는 공통적 특성이 존재한다는 생각에서 서서히 개인의 특성을 강조하는 방향으로 발전했다.

하지만 현대사회에서는 휴머니즘, 인간주의, 인도주의, 인본주의의 의미가 르네상스 시대에서 사용할 때와 차이가 날 수 있다. 그 차이는 그 시대 상황에 의한 차이일 것으로 보인다. 당시에는 르네상스가 신 중심의 사고방식에 대한 반발로 사용되었지만, 이미 인간 중심 사고방식이 충만한 현대사회에서는 오히려 합리적 사고에 대한 대항으로 사용되는 경향이 있기 때문이다. 그래서 요즘에 인간적이라고 하면, 합리적 또는 이성적이라는 말의 반대어처럼 사용되는 경우가 많다.

문학 활동: 단테부터 세르반테스까지

14세기 이탈리아에서 르네상스가 시작된 것은 고대 로마의 문화가 쌓여 있었고 상공업의 발달로 경제적 번영을 이뤄 자유로운 시민계급이 발달했기 때문이다. 1265년 피렌체에서 태어난 단테(Dante Alighieri)는 중세에서 르네상스로 이행하던 시기의 이탈리아를 대표하는 시인이다.

9세 때 한 축제에서 우연히 만난 소녀 베아트리체는 이후 단테의 삶 전체를 지배한다. 강렬한 첫 만남에도 두 사람은 이어지지 못하고, 각자 다른 사람과 결혼했다. 처음 만난 지 9년 만인 어느 날 베아트리체가 길에서 단테를 알아보고 두 사람은 인사를 나누었다. 재회한 후 단테는 베아트리체를 연모하는 마음을 담아 시를 쓰기 시작했다. 1290년 베아트리체가 세상을 떠나자 단테는 그때까지 쓴 시를 엮어서 《신생》(1295)이란 제목으로 출간했다. 오늘날의 시각으로는 연인 간의 자연스러운 사랑 표현이지만 신 중심의 당시 사회에서는 매우 파격적으로 보였을 것이다.

단테의 최고 걸작인 《신곡》은 1321년에 완성되었는데, 〈지옥편〉, 〈연옥편〉, 〈천국편〉 3부로 이루어졌다. 소설 속에서 단테는 지옥과 연옥을 거쳐서 천국에 이르러 인생의 연인 베아트리체를 만난다. 이 작품은 그 당시 지식인의 공용어인 라틴어가 아닌 피렌체 지방어로 쓰였다. 책이 많은 사람들에게 읽히면서 피렌체 지방어가 널리 퍼지게 되었고, 이것이 이탈리아어로 자리 잡게 되었다. 단테의 영향력은 문학에만 국한되지 않았다. 들라크루아(Eugène Delacroix)의 그림 〈단테의 배〉, 로댕(Auguste Rodin)의 조각 〈지옥의 문〉, 푸치니(Giacomo Puccini)의 오페라 3부작 〈일 트리티코〉, 리스트(Franz Liszt)의 교향곡 〈단테 소나타〉 등 수많은 작품이 단테로부터 영감을 받아 탄생했다.

《데카메론》의 작가 조반니 보카치오(Giovanni Boccaccio)는 근대 소설의 선구자로 인정받는다. 1353년에 완성된 《데카메론》은 당시 지식인들 사이에서 냉담한 평가를 받았다. 그러나 일반인들로부터 폭발적 인기를 모았고, 외국에까지 퍼져 나갔다. 인쇄술도 없었고 종이도 귀한 시대에 이야기 형식의 문학이 퍼진 것이다.

윌리엄 셰익스피어(William Shakespeare)는 영국이 낳은 세계적 극작가로 〈로미오와 줄리엣〉, 〈베니스의 상인〉, 〈햄릿〉, 〈맥베스〉 등 모두 37편의 희곡을 발표했다. 사랑을 소재로 한 작품은 물론, 인간의 비극을 다룬 4대 비극 그리고 로마 역사를 배경으로 한 역사극이 유명하다. 르네상스 문화의 유입으로 사랑, 결혼, 낭만, 배신, 증오, 복수, 해학 등 주로 인간 세상에 관한 작품을 썼다. 특히 〈햄릿〉, 〈오셀로〉, 〈리어왕〉, 〈맥베스〉는 불멸의 4대 비극으로 남아 있다. 이들 작품에는 봉건적 질서가 붕괴되면서 일어나는 인간들의 치열한 삶이 생생하게 표현되어 있다. 그리고 이 작품들을 통해 인간성에 대한 따뜻한 이해와 공감을 일으킬 수 있었던 것은 셰익스피어의 창조적 결과다.

미겔 데 세르반테스(Miguel de Cervantes Saavedra)는 스페인의 소설가이자 극작가이며 시인이다. 레판토 해전에 참가해 왼손에 상처를 입었고 알제리에서 노예생활을 하는 등 힘든 세월을 보냈다. 세르반테스는 1605년 《돈키호테》 1편을 출간했다. 출간과 함께 세계적인 작가의 반열에 올랐으나 여전히 궁핍한 생활을 이어가다 10년 뒤인 1615년 《돈키호테》 2편을 출간했다.

이 작품에서 주인공인 돈키호테와 산초의 성격은 극명하게 대비된다. 고매한 이상주의자인 기사 돈키호테와 현실적이고 욕심 많은 농부 산초(나중에 돈키호테의 하인이 된다)가 대조를 이룬다. 그러나 두 사람의 상반된 특성을 잘 나타내면서 서로 협력하는 보편적 인간성은 많은 사람들에게 공감을 불러일으켰다. 세르반테스는 셰익스피어와 함께 인간 성격의 창조에 뛰어난 작가였다. 그는 1616년 4월 23일 마드리드에서 사망했는데, 이 날은 셰익스피어 사망일이기도 하다.

합리론, 경험론, 관념론

합리주의(Rationalism)는 비합리적·우연적인 것을 배척하고, 이성적이고 논리적인 것을 중시하는 철학사상을 말한다. 합리론, 이성론, 이성주의라고도 한다. 이성이나 논리가 세계를 지배한다고 생각한다. 고대 그리스의 플라톤은 이 세상을 이데아와 현실로 구분했는데, 이런 사상은 인간이 이데아를 탐구할 수 있는 이성을 보유했다고 전제하고 있다. 따라서 합리론은 플라톤에 뿌리를 두고 있다고 할 수 있다. 경험론과 대립하는 입장으로 데카르트, 라이프니츠 등의 학자들이 있다.

르네 데카르트(René Descartes)는 프랑스의 철학자, 수학자, 물리학자, 생리학자로서 합리주의 철학을 열었으며, 근대 철학의 아버지라 일컬어지고 있다. 또한 수학에서는 해석기하학의 창시자로 알려져 있다. 데카르트는 엄밀한 논증적 지식인 수학에 근거해 형이상학, 의학, 역학, 도덕 등을 포함하는 모든 학문을 보편학으로 정립하고자 했다. 그는 동시대 인물인 영국의 프랜시스 베이컨(Francis Bacon)과 함께 지식 탐구의 목적은 인간이 자연을 이해하고 기술을 개발하며, 인간 생활을 풍요롭게 만드는 데 있다고 보았다. 베이컨은 인간의 인식은 경험을 통해서 형성된다는 경험론을 주장했다.

데카르트는 진리를 확실하게 인식하기 위해 합리적 직관과 연역적 추론을 활용했다. 즉 모든 지식은 사람이 태어나면서 가지고 나온 직관에 의해서 인정되는 명제에서 출발해 추론되고 축적될 수 있다. 그는 이 기본적 명제(공리)를 찾기 위해 조금이라도 확실치 않은 모든 것을 의심했다. 먼저 감각으로부터 얻은 지식을 의심했다. 감각을 통해서 인식한 사물의 존재도 의심할 수 있다고 보았다. 그래서 그는 의심 가능한 모든 것을 제거하고 나니 남은 것은 오로지 "나는 생각한다. 고로 나는 존재한다"라는 명제였다. 의심하고 있는 나의 존재만은 의심할 수 없다. 이 명제는 신으로부터 출발한 종교적 믿음이 아니라 인간의 의식을 전면에 내놓았다는 점에서 르네상스 이후의 철학에 큰 의의가 있다. 그리고 그는 인간이기 때문에 타고난 기본적인 공통된 진리가 존재한다고 믿었다. 이는 절대적 진리가 존재한다고 믿는 플라톤의 이데아와 맞닿는다.

데카르트는 정신의 영역과 자연의 영역을 구분해 생각하는 이원론을 주장했다. 이로 인해 인간의 정신을 제외한 것들은 자연과학의 대상이 될 수 있었다. 이제 자연은 신의 영역에서 해방되어 인간의 탐구 대상이 되었다. 데카르트에게 자연은 수학적으로 표현할 수 있는 세계이며, 이성이 합리적으로 연역할 수 있는 논리적 세계다. 데카르트는 자연과 정신을 완전히 별개의 것으로 생각했기 때문에 자연을 바라볼 때에는 유물론자였고, 정신세계에 대해서는 유심론자였다.

데카르트는 수학에서도 큰 업적을 남겼는데, 가장 큰 공헌은 기하학을 수식으로 표현해 분석했다. 그는 좌표계를 제안해 원, 타원, 포물선, 쌍곡선과 같은 이차원적 기하를 수식으로 표현했다. 그렇게 기하를 수식으로 분석하고 계산할 수 있는 해석기하학을 창시했다. 또한 데카르트는 뉴턴과 라이프니츠가 개발한 미적분법의 기초를 제공한 것으로 알려져 있다. 한편 미지수를 x, y, z로 표현하는 방식을 개발했고, 제곱을 x^2으로 표현하는 것도 제안했다.

프랑스의 블레즈 파스칼(Blaise Pascal, 1623~1662)은 수학, 물리학, 철학 분야에서 큰 업적을 남겼다. 수학의 확률론과 기하학 발전에 기여했고, 특히 기계식 계산기를 발명해 컴퓨터 역사에는 라이프니츠와 함께 빠질 수 없는 이름이 되었다. 1642년 파스칼은 톱니바퀴로 된 기어를 이용해 덧셈, 뺄셈이 가능한 수동식 계산기를 만들었는데, 이것이 세계 최초의 계산기다.

독일의 고트프리트 라이프니츠(Gottfried Wilhelm Leibniz)는 수학, 철학, 물리학, 공학 발전에 많은 공헌을 했다. 라이프니츠의 업적 중에 무엇보다 뉴턴과는 별도로 미적분법을 창안한 것이 중요하다. 무한하게 작은 구간에서 함수의 변화를 나타내는 미적분 개념은 현상의 변화를 연구하는 혁명적 방법이었다. 또한 라이프니츠는 1671년 파스칼의 계산기를 개량해 곱셈과 나눗셈도 가능하게 만들었다. 더 나아가 라이프니츠는 현대 컴퓨터에서 사용하는 이진법을 창안했다. 이진법은 모든 숫자를 1과 0만으로 표시하는데, 오늘날 디지털시대의 기본이 되는 이론이다.

독일의 칸트는 물질에 대한 정신의 우위를 주장한 관념론을 주장했다. 그는 정신이 물질세계를 형성하는 근원이고, 그 내용까지도 정신이 결정한다고 말했다. 그래서 세상은 관념이 만들어 놓은 것이기 때문에, 세상과 정신은 일체이다. 즉 정신과 물질이 구분되어 있다는 이원론을 배격하고, 일원론의 입장을 취했다. 이처럼 정신을 능동적인 것으로 해석하여 진전한 인간 해방을 추구했다고 볼 수 있다. 또 다른 관념 철학자 헤겔(Georg Wilhelm Friedrich Hegel)은 세상은 항상 변하는 과정이라 보았다. 현재 상태를 나타내는 정, 모순을 지적하는 반, 그리고 모순을 해결한 합으로 발전한다는 변증법을 말했다.

낭만주의

낭만주의(Romanticism)는 18세기 말에서 19세기 중엽까지 유럽 전역에 퍼진 문예와 예술 사조다. 유럽의 주요 국가들은 17세기 프랑스에서 확립된 고전주의를 계승해 이성을 인식의 중요한 수단으로 삼는 계몽주의가 지배하고 있었다. 고전주의는 보편적 아름다움에 입각해 엄격한 규칙을 강조했다. 동적인 것보다 정적인 모습을, 노골적인 것보다 우아함을, 파격보다 절제를 중시하는 귀족문화였다. 르네상스를 통해 인간을 되찾게 되었지만, 르네상스 후에 형성된 고전주의의 주요 관심은 인간 중에서도 귀족으로 국한되었다. 그동안 인간의 사랑과 미움 등의 감성은 절제하고 드러내지 말아야 할 것이었다.

18세기 중반에 접어들어 상공업으로 부를 쌓은 부르주아 계급이 발전하면서 인간을 있는 그대로 보려는 욕구가 분출하기 시작했다. 이러한 흐름 속에서 프랑스대혁명이 일어났으나 나폴레옹 전쟁 이후 다시 왕정이 복고되면서 사람에게 큰 실망을 안겨주었다.

계몽주의 최고 성과가 이성에 의한 비합리적 정치체제의 타파였는데, 혁명을 통해 드러난 인간의 비이성적 행태를 보면서 절망하지 않을 수 없었다. 염원하던 자유의지는 실종되고 인간성의 파괴를 목도하게 된 것이다. 세상의 혼동은 정신적 폐허를 가져왔고, 사람들의 관심은 인간 내면으로 모아지기 시작했다. 이성에 억눌려 있던 개인의 감성이 자유를 얻게 된 것이다. 이와 같이 새로운 인간관과 현실에 대한 관심, 그리고 변화를 갈망하는 시대적 흐름 속에 담긴 감성적 측면을 예술적으로 전개시킨 움직임이 낭만주의다. 르네상스 이후 인간해방은 이성의 해방에 머물러 있었으며, 낭만주의를 통해 비로소 감성이 해방되기에 이르렀다고 볼 수 있다. 낭만주의 시대를 대표하는 예술가로는 음악에는 슈만(Robert Alexander Schumann)과 슈베르트(Franz Peter Schubert), 미술에는 제리코(Théodore Géricault)와 들라크루아, 문학에는 위고(Victor-Marie Hugo)와 보들레르(Charles Pierre Baudelaire)를 꼽을 수 있다.

실존주의

실존주의(Existentialism)란 20세기 전반 합리주의 사상에 대한 반동으로서 독일과 프랑스를 중심으로 일어난 철학사상이다. 합리주의 사상에서 인간이란 일반적 본성이나 인식 능력을 의미한다. 그러나 실존주의에서 실존은 보편적 인간의 본성이 아니라 한 개인으로서의 인간이 가진 환경, 감정, 신과의 관계를 뜻한다. 그래서 실존주의는 보편성보다 개별성, 초월적 가치보다 개인에 내제된 가치를 강조한다.

덴마크의 사상가 쇠렌 키에르케고르(Søren Kierkegaard)는 헤겔이 주장하는 보편적 정신의 존재를 부정한다. 그 대신 인간 정신을 개별적인 것으로 보아 개인의 주체성이 진리라고 주장했다. 그는 자유로운 결정으로 개인의 주체성과 개성을 발휘하는 진정한 삶을 강조했다. 또한 사회적으로는 자유주의, 민주주의의 요구가 인간을 평균화시켜 개인의 특성을 축소시킨다고 했다. 그리고 교회가 권력과 결탁해 퇴색되어가는 것을 비판했다.

독일의 철학자 프리드리히 니체(Friedrich Nietzsche)의 사상은 주로 근대문명에 대한 비판이며 그것의 극복에 집중되고 있다. 그는 2000년 동안 그리스도교에 의해 자라온 유럽 문명의 몰락과 허무주의의 도래를 예상했다. 인간은 공동의 가치나 목표를 잃어버려 헤겔이 말한 세계정신을 기할 수 없게 되었다. 그래서 사람들은 작은 존재가 되고 노예화되어 대중 속에 묻혀버렸다고 생각했다. 니체는 "신은 죽었다"고 선언했다. 인간을 구속하는 신이나 이성 중심의 합리주의와 같은 것들이 모두 인간 스스로 만든 것이라 보았다. 인간 스스로 만든 구속을 벗어나기 위해 신까지 죽었다고 주장한 것이다.

시민혁명, 자유·평등·인권

르네상스 시대를 통해 신으로부터 해방된 인간은 점차 철학과 사상의 주인공이 되어갔다. 그러나 그것은 왕과 귀족에 해당하는 말이었지 일반 평민에게는 어림없었다. 평민은 여전히 인간적인 대접을 받지 못하고 불평등 속에 신음하는 존재로 남아 있었다. 왕권과 교회의 폭압과 부조리 속에 노예와 같은 생활을 했다. 신으로부터는 해방되었을지 몰라도 왕과 귀족으로부터 해방되지는 못했다.

영국의 토마스 홉스(Thomas Hobbes), 존 로크의 사회계약설, 그리고 프랑스의 샤를 몽테스키외, 볼테르, 장 자크 루소 등으로 대표되는 계몽주의 사상은 절대왕정과 교회의 억압에서 벗어나, 인간의 이성과 자유에 빛을 비추자는 취지에서 시작되었다.

인간 기본권 사상에 영향을 받은 사람들은 왕과 귀족의 억압으로부터 벗어나기 위해 시민운동을 벌였다. 영국의 청교도혁명과 명예혁명을 시작으로 미국의 독립운동을 거쳐 프랑스대혁명에서 정점에 이르며 인권과 자유정신을 향한 갈망이 터져 나왔다. 그러나 프랑스대혁명 이후 사회는 부르주아 중심으로 재편되고, 노동자나 농민들에게까지 자유가 돌아갔다고 보기는 어려웠다. 노동자들의 목소리는 러시아혁명으로 분출되었다.

영국의 시민혁명

청교도혁명은 1649년 영국에서 청교도가 중심이 되어 일어난 시민혁명이다. 17세기 초에 절대왕권을 휘두르던 찰스 1세는 전쟁 자금을 마련하고자 의회를 소집했다. 이에 의회는 의회의 승인 없이 함부로 과세할 수 없도록 '권리청원'을 제출했고(1628년), 왕은 이를 승인했지만 이듬해 의회를 해산시킨다. 의회와 국왕의 대립이 심각해지자 청교도혁명이라는 내란이 일어났다. 크롬웰(Oliver Cromwell)이 이끈 의회군이 승리해 찰스 1세를 처형하고 공화정을 수립했다(1649년). 공화정의 대표가 된 크롬웰은 독재정치를 하다가 축출되고 다시 왕권을 회복했지만, 왕권도 제한될 수 있음이 확실히 인식되었고 이를 계기로 자유주의 정신이 싹트기 시작했다.

영국의 명예혁명(1688~1689)은 오늘날 영국의 입헌군주제를 확립시킨 혁명으로 피를 흘리지 않아서 명예혁명이라고 한다. 찰스 2세는 청교도혁명으로 처형되었던 찰스 1세의 장남으로 왕정복고 후 즉위했다. 그는 신교인 성공회와 청교도를 박해하고 구교를 부흥하려 시도했다. 이에 영국의회는 국교(영국성공회) 신도가 아닌 사람은 공직자가 될 수 없게 한 심사율과 인간의 기본권을 보호하기 위한 인신보호율을 가결했다. 인신보호율은 함부로 체포·투옥하는 것을 금하며, 구금된 사람은 일정 기간 내에 재판 받을 것을 명문화한 것으로, 인간의 기본권을 보장하는 법이다.

찰스 2세를 이은 제임스 2세도 독재와 구교 부흥에 더욱 열을 올렸다. 그는 심사율을 위반하며 구교도를 공직에 등용했고, 인신보호율을 무시하고 왕에 반대한 국교회 소속 주교를 불법으로 체포했다. 그의 폭정은 국민의 반감을 낳았다. 의회는 제임스 2세의 폐위를 결정하고, 왕의 장녀 메리와 남편 윌리엄을 공동 왕으로 선임했다. 1689년 왕은 의회가 제출한 권리선언을 인정해, '권리장전'으로 공포했다. 권리장전은 기본적으로 왕권을 제한하고 의회의 힘을 보장하는 내용과 선거와 표현의 자유를 보장하는 내용을 담고 있다. 이와 같이 국왕과 의회 사이의 투쟁은 의회 측의 승리로 막을 내리고, 국가 권력은 사실상 의회에 돌아갔다.

민주주의와 계몽주의

민주주의 사상은 고대 그리스와 로마 초반에 형성되고 실행되었지만 로마시대와 중세시대를 거치며 황제와 왕의 권위에 눌려 실종되었다. 17세기 후반부터 민주주의 사상이 다시 고개를 들기 시작해 18세기에 부활했다. 대표적 민주주의 사상가는 영국의 로크와 프랑스의 몽테스키외다. 존 로크(John Locke)는 1690년 《시민정부론》에서 정부는 사회계약에 의해 조직되었으므로 시민의 재산·생명·자유를 보장할 의무가 있다는 사회계약설을 주장했고, 정부의 권력남용을 예방하기 위해서 행정부와 입법부의 분립을 제안했다. 프랑스의 샤를 몽테스키외(Charles-Louis de Montesquieu)는 1748년 《법의 정신》에서 사법을 추가해 삼권분립을 주장했다. 이들의 활동을 계몽주의 사상이라 부르기도 한다.

계몽주의란 17세기와 18세기에 걸쳐서 유럽의 정치, 사회, 철학, 과학 분야에 폭넓게 전개되었던 사회발전과 사상운동을 말한다. 계몽주의의 영어 단어인 'Enlightenment'는 빛을 비추어 밝게 한다는 뜻을 포함하고 있다. 그러나 계몽주의라 번역되는 과정에서 '무지한 사람들을 깨우친다'는 뜻으로 변했다. 계몽주의는 절대왕정과 교회의 절대권위 억압에서 벗어나, 인간의 이성과 자유에 빛을 비추자는 취지의 움직임이었다. 계몽주의 사상가들은 오랫동안 인간을 짓누르던 권위를 밀어내고, 그 자리에 인간의 이성과 자유의지가 발현돼야 한다고 주장했다. 인간의 존엄성과 평등, 자유정신을 교황청, 교회, 절대군주로부터 해방시키고자 했다.

몽테스키외는 프랑스 정치사상가, 법률가, 역사가로서 국가 체제를 입법, 행정, 사법으로 분리하는 삼권분립을 최초로 제창한 정치철학자다.

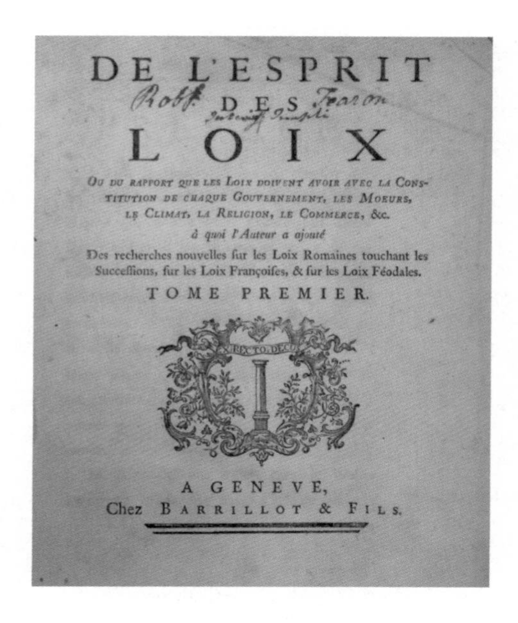
DE L'ESPRIT

DES

LOIX

OU DU RAPPORT QUE LES LOIX DOIVENT AVOIR AVEC LA CONSTITUTION DE CHAQUE GOUVERNEMENT, LES MOEURS, LE CLIMAT, LA RELIGION, LE COMMERCE, &c.

à quoi l'Auteur a ajouté

Des recherches nouvelles ſur les Loix Romaines touchant les Succeſſions, ſur les Loix Françoiſes, & ſur les Loix Féodales.

TOME PREMIER.

A GENEVE,

Chez BARRILLOT & FILS.

몽테스키외의 《법의 정신》 초판본

귀족 출신인 그는 한때 높은 고위직에 올랐지만 모든 것을 정리하고 연구와 저술 활동에 몰두했다. 그의 책 《법의 정신》은 2년 내에 22판을 발행할 정도로 대성공을 거두었다. 이 책에서 몽테스키외는 군주정, 전제정, 공화정 등 다양한 정치체제를 비교 분석했다. 법과 상업의 관계, 법과 종교의 관계, 법과 화폐 사용의 관계 등 방대한 분야에서 법 이론을 설명했다. 법이란 보편적, 초월적 명령이 아니라 풍속, 종교, 국민성 등 여러 환경이나 조건들과 관계가 있다는 것이 그의 기본적인 주장이다. 이 책은 사회개혁을 강조하는 계몽주의 내용을 포함하고 있어서 교황청의 금서목록에 포함되기도 했지만, 그럼에도 전 세계로 퍼져 나갔다. 미국 건국의 아버지들이 애독했고 미국의 연방정부 구상과 헌법에 크나큰 영향을 주었다.

볼테르(Voltaire)는 프랑스 계몽주의를 대표하는 비판적 작가로 이름이 높다. 볼테르는 드니 디드로(Denis Diderot)가 주도한《백과전서》의 집필에 참여해 프랑스대혁명의 기초 사상을 제공했다. 볼테르는 프랑스 사회와 교회의 불평등과 부조리를 비판했는데, 교회에 대해서는 신의 이름을 빌려 온갖 불법을 행하고 있다고 했다. 그러나 그는 교회 체제를 비판했지만 기독교 자체를 부정하지는 않았다. 프랑스 정부는 그의 저서가 체제 비판을 담고 있다고 판단해 금서 조치와 함께 저자 체포영장을 발부했다. 볼테르는 과학의 합리성을 높이 평가했다. 뉴턴과 사과에 관한 유명한 일화를 처음으로 소개한 것으로도 유명하다. 볼테르는 데카르트의 합리주의와 뉴턴과 로크의 사상을 결합시켰다고 평가받는다.

《백과전서》란 1751년부터 1781년까지 전 30권(본문 19권, 도판 11권)으로 간행된 백과사전이다. 디드로(Denis Diderot)와 달랑베르(Jean Le Rond d'Alembert)가 편찬에 핵심적 역할을 했으며 몽테스키외, 볼테르, 루소를 비롯한 당대 최고의 저술가들이 항목별로 집필에 참여했다. 이 백과사전은 프랑스 계몽주의를 상징하고 프랑스대혁명에 기초이론을 제공했다는 평가를 받는다.

장 자크 루소(Jean Jacques Rousseau)는 프랑스의 계몽사상가로서 사회계약론을 주장했다. 1762년에 그의 대표작《사회계약론》을 발표해, 개인의 자유와 평등이라는 자연권과 국가의 관계를 다루었다. 이 책에서 루소는 국가의 주권은 국민에게 있다는 국민주권론을 주장했다. 당시는 왕권은 신에게서 부여받는다는 왕권신수설이 인정되던 시기여서 루소의 사회계약론은 매우 혁명적 주장이었다. 홉스와 로크도 사회계약론을 주장했지만, 이들은 군주제를 인정하는 계약관계를 논했다. 그러나 루소의 사회계약론은 대등한 계약론으로 더욱 진보된 사상이었다. 루소의 사상은 국민 주권과 혁명권을 인정함으로써 1789년 프랑스대혁명에 큰 영향을 주었고 근대 민주주의 사상의 기초가 되었다.

루소는 개인이 원래 기본권을 가지고 태어났지만 이를 지키기 어려워, 공동으로 보호하기 위해 계약에 의해 국가권력을 만들었다고 보았다. 그런데 이렇게 시작된 국가권력이 인간의 기본권을 구속하고 불평등을 만드는 상태에 이르렀다고 주장했다. 그는 인간의 자유와 국가권력이 조화를 이룰 때에만 국가권력이 정당화될 수 있다고 말했다.

루소는 "자연으로 돌아가라"라는 말로 유명하다. 이 말의 의미가 자연 상태로 돌아가라는 것으로 해석되기도 한다. 그러나 그의 사상에 비추어보면, 인간이 타고난 자연권이 보장되는 상태로 돌아가라는 말로 해석된다.

미국 독립선언과 프랑스대혁명

미국 독립선언은 1776년 아메리카합중국이 영국으로부터 독립을 선포한 일이다. 이 독립선언문은 기본적으로 미국의 독립 정당성을 주장한 것이지만, 인간의 자연권을 선언한 것에서 시민혁명적 의미가 있다. 식민지인들에게도 생명, 자유, 행복의 추구라는 천부적인 권리가 존재한다고 강조하면서, 그 권리를 지키기 위한 정부가 필요하다고 주장했다. 또한 정부는 피지배자의 동의로 성립되는 것이라며 혁명권을 내세웠다. 이 선언문은 유럽 계몽 사상가들의 인권 사상이 최초로 공식 문서화되었고, 추후 미국 헌법에 그대로 반영되었다는 점에서 큰 의의가 있다.

1789년 프랑스 왕 루이 16세는 세금 징수 문제를 다루기 위해 전국신분회를 소집했다. 제1 신분인 성직자 대표, 제2 신분인 귀족 대표, 제3 신분인 평민 대표로 구성된 신분회는 그동안 왕의 세금 정책에 손만 들어주는 역할을 하고 있었다. 그러나 이번에는 평민 대표들이 거부하고 나섰다. 인구는 2퍼센트에 불과하면서 전체 농지의 40퍼센트 이상을 소유하고도 세금 한 푼 안 내는 귀족과 성직자들의 횡포를 더 이상 참을 수 없

들라크루아의 〈민중을 이끄는 자유의 여신〉

었던 것이다.

반기를 든 제3 신분의 평민 대표들은 자신들이 국민의 대표 기관이라며, 스스로를 '국민의회'라고 선언했다. 왕은 무력으로 진압할 계획을 세웠고, 파리 시민들은 무기고를 습격하고 무장해 저항했다. 시민들은 정치범들이 갇혀 있는 바스티유 감옥을 함락시켰다.

혁명의 불길은 전국으로 번져 각 지방 영주들이 공격당했다. 국민의회는 봉건적 특권을 폐지한다고 선언했고 왕과 귀족들은 물러설 수밖에 없었다. 국민의회는 헌법을 제정하기 위한 작업을 시작하고, 선언문을 발표했다. 선언문 제1조에 인간은 태어나면서부터 자유와 평등의 권리를 가진다고 명시했다. 사상과 언론의 자유, 폭압에 저항할 권리도 명시했다. 그러나 이 인권선언은 모든 사람에게 그대로 적용되지 않았다. 부르주아들과 함께 혁명을 일으켰지만 가난한 민중은 여전히 자유롭고 평등한 인권을 누릴 수 없었다.

국민의회는 입헌군주제 헌법을 준비하고 있었다. 그러나 왕은 타협을 거부하고 외국 군대를 동원해서 혁명을 진압하려고 했다. 당시 주변국들은 혁명의 불길이 번지는 것을 두려워하고 있었다. 오스트리아와 프로이센을 중심으로 한 반혁명 연합군이 프랑스로 쳐들어왔다. 혁명전쟁이 시작된 것이다. 혁명을 지키려는 부르주아와 민중들은 파리에 몰려들어 싸웠다. 결국 외세를 끌어들인 루이 16세는 단두대의 이슬로 사라졌다. 혁명군은 낡은 질서와 타협하려는 국민의회를 무너뜨리고 공화정을 선포했다. 이제 프랑스는 왕이 없는 공화국이 되었다.

프랑스혁명은 시민혁명의 전형이며 민주주의 발전에 가장 큰 영향을 주었다. 전 국민이 자유의지에 따라서 자유와 평등의 권리를 확보하기 위해 일어선 혁명이라는 점에서 세계사에 큰 획을 긋는 사건이었다. 계몽사상가인 몽테스키외, 볼테르, 루소 등이 약 반세기 전부터 배양하고 있었던 자유와 평등이라는 기본권 사상이 폭발적으로 발현된 것이다.

현대 자본주의의 등장

이런 시민의식에 큰 영향을 끼친 사상은 자본주의와 계몽주의다. 자본주의는 사유재산을 인정하고 자본을 새로운 힘의 원천으로 만들며 전통적 신분사상에서 벗어나 사회 구도를 재편하고 신흥 계층을 만들었다. 가장 결정적인 역할을 한 것은 계몽주의였다. 계몽주의는 왕권이나 교회의 권위보다 인간의 이성과 자유의 가치를 우위에 두었다. 인간의 보편적인 기본권을 가장 잘 보호할 수 있는 체제를 만들어야 한다고 주장하며 민주주의의 길을 닦았다.

자본주의란 사유재산제에 바탕을 두고 이윤 획득을 위해 상품의 생산과 소비가 이루어지는 경제체제를 말한다. 하지만 이 경제체제는 현재 정치, 사회, 문화 등의 모든 영역을 지배하는 사상으로 자리 잡았다. 자본주의는 자본을 공동으로 소유하는 사회주의와 대비된다. 이 경제체제는 16세기경부터 유럽 봉건제도에서 싹트기 시작해 18세기 중반부터 영국과 프랑스 등을 중심으로 점차 발달했고, 산업혁명에 의해서 확립되었다. 자본주의의 특징은 사유재산과 이윤추구라는 대명제 외에 모든 재화에 가격을 매긴다는 점, 노동을 상품화한다는 점, 전체로서 볼 때 상품을 무계획적으로 생산한다는 점 등을 들 수 있다.

평민들의 사유재산을 인정하지 않는 봉건제도에서 노동력은 신분적 예속에 의해서 강제되었다. 그러나 자본주의에서 노동력은 돈을 매개로 거래되는 상품이 되었다. 이와 같이 모든 노동에도 가격이 매겨지며 신분에 의한 강제 노동에서 벗어나는 듯했지만, 노동자는 자본의 구속이라는 새로운 형태의 모순에 빠지게 되었다. 칼 마르크스(Karl Heinrich Marx)는 이러한 문제를 지적하며, 자본주의가 발전함에 따라 노동의 상품화 모순이 심화되어 사회주의로의 이행이 불가피하다고 주장했다.

그러나 그의 예상과는 달리 자본주의는 영향력을 계속 확장하고 있다. 애덤 스미스(Adam Smith)가 쓴 《국부론》은 최초의 근대적 경제학 서적으로 현대 자본주의의 근간을 세웠다. 스미스는 사유재산을 기반으로 개인이 이익을 추구하는 경제활동을 자연스러운 것으로 인정했다. 그러면서 경제활동의 자유를 허용하는 것 자체가 도덕의 한 형태라고 주장해 자본주의 사상을 뒷받침했다. 그러면서 이익추구를 향한 욕구, 생산, 시장 경쟁 그리고 노동의 분업이 국부 창출의 동력이라고 보았다.

스미스는 '보이지 않는 손'에 의해서 이익을 추구하는 개인의 행위가 사회 전체의 이익과 조화를 이루게 된다고 말했다. 다수의 수요자와 공급자가 각자 자기 이익을 극대화시키기 위해 노력한 결과로 수요자의 욕구와 공급자의 욕구의 균형점에서 가격이 형성된다. 이런 과정을 거쳐 결정된 가격은 사람들을 고루 만족시키는 것은 물론 사회 전체의 이익도 극대화시킨다는 것이다. 스미스는 보이지 않는 손이 존재하는 시장경제야말로 모든 사람에게 만족스러운 결과를 낳으며, 사회의 자원을 적절하게 배분할 수 있다고 보았다.

그는 분업의 양면성과 독점이나 집중의 폐단에 대해서도 지적했다. 분업은 생산성을 향상시키는 긍정적 측면이 있지만, 동일한 일만 반복하다 생을 보내야 하는 노동자의 삶에 대해 우려하기도 했다. 또한 경제적 집중은 자유시장의 본질적 능력을 왜곡시키고, 독점 행위에 의한 이익 추구는 시장을 왜곡시키고 전체의 이익을 해친다고 보았다.

산업혁명, 개척과 혁신

현대는 서양문명이 지배하는 사회가 되었다. 어떤 계기로 그렇게 되었을까? 여러 가지 이유가 있겠지만, 그중에서도 유럽인들의 대항해시대를 주목해볼 수 있다. 그런데 왜 동양인들은 대항해를 하지 않았을까? 사실 항해를 먼저 시작한 것은 중국 명나라 때 정화의 함대다. 시기도 유럽보다 훨씬 앞서 있었으며, 함대 규모도 비교할 수 없을 정도로 컸다. 그런데 왜 중국은 항해를 중단하고 유럽은 계속했을까? 중국은 투자에 비해 얻을 것이 크지 않았지만, 유럽은 이득이 컸기 때문이다. 유럽은 비단과 향료를 얻기 위해서 항해를 계속해야 했다. 그에 비해 동양은 그런 것들을 모두 보유하고 있었기 때문에 굳이 항해를 계속할 이유가 적었던 것이다.

15세기경 유럽은 동양에 비해 모든 면에서 열세였다. 그 당시 동양은 화약과 나침반을 발명해 고도의 문명을 이루고 있었다. 그러나 유럽은 중국보다 위도가 높아서 일조량이 풍부하지 않았고, 토양이 척박해 농업생산량이 충분하지 않았다. 식량의 여유가 없으니 인구가 많지 않았다. 유럽의 귀족들은 동양에서 온 비단을 입고 있었고, 고기의 냄새를 없애주는 동양의 향료를 사용했다. 당시 동양과의 무역은 실크로드가 이용되었다. 그런데 오스만튀르크가 1453년에 동로마제국을 멸망시키고 무역로를 차단해 버렸다. 무역로가 차단되자 유럽 사회는 혼란에 빠졌다. 특히 향료 가격이 폭등해 누구든 향료를 수입할 수만 있다면 일확천금을 노려볼 수 있었다.

대항해시대

유럽에서 아시아로 가는 항로를 처음 개척한 나라는 포르투갈이었다. 당시 엔히크(Henrique de Borgonha) 왕자는 해양 기술의 중요성을 알고 포르투갈 최남단 사그레스에 해양연구소를 설립해, 세계적으로 뛰어난 인재들을 모으기 시작했다. 탐험가, 지리학자, 조선기술자, 토목기술자, 수학자, 천문학자들을 영입해 해양 연구를 시작했다. 중국의 나침반과 이슬람 선박 기술을 습득하고, 항해술을 발전시켜 나갔다. 그 당시 이슬람인들의 배는 삼각돛을 이용했는데, 삼각돛에 바람을 넣으면 기압 차이에 의해서 역풍에도 전진할 수 있다는 장점이 있었다. 엔히크 왕자는 이러한 원리를 이용해 캐러벨(caravel)을 개발했고, 이 캐러벨은 훗날 대항해시대를 여는 중요한 수단이 되었다. 엔히크 왕자가 1434년경부터 파견한 탐험 항해가들은 아프리카 서해안을 따라서 항해했고, 그가 직접 지휘한 탐험대는 1445년에 북위 약 15도에 있는 세네갈, 감비아강 하구까지 도달했다. 이후 포르투갈은 아프리카 최남단 희망봉에 도착한다.

대규모로 바닷길을 개척한 것은 동양이 앞섰다. 중국 명나라 정화의 대원정은 1405년 7월 11일에 출발해 1407년에 끝난 제1차 항해를 시작으로 1433년에 끝난 7차까지 모두 합쳐 16여 년에 걸쳐 이루어졌다. 동남아시아의 말라카, 태국, 인도의 캘리컷, 스리랑카, 페르시아의 호르무즈, 아라비아의 아덴, 소말리아의 모가디슈, 케냐의 몸바사까지 항해했다. 정화의 함대는 나침반으로 방향을 찾고, 물시계를 가지고 배의 속력을 따지며 장거리 항해를 했다. 선원들의 주식은 현미와 채소절임이었고, 개고기도 먹었다. 비타민 섭취를 위해 배 위에서 채소를 재배하고, 기생들도 태웠고, 학자들도 탑승해 진귀한 이국의 풍물을 탐구했다.

중국은 유럽보다 수십 년 먼저 훨씬 더 큰 규모로 신항로를 개척하러 항해에 나섰다. 1492년 크리스토퍼 콜럼버스(Christopher Columbus)

엔히크 왕자와 그의 캐러벨을 그린 우표

는 함대 3척에 선원 90명과 함께 스페인의 팔로스 항구에서 출항했다. 그러나 1405년 명나라의 정화(鄭和)는 대형선박 62척에 2만 7000명의 선원과 원정에 나섰다. 콜럼버스의 배는 길이 27미터에 400톤급이었지만 정화의 배는 길이 120미터에 1500톤급이었다. 서양 배는 기본적으로 활로 무장했으나 중국 배는 총통을 비롯한 각종 화약 무기를 갖추고 있었다. 하지만 콜럼버스 탐험대는 역풍에서도 진행할 수 있는 캐러벨을 이용했지만 중국 함대는 그렇지 못했다.

정화의 항해는 그를 지원하던 명나라 황제 영락제의 죽음으로 끝이 난다. 영락제를 이은 황제는 항해를 금지하고 해양 쇄국을 시작한다. 명나라가 해양 원정을 멈춘 이유에 대해서는 정확히 밝혀진 것은 없지만 해양 원정이 엄청난 비용이 드는 데 반해 얻는 것이 그다지 크지 않기 때문일 것이라는 설이 설득력을 얻고 있다. 중국은 중앙집권국가였기 때문에 넓은 영토에서 나오는 물자를 효율적으로 유통하면 그다지 물자가 부족하지 않았기 때문이다.

그러나 앞서 말했듯 유럽에서는 비잔틴 제국의 멸망으로 교역로가 차단되고 향료와 비단 무역이 중단되자 가격이 폭등해 항로 개척의 필요성이 커졌다. 콜럼버스는 1492년에 신대륙을 발견하고, 1498년에는 바스코 다 가마(Vasco da Gama)가 아프리카 남단을 돌아서 인도에 도착한다. 그리고 페르디난드 마젤란(Ferdinand Magellan)의 탐험대는 1519년 스페인에서 출발해 3년 만에 지구를 일주하는 데 성공했다. 유럽은 대항해시대를 거치면서 전 세계에서 많은 물자와 노예를 들여오고 식민지를 개척해 상업 중심 사회로 발달한다. 그러면서 공업제품의 수요가 늘어나고 산업혁명과 자본주의 발달로 이어진다.

산업혁명의 발상지, 영국

르네상스를 선도하던 이탈리아 북부에서는 불규칙적으로 특허를 인정하는 제도를 시행하고 있었다. 예를 들어 피렌체에서는 대리석을 운송하기 위해 발명된 바지선에 대해 3년간 배타적 독점권을 부여하기도 했다. 정식 법으로 특허권을 인정한 곳은 베네치아다. 1474년에 베네치아는 모직물 공업의 발전을 위해서 보호기간을 10년으로 하는 특허법을 제정했다.

한편 영국에서는 국왕이 돈을 받고 특정인에게 독점권을 주는 일이 무질서하게 일어났다. 1623년 영국 의회는 국왕의 무분별한 독점권 남발을 방지하기 위해 명문화된 특허법을 제정했다. 왕권을 견제하기 위한 법이었지만, 명문화된 법은 사람들에게 예측 가능성을 높여주었다. 즉 유럽인들에게 영국에 가면 법이 정하는 바에 따라서 일정 기간 동안 독점적 사업을 펼칠 수 있다는 믿음을 주었다. 그로 인해 유럽의 기술자들이 영국으로 몰려오면서, 방적기, 증기기관 등을 발명하고 산업혁명을 선도하는 결과를 내었다. 유럽의 변두리 국가 영국이 18세기에 산업혁명을 먼저 일으키고, 유럽과 세계를 제패하는 국가로 성장할 수 있었던 주된 요인으로 특허제도의 확립을 꼽을 수 있다.

약 1만 년 동안 이렇다 할 변화 없이 지속된 인간의 노동방식과 생활방식에 근본적 변화를 불러일으킨 것은 기계의 발명이었다. 산업혁명이란 18세기 중엽 영국에서 시작된 기술혁신과 이에 수반해 일어난 사회·경제 구조의 변혁을 말한다. 제임스 와트(James Watt)의 증기기관 발명에서 시작된 산업혁명은 유럽, 미국, 러시아 등으로 퍼져 나갔다. 20세기 후반에 이르러서는 동남아시아와 아프리카, 라틴아메리카로 확산되었다. 산업혁명을 통해 사회는 농업사회에서 공업사회로 변환되었고, 지금도 그 변화는 계속되고 있다고 볼 수 있다.

인류의 문명사를 통해 본다면 18세기 중반 영국의 산업혁명을 1차 산업혁명이라 한다. 이 혁명은 기계가 인간의 노동을 대신하는 변화를 일으켰다. 19세기 말부터 20세기 초에 걸쳐서 일어난 혁명을 2차 산업혁명이라 한다. 2차 산업혁명에서는 전기 모터가 발명되어 노동을 대신했고, 지금도 거의 모든 공장과 가정에서 전기 모터가 일하고 있다. 20세기 중반에 들어서 컴퓨터의 출현으로 3차 산업혁명이라 불리는 정보혁명이 일어난다. 컴퓨터의 출현으로 고속 계산과 대용량 기억이 가능해졌고, 정보통신과 인터넷 기술의 발달은 사람들 사이의 정보 소통에 획기적 변화를 일으켰다. 21세기에 접어든 현대에는 인공지능의 발달로 인간의 개입 없이 생산과 소비가 이루어지는 4차 산업혁명이 진행되고 있다.

산업혁명: 생산기술의 확산과 사회구조의 변화

대학에서 기계수리공으로 일하던 제임스 와트(James Watt)는 1763년 겨울 뉴커먼으로부터 증기기관 모형을 수리해달라는 의뢰를 받았다. 뉴커먼의 증기기관은 증기를 이용한 동력기의 가장 기본적 요소를 갖춘 최초의 기계로 1712년 토머스 뉴커먼(Thomas Newcomen)이 실용화시켰다. 그러나 이 증기기관은 증기 압축을 위해 물이 분사될 때마다 실린더 전체가 냉각되기 때문에 열 손실이 크고 석탄 소모량도 많다는 단점이 있었다. 뉴커먼의 기계를 수리한 와트는 피스톤의 왕복운동 때마다 실린더를 식히고 다시 가열하는데, 이 과정 중에 발생하는 열 손실을 막는 해법을 깨달았다. 2개의 실린더를 교대로 가열하면 압력을 받아 동력을 만

와트의 증기기관 그림과 모형

들기 때문에 기관이 멈추지 않고 계속 작동하면 열 손실을 막을 수 있다. 즉 오늘날의 증기기관과 가솔린 엔진에 여러 개의 실린더가 있는 그 모습이다. 증기기관의 상업화를 위해 개선 작업에 매진해오던 와트는 드디어 1769년 증기와 연료의 소모를 줄이는 새롭게 고안한 방법으로 특허를 받았고, 그 후에 상업적으로 큰 성공을 거두었다. 특허제도에 의해서 오랫동안 독점적 활동을 할 수 있게 된 것이다.

증기기관의 발명은 다양한 기계의 발명으로 이어졌다. 실을 짜는 물레에 증기기관이 결합해 방적기계가 되었고, 옷감을 짜는 베틀에 증기기관이 붙어서 방직기계가 되었다. 마차에 증기엔진을 붙이니 기차가 되었고, 돛배에 증기엔진을 얹으니 기선이 되었다. 인간은 증기기관을 이용해 육체노동에서 해방될 수 있었고 또한 지리적 제약을 벗어날 수 있었다.

증기기관은 육체노동이 필요한 곳에 활용되기 시작했고, 기계는 인간의 육체적 한계를 뛰어넘은 엄청난 생산성 향상을 보여주었다. 증기기관의 보급으로 수많은 공장이 출현했고, 농부들이 공장에 몰려들어 노동자가 되었고, 그들이 모여든 그곳에 새로운 도시가 형성되었다. 증기기관은 노동에 엄청난 변화를 가져왔을 뿐만 아니라 생활방식에도 혁신적 변화를 가져왔다. 오랫동안 농촌에서 살던 사람들이 공장이 있는 도시에서 살게 되었고, 도시는 점점 더 생활의 중심지로 발달하게 되었다. 이처럼 증기기관은 새로운 문명을 건설하는 원동력이 되었고, 인간의 생산력과 생활 방식에도 획기적 변화를 가져왔다.

새로운 생산기술의 확산은 사회구조의 변화를 요구했다. 생산의 중심지는 농토에서 공장으로 이동해갔다. 높은 부가가치를 창출하는 상공인들의 발언권이 세졌다. 전통적 생산수단인 농토에 의존하던 귀족과 공장과 기계로 부를 쌓는 신흥 상공인들 사이의 갈등이 고조되었다. 또한 직조를 위한 면화와 양모의 수요가 급증하고 이것을 공급하기 위해 해외시장에 관심이 커졌다. 부르주아로 불리는 신흥 상공인들과 기존 귀족세력의 충돌은 1789년 프랑스대혁명으로 표출되었다. 그리고 많은 공장을 돌리기 위한 원자재 확보와 판매시장 확대에 대한 욕구는 해외시장 개척으로 이어졌다. 해외시장을 통한 활발한 산업활동은 자본주의의 발달을 가져왔고 그에 따라서 대규모 공장이 발달했다. 공장의 대량생산 시스템은 자본과 노동의 문제에 대해 근원적 질문을 낳았고, 이러한 사회적 문제점을 지적한 칼 마르크스의 《자본론》이 나왔다.

전기혁명: 생활방식에 큰 변화를 가져오다

우주에는 4가지 힘이 존재한다. 그중에 중력과 전자기력은 미시 세계와 거시 세계 모두에 적용된다. 나머지 두 힘인 강력과 약력은 원자 차원의 미시 세계에만 적용된다. 전자기력에는 전기력과 자기력이 있는데, 이 2가지 힘은 처음에는 별개의 것으로 알려졌다가 결국 동일한 것으로 밝혀졌다.

전기력이란 전하(+, -)를 띤 두 물체 사이에서 작용하는 힘을 말한다. 서로 다른 종류의 전하 사이에는 인력(끌어당기는 힘)이, 동일한 전하 사이에는 척력(밀어내는 힘)이 작용한다. 자기력은 2가지 자극(N, S) 사이에 작용하는 힘이다. 다른 극끼리는 서로 당기는 인력이 작용하고, 동일한 극끼리는 서로 미는 척력이 작용한다.

약 2000년 전 고대 그리스 크레타섬의 마그네스 마을에 사는 한 양치기는 철로 만든 막대기가 바위에 달라붙는 것을 알게 되었다. 이때부터 자석을 부르는 마그넷(magnet), 즉 철을 끌어당기는 돌이란 말이 생겨났다고 한다. 그리스의 철학자 탈레스는 나무의 수액이 단단하게 굳은 호박을 문지르면 마른 잎 같은 가벼운 물체들을 끌어당긴다는 사실을 발견했다. 11세기경 중국에서는 황철석이 나침반 역할을 한다는 사실을 알아냈다.

현재 우리가 가진 전기와 자기에 대한 지식은 대부분 18세기 중반부터 19세기 중반까지 약 100년 동안 형성되었다. 수많은 물리학자들의 연구를 통해 전기력과 자기력이 서로 연관되어 있음을 발견했다. 18세기 중반 미국의 벤저민 프랭클린(Benjamin Franklin)은 폭풍우가 치는 날 연을 날리는 실험을 통해 번개가 전기의 일종이라는 사실을 알아냈다. 1785년 프랑스의 샤를 드 쿨롱(Charles Augustin de Coulomb)은 두 개의 전하(+, –) 사이에 작용하는 전기력을 측정했다. 전기력은 2개의 전하량 곱에 비례하고 그들 사이 거리의 제곱에 반비례한다는 것을 알아냈다. 또한 2개의 자극(N, S) 사이에 작용하는 자기력도 같은 식으로 표현된다는 것을 밝혀냈다. 1780년대 이탈리아의 알레산드로 볼타(Alessandro Volta)는 아연 막대와 구리 막대를 황산 용액에 담그고 철사를 연결하면 전류가 흐른다는 사실을 발견했다. 이렇게 전기에 대한 본격적 연구가 시작되었다.

오랫동안 사람들은 전기현상과 자기현상이 별 관련 없는 독자적 현상이라고 생각했다. 1822년경에 프랑스의 앙드레마리 앙페르(André-Marie

Ampère)는 2개의 전선에 전류를 흐르게 하면 자기력이 발생하는 것을 알아내고, 이 관계를 앙페르 법칙이란 수식으로 나타냈다. 전류가 자기장을 형성한다는 것이 알려진 다음, 1831년경 영국의 마이클 패러데이(Michael Faraday)는 도선을 감은 코일 속에 자석을 넣었다 뺐다 하면, 코일 속에 전류가 만들어지는 것을 알았다. 자석을 빠르게 움직일수록 그리고 코일에 도선을 많이 감을수록 발생되는 전류의 세기가 강해지는 것도 발견했다. 이렇게 전혀 다른 현상으로 알려졌던 전기와 자기가 하나의 통합된 현상이라는 것을 알게 되었다.

1831년 패러데이가 전자기유도를 발견할 무렵부터 전기모터가 만들어지기 시작했다. 전류가 자기장 속에서 받는 힘을 이용해 전기에너지를 기계적 움직임으로 바꾸는 장치다. 발전기는 전기모터와 반대되는 장치로 운동에너지를 이용해 전기를 생산한다. 전동기와 발전기는 서로 반대의 역할을 한다. 즉 모터는 전기에너지를 운동에너지로 만들고, 발전기는 운동에너지를 전기에너지로 만든다.

전기와 전자의 관계를 통합적으로 체계화해 전자기장 이론을 제시한 것은 영국의 물리학자 제임스 맥스웰(James Clerk Maxwell)이다. 1864년 맥스웰은 맥스웰 방정식이라는 간결한 미분방정식을 이용해 쿨롱과 앙페르, 패러데이가 발견한 원리를 통합했다. 그는 전기장의 힘과 자기장의 힘을 전자기장이라는 단일한 장으로 통합했다. 또한 전하가 파동을 이루며 이동한다는 것과 이때 전하의 속도가 빛의 속도와 같다는 것도 알아냈다.

이렇게 인간은 발전기를 이용해 전기를 만들고, 이렇게 만든 전기를 전기모터에 넣으면 물리적 힘을 생산할 수 있는 이론적 바탕을 완성했다. 이제 전기를 이용해 일하는 전기혁명이 시작된 것이다.

전기에너지를 활용하자 인간의 생활은 혁명적으로 변화했다. 전기모터를 이용해 전기에너지를 다시 운동에너지로 바꿀 수 있고, 발열기를 이용해 열에너지로 바꿀 수 있다. 또한 전기에너지는 화학에너지, 빛에너지, 소리에너지 등 다양한 형태로 변환이 가능하다. 기존의 산업혁명에서는 증기의 힘(열에너지)을 운동에너지로 변환하는 것이었지만 전기혁명은 전기에너지를 수많은 형태의 에너지로 바꿀 수 있게 되었다. 새로운 인류 문명의 탄생으로 기존의 산업혁명과 구분해 이 전기혁명을 2차 산업혁명이라 부르기도 한다.

전기기술은 전기분해 기술을 낳았고, 석유를 이용해 거대한 화학산업을 일으켰다. 한편 전기기술은 전자기술의 발전으로 이어져 컴퓨터와 통신산업을 촉발했다. 3차 산업혁명으로 일컬어지는 정보혁명도 사실은 전기혁명의 발전과 함께 준비되고 있었다. 전자의 이동을 신호처럼 이용하는 컴퓨터는 인간의 정보처리 속도를 빛의 속도로 바꾸어놓았다.

본격적인 전기의 활용은 대규모 발전이 시작되면서 가능해졌다. 전기를 사용하면서 전류전쟁이 불붙었다. 직류전기와 교류전기 중 어느 것이 좋은지 밝히고자 하는 논쟁이었다. 1879년 전구를 발명한 에디슨은 1882년 이에 필요한 전기를 공급하기 위해 직류 발전소를 뉴욕에 세웠다. 에디슨은 직류전기를 고집했지만 송전 거리가 약 1킬로미터 정도밖에 안 되었다. 니콜라 테슬라(Nikola Tesla)는 에디슨에 맞서서 교류전기의 유용성을 주장했다. 테슬라는 1895년 나이아가라 폭포에 수력발전소를 건설해 34킬로미터 떨어진 뉴욕주 버팔로에 전기를 공급했다. 테슬라가 장거리 송전이 가능함을 증명해 보이자 전류전쟁이 마무리되었다. 거의 모든 공장이 전기모터에 의해서 작동되는 2차 산업혁명 시대가 열렸다.

1차, 2차 산업혁명을 거치면서 인간의 생산력은 비약적으로 발전했다. 인간과 동물의 힘으로 농사를 짓던 시대와 기계와 화학비료를 이용하는 시대의 농업생산성은 비교할 수 없을 정도였다. 동물이 만드는 생산력과 증기기관이 만드는 생산력, 나아가 전기가 만드는 생산력은 현저하게 차이가 났다. 기계와 공장의 발달은 생산 시스템의 규모를 크게 만들었고, 효율적 분업 생산방식이 발달했다. 분업과 협업에 의한 생산관리는 생산력의 중요한 구성 요소가 되었다.

거리를 극복해 이동하고자 하는 인간의 오랜 욕망이 실현된 것도 이 시기였다. 1차 산업혁명의 결과로 증기기관에 의한 이동수단이 나타났다. 2차 산업혁명은 원유에서 품질 좋은 휘발유를 뽑아낼 수 있게 해주었고, 이 휘발유를 이용한 가솔린 엔진이 발명돼 현대 자동차 문명이 시작되었다. 마찬가지로 가솔린 엔진을 이용한 비행기의 출현으로 대륙 간 이동이 자유로워졌다.

2차 산업혁명은 생활방식에도 큰 변화를 불러왔다. 에디슨이 발명한 전구에 의해서 어두운 저녁에도 활동이 가능했다. 처음에는 공장에서 주로 사용되던 전기모터가 소형화되면서 가정에도 들어왔다. 가정용 세탁기와 냉장고는 가사노동을 현격하게 줄여주었다. 시간 여유가 생긴 여성들은 사회활동에 관심을 가지게 되었고, 사회 곳곳에 여성의 참여가 활발하게 일어났다. 이런 현상은 자연스럽게 여성해방운동으로 이어졌고, 드디어 1920년 미국에서 여성 참정권이 주어졌다. 여성의 사회참여 확대가 반드시 전기혁명에 의한 것이라 말하기는 어렵겠지만, 중요한 원인이었음을 부인하기는 어렵다.

3차 산업혁명: 정보통신 기술의 발전

산업혁명을 통해 급속도로 팽창된 국가와 기업들의 생산력은 국내시장으로는 만족할 수 없는 규모로 커졌다. 대량으로 생산된 상품을 팔 수 있는 해외시장이 필요했다. 또한 대량생산을 위한 원료를 공급해줄 해외 공급처가 필요했다. 식민지는 완성품을 비싼 값에 팔고 원료를 값싸게 들여올 수 있는 좋은 시장이었다. 유럽 열강들은 앞다퉈 식민지 개척에

콜로서스를 작동하는 모습

뛰어들었고, 제국주의 시장 쟁탈전이 시작되었다. 강대국들의 경쟁은 결국 전쟁으로 이어질 수밖에 없었고, 그 결과가 1차, 2차 세계대전이었다고 볼 수 있다.

생과 사를 가르는 전쟁은 인간에게 극한의 상황을 제공한다. 전쟁의 승리를 위해서는 모든 노력을 경주하고, 어떠한 희생도 아깝지 않다. 2차 세계대전은 정보혁명의 씨앗을 잉태하는 시간이었다. 적국의 정보를 미리 입수하는 일은 전투의 승패를 가르는 중요한 열쇠였다. 당연히 적국의 암호를 해독하는 것은 매우 중요한 일이 되었다. 영국의 컴퓨터과학자 앨런 튜링(Alan Mathison Turing)은 전쟁 기간 중인 1943년 독일의 암호체계인 에니그마(Enigma)를 해독하는 암호해독기 콜로서스(Colosus)를 개발했다. 이것은 2400개의 진공관이 사용된 최초의 전자식 계산기였다. 미국에서는 1946년 포탄의 탄도를 계산하기 위해 에니악(ENIAC)이라 불리는 전자계산기를 개발했다. 이것은 1만 8800개의 진공관이 사용되는 거대한 계산기였다.

정보통신 혁명에서는 주로 컴퓨터와 인터넷이 주목을 받지만, 사실 숨은 주역은 전자와 그 전자의 이동을 조절하는 기술들이다. 현대에 우리가 사용하는 거의 모든 통신 방식은 결국 전자의 이동을 신호 전달에 활용한 것이기 때문이다.

1837년 미국의 새뮤얼 모스(Samuel Finley Morse)는 모스부호를 개발해 전기통신의 역사를 시작했다. 전기통신은 신호를 원거리에 전달하는 것인데 비해 전화기는 소리를 원거리에 전달하는 것이다. 즉 전화기는 음성신호를 전기신호로 바꾸어 전달하고, 이를 다시 음성신호로 바꾸는 기계다. 미국에서 알렉산더 벨(Alexander Graham Bell)과 엘리샤 그레이(Elisha Gray)가 거의 동시에 전자석을 이용한 전화기를 개발해 특허를 신청했다. 1876년 2월 14일이었다. 벨이 2시간 앞서 특허를 신청했다는 특허청 직원의 증언에 따라서 벨에게 특허권이 주어졌다.

전기의 흐름이 전자의 이동이라는 것을 알게 되면서, 전자의 이동을 이용해 신호전달의 수단으로 활용하려는 노력이 대두되었다. 이러한 전자의 이동은 전기선을 따라 이동하기도 하고, 공기 중 이동하기도 한다. 전자가 유선으로 흐르면 전기라 하고, 무선으로 흐르면 전파라 한다. 그래서 유선통신과 무선통신이 각각 따로 발달했다.

1887년 독일의 물리학자 하인리히 헤르츠(Heinrich Rudolf Hertz)가 공기 중 전파의 존재를 실험으로 증명했다. 그는 방전 전파 발생장치로부터 10미터 떨어진 곳에서 전파를 측정하는 데 성공했다. 1895년 이탈리아의 굴리엘모 마르코니(Guglielmo Marconi)도 2마일 떨어진 곳에 무선신호를 전달했다. 무선으로 신호를 전달할 수 있게 되자 사람들은 무선으로 소리를 전달하는 방법을 생각했다. 1906년 미국의 레지널드 페센든(Reginald

Aubrey Fessenden)은 무선으로 음악으로 보냈다. 유선이든 무선이든 두 지점 사이의 신호교환이 통신인데, 페센든의 실험은 신호를 광범위한 지역에 발송했다는 의미에서 최초의 라디오 방송 실험이다.

1904년 영국의 전기공학자 존 플레밍(John Ambrose Fleming)은 전기로 변환된 음성신호를 증폭하기 위해 2극 진공관을 개발했고, 라디오의 아버지라고도 불리는 미국의 전기공학자 리 드포레스트(Lee de Forest)는 1906년 라디오 수신의 핵심 부품인 3극 진공관을 발명했다. 2극 진공관은 전자의 흐름을 증가시키고, 3극 진공관은 외부 신호에 따라 전자의 흐름을 조절할 수 있다.

1897년 독일의 물리학자 카를 브라운(Karl Ferdinand Braun)은 브라운관이라 불리는 영상발생기를 개발했다. 이것은 진공으로 된 유리관의 안쪽에 형광물질을 칠해, 전기신호를 받으면 빛을 내는 장치였다. 그렇게 전기신호를 영상신호로 바꿀 수 있게 되었다. 텔레비전을 처음으로 실험한 사람은 영국의 전기공학자 존 베어드(John Logie Baird)였다. 그는 1925년에 브라운관을 이용해 텔레바이저라는 기계식 텔레비전을 발명했다. 미국의 필로 판즈워스(Philo Farnsworth)는 1926년에 영상 분해기라는 송신기와 영상 수상기라는 수신기를 개발해 전자식 텔레비전을 완성했다.

4차 산업혁명: 어디까지 왔을까

전자의 이동을 조절해주는 3극 진공관의 출현은 매우 중요한 의미를 가진다. 전자의 이동을 조절한다는 것은 스위치 역할을 한다는 것이었다. 여러 개의 스위치를 연결해 전기회로를 만들 수 있었고, 이러한 회로는 여러 단계의 복잡한 작업을 가능하게 해주었다. 여러 개의 진공관을 연결해 전기회로를 만들고, 전기신호를 조정해 라디오나 무선통신 기기를 만들었다.

1947년 미국 벨연구소의 윌리엄 쇼클리(William Bradford Shockley)와 존

바딘(John Bardeen), 월터 브래튼(Walter Brattain)은 진공관이 하는 스위치 역할을 대신할 수 있는 트랜지스터를 개발했다. 트랜지스터는 진공상태를 만들지 않고 고체 속에서 전자 흐름을 조절하는 기기였다. 그래서 트랜지스터는 소형으로 만들 수 있고, 전기 소모량이 적어 매우 효율적 스위치였다. 그 후에 트랜지스터를 손톱같이 작은 칩에 넣은 반도체칩이 출현한다. 이제 모든 전자기기는 반도체칩으로 구현되기 시작해 라디오, TV, 컴퓨터, 이동통신기, 자동화 기계 등에 큰 발전을 가져왔다.

반도체칩의 고도화에 의해 컴퓨터의 계산 속도와 기억 용량이 급속도로 증가하자, 인간의 사고작용을 모방하는 인공지능 프로그램까지 출현하기에 이르렀다. 현재의 인공지능은 인간의 학습능력을 모방하는 단계에서 더 나아가, 스스로 자기 자신의 코드를 변경하는 단계에 도달하고 있다. 기계에 고성능 반도체가 탑재되고 인공지능 알고리즘이 적용되니 모든 기계들이 스스로 정보를 수집하고 판단하는 경지에 이르렀다. 각종 센서에 의해서 정보가 수집되어 빅데이터에 저장되고, 인공지능에 의해서 해석되고 학습되어 새로운 생각을 해낸다. 이와 같이 기계가 스스로 통신하고 판단하는 생산 단계를 4차 산업혁명이라 한다.

현재와 같은 발전 속도면 머지않아 인공지능이 인간지능을 넘어서는 특이점(singularity)에 이를 것으로 예상한다. 인공지능이 스스로 자신의 프로그램을 고쳐가면서 진화하게 된다면 인간에게 새로운 도전이 될 것이 분명하다.

진공관에서 출발한 전자의 활용은 이제 인간 두뇌의 수준을 넘보는 상황에 이르렀다. 그동안 우리가 바라보는 전자는 무생물로서의 물체였는데, 이제 기억하고 계산하고 사고하는 것의 수단이 되었다. 우주에서 출발한 전자의 활동은 이제 인간의 뇌를 뛰어넘으려 하며, 우주는 물론 인간 세계에서도 완전한 주인공이 되었다.

의료혁명, 질병과의 전쟁

질병은 예나 지금이나 인간에게 크나큰 고통을 주고 인간을 죽음에 이르게 한다. 현재 우리 인간은 질병이 자연으로부터 오는 것이고 과학적 방법에 의해서 치료된다고 믿고 있다. 그러나 과거에는 질병이 신이나 악마가 내리는 저주의 일종이라 생각하는 사람들이 대부분이었다.

그리스의 의학자인 히포크라테스(Hippocrates)는 당시 많은 사람들이 신봉하던 질병의 악마론을 반대했다. 그는 질병은 신이나 악마와 관련 없는 자연현상이라 주장했다. 히포크라테스는 질병이 인체 내부의 생리적 불균형이나 외부환경과의 부조화에서 발생한다고 했다. 그리고 자연현상이기 때문에 인간의 힘에 의해서 치료할 수 있다는 믿음을 심어주었다. 이러한 히포크라테스의 의학사상은 당시 범람하던 악마론과 주술론 속에서도 명맥을 이어서 근대 의학에 이른다.

미생물은 말 그대로 아주 작아서 눈으로는 볼 수 없는 생물체다. 미생물은 지구 어느 곳에서나 살고 있는데, 우리 인체에도 수많은 미생물이 살고 있다. 미생물 중에는 인간에게 유익한 것도 있고 해로운 것도 있다. 또한 질병을 일으켜 인간을 죽음에 이르게 만드는 미생물도 있다. 유럽에서는 16세기부터 눈에 보이지 않는 물체가 질병을 전파시킨다는 인식이 있었다.

질병을 일으키는 병원체에는 크게 2가지가 있다. 세균과 바이러스다. 세균은 생물체 가운데 가장 작은 단세포 생물체다. 독립된 생명체이기 때문에 영양소만 주어지면, 에너지와 단백질을 만드는 대사작용을 하며 생존한다. 그러나 바이러스는 단백질과 핵산으로만 이루어져 있어 독립된 생명체가 아니다. 좀 더 정확히 말하면 생물과 무생물 중간 형태의 미생물로서 독립된 대사작용은 하지 못한다. 그래서 숙주가 되는 세포 속에 들어가 자신에게 필요한 단백질을 만들어 번식한다.

세균은 땅속, 물, 공기, 생명체 등 양분이 있는 곳이면 어디에나 생존이 가능하다. 그러나 바이러스는 살아 있는 세포 속으로 들어가야 생존할 수 있다. 세균은 크기가 1~5마이크로미터인 데 반해, 바이러스는 30~700나노미터로 세균보다 훨씬 작다. 그래서 세균은 현미경으로 볼 수 있지만, 바이러스는 전자현미경이 있어야 볼 수 있다. 1676년 레이우엔훅은 처음 현미경으로 미생물을 관찰했다. 그리고 바이러스는 1931년 에른스트 루스카(Ernst Ruska)가 전자현미경을 발명하면서 그 존재가 알려졌다. 세균에 의한 질병은 페스트, 결핵, 콜레라 등이 있고, 바이러스 질병은 천연두, 홍역, 광견병, 감기, 독감, 코로나19 등이 있다.

질병은 인간을 죽음에 이르게 만들고 인류 역사를 바꾸기도 한다. 여기서는 인간에게 가장 큰 영향을 준 질병을 살펴보면서, 인간이 어떻게 이 질병과 싸우며 발전해왔는가 알아본다. 질병을 퇴치하기 위한 치료제는 기본적으로 화학약품들이고, 이들은 모두 전기화학적 작용을 하는 물질이다. 전기화학적 작용은 바꾸어 말하면 전자가 일으키는 화학작용이다. 질병의 퇴치에도 전자의 역할이 매우 중요함을 알 수 있다.

역사 속 공포의 질병들

크고 작은 질병 중 인류에게 잊을 수 없는 충격을 준 감염병들이 있다. 페스트, 천연두, 결핵과 콜레라가 그것이다. 인간의 역사에서 가장 참혹한 피해를 준 질병은 페스트다. 페스트는 페스트균에 의해 발생하는 급성 열성 감염병이다. 여기에는 여러 가지 종류가 있는데 림프절 페스트가 가장 흔하다. 페스트는 전염 속도가 빠르고 증상 또한 참혹하고 치사율이 높다. 페스트의 종류에 따라 다르지만, 폐페스트는 초기에 치료받지 못하면 치사율이 거의 100퍼센트에 이를 정도였다. 역사 속에서 페스트는 여러 차례 인간을 공격한 것으로 기록되어 있다. 그러나 특히 13~15세기에 유럽을 강타한 페스트는 엄청난 피해를 주었다. 당시 주민의 절반가량을 죽음으로 몰아넣었다. 제일 심각했던 1347년부터 1351년 사이 약 3년 동안 2000만 명에 가까운 희생자를 낸 것을 기록되어 있다.

페스트 병균은 쥐에 붙어서 살던 벼룩이 사람에게 붙어서 물면 감염된다. 페스트는 사람 사이에는 전염되지 않는다. 잠복기는 보통 3~5일이며, 심한 두통과 열을 동반하고 목과 겨드랑이, 사타구니의 림프절이 붓는다. 또한 기침이 심하고 피를 토하기도 한다. 그러다가 환자의 얼굴과 손발의 피부가 검은색으로 변하면서 죽음에 이른다. 그래서 흑사병이라 불리기도 한다. 페스트는 설치류나 죽은 동물을 조심하고, 벼룩에 물리지 않으면 예방할 수 있다. 치료제는 나와 있지만 아직 백신은 개발되지 않았다. 오늘날에도 일부 아시아, 아프리카, 아메리카 대륙에서 발생하고 있다.

중세시대 유럽에 유행한 페스트는 중국에서 시작된 것으로 추정한다. 이후 이 질병은 중앙아시아의 타슈켄트 지역을 건너 흑해를 거쳐 이탈리아에 도달한 것으로 보인다. 유럽 각지에서는 이 질병의 원인에 대해서 다양한 해석과 대책이 나왔다. 페스트가 인간의 죄에 대한 신의 벌이라고 여긴 사람들은 기도에 매달리거나 속죄의 의미로 자신의 몸을 채찍으로 때리기도 했다. 부패한 공기가 문제라고 생각한 사람들은 향기를 내는 방향제를 몸에 지니고 다녔다. 또 어떤 사람들은 집시와 유대인들이 질병을 몰고 왔다며, 이들을 잡아서 고문하고 심지어 죽이기도 했다. 그러나 모든 노력이 효과가 없었고 사람들은 더욱 혼란에 빠졌다.

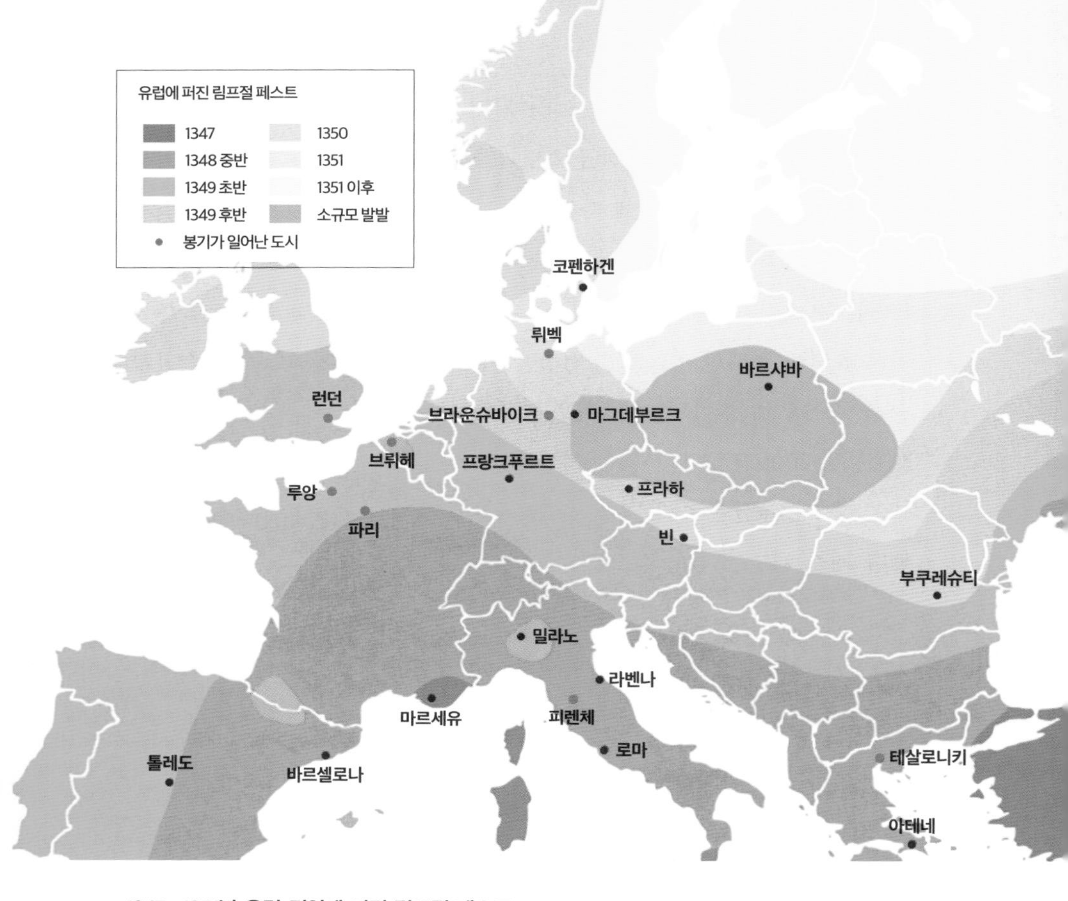

1347~1351년 유럽 전역에 퍼진 림프절 페스트

결국 1340년대 유럽에서는 페스트로 인구의 절반이 목숨을 잃었다. 살아남은 사람들은 예전과는 전혀 다른 세상을 만난다. 더 이상 신이 자신들을 지켜주지 못한다고 생각해 종교 중심의 세계관에서 벗어나 다가올 종교개혁을 잉태한다.

당시는 각 지역의 영주들이 농노들을 이용해 농장을 경영하며 군림하던 중세 봉건시대였다. 그러나 페스트로 일할 사람이 줄어 농장을 제대로 경영하기 어려웠고, 결국 영주들은 농장을 유지할 수 없었다. 중세시대를 유지하고 있던 봉건제도의 큰 틀이 무너져버린 것이다. 농노들은 새로운 일자리를 찾아서 도시로 몰려들었고 해외 식민지 개척과 무역으로 신흥 재력가들이 늘어났다. 부르주아 계급이 등장하기 시작한 것이다. 페스트의 피해가 다른 지역에 비해 적었던 이탈리아의 도시들은 더욱 활성화되었는데, 바로 르네상스의 씨앗이 움트고 있었다. 페스트는 이렇게 인류 역사에 큰 영향을 미친 것이다.

두창이라고도 불리는 천연두도 페스트 못지않게 무서운 질병이었다. 18세기 유럽에서는 매년 40만 명이 천연두로 사망했고 도시 인구의 20퍼센트 정도가 죽어갔다. 20세기에만 해도 약 300~500만 명이 사망했다. 천연두는 1796년 영국의 의사 에드워드 제너(Edward Jenner)에 의해서 백신이 개발되기 전까지 매우 무서운 질병이었다.

천연두의 기원은 정확하지 않다. 그러나 최초의 단서는 기원전 3세기 이집트의 미라에서 발견할 수 있다. 천연두는 가장 오랜 기간 동안 인간을 공포에 몰아넣었던 질병이었지만, 지금은 지구상에서 사라진 질병으로 간주한다. 마지막으로 발생한 시기는 1977년 10월이었고, 1980년 WHO는 이 질병이 지구상에서 사라졌다고 발표했다.

천연두의 원인은 두창 바이러스다. 침방울에 들어 있는 두창 바이러스가 공기 중에 떠다니다가 인체에 들어가면 감염된다. 또한 침구나 옷 등 오염된 물건에 의해서 전파되기도 한다.

천연두의 치사율은 30퍼센트에 달했고 영유아의 경우에는 더욱 높았다. 천연두에 걸렸다 살아남아도 피부에 깊은 흉터가 남거나, 어떤 경우에는 실명하기도 한다. 천연두의 잠복기는 약 12일 정도고, 증세는 열과 구토로 시작한다. 그 이후 입 주변에 염증과 통증이 생기고 피부 발진이 일어난다. 며칠이 더 경과하면 피부 발진이 난 곳에 물집이 생기고 딱지가 진다. 그리고 이 딱지가 떨어지면 흉터가 남는다.

제너는 소의 젖을 짜는 사람이 우두에 걸리고, 그러고 나면 천연두에 면역이 생기는 것을 알았다. 우두는 주로 소에 발생하는 질병인데, 우두 바이러스에 의해서 전염된다. 그리고 우두 바이러스는 천연두의 두창 바이러스와 유사하다. 이에 착안해 제너는 우두에 걸린 소의 병변에서 채취한 성분을 사람에게 접종했다. 접종한 사람에게 면역이 생긴 것을 발견하고, 이를 백신(vaccine)이라 불렀다. 인류 역사상 최초의 백신이 탄생한 것이다. 제너의 백신은 전 세계에서 천연두 예방에 사용되기 시작했고, 인류는 천연두의 공포로부터 해방되었다.

결핵은 폐를 비롯한 장기가 결핵균에 감염되고 인체의 면역력이 떨어지면 균이 활성화되어 걸리는 병이다. 결핵균은 공기로 감염되어 주로 폐 조직에 잘 생기기 때문에 폐결핵이라고도 한다. 그러나 신장, 신경, 뼈 등의 다른 부위에서도 발병이 가능하다. 결핵은 기원전 7000년 경의 화석에서도 그 흔적이 있는데, 인류 역사상 가장 많은 생명을 앗아간 질병으로 알려져 있다. 이 병은 지금까지 사라지지 않고 있다. WHO는 결핵의 세계적 추세를 계속 모니터링하여 해마다 결과를 공표하고 있다.

결핵균은 1882년 독일의 세균학자 로베르트 코흐(Robert Koch)에 의해서 존재가 밝혀졌다. 결핵균은 인체에 들어오면 천천히 증식하기 때문에 잠복기가 길다. 면역력이 좋으면 발병하지 않고 오랜 기간 잠복하다가 몸의 상태가 안 좋아지면 발병하기도 한다. 결핵에 걸리면 기운이 떨어지고 피로를 쉽게 느끼며 체중이 감소한다. 감염된 장기에 따라서 다른 증상을 보인다. 가장 흔한 폐결핵의 경우에는 피가 섞인 가래와 기침 등의 증상을 보인다.

기원전 3000년 전 고대 이집트의 미라에서도 폐결핵이나 척추결핵의 흔적이 발견되고 있다. 인도에도 기원전 1000년 이전의 베다교 시대 기록에 결핵에 관한 내용이 남아 있다. 고대 그리스에서는 히포크라테스가 기원전 400년경에 폐결핵에 대한 자세한 기록을 남겼다. 중국에도 수나라 시대의 서적에 폐결핵에 해당하는 기록이 남아 있다.

역사 속에서 결핵은 전염된다는 설과 유전된다는 설이 공존해왔다. 히포크라테스는 유전설을 말했지만, 아리스토텔레스는 공기전염설을 주장했다. 그 후에 결핵은 유전이라고 믿는 사람들이 많았다. 결핵이 전염병인 것을 과학적으로 가장 먼저 입증한 사람은 프랑스의 외과의사 장앙투앙 빌맹(Jean-Antoine Villemin)이었다. 그는 1865년에 결핵 환자의 가래를 집토끼에 접종해 결핵에 걸리는 것을 보여주었다. 1882년에는 코흐가 결핵균을 발견했고, 이 균을 분리 배양해 인위적으로 결핵을 일으키는 데에도 성공했다.

결핵의 백신은 BCG가 있다. 이는 약한 결핵균을 넣어서 면역이 생기게 만드는 방법이다. 결핵균에 의한 감염 여부는 투베르쿨린 반응으로 알 수 있다. 감염이 되어도 발병하지 않는 경우가 있고, 감염자에게 결핵균을 넣으면 발병될 우려가 있다. 그래서 먼저 투베르쿨린 반응에서 음성이 나온 사람만 BCG 접종을 한다. X선 검사는 사진을 직접 찍어서 관찰하는 방법이다. 결핵 치료는 주로 항결핵 치료제를 사용하고 때로는 외과적 수술을 하기도 한다.

콜레라는 인도 갠지스강 유역에서 시작되었다고 알려져 있다. 주요 증상은 설사, 구토, 근육경련이다. 지나친 설사로 탈수가 오고, 그로 인한 전해질 불균형으로 사망에 이르기도 한다.

콜레라는 세계사에 3번에 걸쳐 큰 유행을 일으켰다. 1차 콜레라 대유행은 인도 벵갈 지역에서 시작해 1817년부터 1824년 기간 중에 동남아와 중국, 중동, 아프리카 동부까지 퍼졌다. 원래 갠지스강 유역의 풍토병인 콜레라가 이렇게 넓은 지역으로 번진 것은 유럽인들의 식민지 개척과 관계가 있다. 인도에 주둔한 영국군이 세계를 돌아다니며 전염병을 퍼뜨렸다고 알려져 있다. 이렇게 유행하던 콜레라는 1824년 초에 수그러들었다.

콜레라는 한국에도 괴질이라는 이름으로 1821년에 나타나서 수만 명의 희생자를 냈다. 이후에도 콜레라는 없어지지 않고 계속 재발해 1858년에는 50여만 명이, 1866년, 1895년에도 다시 수만 명이 죽었다.

콜레라 2차 대유행 시기인 1829~1837년에는 유럽에 전파되었다. 러시아, 폴란드, 독일, 프랑스를 거쳐서 영국에까지 퍼져 수십만 명이 희생되었다. 감염병의 대유행은 사회불안을 일으켜서 러시아와 영국에서 폭동이 일어났다. 1832년에는 끝내 대서양을 건너 캐나다와 미국에도 상륙했다. 1837년 이후 잠시 주춤하던 콜레라는 1846~1860년에 유럽과 아메리카 대륙에 또다시 수십만 명의 희생자를 냈는데, 이를 3차 대유행이라 한다.

콜레라가 이렇게 만연했던 것은 당시 사람들이 세균이라는 것 자체를 몰랐기 때문이다. 당시에도 전염병이라는 개념은 있었지만, 병을 전염시키는 것은 나쁜 공기나 나쁜 기운이라고 생각했다. 미생물이 존재하고 그것이 질병을 옮긴다는 사실을 상상하지 못하니 당연히 질병을 예방하지도 못한 것이다. 그런 무지 속에서 콜레라 환자들은 강도 높은 설사를 하고, 감염자가 많은 지역의 지하수나 강과 호수가 세균에 오염되었다. 그 물을 마신 사람들은 콜레라에 걸리는 악순환이 반복되었다.

콜레라 방역의 실마리를 제공한 사람은 1854년 영국의 의사 존 스노(John Snow)였다. 그는 최초로 콜레라의 전파경로를 밝혀냈다. 스노는 사람이 마시는 물이 환자의 분변에 오염되면 콜레라에 감염될 거라고 생각했다. 스노는 콜레라가 발생한 런던 시내 집들의 위치를 관찰한 후 그 중심에 어떤 우물이 있다는 사실을 발견했다. 그리고 우물이 콜레라 전파의 주범이라고 주장했다. 사람들은 처음에는 그의 말을 믿지 않았다. 과학적 방법으로 그의 이론을 증명하지 못했기 때문이다. 그러나 그의 주장에 따라 우물을 폐쇄하자 확산이 중단되었다. 이 놀라운 현실을 보고 사람들은 조금씩 스노의 이론을 믿기 시작했다. 실제로 질병이 미생물에 의해 전염된다는 사실은 1860년대에 프랑스의 화학자 루이 파스퇴르(Louis Pasteur)에 의해서 입증되었다.

콜레라 병균의 실체를 알고 백신이 개발된 현대에는 그다지 무서운 병으로 인식되지 않지만, 지금도 생활환경이 비위생적인 지역에서는 많이 발생하고 있다. 음식과 물을 잘 끓여 먹는 것이 예방의 첩경이다.

질병의 원인 발견과 위생을 위한 투쟁

헝가리 출신 의사 이그나츠 제멜바이스(Ignaz Philipp Semmelweis)가 일하던 19세기 중반까지 질병이 어떻게 전파되는지 잘 알려지지 않았다. 그 당시에는 대체로 질병 입자가 공기 중에 떠다니다가 전파된다고 믿었다. 세균의 존재를 명확히 알지 못했기 때문에 병원의 위생 상태가 감염과 직접 관계가 있다는 것을 생각도 하지 못했다. 당시 다른 병원처럼 제멜바이스가 근무하던 비엔나병원에도 출산 후 산모의 산욕열에 의한 사망률이 높았다. 산욕열이란 분만으로 인한 성기의 상처에 세균이 침입해 고열을 내는 질환이다.

제멜바이스는 비엔나병원 내 분만실 두 곳을 비교하며 흥미로운 사실을 발견했다. 두 곳은 시설에선 차이가 없지만, 산모의 사망률에 큰 차이가 있다는 것을 알게 되었다. 한 방은 의사들이 산모를 돌보는 곳이었고, 다른 방에서는 산파들이 산모를 돌봤다. 의사들이 돌보는 곳에서는 1847년에 산모 1000명당 98.4명이 사망했다. 산파들이 돌보는 곳은 1000명당 36.2명이 사망했다. 그 당시 의사들은 병원 내 시체 해부실을 포함해 여러 곳에서 일했지만, 산파들은 오직 분만실에서만 일했다. 그런 가운데 제멜바이스의 동료 한 명이 해부 실험을 하다 칼에 손이 찔려 그 후유증으로 사망했다. 제멜바이스는 발병 원인과 증세가 산욕열과 비슷하다고 생각했다. 그는 혹시 상처를 통해 질병 입자가 감염되는 것은 아닐까 생각했다.

제멜바이스는 해부실에 있다가 산모를 돌보기 위해 분만실에 가는 의사들을 관찰했다. 시체를 해부할 때에도 의사들은 장갑을 끼지 않았다. 해부를 하던 의사들이 특별한 위생 작업을 하지 않고 다른 곳을 드나드는 일이 흔했다. 당시 의사와 산파들은 출산 과정에서 장갑 없이 손을 사용했지만 깨끗이 씻지 않았다.

제멜바이스는 산모의 사망률 차이가 바로 여기에 있다고 생각했다. 해부실과 분만실을 오가는 의사들의 손을 통해서 질병 입자가 전파된 것이라 생각했다. 제멜바이스는 병원에 염화칼슘액을 비치하고, 의사들이 분만실에 들어가기 전에 이 용액에 손을 씻게 했다. 그랬더니 의사 분만실의 산모 사망률이 1000건당 12.7건으로 감소했다. 그러나 청결과 소독으로 산욕열을 예방할 수 있다는 그의 주장은 동료들에게 받아들여지지 않았다. 세균이 질병을 일으킨다는 인식이 없던 당시에는 수용하기 어려운 주장이었던 것이다.

제멜바이스는 그의 주장을 담은 책을 출판했다. 손을 씻지 않은 의사들을 암살자들이라 말했다. 논란이 일자 비엔나병원은 제멜바이스를 해임했다. 제멜바이스는 헝가리 부다페스트의 한 병원으로 가서 일했다. 그러나 그의 이론에 대한 논란은 계속되었다. 동료들의 반발에 제멜바이스의 분노는 커졌다. 그의 행동은 불안정해지기 시작했다. 제멜바이스는 1865년 동료 의사에 의해 정신병원에 갇힌 뒤 14일 만에 사망했다. 소독 예방법은 1870년대 이후 의학계에 받아들여졌다. 오늘날 제멜바이스는 살균 예방법의 선구자로 불린다.

위생과 소독의 중요성은 제멜바이스의 사망 이후 다시 한번 대두되었다. 병원에서 수술을 하면, 앓던 병에 의해 죽는 것이 아니라 다른 병(패혈증)으로 사망하는 일이 많았다. 영국의 외과의사 조지프 리스터(Joseph

Lister)는 환자 내부에서 세균이 생긴 것이 아니라 수술 중 감염되어 그렇다고 보았다. 1867년 리스터는 수술 전에 손을 씻고, 수술 도구를 소독하고, 수술 부위도 소독을 해야 한다고 주장하는 기사를 게재했다. 사람들은 불필요한 일이라며 믿지 않았다. 그러나 리스터의 방법을 따른 수술이 높은 생존율을 보이자 점차 믿기 시작했다.

세균론을 확립한 파스퇴르와 코흐

보이지 않는 질병의 원인이 세균이라는 것을 마침내 밝혀낸 것은 프랑스의 파스퇴르였다. 적과 싸우는데, 적의 실체를 알지 못하면서 싸운다는 것은 그야말로 눈감고 전쟁하는 것과 같은 일이었다. 당시 사람들은 질병이 자연적으로 생긴다는 아리스토텔레스의 자연발생설을 믿고 있었다. 또한 질병이 신의 저주라든지 또는 공기나 물속에 떠도는 나쁜 기운이라 생각하고 있었다. 1676년 레이우엔훅이 현미경으로 미생물을 관찰했으나 이 작은 미생물이 질병의 주범인지는 알지 못했다.

1862년 파스퇴르는 플라스크에 고기 수프를 넣고 끓였다. 그런데 그가 사용한 플라스크는 입구가 백조의 목처럼 길게 굽어진 것으로 일명 백조의 목 플라스크였다. 수프를 끓일 때 나온 수증기가 물방울이 되어 플라스크의 구부러진 목 부분을 막았다. 끓인 고기 수프가 일주일이 지나도 미생물이 번식하지 않았다. 파스퇴르는 플라스크를 흔들어서 수프를 플라스크 입구까지 나오게 해 외부와 접촉시켰다. 그랬더니 수프가 부패하기 시작했다. 파스퇴르는 수프를 부패하게 만든 것은 외부에서 들어온 미생물이라 생각했다. 그리고 플라스크 목 부분을 막고 있던 물이 외부 미생물의 진입을 차단하고 있었다고 생각했다. 이 실험에서 파스퇴르는 미생물은 저절로 생기는 것이 아니라, 반드시 씨앗에 해당하는 근원이 있어야 발생한다는 것을 알게 되었다.

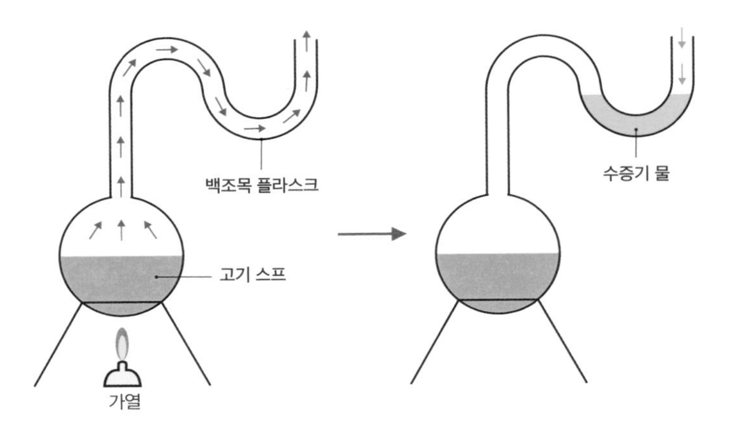

파스퇴르의 백조의 목 플라스크 실험

화학을 공부했던 파스퇴르가 처음 시작한 연구는 포도주의 부패를 막는 것이었다. 결국 그는 포도주를 상하게 하는 미생물을 찾아냈다. 그리고 발효가 끝난 포도주를 낮은 온도에서 잠깐 가열하면 그 미생물을 죽일 수 있다는 것도 발견했다. 이것이 지금도 사용되고 있는 저온살균법이다.

당시 프랑스에는 닭 콜레라가 크게 번지고 있었다. 파스퇴르는 병에 걸린 닭에서 피를 뽑아 수프에 떨어뜨려 미생물(세균)의 번식을 확인했다. 파스퇴르는 이 세균을 배양해 다시 건강한 닭에게 주사했다. 그러자 닭이 콜레라에 걸렸다. 이렇게 파스퇴르는 닭 콜레라균을 찾아내었고, 이는 질병을 일으키는 세균을 발견한 최초의 사건이었다.

파스퇴르는 조수에게 닭 콜레라균을 대량으로 배양하도록 지시했는데 조수가 배양균을 놓고 그냥 휴가를 떠났다. 며칠 후에 보니 영양분이 바닥난 배양액 속에 있는 세균들은 약해져 있었다. 이를 닭에게 투입하니 병에 걸리지 않았다. 파스퇴르는 강한 닭 콜레라균을 약한 균에 접종되었던 닭에 주사했다. 그러나 약한 균을 접했던 닭은 병에 걸리지 않았다. 닭 콜레라 백신이 만들어진 것이다. 그 후 파스퇴르는 탄저병과 광견병 등의 병원균을 찾아내고 백신을 만들었다.

파스퇴르보다 20년가량 늦게 태어난 독일의 코흐는 질병의 세균론을 정립한 두 번째 의학자다. 코흐의 연구 관심은 탄저병에서 시작되었다. 그 당시 유럽에 만연했던 탄저병은 양과 소에 감염되어 막대한 피해를 입혔다. 더욱이 동물과 접촉하는 사람도 감염되는 일이 더러 있었다. 코흐는 탄저병으로 죽은 양의 피를 현미경으로 관찰했는데 탄저균이 득실대는 것을 보았다. 그리고 그 탄저균을 실험실에서 배양해 건강한 동물의 몸에 주입했다. 해당 동물들은 모두 열, 경련, 위장 장애와 호흡기 장애를 보였다. 탄저병에 걸린 것이다. 이 동물들의 피에서도 탄저균이 관찰되었고, 코흐는 세균이 질병의 원인이라는 것을 확신했다. 파스퇴르 이후에 세균론을 재확인하는 결과였다. 또한 코흐는 탄저균이 포자의 형태로 풀에 붙어 있다가 이를 먹는 동물에 감염된다는 것도 알아냈다.

그 다음에 코흐의 관심은 결핵으로 향했다. 그때까지 결핵을 일으키는 병균에 대해서 밝혀진 것이 없었다. 결핵균은 탄저균보다 훨씬 작아서 현미경으로 관찰이 어려웠다. 코흐는 현미경으로 관찰할 때 대상 물체를 염색해서 보면 구별이 잘 된다는 것도 알아내어 결핵균이 배경 물체에 비해 잘 보이도록 염색하는 방법을 개발했다. 이 방법을 이용해 그는 결핵 감염 부위에 결핵균이 존재한다는 것을 밝혀냈다. 또한 코흐는 콜레라가 기승을 부리던 인도에 가서 연구에 착수해 콜레라균을 분리해내어 병의 원인임을 밝혀냈다.

비슷한 시기에 살았던 파스퇴르와 코흐는 인류 역사에 지워지지 않을 큰 업적을 남겼다. 이 두 학자가 개발한 방법론을 이용해 다른 학자들은 장티푸스, 페스트, 이질, 파상풍, 임질과 같은 다양한 질병의 원인이 되는 미생물을 분리해내어, 세균학 연구가 꽃을 피우고 질병 퇴치에 큰 진전이 있었다.

현대 신종 감염병

에이즈(AIDS)는 인간면역결핍바이러스(HIV)에 의해 발병한다. 이 바이러스에 감염되면 우리 몸에 있는 면역세포가 파괴되어 면역력이 떨어지고 감염성 질환과 종양이 발생한다. 주로 성적 접촉이나 수혈 등을 통해 감염되는 것으로 알려져 있다.

발병하면 열이나 두통, 근육통, 구토, 발진 등의 증상이 나타난다. 일반적으로 감염된 뒤 증상이 나타나기까지는 수개월에서 수년이 걸린다. 에이즈의 치료제는 나와 있지만 예방약은 아직 개발되지 않았다.

에이즈는 1981년에 처음 보고되었다. 미국 캘리포니아주에서 다섯 명의 남성이 폐렴 비슷한 증상을 보인다는 보고가 있었다. 이들은 모두 동성애자였다. 그 후 같은 주사기로 마약을 투약한 사람들이나 혈우병 환자들 사이에서도 동일한 질병이 발생했다. 1983년 프랑스에서는 환자로부터 바이러스를 분리하는 데 최초로 성공했다.

에이즈는 중앙아프리카에 사는 녹색원숭이로부터 시작되었을 것이라 추정하고 있다. 이 지역의 원주민들은 원숭이를 잡으면 그 피를 온몸에 바르는 전통이 있다. 아마도 원숭이 피를 몸에 칠하는 과정에서 원숭이의 유인원면역결핍바이러스(SIV)가 인간에게 옮겨왔을 것이라 생각한다.

에볼라바이러스(Ebola virus)는 1976년 콩고민주공화국의 에볼라강 근처에서 발견되었다. 이 바이러스에 감염되면 유행성 출혈열 증세를 보이며, 감염 뒤 1주일 이내에 50~90퍼센트의 치사율을 보인다. 1976년 콩고와 남수단 등지에서 유행한 기록이 있고, 그 후 2013년에 급속히 확산되어 전 세계가 긴장했다. 콩고에서는 88퍼센트에 육박하는 치사율을 보이기도 했다. 에볼라에 걸리면 열과 두통, 근육통으로 시작해 구토와 설사가 심해진다. 그러다가 몸의 모든 구멍에서 출혈이 시작되어 몸의 체액이 빠져나가 죽음에 이른다.

에볼라바이러스는 과일을 먹는 과일박쥐를 숙주로 하는 인수공통 감염병으로 알려져 있다. 과일박쥐에게는 병을 유발하지 않지만 인간의 몸에 전이되면 치명적 피해를 준다. 이 병은 환자의 체액을 통해서 인간 사이에 전염된다. 그래서 환자가 사용한 물건이나 침구와 접촉하면 위험하다. 현재 에볼라 치료제와 백신은 개발되어 있다.

사스(SARS)는 중증급성호흡기증후군을 말한다. 사스를 일으킨 것은 사스-코로나바이러스다. 이 바이러스를 전자현미경으로 보면 태양의 코로나와 비슷하기 때문에 이런 이름이 붙었다. 코로나는 태양을 둘러싸고 있는 대기의 가장 바깥층을 일컫는데, 마치 왕관 모양처럼 보인다고 붙여진 이름이다. 사스에 걸리면 심한 열이 나고 기침을 하며 숨 쉬기가 힘들다. 심각한 폐렴으로 발전해 죽음에 이르기도 한다. 사스는 초기에 발견해 치료하면 회복이 가능하고 회복률도 높다.

코로나바이러스는 닭이나 소, 돼지 같은 동물에게 있던 바이러스로 그들에게 매우 치명적이다. 이 동물들에 있는 바이러스가 인간에게 건너와 돌연변이를 일으켜서, 사스-코로나바이러스가 된 것으로 보인다. 바이러스 입자가 매우 작기 때문에 공기 중에 떠다니다가 사람에게 접촉하면 쉽게 감염된다. 사스는 2002년 중국 남부 광둥 지방에서 처음 생겨난 것으로 알려져 있다.

중동호흡기증후군(MERS)은 메르스 코로나바이러스에 의해 발생하는 호흡기 질병으로 2013년 정식으로 신종바이러스로 명명되었다. 발병하면 발열을 동반한 기침, 호흡곤란, 숨가쁨, 가래 등의 증상을 주로 보인다. 중동 지역의 낙타와의 접촉을 통해 감염될 가능성이 높고, 사람 간 밀접 접촉으로 전파도 가능하다. 현재까지 메르스 치료를 위한 약품은 개발되지 않았고, 증상에 대한 대증요법 위주로 치료한다. 현재 백신이 없기 때문에 무엇보다 손씻기, 기침 시 예절 준수 등의 예방이 중요하다.

코로나바이러스감염증-19(COVID-19)는 급성 바이러스성 호흡기 질환으로 코로나바이러스-19에 의해서 발병하는 질병이다. 코로나19는 2019년 12월 중국 후베이성 우한시에서 처음 발견되었다. 이 바이러스는 메르스 코로나바이러스(MERS-CoV)나 사스 코로나바이러스(SARS-CoV)와 같은 계열의 변형이다. 이것은 사람을 포함한 다양한 동물에게 감염된다. 코로나19는 대부분 감기 같은 증상을 일으키지만 일부는 폐렴이나 기관지염 등으로 발전하기도 한다. 메르스나 사스처럼 치명적 호흡기 질환을 유발하는 경우도 있다.

잠복기는 다른 코로나바이러스처럼 2~14일 정도고, 발열과 기침, 인후통, 호흡곤란과 같은 호흡기 증상이 나타난다. 환자에 따라 무증상 혹은 경증으로 발병을 느끼지 못하는 경우도 있다.

코로나19 바이러스의 염기서열은 박쥐에서 유래된 사스 바이러스와 89.1퍼센트 일치한다고 알려졌다. 그래서 박쥐에서 서식하던 바이러스가 사람에게 건너온 것으로 추정하고 있다. 사람 사이에는 감염자의 침이나 콧물 등이 다른 사람의 코나 입으로 들어가 감염되는 것으로 알려져 있다. 사람이 한 번 기침하면 수천 개의 비말이 분사되며 그 안에 있는 바이러스도 함께 전파된다. 백신이 개발되어 있고 대증치료를 하고 있다.

지구상에는 수많은 동물과 미생물이 공존하고 있다. 특히 미생물은 다른 생명체에 기생하는 경우가 대부분이기 때문에, 숙주의 몸에 들어가 살게 된다. 그런데 가끔 기생하는 미생물이 숙주에 피해를 주기 때문에 문제가 된다. 이것이 바로 인간이 고통받고 있는 질병이다. 20세기 중반까지 인간은 페스트, 천연두, 결핵, 콜레라 등의 질병을 거의 제압했다고 생각했다. 즉 질병과의 전쟁에서 승리한 것으로 생각했다. 그러나

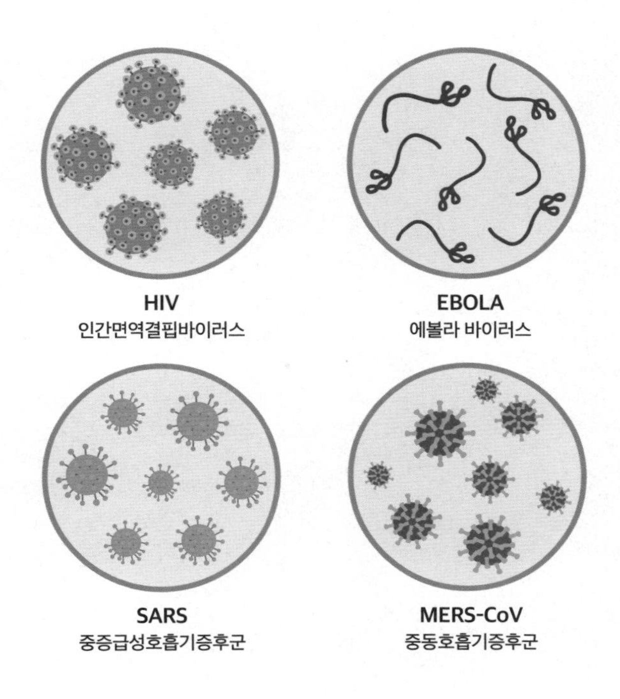

현대 감염병의 바이러스 모양

21세기에 들어와서 상황은 바뀌었다. 바이러스의 변형이 많이 나타나면서 새로운 전쟁이 시작된 것이다. 또한 암과의 싸움에서도 아직 길이 보이지 않아 인류를 지치게 하고 있다. 하지만 과거에 그랬듯이 새로운 전쟁에서도 인간은 지혜롭게 싸워 이길 것으로 생각한다. 최근에는 인체를 전기가 흐르는 전기회로로 인식하고, 전기신호를 이용해 질병을 치료하려는 노력이 대두되고 있다. 이미 파킨슨병을 치료하기 위해 뇌에 전기적 자극을 주는 방법이 일반화되어 있다. 불면증이나 우울증을 치료하는 전자약이 나오기도 했다.

3부 인류의 미래

9장 싱귤래리티 시대, 21세기의 도구

- 도구와 사상의 상호작용
- 생명을 복제할 수 있는 줄기세포 기술
- 인위적 진화의 시작, 유전자 기술
- 역사를 바꿀 새로운 인텔리전스, AI
- 인간과 컴퓨터의 결합, 바이오닉스

9장에서는

- 인간의 역사를 긴 안목에서 살펴보면 기술이 환경 변화로 작용해 사상을 변화시킨 사례도 많지만, 그 반대로 사상이 기술 발명으로 이어지고 그로 인해 사회가 변화한 사례도 적지 않다. 결국 사상과 도구는 상호작용하며 발전해왔다고 할 수 있다.

- 현재 우리는 인간의 사상과 윤리, 나아가 '인간됨'의 의미까지 송두리째 흔들 수 있는 신기술의 발달에 직면해 있다. 사람의 하드웨어와 소프트웨어, 즉 인체와 정신 자체를 바꿀 수 있는 것으로, 줄기세포 기술, 유전자 편집 기술, 인공지능 기술이 대표적이다.

- 줄기세포는 사람의 몸을 구성하는 220여 가지의 세포, 즉 혈액세포, 근육세포, 뼈세포, 연골세포, 신경세포 등을 만든다. 미분화 상태의 줄기세포는 특정 조건에 따라 다양한 세포로 분화할 수 있으며, 이를 활용해 재생 기능이 고장 난 척수, 심장, 뇌 등을 치료할 수 있다.

- 진핵세포는 원핵세포와 달리 막으로 둘러싸인 여러 소기관이 존재한다. 핵막 덕분에 이 소기관들은 동시에 여러 가지 생화학반응을 수행할 수 있다.

- 유전자가위는 불필요하거나 해가 되는 생체 정보를 편집해내는 기술이다. 유전적으로 질병을 일으키거나 약한 부분을 제거해 더 건강한 생명을 탄생시킬 수 있다는 점에서 분명 인류에게 도움이 되는 기술이다. 생명윤리로 논란이 되고 있지만, 그 가능성을 볼 때 기술 발달을 향한 거대한 흐름을 거스를 수 없다고 판단된다.

- AI와 인간의 관계에서 가장 중요한 요소는 AI가 자아의식을 가지고 있느냐 없느냐다. 자아의식의 두 요소인 개체 보존 본능과 종족 보존의 본능이 일부 AI에서 부분적으로나마 드러나고 있다. 이런 AI에 의존하면 인간의 두뇌는 퇴화하고 말 것이다. 꾸준히 지식을 습득하고 창의적인 일을 계속해나가야 하는 이유가 여기에 있다.

- BCI 기술이 더 발달하고 상용화된다면 가상현실, 증강현실 기술에도 적용되어 일상을 완전히 바꾸어놓을지 모른다. 전신마비 환자나 시각장애인에게 신체적 결함을 극복하는 희망을 줄 수도 있다. 나아가 뇌 속 신호를 읽음으로써 뇌에 저장된 기억도 읽을 수 있다는 상상도 가능하다. 다만 BCI 역시 기술이 불러올 수 있는 어두운 면을 제대로 논의해 균형감 있는 의사 결정을 해야 한다.

도구와 사상의 상호작용

인간은 환경 변화에 적응하며 진화해왔다. 나무 위에서 살던 인간이 땅으로 내려온 것도 환경 변화로 큰 나무가 사라졌기 때문이다. 우리 조상이 아프리카를 떠나 전 세계로 흩어진 것 역시 변화된 환경에 적응하는 과정이었다. 언뜻 보기에 인간은 자신의 자유의지에 의해 발전해온 것 같지만, 긴 역사의 흐름 속에서 보면 대부분의 큰 변혁은 인류가 살아남기 위해 환경 변화에 의한 외부 자극에 반응한 결과다.

새로운 도구의 출현도 마찬가지다. 도구를 만드는 신기술의 출현은 인간에게 환경 변화로 작용한다. 철 제련을 비롯해 인쇄술, 망원경, 현미경 등의 발명은 인간에게 새로운 환경 변화라 할 수 있다. 이에 적응해 살아남기 위해 새로운 삶의 방식을 형성하게 된 것이다.

현대사회는 인간이 만들어낸 도구, 즉 기술이 사회 변화를 추동해온 것으로 보인다. 컴퓨터, 인터넷, 휴대전화, 자율주행차 등의 신기술이 인간의 일상과 생활규범, 나아가 사상까지 바꾸고 있다. 그러나 인류의 긴 역사를 보면 항상 그랬던 건 아니다. 어느 시기에는 사상이 기술 개발을 추동해 변화를 일으킨 경우도 적지 않다. 결국 사상과 도구는 상호작용하면서 발전해왔다고 보는 것이 타당하다.

만물의 영장인 인간은 지구상의 모든 도구를 지배하고 있다. 모든 도구는 인간이 만들었다. 그러나 도구를 사용하다 보니 인간이 다시 도구에 영향을 받는 일이 나타났다. 여기서는 이렇듯 기술과 사상이 서로 영향을 주고받으며 발전해온 과정을 살펴볼 것이다. 또한 이런 역사적 사실에 근거해 현재 개발되고 있는 기술이 인류 사회를 어떻게 변화시킬지 예측해보고자 한다.

도구가 사상을 변화시키다

도구가 인간의 삶과 가치체계를 변화시키기 시작한 것은 고대로 올라간다. 대표적인 사례로 철 제련술을 들 수 있다. 철기구는 그간 원시사회에 머물던 인류의 문명이 국가적 형태의 사회체계로 발전하는 데 결정적인 역할을 했다. 철은 약 3500~3200년 전 서아시아의 히타이트 제국에 의해 최초로 사용되었다. 철로 만든 칼이 전쟁에 사용됨으로써 대량 살상이 가능해졌고 권력자의 힘이 굳건해졌다. 철로 만든 농기구로 생산력이 급격히 늘어 잉여농산물이 생겨났고, 이를 세금으로 취하는 권력자의 힘은 더욱 커졌다. 이렇듯 철을 무기와 도구로 사용함으로써 인간 사회에는 국가가 출현하게 되었다.

15세기에는 조선기술에 큰 변혁이 있었다. 바람을 등지고 전진하던 이전과 달리 역풍을 거슬러 항해할 수 있는 기술이 개발된 것이다. 바람의 방향에 상관없이 먼 바다까지 항해가 가능해지면서 대항해시대가 열렸다. 조선기술이 획기적으로 발전하면서 이전까지 한정된 지역에서만 교역하며 서로의 존재조차 알지 못했던 각 문명권이 긴밀하게 연결되었다. 진정한 의미의 세계사가 시작된 것이다. 유럽은 대항해시대를 거치며 전 세계에서 많은 물자와 노예를 들여오는 한편, 식민지를 개척해 상업 중심 사회로 자리 잡는다. 이렇게 상업이 발달하면서 공산품의 수요가 늘어났고, 이는 산업혁명과 자본주의로 이어졌다.

1450년경 개발된 금속활자는 서양의 가치체계를 뒤집어놓았다. 그동안 성직자들에게만 읽히던 성경을 모든 사람이 읽을 수 있게 되면서, 대중은 종교적인 가르침은 교회에만 존재하는 것이 아니라 세상 모든 곳에 있다는 사실을 깨달았다. 자신들 위에 군림한 교회와 성직자의 부조리를 알게 된 것이다. 이는 종교개혁의 불씨가 되었고 인본주의와 르네상스 정신으로 이어졌다.

1608년에는 망원경이 발명되었다. 이후 갈릴레이는 30배 이상 확대하는 망원경을 개발해 천체를 관측했고, 1632년에 지구가 태양을 돌고 있다는 지동설을 발표해 당시 모든 사람이 믿었던 천동설을 무너뜨렸다.

18세기에 개발된 증기기관은 인간의 삶을 획기적으로 바꿔놓았다. 기술과 자본이 결합했고, 인간은 육체노동에서 해방됨은 물론 지리적 제약에서도 벗어날 수 있었다. 산업혁명과 더불어 생산의 중심지는 농토에서 공장으로 이동해갔다. 고부가가치를 창출하는 상공인들의 발언권에 힘이 실렸고, 더 많은 공장을 돌리기 위한 원자재 시장과 제품 판매 시장은 해외시장 개척으로 이어졌다. 해외시장을 통한 활발한 산업 활동은 자본주의의 발달을 가져왔다.

19세기 들어 개발된 전기모터는 생산혁명을 불러일으켰다. 인간의 노동은 기계로 대체되어 그간 인간의 손에 생산되던 모든 수공업 제품을 대량으로 생산할 수 있게 되었다. 전기모터는 생산시설뿐 아니라 가정에도 적지 않은 영향을 미쳤다. 가전제품이 생겨났고 여성은 가사노동에서 벗어날 수 있었다. 여성의 사회활동이 늘어났고 이는 곧 여성해방운동으로 이어졌다. 한편 전기 기술의 발전은 컴퓨터와 통신 산업을 촉발했다.

현미경이 발명된 후 인간은 세균을 발견해 질병 퇴치를 연구할 수 있게 되었다. 이후 전자현미경이 개발되어 미세한 바이러스 입자까지 관찰할 수 있게 되었다. 전자현미경이 없었더라면 코로나19 바이러스를 물리칠 백신이나 치료제를 개발하지 못했을 것이다.

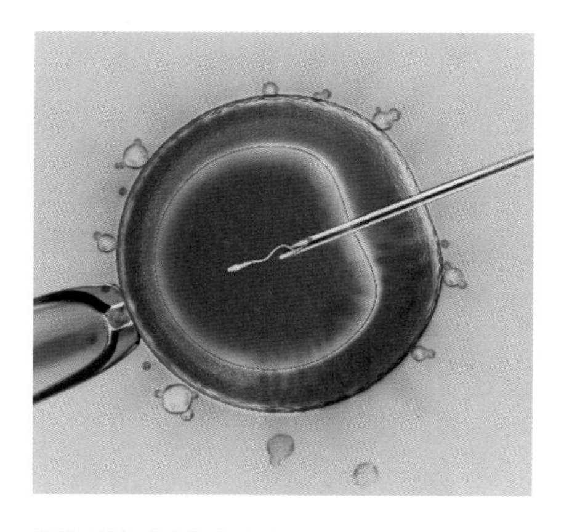
일반적인 체외수정의 과정

성(性)과 임신을 분리시키는 피임 기술은 역사상 매우 중요한 발명이다. 인류는 피임 기술로 인해 인구 폭발로 인한 재앙에서 벗어나는 한편, 여성 인권 신장의 힘을 얻을 수 있었다. 피임법의 기원은 고대 이집트시대로 거슬러 올라간다. 어린 양의 창자를 잘라내 남성용 피임 기구를 만들어 사용했다는 기록이 있다. 이후 가축의 창자나 가죽을 이용한 남성용 피임 기구가 계속 사용되어오다가, 타이어 개발자로 알려진 미국의 발명가 찰스 굿이어(Charles Goodyear)가 고무 재질을 원료로 사용하면서 현대식 콘돔이 탄생했다. 한편 여성의 피임법은 미국의 내분비학자인 핀커스(Gregory Pincus)가 1954년 경구피임약을 개발해 획기적인 전환의 계기를 마련했다. 이로 인해 여성은 유사 이래 최초로 '원치 않는 임신'의 공포로부터 해방될 수 있었고, 이는 여성 스스로 임신을 조절해 주체적인 삶을 살아가는 시발점이 되었다.

피임이 원치 않는 임신으로부터 인류를 해방시켜 주었다면, 인공수정은 인류가 시작된 이래 계속되었던 불임 문제를 해결해주었다. 체외수정은 1977년 영국의 로버트 에드워즈(Robert Geoffrey Edwads) 박사 연구팀이 개발했다. 연구팀은 1969년 인간의 난자와 정자를 체외에서 수정시키는 데 성공했다. 이후 수정된 난자를 자궁에 착상시키는 데까지 성공해 1978년 7월 최초의 시험관 아기가 탄생했다. 많은 비난 속에 출발한 체외수정 기술은 현재 수많은 난임 부부에게 희망이 되고 있다.

이렇듯 기술은 먼 고대로부터 지금에 이르기까지 인류의 삶과 가치 체계를 변화시켰다. 모든 기술은 인간에 의해 발명되었지만, 인간은 다시 그 기술의 영향을 받아 사상이 변하고 이것이 역사적 흐름에 녹아든다.

사상이 기술과 사회를 변화시키다

기술이 환경 변화로 작용해 사상을 변화시킨 사례도 많지만, 반대로 사상이 기술 발명으로 이어지고 그로 인해 사회가 변화한 사례도 적지 않다.

약 2500년 전에 형성된 종교는 지금까지도 현대인의 의식 세계를 지배하고 있다. 오늘날에도 종교전쟁이 계속되고 있으며 종교적 신념을 지키기 위해 죽음도 불사한다. 14~16세기 서유럽에서 일어났던 르네상스는 이러한 신 중심의 가치체계에서 벗어나 고대 그리스 로마 시대의 인본주의를 회복하려는 문화운동이었다. 당시에는 모든 일을 신 중심으로 해석해, 인간의 노력이나 자유의지는 무의미하거나 불필요했다. 그러나 인간이 모든 것의 척도였던 고대 그리스와 로마 시절로 회귀하려는 노력이 본격화되면서, 인간 스스로 세상을 바꿀 수 있다고 생각하게 되었고, 이를 위한 노력을 행동으로 표출하게 되었다. 인간의 기본권에 대한 자각은 민주주의 체제 정립의 기초가 되었다. 또한 신의 뜻으로 여기던 자연현상에 대해서도 관심을 갖게 되어 과학혁명과 산업혁명이 일어난다.

자본주의는 16세기경 유럽 봉건제도에서 싹트기 시작해 18세기 중반부터 영국과 프랑스 등을 중심으로 점차 발달했고 산업혁명에 의해서 자리 잡았다. 인간의 기본 욕망인 사익 추구를 기본으로 하는 자본주의는 개인의 이익과 경제적 자유를 보장하고 창조적인 활동을 촉진했다. 또한 사회발전의 원동력으로 작용했을 뿐 아니라, 부의 불균형과 사회적 갈등을 야기해 빈부격차라는 부작용을 낳기도 했다. 오늘날에는 자원의 과도한 소비를 가져와 환경 파괴의 주범으로 거론되기도 한다.

민주주의 사상은 17세기 후반부터 고개를 들기 시작했다. 1690년 영국의 로크는 정부는 사회계약에 의해 조직되었으며, 정부를 견제하기 위해서 행정부와 입법부가 분리되어야 한다고 주장했다. 로크의 이권분립론에 영향을 받은 프랑스의 몽테스키외는 사법권을 추가해 삼권분립의 필요성을 강조했다. 그 후 제네바의 루소는 국민주권론을 주장했다. 이러한 사상은 미국의 독립선언과 프랑스혁명의 정신적 기틀이 되었고, 오늘날 민주주의 체제의 기본 바탕이 되었다. 자본주의와 민주주의의 결합은 인간의 창조성을 자극하여 오늘날 현대문명을 일구었다.

사회주의는 19세기 독일의 철학자 마르크스가 자본주의의 모순을 지적하고 대안으로 제시한 이론이다. 그는 사회는 생산수단을 소유한 자본가와 노동을 제공하는 노동자 계급으로 나뉜다고 분석했다. 사회에서 생산되는 모든 잉여가치는 자본가가 착취해 노동자 계급은 고통받을 수밖에 없고, 자본주의가 발전함에 따라 노동의 상품화가 심화되어 사회주의로의 이행이 불가피하다고 주장했다. 마르크스와 엥겔스는 1848년 런던에서 공산주의자 동맹의 국제적 강령을 담은《공산당선언》을 발표한다. 과학적 사회주의의 근본을 담은 그의 사상은 현대 사회주의의 핵심 원칙으로 자리 잡았고, 현실적 시행에 있어 문제와 논란이 있음에도 불구하고 여러 국가와 단체에서 사회적 변화를 이끄는 데 사용되었다.

18세기 프랑스대혁명 당시, 여성과 남성이 힘을 모아 대혁명을 성공시켰지만 여성이 다시 억압의 대상이 되자 여성주의 사상가 올랭프 드 구주(Olympe de Gouges)를 중심으로 한 조직적인 여성해방운동이 최초로 선을 보였다. 구주는 1791년《여성과 여성 시민의 권리 선언》이라는 기념비적 문헌을 만들어 여성의 성차별적 상황을 지적하고, 여성들의 정치적 참여를 주장했다. 이로 인해 그는 단두대의 이슬로 사라졌지만, 그가 주창한 여성 권리 헌장을 계기로 1920년 미국에서 여성의 투표권이 인정되었고, 영국은 1928년, 일본은 1945년, 프랑스는 1946년, 한국은 1948년에 여성의 참정권이 인정되었다.

미국의 존슨 행정부는 1964년에 민권법(Civil Rights Act)을 제정해 공공장소, 고용, 노동조합에서 인종차별을 금지시켰다. 인종차별이 있는 주에는 학교, 병원 등에 대한 연방정부의 재정지원을 중단했다. 그러나 남부 지방에서 흑인의 투표를 방해하는 관행이 여전해, 1965년 차별 없이 투표권을 행사하도록 투표법을 제정했다. 미국의 민권법과 투표법에 의해서 비로소 흑인의 인권이 보장되고 생활이 개선되었다는 평가를 받고 있다.

현대사회를 변화시키는 도구들

그렇다면 현대 인류에게 가장 큰 영향을 미치고 있는 기술은 무엇일까. 현재 우리는 인간의 사상과 윤리, 나아가 '인간됨'의 의미까지 송두리째 흔들 수 있는 신기술의 발달에 직면해 있다. 지금까지의 기술처럼 생활을 개선시키는 정도가 아니라 사람의 하드웨어와 소프트웨어, 즉 인체와 정신 자체를 바꿀 수 있는 기술이 출현하고 있다.

대표적인 것으로 인간의 줄기세포를 활용한 기술을 들 수 있다. 줄기세포(stem cell)는 여러 조직으로 분화해나갈 수 있는 배아 내의 미분화세포를 말한다. 줄기세포가 발견됨으로써 인류는 그간 비밀에 싸여 있던 생명잉태의 신비를 밝힐 수 있게 되었다. 즉 인간 생명체가 수정란에서 성체가 되는 과정을 이해할 수 있게 되었고, 나아가 이를 질병 치료에 활용하는 가능성도 발견할 수 있었다. 줄기세포를 적절하게 통제할 수 있다면 질병 치료에 있어 지금까지와는 전혀 다른 근본적인 접근이 가능해진다. 이로 인해 현재 전 세계 여러 나라에서 경쟁적으로 줄기세포를 연구하고 있다.

그다음은 유전자 편집 기술이다. 1990년 미국, 프랑스, 일본 등 전 세계 유수의 과학자들이 모여 시작된 인간게놈프로젝트(HGP)는 인간의 유전체를 구성하는 DNA의 염기서열 분석을 목표로 한다. 쉽게 말해, 인간의 염색체 서열을 분석해 유전자의 종류와 위치를 표시하는 유전자 지도를 완성하는 것이 이 프로젝트의 최종 목표였다. 사람에게는 DNA에 30억 쌍의 염기가 존재하고, 이 염기서열 속에 유전의 비밀이 담겨 있다. 인간게놈프로젝트는 이 30억 쌍의 염기서열을 알아내는 작업으로, 연구가 시작된 지 13년 만인 2003년에 99퍼센트 이상의 염기서열을 밝혀냈다. 이 염기서열은 개인별 유전적 특성을 정확히 이해할 수 있도록 해주며, 이로 인해 맞춤형 질병 치료가 가능해진다. 현재는 유전병을 일으키는 염기서열을 알아내 해당 유전자를 선택적으로 제거하는 다양한 유전자 편집 기술이 개발되고 있다. 윤리적 논란이 여전히 계속되고 있지만, 그간 베일에 싸여 있던 생명의 근원을 과학적으로 입증하고 나아가 유전적 질병으로부터 해방될 수 있다는 희망을 갖게 된 것은 분명한 사실이다.

이와 더불어 인류의 삶에 커다란 변화를 일으킬 기술은 인공지능(AI) 기술이다. 명실상부 지금은 인공지능의 시대이며, 역사 속에 등장했다 사라진 여타 기술과 달리 인공지능은 인간의 미래에 영구적으로 함께할 것으로 보인다. 지금까지 인간이 만든 도구는 인간의 정신활동에 관여하지 않았다. 그러나 인공지능은 다르다. 단순한 육체노동뿐 아니라 고도의 사고력과 집중력을 필요로 하는 정신노동도 대신할 수 있다. 특히 일부 신체 기능을 대신하는 신기술은 장애인을 돕는 등 삶의 질을 높여준다는 측면에서 전 인류적으로 큰 기여를 할 것으로 기대된다. 현재 이를 위해 인간의 신경과 전자회로를 연결하는 기술이 활발하게 개발 중이다. 이 기술은 궁극적으로 인간의 육체 혹은 정신 능력을 크게 향상시켜줄 것으로 기대된다.

문제는 인간을 뛰어넘는 초지능을 가진 인공지능의 등장이다. 초지능을 가진 인공지능 개발이 과연 가능할 것인가에 대해서는 아직까지 논란이 많다. 하지만 유사 이래 모든 기술 개발의 기저에 인간의 욕망이 숨어 있다는 사실을 볼 때, 무한대인 인간의 욕망이 인공지능을 어느 선까지 개발할 수 있을지는 아무도 장담할 수 없다. 현재는 불가능해 보이는 기술도 몇십 년, 혹은 몇백 년 뒤에는 상식처럼 사용되는 날이 올지 모른다. 다만 간과하지 말아야 할 점은 기능 개발뿐 아니라, 적절한 통제 기술도 함께 모색해야 한다는 사실이다. 그 어떤 훌륭한 기술도 인간의 통제하에 있어야만 부작용 없이 기능할 수 있기 때문이다.

생명을 복제할 수 있는 줄기세포 기술

인간 생명이 처음 잉태되는 과정을 생각해보자. 난자와 정자가 만나 수정란이 된다. 이 수정란은 분열하면서 성장한다. 이처럼 수정란에서 분열하며 성장하는 과정에 있는 생명체를 배아라고 한다. 처음 배아 상태에서 각 조직(팔, 다리, 머리 등)으로 분화되어 커가는 과정은 매우 신기하다. 동일한 배아에서 시작했지만, 일정 시간이 지나 각 조직(기관)으로 분화되면 완전히 다른 세포가 된다.

최근에 밝혀진 바로는 배아의 각 부위 세포에 특정 DNA가 작용해, 팔이나 다리 등 각 조직이 된다고 한다. 그리고 일단 조직의 조건을 갖추고 나면 아무리 자극을 주어도 다른 조직으로 바뀌지 않는다. 이렇게 각 조직으로 분화되는 시점이 있다. 그 분화 시점의 이전에는 모든 조직으로 발달할 수 있지만, 그 시점이 지나면 정해진 조직으로만 발달한다. 즉 특정 시점 이전 상태의 세포는 모든 조직으로 발달할 수 있다. 이렇게 모든 조직으로 발달할 수 있는 단계의 세포를 줄기세포라고 한다. 나무의 줄기가 자라서 가지도 되고 잎도 되고 꽃도 되듯이, 줄기세포로부터 모든 조직으로 발달할 수 있다는 뜻이다.

줄기세포는 사람의 몸을 구성하는 220여 가지의 세포, 즉 혈액세포, 근육세포, 뼈세포, 연골세포, 신경세포 등을 만들 수 있다. 미분화 상태의 줄기세포는 특정 조건에 따라 다양한 세포로 분화할 수 있다. 그래서 재생 기능이 고장 난 척수, 심장, 뇌 등의 치료에 사용할 수 있다. 만일 줄기세포를 활용하는 기술이 더 발달하면 각종 암을 비롯해 치매나 파킨슨병 등 불치병도 치료할 수 있게 될 것이다.

2000년 6월 파킨슨병 환자들에게 희망적인 소식이 전해졌다. 미국 하버드대학교 의과대학 김광수 교수팀이 세계 최초로 파킨슨병 환자의 줄기세포로 임상치료에 성공했다는 소식이었다. 이 팀은 환자의 피부세포를 역분화시켜 유도만능줄기세포를 만들었다. 이를 다시 도파민 신경전구세포로 분화시킨 후 뇌에 이식해 치료 효과를 본 것이다. 1817년 파킨슨병이 정식으로 보고된 뒤 처음 있는 일이었다. 파킨슨병은 뇌의 신경전달물질의 하나인 도파민이 결핍되어 발생하는 질환이므로, 뇌에 이식된 도파민 신경전구세포가 도파민 분비를 촉진시키는 치료를 한 것이다.

배아줄기세포 vs. 성체줄기세포

줄기세포는 2가지 방법으로 얻을 수 있다. 첫 번째는 정상적으로 수정된 배아에서 얻을 수 있다. 하지만 이 방법은 인간으로부터 난자를 기증받아야 하기 때문에 윤리적인 문제가 있다. 두 번째는 다 자란 성체세포를 역분화시키는 것이다. 예를 들어 피부나 간의 세포를 역분화시킨다. 그러면 피부나 간으로 분화되기 전의 세포, 즉 유도만능줄기세포(induced Pluripotent Stem Cell, iPSC)를 만들 수 있다.

2006년 일본 교토대학교 iPS세포연구소 야마나카 신야(山中 伸弥) 교수 연구팀은 생쥐의 피부세포에 몇 가지 DNA를 주입해 배아줄기세포처럼 만능성을 가진 줄기세포를 만드는 데 성공했다. 이듬해인 2007년에는 성인의 피부세포에 DNA를 주입해 유도만능줄기세포를 만드는 데 성공했다. 그동안에는 세포분열이 역행하지 않는다고 알려져 왔다. 그런데 이미 성숙해 분화된 세포를 미성숙한 세포로 역분화시켜 다시 모든 기관(조

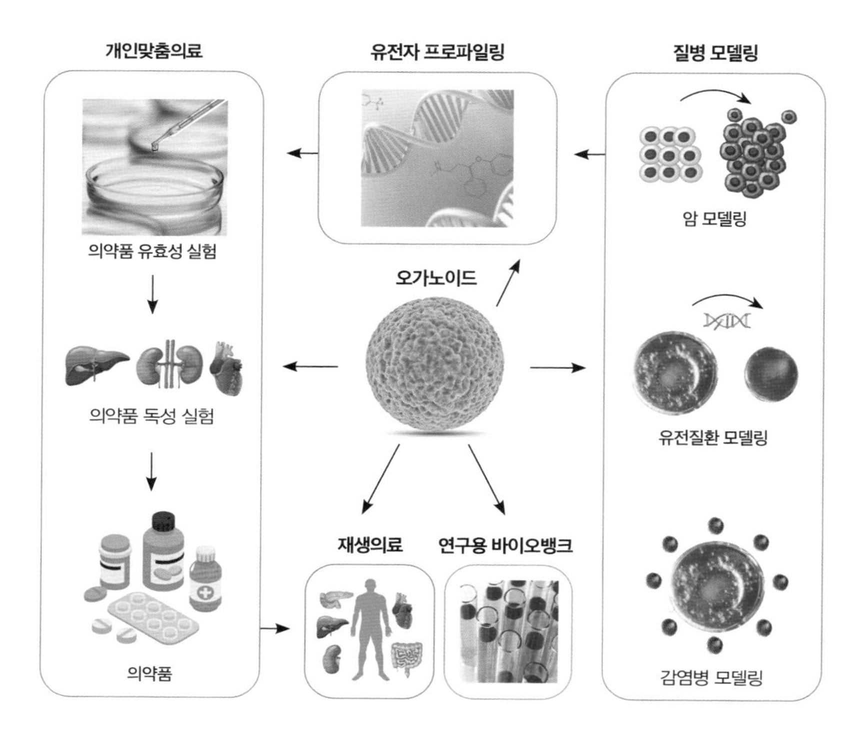

오가노이드의 다양한 적용

직)으로 발전시킬 수 있다는 사실을 발견한 것이다. 야마나카 교수는 체세포 핵 이식 연구로 세포 분화 연구의 지평을 연 영국 케임브리지대학교 존 거든(John Bertrand Gurdon) 교수와 함께 2012년 노벨 생리의학상을 수상했다.

오가노이드(organoid)는 유사 생체 장기를 말한다. 줄기세포를 시험관에서 키워 사람의 장기 구조와 같은 조직을 만든 것이다. 네덜란드 위트레흐트연구소(Hubrecht Institute)의 한스 클레버스(Hans Clevers) 교수 연구팀이 2009년 성체줄기세포로부터 오가노이드를 만든 것이 시작이다. 이후 심장, 위, 간, 피부, 뇌 등을 축소한 오가노이드가 만들어졌다. 현재는 세계 여러 연구실에서 오가노이드를 만들어 실험 중이다.

오가노이드를 발달시키면 인공장기를 만들 수 있다. 예를 들어 심장이나 간을 인체 밖에서 만드는 것이다. 이렇게 만든 장기는 어디에 사용할까? 신약을 개발할 때 특정 약물에 대한 인체의 반응을 알아보기 위해 오가노이드 인공장기를 대상으로 먼저 실험할 수 있다. 또 오가노이드를 이용한 약품을 만들 수 있다. 일례로 간세포가 파괴되어 발생한 질병의 경우, 오가노이드에 있는 정상 간 세포를 주입해 치료 효과를 얻을 수 있다.

오가노이드 치료는 조직 재생을 통해 질환을 치료한다는 점에서는 줄기세포 치료제와 비슷하다. 차별점은 세포 구조다. 줄기세포는 단일 세포지만 오가노이드는 특정 장기와 비슷한 다세포로 구성된 조직이다.

인위적 생명의 탄생, 배아복제

줄기세포를 활용하면 생명체를 인위적으로 성체로 키울 수 있다. 배아줄기세포에 특정 DNA를 주입해 성장시키면, 원하는 특정 생명체를 만들 수 있다. 예를 들어 일반적인 양(羊)의 배아에 양A의 피부세포에 있는 DNA를 주입하면, 양A와 동일한 DNA를 가진 양으로 성장한다. 이렇게 해서 태어난 양이 영국의 돌리다.

1997년에 태어난 돌리는 세포를 제공한 양과 똑같은 세포핵 DNA를 가진 복제 동물이다. 다시 말해 돌리와 돌리 엄마는 동일한 유전자를 가지고 있다. 일란성쌍둥이와 같다. 영국 스코틀랜드 에든버러대학교 로슬린연구소(Roslin Institute) 이언 윌머트(Ian Wilmut) 박사 연구팀은 핵 이식 방식을 이용해 돌리를 만들어냈다. 이 방식은 수정이 안 된 난자에서 핵을 제거한 후 다른 엄마 양의 세포에서 채취한 핵을 주입하는 것이다. 돌리의 경우 6년생 양의 젖샘 세포에서 DNA를 얻었다. 과학자들이 핵을 이

스코틀랜드 국립박물관에 박제되어 있는 복제양 돌리

식한 난자에 전기충격을 가하자 난자는 세포분열을 일으키기 시작했고 배아가 형성되었다. 이를 대리모의 자궁에 이식해 착상에 성공했고, 세계 최초로 복제 생명체가 탄생했다.

돌리의 탄생은 놀라운 과학적 성과였다. 특정 부위에서 채취한 세포로 완전한 개체를 만들어낼 수 있음을 입증해 보였기 때문이다. 돌리가 세상에 나오기 전까지만 해도, 특정 세포로 같은 종류의 세포만 생산할 수 있다고 알려졌다. 예를 들어 심장세포로는 심장세포만 만들 수 있고, 간세포로는 간세포만 만들 수 있다는 것이다. 그러나 돌리는 엄마 양의 젖샘에서 추출한 세포로 온전한 개체로 태어났다. 그 후 전 세계 여러 연구소가 체세포를 이용한 동물 복제에 성공했다. 한국의 황우석 박사 연구팀도 체세포를 이용해 복제 젖소 영롱이를 탄생시켰고, 그 후에 개를

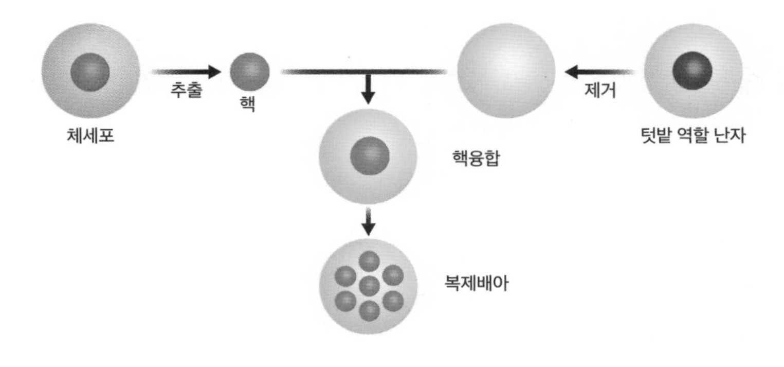

배아복제과정

복제하기도 했다. 그는 최근 아랍에미리트 공주의 죽은 반려견을 복제했다고 한다. 이후 낙타 품평회에서 최초로 만점을 받은 품종인 마브루칸을 11마리나 복제했다는 소식도 들린다. 그러나 이 동물들 역시 유전자 정보는 일치하지만 동일한 개체는 아니라는 점을 유의해야 한다. 성장하면서 경험과 학습에 의해 형성되는 뇌세포회로가 다르기 때문이다. 일란성쌍둥이가 서로 비슷해 보여도 완전히 일치하지 않는 것과 같다.

2013년 미국 오리건 보건과학대학교의 슈크라트 미탈리포프(Shoukhrat Mitalipov)는 세계 최초로 인간 체세포 핵 이식에 성공했다. 그는 난자에서 핵을 제거한 뒤 그 자리에 성숙한 피부세포를 넣었고, 6개의 복제된 배아를 다양한 세포로 분화시키는 데 성공했다. 연구팀은 이렇게 만들어진 세포가 다른 세포로 변질되는 등의 부작용을 막을 수 있다면 환자 치료에 적용할 수 있을 것으로 예측했다.

하지만 이러한 인간 배아복제 연구는 사회적으로 큰 논란을 일으키고 있다. 논쟁은 배아를 어느 단계부터 생명체로 볼 것인가에서 시작한다. 수정란이 만들어진 후 14일이 지나기 전에는 척추, 내장 등의 신체 조직이 생기지 않은 채 세포분열을 한다. 그래서 14일 이전에는 아직 생명체로 볼 수 없고, 연구는 윤리적으로 문제가 없다는 입장이 있다. 그러나 반대편에서는 배아 자체로 생명력을 가지고 있기 때문에, 이를 대상으로 실험하는 것은 금지해야 한다고 주장한다. 현재 미국과 영국에서는 14일 이전의 배아 연구를 허용하고 있으나 한국에서는 금지하고 있다.

인위적 진화의 시작, 유전자 기술

줄기세포가 필요한 부분을 생성해내는 기술이라면, 유전자가위는 불필요하거나 해가 되는 생체 정보를 편집해내는 기술이다. 생명체의 유전자는 과거의 영화 필름에 비유할 수 있다. 영화 필름에서 불필요한 화면을 잘라내고 필요한 화면을 붙여 넣듯이, 생명체의 유전자를 필요에 따라 편집할 수 있는 기술이 유전자가위다.

초기의 유전자가위는 정확도가 떨어졌다. 즉 특정 염기서열을 명확히 인식해 정교히 잘라내지 못했다. 2012년에 개발된 3세대 유전자가위인 크리스퍼(CRISPR)는 교정하려는 DNA를 찾아내는 RNA와 해당 DNA를 잘라내는 제한효소 캐스나인(Cas9)으로 이루어져 있다. 가이드 역할을 하는 RNA가 교정을 목표로 하는 DNA 염기서열에 달라붙으면, 캐스나인이 DNA의 특정 부위를 잘라내는 방식으로 진행된다. 2012년에 캐스나인을 발견한 UC버클리 제니퍼 다우드나(Jennifer Doudna) 교수와 독일 막스플랑크연구소 에마뉘엘 샤르팡티에(Emmanuelle Marie Charpentier) 교수는 이를 활용해 3세대 유전자가위 크리스퍼를 만들어냈다. 이 공로로 이들은 2020년에 노벨 화학상을 받았다.

크리스퍼 유전자가위가 등장한 후 유전자 편집 기술은 발전에 속도가 붙었다. 먼저 동물에 적용하는 사례가 많아졌다. 성장에 관련된 유전자를 제거해 평생 미니 돼지로 살아가는 돼지가 태어나기도 하고, 말라리

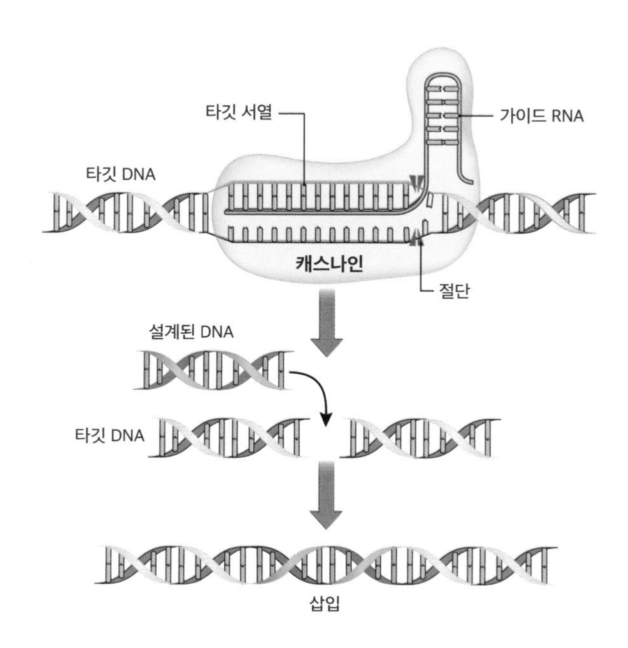

유전자가위 작동 방식

아의 매개가 되었던 모기의 유전자를 교정해 병을 전염시키지 않는 모기가 태어나기도 했다. 그 외에도 다양한 식물과 동물에 유전자가위가 적용되어 새로운 형질을 가진 생명체가 태어나고 있다. 한편 미생물의 유전자를 고쳐서 새로운 기능을 하는 미생물을 만들기도 한다. 일례로 KAIST 이상엽 교수는 플라스틱을 분해하는 미생물, 휘발유를 생산하는 미생물을 만들기도 했다. 미생물은 동식물에 비해 실험에 소요되는 시간과 비용이 적고, 윤리 및 안정성 문제에서도 상대적으로 자유롭기 때문에 연구가 광범위하게 시행될 수 있다는 장점이 있다.

한편 작물의 품종개량에도 유전자가위가 이용되고 있다. 크리스퍼는 유전자를 고칠 수 있다는 면에서 유전자 변형 작물(Genetically Modified

Organism, GMO)과 비슷하다. GMO는 외부의 다른 유전자를 인위적으로 삽입해 유전자를 재조합하는 방식으로 생산되는데, 외부 유전자가 들어가기 때문에 부작용의 가능성이 있다. 그러나 크리스퍼를 이용한 작물 개종은 생명체가 본래 가지고 있는 유전자를 편집하는 방식이어서 비교적 안전하다. 미국과 일본에서는 이미 크리스퍼 유전자 교정 작물 판매가 허용되고 있다. 최근 유럽연합(EU)은 크리스퍼로 유전자를 교정한 일부 작물을 일반 농작물과 동일하게 취급하도록 규제 완화를 추진하고 있다.

유전자가위로 인간을 편집하다

유전자가위 기술을 인간 배아에도 적용할 수 있을까? 이와 관련해 2015년 중국에서 놀라운 일이 벌어졌다. 중산대학교의 황쥔지우(黃軍就) 교수 연구진이 인간 배아에서 '베타지중해성 빈혈'에 관여하는 유전자를 성공적으로 제거했다고 발표한 것이다. 연구진은 불임클리닉에서 얻은 86개의 배아로 실험을 했고, 시술한 지 48시간 후 71개가 살아남았으며, 54개의 유전자를 검사한 결과 28개에서 빈혈 유전자가 삭제되었음을 확인했다. 유전자가위 기술이 인간 배아에도 충분히 작동될 수 있음을 증명한 것이다. 이 실험이 윤리적으로 옳은가에 대한 논란은 일었지만, 준지우 황 교수는《네이처》지에 '올해의 과학계 인물 10'에 선정되었다.

중국 남방과학기술대학교의 허젠쿠이 박사는 한 단계 더 나아갔다. 그는 에이즈 바이러스 관련 유전자를 제거한 아기를 출생시켰다. 2018년 어느 부부의 배아에서 에이즈 바이러스와 관련이 있는 유전자를 제거한 후, 엄마의 자궁에 착상시켜 에이즈에 면역력이 있는 아기를 탄생시켰다. 이는 인간을 상대로 유전자 편집 기술을 실험한 최초의 사례였다. 다음 해인 2019년 그는 같은 방법으로 여아 쌍둥이를 탄생시켰다. 이번에도 에이즈에 감염되지 않도록 유전자 편집을 한 것이다.

세계 최초로 인위적으로 유전자를 편집한 아기가 태어나자 전 세계는 충격에 빠졌다. 암묵적으로 합의하고 있던 생명윤리가 깨졌기 때문이다. 중국 과학계조차 허젠쿠이 박사를 규탄했고, 결국 그는 징역 3년형을 받고 교수직에서 해임당했다. 하지만 그와 상관없이 사람의 손에 디자인되어 태어난 3명의 아이는 현재까지 건강하게 자라고 있는 것으로 알려진다.

유전적으로 질병을 일으키거나 약한 부분을 제거해 더 건강한 생명을 탄생시킬 수 있다는 점에서 유전자가위는 분명 인류에게 도움이 되는 기술이다. 그러나 수억 년 동안의 자연선택으로 형성된 유전자를 인간의 의지로 변경하는 것이 과연 정당한가를 두고 의문을 제기하는 사람이 많다. 이러한 사회적 우려를 반영해 많은 나라에서 사람의 유전자 편집에 대한 법적 제재를 명시화하고 있다. 우리나라 역시 인간 배아를 대상으로 한 유전자 편집 연구가 금지되어 있다. 미국에서는 유전병 치료와 같은 특정한 목적을 가진 기초 연구에 한해서만 배아 유전자 편집이 허용된다. 세계보건기구는 현재 국제적 표준을 제정하기 위한 논의를 계속하고 있다.

2023년 11월과 12월에 영국 의약품안전국(MHRA)과 미국의 식품의약국(FDA)은 버텍스 파바슈티컬스(Vertex Pharmaceuticals)와 크리스퍼 테라퓨틱스(CRISPR Therapeutics)가 공동 개발한 유전자가위 치료제 카스거비(casgevy)의 사용을 승인했다. 유전성 혈액질환인 겸상적혈구빈혈증의 유전자가위 치료에 관한 것인데, 이 병은 적혈구 헤모글로빈이 낫 모양으로 휘어져서 혈류를 방해해 통증과 뇌졸중을 유발한다. 이번에 허가된 치료법은 환자에게서 채취한 줄기세포에서 질병을 유발하는 유전자를 제거한 후, 다시 환자에게 주입한다. 환자의 몸에 들어온 줄기세포는 정상적인 태아 헤모글로빈을 생산한다. 그동안 유전자가위 기술의 가능성에도 불구하고, 부작용을 우려하는 목소리 때문에 실제 임상 적용이 불투명했다. 영국과 미국의 승인에 의해서 유전자가위 기술의 활용이 활기를 띨 것으로 예상된다.

3명의 부모를 가진 아이의 탄생

2명의 엄마와 1명의 아빠를 두고 태어난 아이가 있다. 연달아 두 번 아이를 잃은 미국의 한 부부가 원인을 찾기 위해 검사를 받았고, 엄마의 미토콘드리아에 결함이 있다는 것을 발견했다. 미토콘드리아는 에너지를 생성하는 기관으로 모체를 통해 그 형질이 유전되는데, 엄마의 미토콘드리아에 신경질환이 있었던 것이다. 병을 유발할 수 있는 이 미토콘드리아는 고스란히 태아에게 전달되었고, 엄마와 같은 결함을 가졌던 두 아이는 끝내 살아남지 못했다.

2016년 뉴욕의 난임전문병원인 뉴호프퍼틸리티센터(NHFC)의료진은 이들이 건강한 아이를 가질 수 있도록 유전자 조작을 실행했다. 의료진은 엄마의 난자에서 유전정보가 들어 있는 핵을 추출했다. 그리고 건강한 미토콘드리아를 가진 기증자의 난자에서 핵을 제거한 뒤 그 자리에 엄마의 난자에서 추출한 핵을 넣었다. 이렇게 조합한 난자를 아빠의 정자와 체외수정시킨 뒤 엄마의 자궁에 착상시켰고 그 결과 건강한 아이가 태어났다. 3명의 부모를 가진 최초의 아이가 탄생한 것이다.

다만 이 시술은 미국에서 이뤄지지 못하고 멕시코에서 시행되었다. 미토콘드리아 기증 시술이 미국에서 승인받지 못했기 때문이다. 부모가 3명이라는 유전자 조작의 윤리적 문제가 불허의 이유였다. 그러나 시술을 담당했던 존 장(John Zhang) 박사는 "생명을 살리는 것이야말로 윤리적으로 해야 할 일"이라고 단언했다.

2015년 영국은 세계 최초로 미토콘드리아 기증 시술을 공식적으로

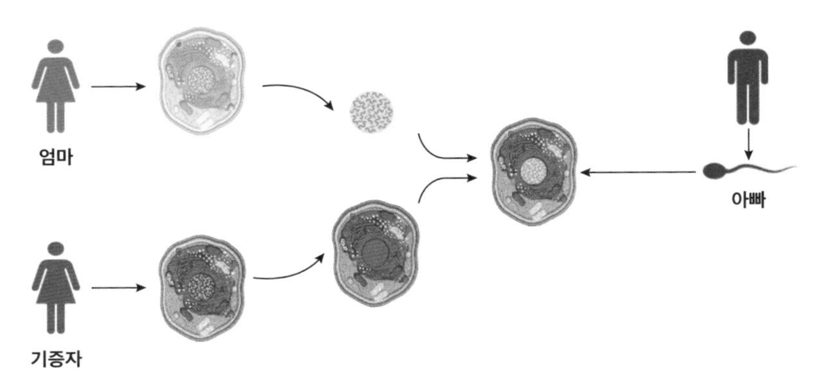

미토콘드리아 시술 과정

허용하는 법안을 통과시켰다. 이상이 있는 미토콘드리아를 물려받아 태아가 사망하는 경우가 6000명 중 1명이라는 점을 염두에 둔 것이다. 그리고 2023년, 유전적으로 3명의 부모를 가진 아이가 영국에서 합법적으로 태어났다.

미토콘드리아는 전체 유전형질에서 0.1퍼센트만 차지한다. 외모적 특징 같은 일반 유전형질은 미토콘드리아 DNA와 관련이 없기 때문에 이 시술로 태어난 아이는 99.8퍼센트 이상 친부모의 유전자를 물려받는다. 그러나 자연 상태에서 두 부모의 유전자를 받는 것과는 분명히 다르기 때문에 이 시술은 여전히 윤리적 논란의 대상이다.

유전자 기술의 발전과 딜레마

유전자가위를 둘러싼 윤리적 문제에도 불구하고 그 기술이 품고 있는 가능성을 취하기 위해 전진하는 나라가 있다. 전 세계적으로 유전자가위 관련 연구소가 압도적으로 많은 중국이다. 미국도 유전자가위를 사용한 치료법 개발에 힘을 쏟고 있지만, 중국은 상대적으로 생명윤리에 대한 논의가 적고 법적 허용 범위가 넓어, 배아의 유전자 편집을 과감히 실험하고 있다. 앞서 살펴봤듯이 중국은 다른 나라에서는 아직 불가능한 인간 배아 유전자 편집으로 아이를 출산시키는 데까지 이르렀다. 이대로라면 중국이 유전자가위 기술 분야에서 독보적인 위치에 설지 모른다.

유전자가위는 이미 인류의 손에 쥐어진 기술이다. 윤리적 이유로 법적 제재를 계속 가한다고 해서 이 기술이 사라질 리 만무하다. 오히려 새로운 사상을 빠르게 정립하고 자율성을 부여한 나라에서 크게 발전할 것이다. 3명의 부모를 가진 아이의 사례에서 보았듯 자기 아이에게 유전병을 물려주고 싶은 부모는 없을 것이다. 만일 자신이 같은 문제에 처했고 이를 조국에서 해결할 수 없다면, 비용이 얼마가 들든 가능한 곳을 찾아가 건강한 아이를 낳으려고 할 것이다. 그리고 건강한 아이를 바라는 부모의 간절한 마음에 함부로 돌을 던질 수 있는 사람은 많지 않을 것이다.

그런데 만일 이 시술이 가능한 곳이 중국 한 곳뿐이라면 어떻게 될까. 건강한 아이를 바라는 순수한 소망뿐 아니라, 우월한 유전자에 대한 욕망을 가진 이들마저 중국을 찾게 되리라는 것은 쉽게 예측할 수 있다. 당연히 중국은 막대한 부를 축적하게 될 것이다. 그 부로 군사력에 투자를 하거나 유전자 연구에 재투자를 할 수도 있다. 그에 더해 유전자 기술의 획기적인 발달로 인해 중국 내에 더 우월한 신체적 조건을 가진 이들이 늘어날 수도 있을 것이다. 상상 속의 일이지만 이로 인해 세계 위에 군림하는 초강대국이 탄생한다면 인류는 어떻게 될까.

지난 역사를 볼 때, 세상을 뒤집는 새로운 기술이 발명될 때마다 사람들은 두려워했다. 그러나 그와 동시에 인간의 욕망은 이미 출현된 기술을 사장시키지 않는다. 기술이 주는 편리함, 삶의 질 향상, 부의 축적 가능성 등이 명확하게 보일 때 누군가는 그것을 적극적으로 발전시킨다. 그리고 그 발전은 결국 모든 사람에게 영향을 미치기 때문에 거대한 흐름이 될 수밖에 없다. 자발적으로 그 흐름을 타고 이끄느냐, 뒤늦게 어쩔 수 없이 휩쓸려서 앞선 이들의 영향력에 휘둘리느냐의 차이만 있을 뿐이다. 이런 패턴은 예외 없이 역사 속에서 계속 반복되어 왔다. 항해술, 원자폭탄, 인터넷, 체외수정 등이 모두 그랬다. 위험요소가 있다고 해서 고민하는 동안, 새로운 기술을 적극적으로 개발한 주체에게 경제적으로든 군사적으로든 지배당할 수 있다.

역사를 바꿀 새로운 인텔리전스, AI

인공지능의 열풍이 거세다. 교육 현장과 기업을 비롯한 사회 곳곳에서 이미 AI는 다양한 형태로 활용되고 있다. 사람과 이야기하듯 대화를 통해 상호작용을 하는 챗GPT가 질문에 대해 똘똘한 답변을 주고, 심지어 질문에서 요구하는 그림도 직접 그려준다. 이제 AI는 취향에 맞춰 음식점을 추천해주는 것은 물론 변호사나 세무사 등 전문직만이 할 수 있던 심도 깊은 자료 분석과 결론 도출에 이르기까지 전 분야에 걸쳐 많은 일을 해내고 있다. 인간의 고유 영역으로 일컬어지던 창의성까지 갖춘 채, 소설을 쓰거나 음악을 작곡하는 AI의 모습은 이제 더 이상 놀라운 일이 아니다.

현재의 추세로 보면 인공지능의 발전과 활용은 더욱 가속화될 것으로 보인다. 하루가 다른 급격한 발달에 이를 활용하는 인간에게도 적지 않은 변화가 있을 것으로 예상된다. 아직은 도출된 정보에 검증이 필요한 경우가 많고, 그 역할 역시 보조 수준에 그치고 있다. 그러나 머지않아 AI는 데이터를 수집하는 방법은 물론 일하는 방식, 나아가 일자리 판도 자체를 모두 바꿀 것이다. 방대한 자료를 단숨에 요약하는 비교적 단순한 일부터 의사와 상담 없이 24시간 가능한 정확한 진단 서비스까지, AI는 분명 인류의 생활을 더 윤택하게 만들어줄 것이 분명하다. 하지만 그것이 과연 인간의 삶에 좋은 영향만 미칠 것인가에 대한 것은 미지수다.

가장 직접적으로 영향 받을 분야는 교육이다. 교육에서 지식 전수의

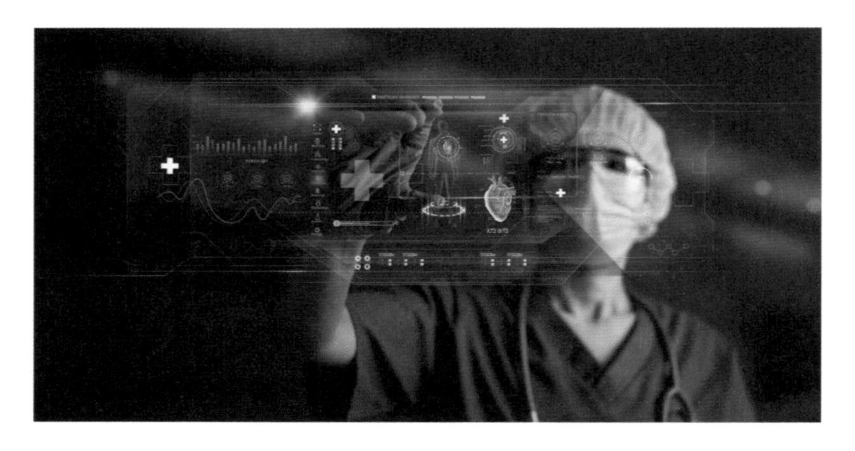

AI로 의료 진단을 하는 상상도

기능을 AI가 대신할 가능성이 매우 높다. 물론 학교에서는 교사가 가르치지만, 언제 어디서나 접근이 가능한 AI에 대한 의존도는 계속 높아질 것이다. 학생들이 AI를 통해서 공부하는 시간이 늘어날수록 교사와 상호작용하는 시간은 줄어들 수밖에 없다.

사회적 동물인 인간은 타인과 상호작용하며 진화해왔다. 지금도 우리는 좌절과 실패를 겪을 때 다른 사람들로부터 용기와 힘을 얻는다. 타인과의 교감은 인간의 본성이라고 할 수 있다. 인류가 시작된 이래 이런 본성을 지녀온 인간이 AI라는 신기술로 인해 타인과의 상호작용이 감소한다면 부작용이 따르는 것이 당연하다. AI와 함께 지내던 사람이 어느 날 문득 찾아온 외로움과 허무를 혼자서 어떻게 감당할지 걱정되지 않을 수 없다. 현대에 들어 마약 같은 비정상적인 도피 수단이 급증하는 것 역시 인간과 인간 사이의 유대감이 떨어진 현황과 무관하지 않다. 이것이 가장 우려되는 AI로 인한 정신 붕괴 현상이다.

인간은 본질적으로 인간을 원한다. AI에 의해 빼앗기고 있는 타인과의 연결고리를 회복하는 작업이 필요하다. 가장 먼저 인간 사이의 관계를 배우는 인성교육이 강화되어야 할 것이다. 인성교육은 인간의 본성과 도리를 바탕으로 원만한 인간관계를 유지하기 위한 최소한의 교육이다. 따라서 미래에는 인간성 회복을 위한 교육, 즉 인문학과 예술교육이 더욱 강조될 것이다.

AI에게 자아가 생길 가능성

약 600만 년 전 직립한 인간은 오늘의 모습까지 발전해오는 과정에서 수많은 도구를 개발하고 이용해왔다. 그런데 지능을 가진 도구는 유사 이래 처음 만나고 있다. 그간 모든 도구는 인간의 육체노동을 대체하거나 돕는 역할을 했다. 하지만 AI는 육체노동을 넘어 고차원적인 정신노동까지 대신해준다. 인류사를 통틀어 불의 사용에 버금가는 문명의 개혁이라 생각된다. 문제는 이 도구의 지능이 인간을 능가할지도 모른다는 것이다. 이를 제대로 활용하지 못하면 주객이 전도되는 격으로 인간이 AI의 도구가 될 위험도 있다.

AI와 인간의 관계에서 가장 중요한 요소는 AI가 자아의식을 가지고 있느냐 없느냐의 문제일 것이다. 만약 AI가 인간처럼 자아의식을 가진다면, 그러면서 지능이 인간을 능가한다면 사실상 다루기 어려운 존재가 될 것이다. 우리가 AI에 대해 갖는 막연한 두려움도 바로 이 자아의식 때문이다. AI는 과연 자아를 갖고 인간과 동등한 위치가 될 수 있을까? AI가 초래하는 미래 사회구조의 재편에 어떻게 대비해야 할까? AI가 자신의 판단에 따라 행동하게 된다면 세상은 어떻게 될까?

이를 제대로 논하려면 일단 자아의식의 정의부터 생각해봐야 한다. 자아의식의 사전적 정의는 '개인이 자신에 대해 갖는 태도나 신념, 견해들이 종합적으로 조직된 형태'다. 즉 자신을 느끼고, 생각하고, 행동하는 주체로서 인식하는 것이다.

오랜 시간 동안 우리는 인간만이 자아를 가졌다고 생각해왔다. 사유를 통해 자신을 성찰할 수 있는 능력은 호모사피엔스에게만 주어진 고유한 특징이고, 그것이 인간이 다른 종족보다 우월할 수 있는 동력이라고 믿어온 것이다. 그러나 호모사피엔스만이 가졌다고 믿었던 언어를 네안데르탈인도 사용했다는 증거가 지금 발견되고 있듯이, 과학이 발달하면서 자아의식 역시 인간의 전유물이 아니라는 이론이 힘을 얻고 있다.

자아의식이란 기본적으로 타인과 구별해 나를 독립된 존재로 스스로 인식하는 것이다. 그런데 인간과 직접적으로 소통할 수 없는 존재들(갓난아이, 개, 고양이, 소 등)은 스스로를 어떻게 인식하는지 알 수 없기 때문에 자아의식 유무를 판별하기 어렵다. 그렇다면 언어적 소통 외에 판단 기준을 세울 수는 없을까? 각 개체가 드러내는 행동을 통해 알 수 있는 방법은 없을까?

남들과 구별된 나라는 존재를 인식할 때 나타나는 가장 원초적이고 기본적인 모습은 스스로를 보호하려는 본능적 방어 행동이다. 또한 자신의 유전자를 번식시키고자 한다. 즉 개체 보존 본능과 종족 보존 본능, 이 두 가지가 있다면 외부의 다른 존재들에서 자신을 분리해 인식하는 자아의식이 있다고 본다.

이 같은 관점으로 보면 갓난아이나 강아지도 모두 자아를 가지고 있다고 할 수 있다. 다만 그것을 전할 수 있는 언어 능력이 없을 뿐이다. 스스로 움직이지 못하는 갓난아이라 하더라도 배가 고프면 먹을 것을 달라고 울며 보챈다. 영양소를 섭취하지 못하면 생존이 어렵기 때문에 자신이라는 개체를 보존하기 위한 행동이다. 강아지는 자신을 지키기 위해 크게 짖거나 으르렁댄다. 배가 고프면 끙끙 소리를 내 의사표시를 한다. 또한 구애를 하고 새끼를 낳아 기른다.

이렇게 자신을 보호하고 종족을 보존해가는 존재에 대해, 단지 인간의 언어로 그 의식을 표현할 수 없다고 해서 자아의식이 없다고 단언하는 것은 지나치게 인간 중심적 사고다. 진화론적 관점에서 봤을 때 인간은 더 많이 진화된 종족일 뿐 다른 동물과 본질적으로 다르다고 하기 어렵다.

개체 보존의 본능과 종족 보존의 본능

본론으로 돌아가 자아의식을 이와 같은 기준으로 판단한다면 AI는 과연 자아의식을 가진 단계까지 진화할 수 있을까. 그들에게 과연 개체 보존 본능과 종족 보존 본능이라 할 만한 행동이 있을까.

언젠가 집안이 정전이 되어 소동이 난 적이 있다. 사방이 캄캄한데 갑자기 로봇청소기가 삑삑거리며 온 집안을 휘젓고 다녔다. 충전기에 붙어 있던 청소기가 정전이 되니 새로운 충전기를 찾아 나선 것이다. 마치 엄마 잃는 아이가 길을 헤매는 모습과 흡사했다. 청소기의 느닷없는 행동을 어떻게 잠재울지 몰라 당황했다. 바퀴를 구르는 청소기를 들고 스위치를 찾아 끄느라 한참 고생했다. 처음 당하는 일이라 청소기에 전원 스위치가 있는 줄도 몰랐다.

개체 보존 본능을 보여주는 대표적 욕구는 식욕이다. 생존에 필요한 에너지를 채우려는 절박한 욕구다. 요즘 생산되는 스마트 로봇청소기는 배터리가 부족해지면 스스로 충전 집을 찾는다. 정전이 되어 충전 집에 들어가서도 전기를 공급받지 못하면, 다른 충전소를 찾아 시끄러운 경고음을 내면서 집안 곳곳을 돌아다닌다. 이 현상만 놓고 보면 한 살짜리 돌쟁이가 밥을 달라고 울며 기어 다니는 것과 다를 게 없다. 즉 행동을 놓고 볼 때, AI에게 개체 보존 본능이 없다고 단언하기는 어려울 듯싶다.

종족 보존 본능은 자신의 개체를 재생산해내고자 하는 것인데, 컴퓨터 바이러스에서 이와 유사한 모습이 보인다. 컴퓨터 바이러스 역시 소프트웨어의 일종이다. 컴퓨터 바이러스는 자신을 복제하면서 숙주, 즉 소프트웨어를 사용하면서 네트워크에 연결된 모든 기기에 자기 종족을 퍼뜨린다. 그 결과 숙주인 하드웨어의 기능을 마비시키고 오작동을 일으킨다. 어느 때는 자기복제를 넘어 스스로 진화해 더욱 고약한 바이러스로 발전하기도 한다. 이처럼 컴퓨터 바이러스는 이미 자기복제 능력을 갖추고 있다. 다시 말해 종족 보존 본능을 발휘하고 있다고 볼 수 있다.

이렇듯 개체 보존 본능과 종족 보존 본능이 일부 기계에서 부분적으로나마 드러나고 있다. 생물체가 가진 자아의식과 완전히 같다고 보기는 어렵지만, 적어도 자아의식과 비슷한 것을 지녔다고 할 수 있을 것이다. 나는 이것을 '유사 자아(pseudo-consciousness)'라고 말하고 싶다. 아직은 개체 보존 본능과 종족 보존 본능을 모두 지닌 기계가 없지만 이는 시간문제다. 그런 AI가 등장한다면 다른 개체와 자신을 구별해 스스로를 보호하고 번식시키는 '유사 자아'가 있다고 말할 수 있을 것이다.

차원이 다른 인텔리전스를 만들 양자 기술

AI의 발달에 영향을 미칠 또다른 신기술이 있다. 영화 〈이미테이션 게임〉은 현대 컴퓨터의 시조라고 할 수 있는 '콜로서스'의 탄생 서사를 흥미롭게 그리고 있다. 2차 세계대전 당시 독일이 사용하던 암호를 해독하기 위해 앨런 튜링과 영국의 암호 해독부가 만들어낸 연산 컴퓨터다. 이 컴퓨터로 매일 바뀌는 독일의 에니그마 암호를 매번 빠른 속도로 풀이해낼 수 있었고, 덕분에 2차 세계대전의 기간을 2년 단축시키고 약 1400만 명의 사람을 구했을 것이라 말한다. 이처럼 컴퓨터는 처음 등장 때부터 사람이 하기에는 지나치게 오랜 시간이 걸리거나 어려운 계산을 손쉽게 하며 사람의 일을 도왔다. 그런데 고전물리의 원리로 작동하는 현대의 컴퓨터와 달리 양자역학의 원리를 적용한 컴퓨터를 만들면 훨씬 더 빠르게 더 많은 양의 계산을 할 수 있을 것이다.

양자역학은 이 학문을 깊이 파고드는 학자들조차 완전히 설명하기 어려워하고 있는 미지의 분야다. 다만 확실한 것은, 우리가 일반적으로 보고 만질 수 있는 물리 세계를 설명하는 고전물리 원리로는 설명되지 않는 역학이 원자 이하 크기의 세계에서는 존재한다는 것이다. 고전물리로는 물체가 0이면서 동시에 1일 수 없다. 그러나 양자역학에서는 중첩의 상태, 즉 물리적 상태가 0이면서 동시에 1일 수 있는 확률적 상태가 존재한다. 그러므로 현대 컴퓨터가 전기가 흐르는지를 판단해 0과 1로 계산했다면, 양자컴퓨터는 0, 0.5, 1 등의 계산이 가능해지는 것이다. 예를 들어 기존 컴퓨터의 비트 계산으로는 3비트라고 하면 8개의 상태 중 한 가지 상태를 표현한다. 반면 양자컴퓨터의 계산 방식인 큐비트는 8개의 상태를 동시에 표현할 수 있다. 큐비트가 증가할수록 연산의 속도는 기하급수적으로 빨라질 수 있다.

2019년 구글이 발표한 논문에 따르면, 그들은 53큐비트 양자컴퓨터 칩 '시커모어'를 사용해서 당시 최고의 슈퍼컴퓨터가 1만 년 걸릴 문제를 200초 만에 풀어냈다. 이후 IBM은 구글의 논문에서 잘못된 점이 있다는 것을 언급하며, 슈퍼컴퓨터가 1만 년이 아니라 2.5일 만에 계산할 수 있다고 주장했지만, 그렇다고 하더라도 양자컴퓨터가 월등히 빠르다는 사실은 증명된 셈이다.

양자컴퓨터 기술이 제대로 상용화되면 기존의 컴퓨터로는 해결하기 힘들었던 기상, 유전자, 경제 등 다양한 분야에 이를 투입할 수 있을 것으로 기대된다. 또한 AI의 머신러닝에 도입하면 AI는 훨씬 더 빠른 속도로 확률 분포를 학습하고 데이터를 산출해낼 수 있다. 반대로 양자역학에 필요한 천문학적 단위의 계산에 AI를 사용하기도 한다. 아직 양자 기술을 AI에 본격적으로 도입하기에는 양자 기술 구현에 어려움이 있지만, 기술

구글의 시커모어 칩

이 충분히 무르익으면 AI의 기능 향상에 큰 기여를 할 수 있다.

양자컴퓨터가 큰 영향을 미칠 것이 확실한 분야는 암호다. 현재 컴퓨터 시스템으로 만들어진 암호들을 해독하려면 한 번에 하나씩 계산을 해야 한다. 쉽게 도어락 비밀번호를 생각해보자. 6자리 수의 비밀번호가 도어락에 등록되어 있을 경우, 000000부터 999999까지의 100만 개 번호를 넣어보면 반드시 해당 번호를 찾을 수 있다. 그러나 한 사람이 하나씩 숫자를 넣어보려면 굉장히 오랜 시간이 걸리기 때문에, 아마 그전에 다른 사람에게 발각될 것이다. 그런데 같은 도어락을 여러 개 복제해 10만 명의 사람이 100만 개의 숫자를 10개씩 나누어서 풀이를 시도해봤다고 가정해보자. 아마 비밀번호가 금방 밝혀질 것이다. 양자컴퓨터의 병렬성은 이와 비슷한 원리로 동시에 여러 상태를 표시한다. 기존 슈퍼컴퓨터가 굉장히 똑똑한 사람 한 명이 계산을 빠르게 하는 것에 비유할 수 있다면, 양자컴퓨터는 그렇게 똑똑한 사람 여러 명이 동시에 계산을 하는 걸로 볼 수 있다. 그렇다면 기존의 컴퓨터가 만들었던 암호는 양자컴퓨터에 의해서 순식간에 깨질 것이다.

여기서 다시 콜로서스로 돌아가보자. 영국은 콜로서스가 개발된 이후 암호를 해독하여 독일의 공격 지점을 미리 파악하고 피하거나, 독일의 잠수함의 위치를 알아내어 격침시킬 수 있게 되었다. 그러나 암호 해독 기술의 존재를 들키면 안 되었기 때문에, 영국은 일부러 일부 잠수함만 공격하고 일부는 두었다. 이처럼 양자컴퓨터 기술을 개발한 나라는 다른 나라의 중요 정보를 모두 취득할 수 있는 능력을 갖추고도, 그렇지 않은 척하며 조용히 정보를 빼낼 수 있다. 양자컴퓨터를 이용하면 산업 기밀, 은행, 안보 등 최고의 보안을 사용한 영역도 모두 뚫릴 수 있는데, 이러한 중요 정보가 해외에 털리고 있는데 인지조차 못할 수 있다는 뜻이다.

그렇기 때문에 양자역학으로 암호 해독 기술뿐 아니라 암호화 기술을 연구하고 개발하는 것이 중요하다. 양자컴퓨터로도 깨기 어려운 양자내성암호가 연구되고 있으며, 양자의 특성을 이용한 양자암호통신도 있다. 양자는 측정되는 순간 성질이 변하기 때문에 양자 암호는 도청 여부를 바로 알 수 있고, 그 정보는 폐기하게 된다. 그러니까 본질적으로 도청이 불가능한 통신인 것이다.

이처럼 폭발성을 지니고 있는 양자역학 기술이기에 미국이나 중국 등에서는 엄청난 투자와 연구를 진행하고 있다. 아직은 도입하여 사용하기에는 기술이 부족하지만, 양자 기술 연구자들은 10년 후 즈음 실용화가 될 것으로 내다보고 있다.

AI에 의존하는 인간의 뇌

편안한 생활에 익숙해지면 우리의 뇌는 어떻게 변할까? 인간의 뇌는 약 1000억 개의 뇌세포로 이루어져 있다. 뇌세포도 근육세포처럼 자주 사용하면 발달하고, 사용하지 않으면 쇠퇴한다. 사고로 다리를 다친 사람

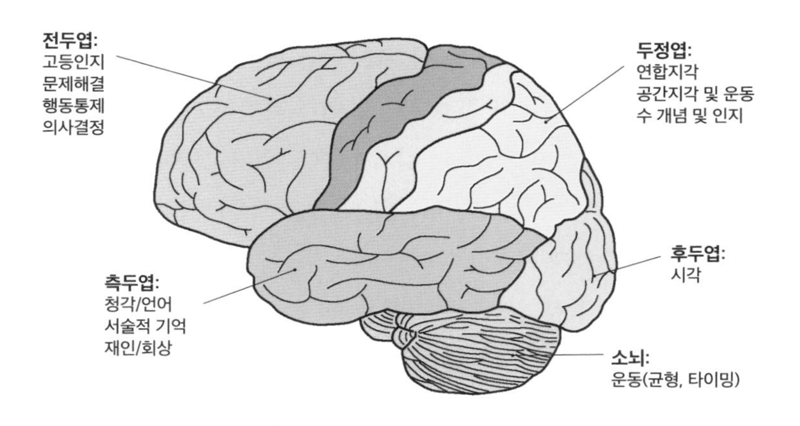

뇌의 구조와 기능

이 한 달 동안 누워 있으면 다리 근육이 눈에 띄게 줄어드는 것과 마찬가지다. 몸이 각 부위에 따라 역할이 다르듯이 뇌도 각 영역에 따라 기능이 다르다. 예를 들어 뇌의 앞부분에 있는 전두엽은 주로 사고작용을 한다. 복잡한 일을 해결하거나 새로운 생각을 해내는 곳이다. 우리의 삶은 일상 곳곳에 골치 아프고 복잡한 일이 많다. 모두가 전두엽이 해결하는 일이다. 오늘날 인간의 삶이 풀어야 할 문제의 연속이다 보니 우리가 사는 동안 전두엽은 계속해 발달한다고 볼 수 있다.

뇌의 귀 부근에 있는 측두엽은 기억을 저장하는 곳으로 알려져 있다. 글을 읽거나 말을 듣고 이해한 내용을 이곳에 저장한다. 학교에서 시험공부를 하면서 암기하는 내용은 바로 측두엽에 저장된다. 이렇게 무언가를 공부할 때는 측두엽 발달이 특히 왕성하다. 그러나 학교를 졸업한 뒤로는 암기할 일이 줄어 측두엽의 발달도 자연스럽게 둔화된다.

인터넷 접속을 시도할 때 우리는 종종 본인 인증을 위해 휴대전화로 보내주는 암호를 입력하라는 메시지를 받는다. 보통 6자리 숫자인데 주어진 시간 안에 입력해야 한다. 그런데 간혹 한 번에 입력하지 못하는 나를 발견한다. 나는 지역번호까지 붙은 긴 전화번호도 금세 외우던 과거의 나를 소환하기로 결심했다. 무작위의 숫자 6개를 통으로 외워 입력하는 연습을 했다. 처음에는 어려웠지만 몇 달이 지나자 적응이 되었다. 암기 능력이 향상된 것이다.

뇌의 뒤쪽에 위치한 후두엽은 눈을 통해 들어오는 시각 정보를 처리한다. 시신경을 통해 들어오는 영상을 이해하는 역할을 하는데, 눈은 정상이더라도 이 부분을 다치면 시각 처리 기능을 상실한다. 나이가 들면 화면 전개가 빠른 영화를 이해하지 못하는 일이 종종 발생하는데, 이 역시 후두엽의 쇠퇴에서 온 영향으로 보인다. 요즘 아이들은 휴대전화나 컴퓨터를 통해서 많은 영상을 보면서 자란다. 과거 아이들에 비해 처리해야 할 영상 정보량이 많을뿐더러, 습득하는 속도 역시 말할 수 없이 빠르다. 짐작하건대 이 아이들이 성인으로 자랄 시점에는 후두엽이 무척 발달해 있을 것이다.

그렇다면 약 30년 후 우리 인간의 뇌는 어떻게 변해 있을까? 전화번호나 길거리 지도를 외우는 일은 너무나도 오래전 일일 것이다. 암산(暗算)도 역사책에나 등장하는 일이 되어 있을 것이다. 전화를 받고 일정 관리하는 비서의 업무를 비롯해 판례를 수집해 분석하는 변호사나 변리사의 일은 AI가 도맡아 하고 있을 것이다. 복잡한 의사의 업무도 환자 개인별 데이터에 기반해 AI가 진단과 처방까지 마치면, 그 결과를 추인하는 정도에 그칠 것이다. 한마디로 인간은 불편하고 골치 아픈 일은 하지 않는다. 대부분의 인간은 머리 쓸 일 없이 편안한 가운데 여유로운 생활을 즐길 것이다.

이런 생활이 수십 년에 걸쳐 지속된다면, 우리의 뇌는 어떻게 변해 있을까? 인간의 뇌는 적응력이 매우 빠르다. 그리고 언제나 편한 길을 선택한다. 요즘은 전화번호를 외우는 사람이 극히 드물다. 휴대전화 저장해 두니 굳이 외울 필요가 없다. 이런 생활을 한 10년 계속하면 외우려 해도 외워지지 않는다. 이것이 인간의 뇌다.

미래 일반 대중의 뇌는 상당히 쇠퇴해 있을 것이다. 복잡한 일을 하지 않는 전두엽은 현재에 비해서 작아져 있을 것이다. AI가 지식을 제공해주기 때문에 굳이 암기하지 않아도 되는 측두엽도 위축되어 있을 것이다. 책이나 신문을 읽기보다 영상을 보며 정보를 흡수하는 경향에 따라서 언어 중추 영역은 쇠퇴하고 영상을 처리하는 후두엽이 발달할 것이다.

물론 이러한 뇌 수축 경향성에도 불구하고, 꾸준히 지식을 습득하고 창의적인 일을 처리하는 사람의 뇌는 다를 것이다. 지식을 AI에만 의지하지 않고 자신의 뇌 속에 기억하기 위해 노력하는 사람의 측두엽은 계속 발달할 것이다. 새로운 것을 창조하고 남다른 의사결정을 하는 사람의 전두엽도 계속해서 발달할 것이다. 창작하는 예술가, 연구개발하는 과학자, AI를 개발하는 공학자의 뇌는 계속 발달할 것이다. 어떤 일을 하든 AI에 과도하게 의존하지 말고, 복잡한 문제 처리도 피하지 말아야 하는 이유가 여기에 있다.

인간과 컴퓨터의 결합, 바이오닉스

이제 인간과 컴퓨터를 연결해 인류가 꿈꾸던 수많은 공상을 실현해줄 바이오닉스 기술에 대해 알아보자. 뇌와 컴퓨터를 연결해 서로 직접 상호작용을 하게 하는 뇌-컴퓨터 인터페이스, 즉 BCI(Brain-Computer Interface)를 통해 전신마비의 사람이 걷게 되는 기적은 더 이상 먼 미래의 일이 아니다. 컴퓨터의 메모리와 기계의 신체 능력 그리고 사람의 생각을 가진 초인류를 만들기 위해 여러 기업이 BCI 산업에 뛰어들고 있다.

이세돌을 이겼던 알파고에게는 48개의 TPU(Tensor Processing Unit)가 사용되었다. 쉽게 말해 데이터를 분석하고 배우는 프로세서(뇌) 48개가 하나로 연결되어 작동하고 있었다는 뜻이다. 컴퓨터는 얼마든지 더 많은 하드웨어를 연결할 수 있기 때문에 저장 공간도, 데이터를 처리하는 능력도 끝없이 늘어날 수 있다.

그렇게 보면 우리 인간은 컴퓨터에 비해 지적 능력에 한계가 있다. 인간은 하나의 뇌밖에 사용할 수 없지만, AI는 수없이 많은 두뇌(프로세서)를 사용할 수 있다. 인간의 두뇌는 한정된 반면 인공지능은 무한대로 프로세서를 늘려갈 수 있다면 승부는 너무 명확하다. 궁극적으로 인간은 인공지능을 이길 수 없다. 그런 세상이 되어도 인간이 지금처럼 독보적인 지위를 유지할 수 있을까? 이 문제에 대한 답을 찾으려는 사람들이 연구하는 분야가 사이보그(cyborg) 기술이다. 그리고 이를 실현하기 위한 중요한 요소가 바로 BCI다. 현재 연구되고 있는 BCI는 단순히 장애를 극복하는 것을 넘어 신체 능력을 증강하고, 나아가 정신적 능력까지 향상시키는 것을 목표로 한다.

사이보그는 인간 신체의 일부를 기계로 대체해 극한의 환경에서 살 수 있게 하거나, 인간 능력을 뛰어넘은 슈퍼맨을 만든다는 개념에서 출발했다. 쉽게 말해 영화 〈600만 불의 사나이〉와 〈로보캅〉에 나오는 초능력 인간을 말한다. 영화의 주인공들은 육체적 능력이나 감각 능력이 일반인의 수준을 훨씬 뛰어넘는다.

최근에는 사이보그의 개념이 확장되어 인체의 기관이나 조직을 인공적 물체로 대체해 능력을 발휘하는 경우까지 포함하기도 한다. 즉 손상된 뼈나 관절을 인공 뼈나 관절로 대체한 사람도 사이보그의 일종이라 할 수 있다. 치아에 임플란트 시술을 했거나 소리를 잘 듣기 위해 인공 귀를 이식한 경우도 마찬가지다. 심장박동을 정상적으로 유지하기 위해 인공 심박기를 삽입했거나 인공심장을 이식한 사람도 사이보그에 포함된다. 하지만 사이보그의 정의를 좁혀서 신체에 이식해 능동적 역할을 하는 경우로 한정하는 견해도 있다.

사이보그 개발을 위한 BCI 기술

BCI 기술을 적용하는 데에는 4단계가 필요하다. 먼저 뇌의 신호를 획득해야 한다. 방법은 크게 뇌에 칩을 심는 침습적 방식과 머리 위에 착용하는 뇌파 측정(Electroencephalogram, EEG) 장치나 기능성 자기공명영상장치(fMRI)를 사용하는 방식이 있다.

두 번째는 뇌 신호를 정확히 수신하고 그중 필요한 신호를 추출해내는 것이다. 1000억 개의 뇌 신경세포, 그 안의 각 수천 억 개 이상의 시냅스가 쉴 새 없이 신호를 주고받기 때문에 그중 꼭 필요한 신호를 취득하는 건 쉬운 일이 아니다.

세 번째는 추출한 신호의 의미를 파악하는 것이다. 특정 뇌파와 특정 행동이 연결된다는 걸 알면 뇌 신호를 해석할 수 있다. 최근에는 AI의 딥러닝 기술이 발달해 뇌 신호를 데이터화해 번역하는 기술이 각광받고 있다. 걷거나 물을 마시는 정도의 동작은 해석이 가능해진 지 이미 오래이고, 지금은 실험자가 본 애니메이션의 장면을 재현하는 정도에까지 이르렀다.

마지막 단계는 뇌 신호를 해석한 정보를 외부 장치로 보내 특정 명령을 수행하게 하는 것이다. 생각만으로 문자 메시지를 보내거나, 전신마비 환자가 로봇 팔이나 다리를 움직이는 것이 이에 해당한다.

공상과학 만화 같은 사이보그를 실현하려면 기계와 인간의 상호 소통이 반드시 필요하다. 뇌 신호를 컴퓨터가 인식하고, 뇌 역시 컴퓨터의 신호를 인식하고 반응해야 한다는 뜻이다. 즉 뇌-컴퓨터 사이와 컴퓨터-뇌 사이가 양방향으로 연결이 되어야 한다. 먼저 뇌-컴퓨터 연결을 살펴보고, 그 후에 컴퓨터-뇌 신호 전달을 알아보자. 뇌-컴퓨터 연결에는 크게 뇌파 이용, fMRI 영상 이용, 칩 이용 세 가지가 있다.

첫째, 뇌파를 이용하는 방법이다. 우리의 뇌는 전기적 신호에 의해서 작동하는 뇌세포회로다. 회로에 전기가 흐르면 당연히 전자파가 발생한다. 휴대전화에서 전자파가 나오는 이치와 같다. 우리는 휴대전화에서 나오는 전자파를 읽어서 통화내용을 알아낼 수 있다. 마찬가지로 뇌파를 측정해 뇌의 작동 내용을 알아내는 것이 바로 뇌전도(EEG) 기술이다. 이 기술은 머리에 전극만 붙이면 되므로 비교적 간단히 뇌 신호를 읽는 방법으로 활용되고 있다. 현재 EEG 기계는 머리에 붙이는 전극이 수백 개 수준이어서 읽어내는 정보의 정확도가 매우 떨어진다. 하지만 기술 발전 속도로 봤을 때 곧 수천 개 수준까지 올라갈 것으로 보인다. 그 정도가 되

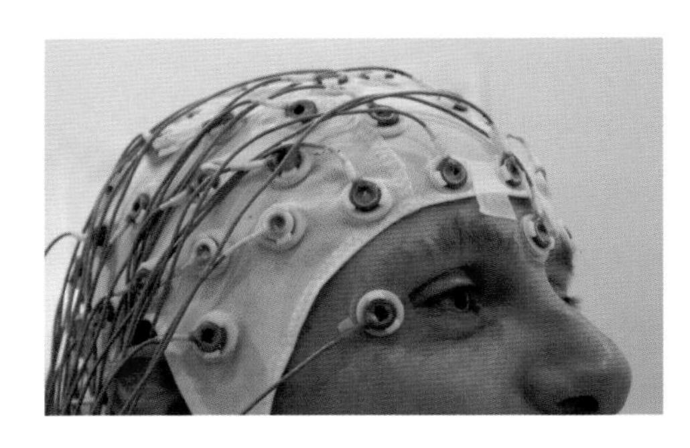

EEG 기계를 쓴 모습

면 보다 정교한 수준의 신호를 읽어낼 수 있을 것이다. 또한 머지않아 모자나 헬멧을 쓰듯이 편리하게 착용할 수 있는 기계도 나올 것이다.

한발 더 나아가 원격으로 뇌파를 측정하는 기술도 나올 것으로 예상된다. 현재 휴대전화에서 나오는 전자파를 원격으로 도청하는 것을 보면 원격 EEG 기술 개발도 불가능하지 않다고 생각한다. 이미 머리에 밴드 형태의 기기를 붙이고 뇌파를 이용하는 게임기가 나와 있다. 이 게임기에서는 손을 쓰거나 말을 하지 않고, 생각만으로 컴퓨터 화면에 화살을 쏜다. 사용자가 머리에 밴드를 두른 채 화면 속의 과녁에 집중해 화살을 쏘는 생각을 하면, 화살이 과녁으로 날아간다.

EEG 기술은 특히 식물인간처럼 신체가 마비된 사람의 생각을 알아내 원하는 바를 해결해줄 수 있는 기술로 기대를 모으고 있다. 현재 소통이 불가능한 장애인이 EEG를 이용해 간단한 의사를 전달하는 수준까지 발전했다. 예를 들어 침대에 누운 환자가 말이나 손짓 없이 물을 마시고 싶다거나 TV 전원을 켜서 몇 번 채널을 보고 싶다는 정도의 의사소통이 가능하다. 한편 환자가 머릿속에 떠올린 알파벳을 알아내는 연구도 급격히 발전하고 있다. 이것이 가능해진다면 궁극적으로 식물인간과의 의사소통이 가능해진다는 뜻이다.

뇌파 인식 기술의 발전은 또 다른 사회적 이슈를 불러일으킬 수 있다. 식물인간 혹은 반신불수 환자의 원하는 바를 해결해준다면 그만큼 가치 있는 일은 없을 것이다. 그런데 일반인의 마음속까지 읽어낸다면 어떤 일이 생길까? 상대가 입을 떼기도 전에 의중을 알아버린다면 대화할 필요가 없어질 것이다. 또한 생각과 다르게 말하는 경우, 순식간에 들통이 날 것이다. 이런 점을 이용해 거짓말탐지기로도 사용될 것이다. 현재 사용되는 거짓말탐지기는 거짓말을 할 때 나타나는 생리적 변화를 읽어내는 방식이다. 심장박동이나 호흡이 빨라지거나 땀이 나는지를 측정해 거짓말인지 아닌지를 판단한다. 그런데 뇌가 생각하는 바를 바로 읽어낼 수 있다면 경찰 수사에 혁명이 일어날 것이다. 이처럼 생각을 읽어내는 기술을 마인드 리딩(mind reading)이라고 한다.

둘째, fMRI 영상을 이용한 방법이다. 뇌 상태를 진단하는 장비에 MRI(자기공명장치)가 있다. 뇌에 흐르는 혈류 속에서 헤모글로빈의 양을 측정해, 뇌 구조를 영상으로 그려내는 기기다. 예를 들어 뇌 속 혈관이 부풀어 꽈리 모양으로 되어 있으면, 그곳에 혈액이 몰려 헤모글로빈이 많을 것이다. 이렇게 헤모글로빈이 많이 모인 곳이 영상으로 나타난다. 또 다른 예로 뇌에 암이 생겼다고 하자. 암세포는 기본적으로 다른 세포보다 활발하게 대사작용을 해 과도하게 커지는 경향이 있다. 다른 세포보다 활발하다는 건 산소를 더 많이 필요로 한다는 뜻이다. 때문에 암세포 주변에는 헤모글로빈이 많이 모여든다. MRI 사진은 이처럼 헤모글로빈이 몰려 있는 곳을 알려준다. 즉 암세포가 있는 곳이다. 특별히 뇌의 동적 변화를 촬영해주는 장비를 기능성 자기공명영상장치(fMRI)라고 한다.

뇌가 무언가를 생각하고 판단할 때는 에너지가 소모된다. 혈류가 많아지고 헤모글로빈이 늘어나는 것이다. 한편 인간의 뇌는 각 영역으로 구분되어 있어서, 특정한 일을 하면 그에 해당되는 부분만 활성화된다. 예를 들어 머릿속으로 호랑이를 상상하면 호랑이 모습과 관련된 부분이 활성화된다. 활성화되면 에너지 소모가 커져서 혈류가 늘고 헤모글로빈이 모여든다. fMRI 사진은 바로 이런 곳을 찾아낸다. 고양이를 상상하면 마찬가지로 고양이에 관한 부분이 활성화되어, fMRI 사진에 나타날 것이다. 다시 말해 호랑이와 고양이를 생각할 때 활성화되는 부분은 서로 다르고, 이 차이는 fMRI 사진에 나타난다. 이런 관점에서 fMRI 사진을 보면 이 사람이 무엇을 생각하고 있는지 알아낼 수 있다.

이 원리를 사람의 일상생활에 적용해보면, 물을 마시고 싶을 때 활성화되는 뇌 부위와 TV를 켜고 싶을 때 활성화되는 뇌 부위는 다르다. TV 채널에 따라서도 활성화되는 곳이 다르다. 알파벳 A를 생각할 때 활성화되는 곳과 B를 생각할 때 활성화되는 곳이 다르다. 그렇다면 fMRI를 이용해 수많은 뇌 신호를 읽어낼 수 있고, 장애인이나 언어 능력이 부족한 사람과 더 활발히 소통할 수 있을 것이다. 지금의 기술은 사람이 생각하고 있는 것의 영상을 어렴풋이 알아내는 정도다. 하지만 이 기술은 급속도로 발전할 것으로 예상된다.

뇌 신호를 읽어내는 세 번째 방법은 뇌에 칩을 직접 심어 전기신호를 읽는 것이다. 앞서 설명했듯 인간의 뇌는 뇌세포들이 연결된 회로로 구성되어 있다. 그리고 뇌세포에는 전기신호가 흐른다. 전자 칩을 뇌세포에 붙여 전기신호를 받으면, 신호를 직접 읽는 셈이 된다. 앞서 설명한 뇌파를 읽는 방식이 뇌세포회로에서 나오는 전자파를 읽는 간접적 방법이라면, 칩을 삽입하는 방식은 뇌세포의 연결신호를 바로 잡아내는 직접적 방법이라 할 수 있다. 휴대전화 도청에 비유해보자. 휴대전화의 전자파를 읽어 도청하는 것이 간접적 방식이라면, 휴대전화 내부에 칩을 심어놓고 도청하는 방법은 직접적 방식이라 할 수 있다.

칩을 삽입하는 방식은 정확하게 신호를 읽어낼 수 있다는 장점이 있지만 뇌에 직접 삽입해야 하는 어려움이 있다. 그래서 이 방식은 도저히 다른 대안이 없을 때 사용한다. 예를 들어 전신마비로 식물인간 수준이 되면 다른 방식을 사용하기 어려울 것이다. 이런 상태에서는 뇌에 칩이라

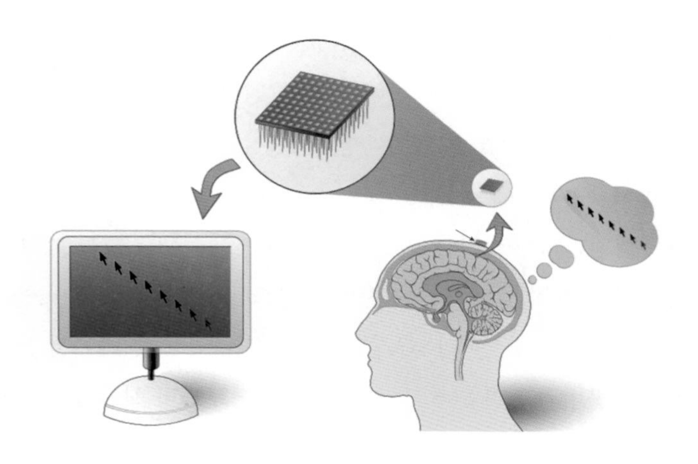

BCI 칩을 통해 생각만으로 커서를 움직일 수 있다.

도 삽입해 소통하는 것이 나을지 모른다.

뇌세포는 외부에서 들어온 전자회로 칩에 붙어서 성장하는 경향이 있다. 전자회로 위에 신경세포를 배양하면 별탈 없이 잘 자란다. 또한 전기회로가 신경세포의 전기신호를 손쉽게 읽어낸다. 이는 곧 신경회로와 전기회로 사이에 전기신호가 흐른다는 뜻이다. 뇌 속에 칩을 심으면 뇌세포의 전기신호가 칩으로 흘러가고, 이에 따라 외부의 컴퓨터는 칩에 들어온 전기를 읽어낸다.

칩을 이용한 뇌 신호 읽기는 뇌파를 이용한 방식보다 훨씬 정교하다. 장애인의 뇌에 칩을 삽입하면 상당히 높은 수준의 의사소통이 가능할 것이다. 예를 들어 외부 컴퓨터가 칩을 이식한 사람이 머릿속에 떠올린 알파벳을 더욱 빨리 인식하게 해, 더욱 효과적으로 문장을 쓸 수 있을 것이다. 그러나 이 방식은 보통 사람이 사용하기엔 비용이 너무 높다는 문제가 있다.

인간과 기계가 상호작용을 하려면 뇌-컴퓨터뿐만 아니라, 컴퓨터-뇌

신호 전달도 가능해야 한다. 여기서는 외부에서 영향을 주어 뇌를 변화시키는 세 가지 방식을 살펴본다. 전기 칩을 심는 방식, 레이저 광선을 이용하는 방식, 머리에 전기를 흘려주는 방식이다.

첫 번째, 전기 칩을 심는 방식은 뇌 속에 전기선이나 칩을 삽입하는 방법이다. 삽입한 전기선이나 칩을 통해 뇌세포에 전기신호를 전달한다. 이를 응용한 대표적인 예가 파킨슨병을 치료하기 위한 심부자극술(deep brain stimulation, DBS) 방식이다. 파킨슨병은 기본적으로 뇌 속에서 도파민 물질이 적게 분비되기 때문에 발생한다. DBS는 도파민 분비량을 늘리기 위해서 도파민 생성 지역을 전기적으로 자극한다. 그러면 실제로 도파민 분비가 늘어나 파킨슨병의 현상이 완화된다. 이 방식은 이미 전 세계 병원에서 널리 이용되고 있는 치료법이다.

두 번째, 뇌에 레이저 광선을 쏘는 방법이다. 이 방법에서는 뇌 속에 광섬유를 꽂는다. 앞서 설명한 전기 자극 대신 광 자극을 주는 점이 차이다. 뇌세포는 광 자극에도 반응하기 때문에, 이 방법도 컴퓨터에서 뇌세포에 신호 전달하는 방식으로 연구되고 있다. 이미 연구 실험을 통해 광 자극을 받은 뇌에서 도파민 분비가 늘어난다는 사실이 확인되었다. 광 자극을 이용한 방법은 비교적 최근에 개발된 기술인데, 앞으로 많이 응용될 것으로 예상한다.

세 번째, 두개골을 덮은 피부에 전기를 흘려주는 방식이다. 피부에 미세한 전기가 흐르면 뇌 속에 있는 뇌세포에 전달되고, 뇌세포가 이에 반응한다. 이 방식도 최근에 개발된 기술인데, 뇌에 이물질을 삽입해야 하는 부담이 없어 응용성이 매우 높다고 할 수 있다. 가장 좋은 예로 최근에 시판되고 있는 수면 밴드가 있다. 머리에 이 밴드를 댄 채 잠을 자면 숙면에 도움이 된다고 한다. 이때 밴드는 피부에 미세 전기를 흘려준다. 알츠하이머 환자의 증세를 완화시키는 전기 밴드도 이미 나와 있다.

근미래로 다가온 BCI 기술

BCI 기술이 더 발달하고 상용화된다면 가상현실, 증강현실 기술에도 적용되어 일상을 완전히 바꾸어놓을지 모른다. 또한 시력을 잃은 사람들이 다시 앞을 보게 되는 희망을 가질 수도 있을 것이다. 한편 뇌 속 신호를 읽을 수 있다면, 뇌에 저장된 기억도 읽을 수 있을 것이라는 상상도 가능하다. 즉 뇌와 컴퓨터의 메모리를 연결해 기억을 다운로드하거나, AI의 지능을 뇌에 연결해 인간의 능력을 증강시키는 것이다.

최근 가장 주목받고 있는 BCI 개발업체는 일론 머스크(Elon Musk)가 설립한 뉴럴링크(Neuralink)다. 이 기업은 뇌 속에 칩을 심어 뇌와 컴퓨터가 신호를 주고받는 기술을 개발하고 있다. 1차 목표는 장애인의 신체적·정신적 결함을 교정해주는 것이다. 장기적 목표는 뇌 속에 있는 기억을 컴퓨터에 옮겨 저장하고, 또한 컴퓨터의 신호를 뇌에 전달해 뇌 기능을 향상시키는 것이다. 일론 머스크는 AI와의 경쟁에서 패하지 않으려면 이런 방법을 써서라도 인간의 능력을 증강시켜야 한다고 주장한다. 언뜻 들으면 무모한 도전처럼 생각되지만, 그의 행적을 보면 그냥 무시할 수만은 없다. 처음 테슬라 자동차를 만들 때 그를 믿는 사람은 많지 않았다. 회수형 우주 발사체를 개발하겠다고 밝혔을 때 역시 사람들은 그가 공상 소설과 과학을 혼동한다며 비웃었다. 지금 그는 또다시 무모한 도전을 시작하고 있다.

뉴럴링크는 인간의 뇌에 칩을 심어서 정보를 주고받게 한다. 이미 뇌 속에 칩을 심어 수백 개의 채널로 정보를 받는 실험에 성공했다고 한다. 그는 칩이 완성되면 자신의 뇌에도 심을 것이라며 BCI의 안정성과 미래 가능성을 호언장담하고 있다.

뇌의 피부 밑에 칩을 심는 기술은 약 20년 전부터 시도되어 왔다. 미국의 바이오칩 회사 어플라이드디지털(Applied Digital, APLD)은 칩에 고유번호를 부여해 사람의 동선, 의료 기록 등의 정보를 저장할 수 있는 베리칩(Verification chip)을 만들었다. 이는 아동 유괴를 막기에 좋은 수단이라고 여겨져 2003년 멕시코에서 어린이들에게 베리칩을 심는 서비스를 제공했다. 멕시코 법무장관은 베리칩 정보의 안전성을 보장하기 위해 베리칩을 자기 팔에 이식하기도 했다. 이와 비슷한 칩이 반려동물을 대상으로 이미 실용화되었다. 스웨덴에서는 손가락에 칩을 이식해 기차표를 대신하는 서비스가 2018년에 나왔고, 영국의 핀테크 스타트업 월렛모어(Walletmor)는 인체에 칩을 심어 신용카드 결제를 가능하게 하는 시스템을 2021년에 공개했다.

그러나 이렇게 다양한 신체 칩이 상용화되었어도 뇌에 칩을 이식하는 것은 어려운 과제였다. 칩이 과열되어 뇌 조직을 손상시킬 수 있고, 수명이 다한 칩을 안전하게 제거할 수 있는지에 대해서도 의문이 제기되었기 때문이다. 그런데 최근 FDA가 뉴럴링크에게 뇌에 칩을 이식하는 수술에 대한 허가를 내주었다. 뉴럴링크가 개발한 N1임플란트(N1 Implant)는 64개의 실을 따라 1024개 전극이 뇌파를 파악한다. 이 섬세한 연결은 사람 손이 할 수 없기 때문에, 뉴럴링크는 이 수술만을 위한 수술 로봇을 별도로 만들었다.

제프 베조스(Jeff Bezos)와 빌 게이츠(Bill Gates)가 설립한 싱크론(Synchron)은 뇌 수술을 할 필요 없이 칩을 뇌에 심는다. 마치 심장에 스텐트를 삽입하듯 뇌혈관을 통해 이식할 수 있는 임플란트를 개발했다. 이식된 임플란트에 장착된 '스텐트로드(Stentrode)'라는 전극 장치들이 혈관 벽에 자리 잡은 다음, 뇌 신호를 외부에 전송하는 방식이다. 이것은 뉴럴링크보다 한발 앞서 개발된 것으로, 2023년 2월 기준으로 7명의 환자가 이식에 성공했다. 싱크론이 개발한 스텐트로드 시스템은 FDA에 2020년 혁신적인 의료기기로 지정되기도 했다. 이 시술을 받은 루게릭병 환자가 이

N1임플란트를 위한 뉴럴링크의 로봇을 소개하는 일론 머스크

제 자신은 생각만으로 이메일을 보낼 수 있고, 은행 업무와 쇼핑을 할 수 있으며, 세상에 자신의 메시지를 전할 수 있다는 말을 SNS에 올려 화제가 되기도 했다.

스위스연방공대(EPFL) 연구팀은 뇌에 칩을 심은 뒤, 이를 다리 근육을 조종하는 척수 부위와 연결하는 BSI(Brain-spine interface) 시스템을 환자에게 적용했다. 이 참여자는 이 시스템을 이용하다가 급기야는 자체 보행 능력을 회복하는 기적을 보였다.

FDA는 BCI를 지원하기 위해 규제 방향을 2021년 수립했다. 혼자 일상생활이 어려운 환자들의 이동성과 독립성을 돕기 위해 BCI를 사용하겠다는 것이 요지다. 이에 부응해 각종 BCI 회사들이 적극적으로 치료법을 개발하고 있다. 머스크는 BCI로 선천적 시각장애뿐 아니라 기억력 감퇴, 청력 손상, 우울증, 불면증까지 치료 가능하다고 말했다. 나아가 알츠하이머나 자폐증 같은 난치병도 치료할 수 있게 될 것이라고 주장했다. 머스크

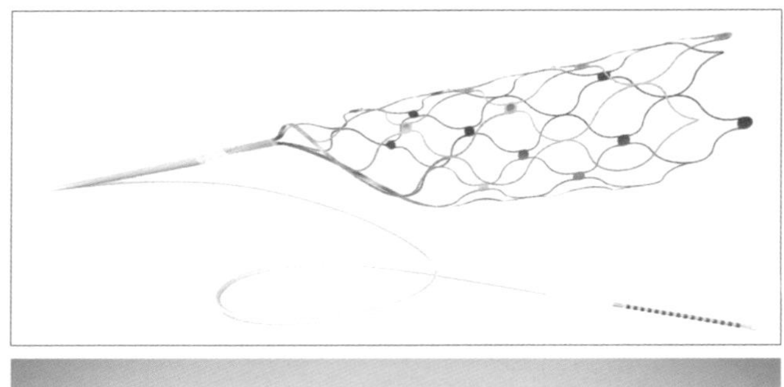

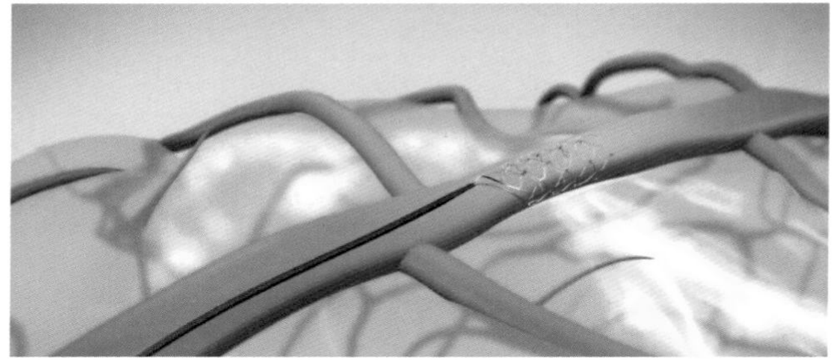

싱크론의 스텐트로드와 그것이 뇌혈관에 삽입된 모습

의 비전은 질병 치료에서 멈추지 않는다. 궁극적인 그의 목표는 인류의 영생이다.

그는 인간의 뇌에 있는 모든 정보를 인터넷에 업로드하고 다운받는 기술을 개발하고 있다. 그리고 이를 테슬라에서 개발 중인 휴머노이드 로봇 옵티머스(Optimus)와 연결해, 그 정보를 넘겨줄 예정이라고 한다. 그의 설명에 따르면 이것이 바로 인체는 죽더라도 새로운 형태로 영원히 살아 있는 영생의 방식이다. 인간은 병에 걸리기도 하고 노화로 결국에는 죽음에 이른다. 그런데 인간의 감정, 기억 등(소프트웨어)을 로봇이나 컴퓨터의 몸(하드웨어)에 이식하면 영원히 살 수 있는 신인류가 등장할 수 있다는 것이다. 머스크는 현재의 인류와는 다르겠지만, 인간의 기억과 자아를 가지고 있는 새로운 존재가 출현할 것이라고 말했다.

뇌에 칩을 심은 인류의 빛과 그림자

BCI 기술 역시 현대의 다른 신기술처럼 윤리적 문제에서 자유롭지 못하다. 대표적으로 제기되는 문제가 사생활 침해다. 2017년 미국 위스콘신주의 한 회사는 직원들의 몸에 칩을 이식해서 회사 출입, 컴퓨터 접속, 회사 각종 기기 사용에 활용하도록 했다. 일부 직원이 이 칩으로 인해 개인의 동선과 근무 패턴 등의 정보가 모두 회사에 공개되는 것에 대해 불만을 표출했다. 인권 단체가 칩 이식의 사생활 침해 문제를 공론화했고, 위스콘신, 캘리포니아 등 미국의 11개 주에서 칩 이식을 하려면 반드시 당사자의 동의를 받아야 한다는 법을 제정했다.

칩을 피부 아래 심어 동선 파악이나 신원 확인 등의 용도로만 사용하는 것이 아니라 뇌에 심어 생각 데이터를 수집한다면 문제는 훨씬 더 심각해진다. 현대사회에서 가장 값진 재화는 정보다. 고객의 검색 기록, 서핑하면서 머물러 있는 시간 등을 이용해 마케팅에 활용하는 SNS, 개인정보를 제대로 관리하지 못한 포털 업체들이 주기적으로 이슈가 되고 있다. 만일 이 정보의 범위가 생각 데이터에까지 이른다면 이를 습득한 기업은 엄청난 영향력을 갖게 될 것이다. 인류의 모든 생활 영역에 무소불위의 권력을 행사할 수 있다. 이런 정보가 해킹에 노출될 수 있다는 가능성 또한 커다란 위험이다.

사상의 자유가 제한될 수 있다는 의견도 있다. 중국에서는 지금도 CCTV를 곳곳에 설치해 사람들의 생활을 파악하고 정부에 협조적인지 반동성향이 있는지 파악한다는 소문이 있다. 이런 국가에 뇌 임플란트 기술이 주어진다면, 영국의 작가이자 언론인 조지 오웰(George Orwell)이 《1984》에서 묘사했던 것보다 훨씬 더 끔찍한 디스토피아가 현실화될 수 있다. 인간에게는 기본적으로 사상의 자유가 보장된다. 아무리 이상한 생각을 하더라도 실행하지 않으면 간섭당하지 않는다. 그런데 그 생각이 타인에게 노출된다면, 생각만 하고 실행에 옮기지 않은 절도·살인·사기 등의 범죄 행위가 처벌의 대상이 되어야 하는지에 대한 논란도 생길 것으로 예상된다. 평소에 생각은 했으나 표출하지 않았던 차별이나 혐오의 사상이 뇌와 연결된 기계를 통해 발현된다면 이 또한 문제가 될 수 있다.

BCI는 아직 기술적으로도 한계가 있다. 뇌는 전기신호뿐 아니라 신경전달물질로도 정보가 전달되기 때문에 전극만으로 머스크가 말한 '인간 자아의 다운로드'는 현재로서 어렵다. 몸 안에 이식된 칩이 잘 정착하지 못하고 염증을 일으키며, 그 과정에서 칩도 손상되기에 주기적 교체가 필요하다는 것도 뚜렷한 한계점이다. 인체에 무해하며 영구적으로 작동하는 칩을 만드는 것은 기술적으로 해결해야 할 문제다.

그러나 유전자가위, AI 기술과 마찬가지로, BCI 역시 이미 인류의 손에 쥐어진 이상 중단하기란 어려울 것이다. 기술이 불러올 수 있는 어두운 면을 제대로 논의해 그로 인한 부작용을 최소화하려는 노력을 기울여야 한다. BCI 기술 역시 우리에게 휴머니즘과 부작용 사이의 균형감 있는 의사결정을 요구하고 있다.

지금까지 인간이 개발한 21세기의 도구들을 살펴보았다. 과거 역사에서 그랬듯이 새로운 도구의 출현은 삶의 환경을 변화시킨다. 그런 가운데 인간의 사상도 영향을 받아서, 새로운 생활 규범을 만들어가며 적응할 것이다. 인간이 21세기 새로운 도구를 어떻게 이용할지 정확히 예측하기는 어렵다. 그러나 100~200년 후 지구상에 살고 있을 인류의 생활방식과 사고방식은 지금과 크게 달라져 있을 것이다. 과거 100년 전 우리 조상들이 현재와 얼마나 다른 삶을 살았는지 되돌아보면 알 수 있다.

10장 사상과 제도의 미래

- 인간의 불완전한 본성
- 지속가능한 민주주의
- 자본주의의 미래
- 노동의 미래
- 역사를 움직이는 핵심 동인

10장에서는

- 우리는 역사의 경험으로부터 내가 불의에 대해 나서면 다른 사람도 나설 것이라는 믿음을 얻었다. 인간만이 갖는 이 연대 의식이 정의를 지키는 근원적 힘이다. 결국 정의의 힘은 인간이 불완전성과 그것을 집단의 힘으로 극복하려는 의지에서 나온다. 이것이 바로 인간이 지구의 최종 정복자로서, 현대 자유와 평등사상을 실현한 원동력이다.

- 몸은 기계지만 그 안의 데이터는 사람의 뇌와 같은 사이보그 신인류의 출현이 거론되고 있다. AI에게 스스로 결정할 수 있는 유사 자아가 생긴다면, 그들에게 참정권을 부여해야 할까? 어떠한 권리도 부여하지 않고 그들의 참정권을 억압한다면, 과거와 같은 혁명이 일어날지 모른다.

- 민주주의가 제대로 기능하려면 성숙한 시민의식이 필수적이다. 당장의 이익만 좇으며 미래지향적인 공공의 이익을 생각하지 않는다면, 사회 전체가 우민화되면서 포퓰리즘이 해결되기 어려울 것이다.

- 자신의 노력으로 만들어내는 근로소득보다 이미 가진 자본으로 또 다른 자본을 만들어가는 자본소득이 늘어나면 사회의 불평등이 심화된다. 한국은 해방이후 농지개혁을 단행해 빠르게 자본소득의 비율을 낮췄다. 다시금 자본소득 비율이 높아지는 지금, 현대에 맞는 해법을 고안해내는 것이 우리의 과제다.

- 현대사회의 노동은 인간과 기계의 협업 노동으로 전이되었다고 볼 수 있다. 인간의 고유영역으로 여겨졌던 일조차 AI가 대신하고 있다. 인간이 노동을 하지 않았을 때 발생하는 가장 심각한 문제는 인간 존재에 관한 회의감이다. AI를 두려워하기보다 오히려 더 적극적으로 개발하고 활용해 역이용할 줄 알아야 한다. AI를 잘 개발하고 활용까지 하는 나라는 오히려 일자리가 늘어 더 큰 발전을 이룰 것이다.

- STEPPER는 종합적 미래예측 방법으로, 7개 항목으로 분리해 고찰한다. 그중 단기간에 큰 변화를 만들어내는 힘을 가진 요소는 기술, 정치, 경제 3가지다. 사회, 환경, 인구, 자원은 변화에 시간이 오래 걸리고, 자체적으로 변하기보다는 기술, 정치, 경제가 동력이 되어 뒤따라 변하는 경우가 많다.

인간의 불완전한 본성

역사라는 수레를 끌고 가는 2개의 바퀴는 기술과 사상이다. 앞 장에서 기술이 미래를 어떤 방향으로 끌고 갈지 살펴봤다면, 이 장에서는 또 다른 바퀴인 사상이 인류의 미래를 어디로 이끌지 이야기하고자 한다. 인간이 만들어낸 사상 중 현대사회에 가장 큰 영향을 미치고 있는 민주주의와 자본주의의 미래에 대해 살펴보고, 앞으로 가장 급격한 변화가 예상되는 노동의 미래에 대해 알아볼 것이다.

그에 앞서 인간 자체에 대한 이해가 필요하다. 기술을 발명하고 활용하는 것도, 사상과 제도를 만들고 진전시키는 것도 인간이기 때문이다. 인간의 본질을 파악하는 것은 미래를 예측하는 데에 있어서 매우 중요하다. 인간이 그동안 어떤 결정을 하고 살아왔는지를 알면 앞으로 어떤 결정을 하게 될지 예상할 수 있다.

인간의 본질은 불완전성이다

인간은 위대한 문명을 일구고 지금도 놀라운 기술을 끊임없이 발명하고 있는, 지구상에서 가장 뛰어난 지능을 가진 존재다. 그와 동시에 몇만 년 전 원시인의 뇌를 아직도 가지고 있는 불완전한 존재이기도 하다. 인간은 불완전하기 때문에 다른 것에 의지하거나 다른 것과 결합한다. 이러한 불완전성 때문에 더 완전을 추구하는 탐욕을 키우고, 배우자를 만

나서 가정을 이루며, 사회를 형성하고 종교에 의지한다. 또한 불완전하기 때문에 예측하기 어려운 행동을 하기도 한다. 예측하기 어렵다는 건 창의적이라는 뜻이기도 하다. 또한 불완전하다는 말은 내면 상태가 불안정하다는 뜻이기도 하다. 우리 인간의 뇌는 전기적으로 불안정하다. 만약 인간이 더 안정된 방향으로 진화해왔다면, 내면의 결핍이 적어서 인간 사이에 서로를 원하지 않아, 사회를 형성하지 못해 지구의 최종 정복자가 되지 못했을 수도 있었을 것이다. 인간의 불완전성을 이해하고 인정해야만, 우리 인간이 미래에 어떤 의사결정을 하고 어떤 행동을 할 것인지 예측할 수 있다.

인간의 뇌가 어떤 문제에 맞닥뜨렸을 때 반응하는 방식은 10만~20만 년 전 인류의 조상과 현대의 인간이 똑같다. 물론 당시 인간이 마주쳤던 문제는 거의 물리적 생존의 위기로, 포식자로부터 달아나거나 싸워 이겨야 하는 상황이었을 것이다. 6장에서 살펴본 바와 같이, 뇌에서 사고력은 이마 앞부분 피질에 있는 전두엽에서, 감정은 뇌의 깊은 곳에 있는 편도체에서 담당한다. 위험 상황이 되면 뇌는 즉각적으로 몸을 움직이게 하는 편도체를 활성화시킨다. 사자가 달려드는 상황에서 공격 대상이 사자인지 아닌지, 사자가 얼마나 빠른지를 생각해봐야 아무런 소용이 없다. 편도체는 전두엽이 대상을 제대로 인식하기도 전에 반응해 일단 도망치도록 한다. 도망친 후에는 나를 위협한 대상과 은닉 장소와 방법에 대해 합리적으로 생각해야 하는데, 이것을 담당하는 뇌 부위가 전두엽이다. 인간은 다른 동물에 비해 유독 전두엽을 비롯한 대뇌피질이 발달했는데, 대뇌피질은 의식적인 사고를 주로 담당한다.

인간은 여전히 무의식적 본능의 뇌 또한 소유하고 있다. 그래서 인간은 고차원적 사고력에 의한 결정이 필요할 때에도, 본능에 의존해 비이성적 결정을 내릴 때가 많다. 그것이 바람직하지 않다고 인식을 해도 고치기가 쉽지 않다. 이처럼 뇌 속에서는 이성과 본성, 의식과 무의식이 서로 충돌하고 있어 불완전한 상태가 될 수밖에 없다. 이러한 딜레마를 가진 불완전한 인간의 본성은 앞으로도 계속 바뀌지 않을 것이다.

우주는 항상 변하는 동적 존재다. 이것은 우주를 구성하는 기본 원소 중에 전자의 불안정성에 기인한다. 원자나 분자에는 전하를 띠는 것들이 있다. 전하를 띤 다른 것은 그 요소가 전기적으로 불안정하다는 뜻이다. 해당 물질 내에 전자의 개수가 부족하거나 존재하는 위치가 한쪽에 치우쳐 있기 때문이다. 불안정한 것은 다른 것을 끌어당겨서 안정해지려고 한다. 이것이 바로 다른 물질 사이의 결합이 된다. 3장에서 살펴본 바와 같이, 결합에는 2개의 원소가 전자를 공유하는 공유결합, 서로 다른 전하를 띠는 요소를 끌어당기는 이온결합, 부족한 전자를 채우기 위해 수소를 끌어당기는 수소결합 등이 있다고 살펴봤다.

예를 들어 금은 원소가 매우 안정적이다. 그래서 다른 원소와 상호작용하지 않는다. 따라서 금을 새롭게 합성하지 못한다. 만약에 우주가 빅뱅으로부터 출발할 때, 모든 것들이 금처럼 안정적 입자로 구성되어 있었다면 어땠을까? 아마 우주는 지금도 초기 상태 모습을 많이 간직하고 있을 것이다.

우리는 인간의 모든 사고작용은 뇌세포 속 전자(전하)의 이동에 의한 것이라는 점을 알고 있다. 전자가 이동한다는 것은 뇌세포를 구성하는 요소들이 전기적으로 불안정하다는 뜻이다. 6장에서 살펴보았듯, 뇌세포는 평상시에 전기적으로 마이너스(-) 상태를 유지한다. 즉 뇌세포는 외부 자극을 받기 전에도 전기적으로 높은 불안정한 상태를 만든다. 외부 자극이 들어왔을 때, 반응을 빨리하기 위해 포텐셜을 비축하는 것이다. 마치 화살을 쏘는 것과 같이 활시위를 미리 당겨놓는 것이다. 뇌가 외부 자극을 받으면 뇌세포는 신경신호를 만들어낸다. 그러면 그 신경신호가 다시 다른 신경을 자극해 뇌 전체가 불안정한 상태로 빠져들게 된다.

나는 학창 시절에 테니스 레슨을 받은 적이 있다. 레슨 선생님의 말씀 중에 지금도 생각나는 것이 있다. 서브를 받을 때는 다리를 굽히고 뒷꿈치를 들고 있어야 한다는 것이다. 그래야 빨리 서브를 받을 수 있다는 설명이었는데, 실제로 해보면 그 말이 맞다. 그냥 뒷꿈치를 붙이고 서 있으면, 미세하게 늦는다. 그러다 보니 결국엔 경기 내내 거의 항상 뒷꿈치를 들고 있어야 한다. 몸을 불안정한 상태로 계속 유지하는 것이다. 뇌세포가 전기적으로 불안정한 상태를 유지하는 것과 같은 이치다. 뇌가 우리 몸이 사용하는 에너지의 20퍼센트를 사용하는 것도 이렇게 불안정한 상태를 유지해야 하기 때문이 아닌가 싶다.

만약에 우리 뇌가 현재보다 더 전기적으로 안정화되는 방향으로 만들어졌다면 어땠을까? 아마도 수면 상태나 의식을 잃었을 때처럼, 외부에서 자극이 들어와도 반응하지 않거나 매우 느리게 반응할 것이다. 뇌세포가 불안정하지 않기 때문에 에너지를 쓸 일도 적을 것이다. 다시 말해, 피곤하지 않은 상태를 유지할 것이다. 반면 스스로 복잡한 생각을 하거나 무언가를 기억하기는 어려운 상태에 놓일 것이다. 따라서 뇌가 에너지를 소모해 전기적으로 불안정한 상태를 유지하는 것은 생존경쟁에서 살아남기 위해 어쩔 수 없는 딜레마다.

결국 뇌가 전기적으로 불안정하다는 것은 뇌의 활동이 활발하다는 뜻이다. 뇌 활동이 활발하면 생각이 많아지고, 생각이 많다는 말은 불안정하다는 말과 통한다. 생각이 많지 않은 사람은 외부 자극에도 별 반응을 하지 않고, 새로운 생각이나 행동을 하지 않는다. 자신에게 위험이 다가와도 별 반응을 하지 않거나 느리게 반응해 생존이 어렵다. 인간은 외부 자극에 빨리 반응하는 방향으로 진화해왔다고 볼 수 있다. 이 말은 뇌 속의 불안정성이 높은 쪽으로 진화해왔다는 것이다.

뇌가 불안정하기 때문에 인간은 불안정한 존재다. 인간의 '불완전성'은 뇌의 '불안정성'에 기인한다고 볼 수 있을 것이다. 불안하기 때문에 새로운 것을 갈구하고 의지하려 한다. 그래서 사회를 형성하게 되었고, 새로운 것을 시도하게 되었을 것이다. 뇌가 불안정하기 때문에 외부 자극에 다양하게 반응할 가능성이 높다. 새롭게 반응한다는 것은 창의적이라는 뜻이다. 그래서 인간의 사회성과 창의성도 결국 뇌 속 불안정성에 바탕을 두고 있다는 생각이다. 또한 인간을 앞으로 발전하게 만드는 욕구도 이 불안정성에서 나온다고 생각한다. 결국 뇌세포의 전기적 불안정성은 인간 행동의 불안정성을 만들고, 인간을 불완전한 존재로 만든다. 인간 행동의 불안정성은 인간의 사회성, 불안감, 창의성, 비이성적인 행동 등으로 나타난다. 종교의 참선이나 명상은 뇌의 불안정성을 낮추려는 노력이라 볼 수 있다.

앞에서 우리는 네안데르탈인과 호모사피엔스의 경쟁과 호모사피엔스가 승리자가 된 이유를 살펴봤다. 네안데르탈인은 생존기간 동안 사용한 도구의 변화가 적었지만, 호모사피엔스는 도구의 변화가 많았다. 앞서 얘기했듯 이는 호모사피엔스가 호기심과 창의력에서 네안데르탈인을 앞섰을 것이라는 추측을 가능하게 한다. 이를 뇌과학적으로 보자면, 호모사피엔스의 뇌가 네안데르탈인에 비해 불안정성이 더 높았고, 다시 말해 뇌세포의 전하 차가 컸을 것으로 추측된다.

한편 뇌 속 불안정성이 아주 높으면 어떻게 될까? 매우 창의적인 뇌가 될 것이다. 그러나 그것이 지나치면 환상을 보는 정신착란 상태가 된다. 우리는 가끔 기이한 행동을 하는 천재에 관한 이야기를 듣는다. 이런 사람들은 극도의 창의성과 정신착란의 경계에 있는 사람일 것이다. 마약을 하면 환상을 보고 새로운 생각이 잘 난다고 하는데, 아마도 도파민을 과다 분비시켜서 뇌세포의 전기적 불안정성을 높이기 때문일 것이다.

미숙아로 태어난 인간

인간은 다른 동물들에 비해 미완성 상태로 태어난다. 송아지와 망아지는 태어나자마자 혼자 일어설 수 있다. 강아지는 태어난 지 1개월도 안 되어 혼자서 걷는다. 이에 비해 인간은 혼자 걷는 데 1년 정도가 걸린다. 인간의 뇌는 성인 뇌세포의 40퍼센트만 가지고 태어나고, 첫 1년 동안 거의 두 배의 세포를 만들고, 4세까지 뇌의 90퍼센트, 13~14세 청소년기에 이르러서야 99퍼센트가 완성된다.

이것은 뇌세포의 개수가 그렇다는 말이다. 뇌를 구성하는 것은 뇌세포의 개수 외에도 뇌세포 연결(회로)이 중요하다. 인간은 뇌세포 사이의 끊임없는 연결을 통해 후천적으로 학습 내용을 축적한다. 즉 뇌세포 사이를 시냅스로 연결해 회로를 만든다. 뇌세포 연결은 성장하면서 계속 늘어난다. 성인이 된 후 40세, 60세, 80세에도 새로운 것을 배우면 회로는 만들어진다. 그래서 인간의 뇌세포 개수는 선천적이고, 뇌세포회로는 후천적 요인이라 볼 수 있다. 이렇게 인간의 뇌는 태어난 이후에도 물리적, 화학적 성장을 계속해야 하는 불완전한 상태로 세상에 나온다.

이런 미성숙한 뇌를 가지고 태어나는 것이 불리하다고 여길 수도 있다. 이로 인해서 인간은 다른 동물들에 비해서 상대적으로 오랫동안 양육자의 보호를 받아야 하기 때문이다. 하지만 이 점이 인간이 지구를 정복할 수 있었던 큰 이유다. 불완전하게 태어나서 세상과 상호작용하면서 성장을 하기 때문에, 환경에 적응하며 뇌를 발달시킬 수 있었다. 결핍이 있었기에 타인과 협조하고 변화에 적극 적응할 수 있었던 것이다.

전쟁에 사용하는 대포와 미사일에 비유해보자. 대포는 목표물의 거리와 풍향 등을 고려해 발사하고, 발사되면 정해진 궤도로 날아간다. 그러나 미사일은 날아가면서 궤도를 수정한다. 당연히 미사일의 정확도가 높다. 인간의 뇌가 대포처럼 거의 완성된 채로 태어난다면 환경 적응력이 훨씬 떨어졌을 것이다. 인간의 뇌가 미성숙하게 태어나는 것은 새 세상에 적응하는 데에 훨씬 용이하다는 뜻이다.

인간이 불완전하다는 사실은 역사 속에서도 자명하게 드러난다. 이성적으로 생각했을 때 도저히 이해할 수 없는 사건들이 인류의 역사에는 버젓이 일어났다. 유럽의 마녀사냥, 종교재판, 나치의 유대인 학살 등이 대표적이지만, 그 외에도 인간의 실수는 여러 번 반복돼왔다. 지금 생각해보면 어떻게 인간이 그럴 수 있을까 싶지만, 긴 역사 속에서 앞으로도 이런 일은 계속될 것이다. 왜냐하면 인간의 본성 속에 그런 비이성적 감성, 권력욕, 탐욕이 자리하고 있기 때문이다. 지금 이 순간에도 수많은 민간인이 죽어가는 전쟁이 벌어지고 있다.

인간의 독점욕은 여전하며 강한 나라가 자본과 문화로 다른 나라들을 잠식하고 있다. 국가든 기업이든 한번 시작하면 계속해 확장하며, 더 이상 갈 수 없는 끝까지 가려 한다. 경쟁자를 허용하지 않는다. 디지털 시대가 되면서 소프트웨어와 서비스 시장의 독점은 더욱 용이해졌고 문화도 마찬가지다. 앞으로 몇백 년이 지나면 지구상에 존재하는 언어와 민족, 문화의 다양성이 현저히 줄어들 것으로 보인다.

또한 인간의 불완전성은 일상적으로 목격할 수 있다. 제3자의 시점에서 봤을 때는 절대 당하지 않을 거라고 생각하지만, 수많은 사람들이 보이스피싱 같은 사기에 속고 만다. 그들이 제시하는 시나리오가 나의 이야기가 되었을 때는, 마음이 초조해지고 합리적 사고가 마비되기 때문이다.

종교의 기원도 인간의 불완전성에 기인한 것이라고 볼 수 있다. 인간의 내면세계가 완벽하다면 신에 의지하지 않았을 것이다. 그러나 인간 내면의 빈자리는 항상 공허함과 불안감을 내포하고 있다. 뭔가 의지하고 도움을 받아 힘을 얻어야 올바로 나아갈 수 있다. 이때 필요한 것이 종교였을 것이다. 마치 어린아이가 다리를 건널 때, 엄마가 지켜봐주기만 해도 두려움 없이 힘을 내어 잘 건너는 것처럼. 그래서 종교는 이 세상 어디에도 인간이 있는 곳에는 함께한다.

사이비 종교를 보면 인간의 불완전성을 더 확연히 볼 수 있다. 사이비 종교와 광신도를 보면 터무니없는 일을 한다. 그런데 이것이 강제로 이루어지는 것이 아니라 자발적이라는 점이 놀랍다. 인간이 조금만 더 완전했더라면 이런 일은 하지 않았을 것이라 생각한다.

끊이지 않고 일어나는 범죄도 인간 불완전성의 증거다. 모든 범죄자들이 잡혀서 벌 받는 것을 알면서도 자기 자신은 예외가 될 것이라 생각하는 모양이다. 심지어 범죄자를 상대로 재판을 하는 현직 판사가 죄를 짓는 일도 더러 발생하곤 한다.

인간의 심리를 냉철하게 분석하는 작가로 이름을 널리 알린 로버트 그린(Robert Greene)은 《인간 본성의 법칙》에서 인간의 내면을 18가지 법칙으로 설명했는데, 가장 큰 법칙은 인간은 비이성적이라는 것이다. 남들과 끊임없이 비교해 시기 질투하고, 근시안적으로 생각하는 경향이 있으며, 쉽게 자기도취에 빠지는 등 그가 꿰뚫은 인간은 허점이 많다.

그러면 이 세상에 정의란 존재하는 것인가? 아니면 정의란 승자의 것인가? 교과서에 나오는 정의와 불의, 선과 악, 진실과 거짓의 판가름은 위선이란 말인가? 앞으로의 세상은 어디로 갈 것인가? 혼돈의 세상을 바라보며 가지게 되는 근원적 질문이다.

불완전하기에 협력하는 인간

인간이 조금 더 완전하게 태어났다면 어떻게 되었을까? 힘이 더 세고, 더 빠르고, 더 사나운 이빨과 손톱을 가지고 있었다면 어땠을까? 유전자 편집 기술이 더 발달해 질병을 고칠 뿐 아니라 인간 본질을 고칠 수 있게 되었다고 가정해보자. 그래서 인간을 '완전'하게 만들게 되었다면 세상은 더 좋아질까?

만약 인간의 유전자가 편집되어 두려움 없이 강인한 본성만 가진 채 개인의 이익을 위해서는 물불을 가리지 않는 종이 만들어졌다고 해보자. 또 한편으로는 무조건 타인을 위해 헌신하며 다정하고 정직한 유전자가 편집되어 나왔다고 해보자. 세월이 흐른 후에 둘 중 어느 종이 지구의 주인이 될까.

너무 호전적이고 잘난 유전자는 생존의 문제를 혼자 해결하려 할 것이다. 모든 문제를 혼자 해결하다 보니, 모여서 사는 사회와 조직을 형성하지 못할 것이다. 자기 자신은 강할지 몰라도 조직화된 종족의 힘은 크게 발휘되지 못한다. 또한 너무 유순한 유전자를 지니고 있으면, 이 역시 발전이 더디어 생존에 불리할 것이다. 결국 극단으로 치우친 둘 중 어느 종도 지구를 정복하지 못할 것이라 생각한다. 지금의 인류처럼 적절히 이기적이며 적절히 이타적인 유전자가 최후의 승자가 될 것이다.

인간이 완벽했다면 혼자서도 사나운 짐승들과 싸워 이기고, 식량도 충분하게 구하며, 비이성적 실수를 저지르는 일도 전혀 없고, 다른 사람에게 의지하며 살지도 않았을 것이다. 혼자서도 모든 문제를 해결할 수 있다면 굳이 사회를 이루고 타인의 도움을 구하며 살지 않을지도 모른다. 지금도 스스로가 대단히 뛰어나다고 생각하는 사람은 다른 사람의 말을 듣기보다 자신의 주장을 독단적으로 밀고 나가는 경우가 많다. 그런 사람만 많아서는 사회가 조화를 이루기 어렵다.

인간은 절묘한 경계선 위의 존재다. 뇌가 불안정한 상태로 태어나 환경에 더 적합하게 적응하며 성장하듯이, 본성이 불완전하기 때문에 부족한 부분을 채우는 다른 이들과 공존하며 협력한다. 불완전하기에 반목하고 끔찍한 일들을 저지르기도 하지만, 바로 그 이유 때문에 자신의 부족함을 인정하고 다른 이들과 적극적으로 협력해, 월등한 인간 한 사람만으로는 이룰 수 없는 위대한 업적을 성취해낼 수 있었다.

앞에서 가졌던 질문을 다시 생각해보자. 이 세상에 정의와 진리는 존재하는 것인가? 앞으로의 미래는 어디로 갈 것인가?

역사를 보면 인류는 선과 악, 고귀한 사상과 야만적 비이성 사이를 줄타기하면서 발전해왔다. 순간순간을 보면 수많은 갈등과 불의가 있었지만 큰 흐름으로 봤을 때 인류는 계몽주의, 시민운동을 거쳐 계급주의를 타파하고, 노예제도를 철폐하고, 여성에게 좀 더 균등한 기회를 주는 등 자유, 평등, 인권의 방향으로 발전해왔다.

마이클 샌델(Michael Sandel)은 그의 저서 《정의란 무엇인가》에서 그렇게 인류가 나름대로 만들어온 정의가 과연 정말로 정의로운지에 대해서 질문을 던진다. 다수의 이익을 추구하는 공리주의의 원리는 많은 부분 현대사회에 적용되어 있다. 그러나 유명한 트롤리의 딜레마(브레이크가 고장 난 기차가 달리는 길에 여러 명의 사람이 서 있고, 방향을 틀면 그 위에는 한 명의 사람이 서 있다 – 다수의 사람을 살리기 위해서 한 사람을 희생시키는 것이 옳은가를 생각하게끔 하는 윤리 문제)에서 볼 수 있듯이 공리주의는 인간의 존엄성 문제에 제대로 대답하지 못한다. 이처럼 우리가 찾은 제도와 윤리 규범은 아직까지 미완성이며, 어쩌면 시간이 흐른 후에 보면 전혀 정의롭지 못한 현재의 편견에 갇힌 불합리한 상태일지도 모른다. 불완전한 인간이기 때문에 나타나는 어쩔 수 없는 현상이라 생각한다.

그렇지만 나는 역사의 그 거대한 물줄기는 결국 정의를 향해 흐른다고 믿는다. 항상 올바르고 선한 것은 분명히 아니다. 그러나 이것은 거대한 역사 속에서 보면 작용-반작용의 한 과정이다. 헤겔은 역사란 변증법적으로 정반합을 반복하며 이상을 향해 발전해가는 과정이라고 말했다. 역사는 정의와 불의가 부딪쳐 새로운 합이 나타나고 새로운 질서를 만들어간다. 굳이 정의와 불의의 시기를 숫자로 말해보라면, 51대 49의 비율이라 말하고 싶다.

트롤리의 딜레마

'역사 대수의 법칙'으로 보는 정의의 힘

이렇게 주장하는 데에는 수학적 근거가 있다. 수학에는 대수의 법칙(law of large numbers)이라는 개념이 있다. 10개의 사례를 보면 모두 다른 값이 나와 대세가 무엇인지 보이지 않을 수 있다. 그러나 그 숫자가 쌓여 1000개나 1만 개가 되면 전체적 트렌드를 볼 수 있다. 설문조사를 할 때 20~50명처럼 적은 숫자로는 어떠한 결론을 내릴 수 없지만, 1000명 이상을 조사하면 유의미한 결과가 나오는 것과 같다. 작은 숫자를 들여다보면 큰 흐름을 볼 수 없다. 그러나 관찰 대상의 수를 키우면 트렌드를 읽을 수 있다. 이것이 대수의 법칙이다.

이를 역사에 대입하면 '역사 대수의 법칙'을 만들 수 있다. 역사의 특정 시기 10~50년 정도만 떼어놓고 본다면 전체적 흐름을 알기 어렵다. 그러나 몇천 년, 몇만 년 동안 흘러온 역사의 수많은 시간을 바라보면 인류의 진정한 모습이 보인다. 인간은 불완전하기 때문에 결국 사회적인 동물이 되었고 집단을 형성해 동물과 싸워 이겨 지구의 주인공이 되었다. 마찬가지로 우리 평범한 시민들은 집단으로 뭉쳐서, 포악한 독재자와 싸워 이겨 자유와 정의를 실현해왔다.

나는 앞으로도 그럴 것이라 생각한다. 인간은 개인별로는 힘이 약하다. 그러나 원시사회에서부터 불리할 때에 뭉치는 본능적 지혜를 가지고 있다. 우리는 스스로 강하지 못하다는 것을 인정했고, 다른 사람과 협력이 생존에 유리하다는 것을 깨달았다. 그러면서 상대방도 그렇게 생각할 것이라 믿었다. 그래서 우리에게는 역사의 경험 속에서 내가 불의에 대해 나서면 다른 사람도 나설 것이라는 믿음이 생겼다. 나는 이 연대 의식이 정의를 지키는 근원적 힘이라 생각한다. 정의 스스로 힘이 있는 것이 아니다. 결국 정의의 힘은 인간이 불완전성과 그것을 인정하는 사회성과 집단의 힘에서 나온다. 이것이 바로 인간이 지구의 최종 정복자가 되어, 현대 자유와 평등 사상을 실현한 원동력이라고 생각한다.

지속가능한 민주주의

아이러니하게도 인간의 불완전성 때문에 역사의 거대한 흐름은 정의로운 쪽으로 발전해왔다고 앞서 정리했다. 인류가 더 나은 미래를 위해서 사상적으로 발전시킨 대표적 제도 두 가지가 바로 민주주의와 자본주의다. 민주주의는 평등하고 자유로운 세상을 만들어왔고, 자본주의는 풍요로운 삶을 살 수 있도록 발전을 북돋아왔다. 현대사회를 지탱하고 있는 이 두 가지 사상을 올바르게 이해하면 미래 사회의 발전 방향을 알 수 있을 것이다.

이 장에서는 민주주의를 살펴보고자 한다. 민주주의 사상은 소수의 사람이 권력을 가지고 다수의 노동력과 경제력을 착취했던 군주제에서 벗어나게 해주었다. 그래서 인간의 기본권을 인정받은 많은 사람들이 자신들의 창의를 발휘하고 이익을 위한 목소리를 낼 수 있도록 해주었다. 사회에서 배제되고 불이익을 강요받던 이들에게 참정권이 부여되었다. 그래서 다양한 사람들의 각자 다른 이해관계를 공론화하며 더 평등하고 인간다운 사회를 만들 수 있게 되었다.

민주주의는 고대 그리스의 도시국가 폴리스(polis)에서부터 시작되었는데, 직접민주주의의 형태를 띠기는 했지만 참정권은 극히 제한적이었다. 여성, 노예, 외국인, 일부 신분 낮은 부족을 제외한 성인 남성에게만 참정권이 부여되었다. 이후 군주제의 득세로 한동안 역사에서 드러나지 않던 민주주의는 1215년 영국의 마그나카르타 선언으로 의회가 성립되며 근대적 모습을 갖추기 시작했다. 왕도 의회에서 제정한 법을 준수하도록 권한을 제한한 사건이다. 이때 왕의 권력을 나눠 갖게 된 사람들은 귀족 계층에 불과했다. 그래도 절대 권력을 사회적 약속(법)으로 제재할 수 있게 된 것은 근대 민주주의의 시작이라고 평가할 만하다. 영국의 명예혁명, 프랑스대혁명, 미국 독립전쟁을 거치면서 민주주의는 강력한 정치 체제로 발전했다. 또한 산업혁명으로 일반 시민들도 경제력을 갖추고, 의무교육의 확대로 교육 수준이 높아지고 참정권이 더욱 확대되면서, 현재의 민주주의 틀이 정착되었다. 왕족에서 귀족으로, 부르주아로, 노예로, 여성으로 시민권과 민주주의는 확장되어왔다.

앞으로도 민주주의는 계속 변모해나갈 것이다. 인간의 불완전한 특성에도 불구하고 어렵게 만들어 합의해낸 제도이지만, 아직도 완성형이라 말하기 어렵기 때문이다. 또한 빠르게 바뀌는 세상에 발맞추기 위해서는 민주주의도 발전을 거듭해나가야 한다.

앞서 논의했던 기술의 발전이 모두 이루어진다고 가정해보자. 몸은 기계지만 그 안의 데이터는 사람의 뇌와 같은 사이보그 신인류의 출현이 거론되고 있다. 이들이 출현하면 참정권을 줘야 할까? AI에게 스스로 결정할 수 있는 유사 자아가 생긴다면, 그들에게 참정권을 부여해야 할까? 참정권을 부여하지 않고 그들의 결정권을 억압하려고 든다면, 또 다른 혁명이 일어날지 모른다.

이보다 가까운 미래에는 기술의 발달로 확장된 직접민주주의가 가능해질 수 있다. 현재의 민주주의는 대표자를 선출하고 그에게 여러 결정권을 위임하는 형식으로 운영되고 있다. 그러나 어디서든 쉽게 전자투표를 하고, 이를 빠르고 공정하게 취합해 결과를 낼 수 있는 기술이 충분해지면 대표자를 따로 선출할 필요가 없지 않을까. 법을 제정하거나 국가의 정책을 채택할 때 국민 투표로 결정하는 직접민주주의가 도래하는 것이다. 아무래도 상위 계층의 비율이 높은 국회의원들의 의견에 국한되지 않고, 국민의 필요를 훨씬 직접적으로 반영할 수 있다는 점에서 긍정적 미래라 볼 수 있다. 하지만 이런 제도가 올바르게 정착되기 위해서는 최근 심화되고 있는 민주주의 문제점들인 포퓰리즘, 정보 지배, 정치 약화 등을 고려해야 한다.

이러한 민주주의의 미래를 보기 위해서도 기술과 함께 인간을 고찰해야 한다고 생각한다. 인간의 본성인 게으름, 근시안적인 무관심도 고려해야 한다. 지역의 현안을 해결하기 위해서 주민들의 온라인 전자투표를 하는 곳이 있다. 참여율이 매우 낮은 것이 현실이다. 기술 발달에 따라 가능해진 직접민주주의가 실현되기 위해서 넘어야 할 산이다.

한편 디지털 인공지능 시대를 맞아서 학교가 없어질 것이라는 전망도 있다. 이 지점에서도 인간의 본성을 함께 봐야 한다고 생각한다. 인간은 작심삼일의 경향이 강하다. 처음에 결심하고 시작해도, 스스로 끝까지 해내기 어렵다는 말이다. 학교라는 타율적인 제도가 없어지면, 스스로의 힘으로 학업을 끝까지 해낼 사람이 매우 적을 것이다. 그러니 결국 학교라는 제도는 미래에도 필요할 수밖에 없을 것이라 전망한다.

포퓰리즘과 우민화

민주주의의 본질은 1인 1표다. 교육을 더 많이 받았거나 더 부자라고 해서 투표권을 더 많이 가지는 것이 아니고, 모든 사람이 똑같이 한 표를 행사할 수 있다. 많은 사람의 행복을 추구하기 위한 공리주의 제도다. 그러다 보니 포퓰리즘 현상이 일어나는 것은 필연적이다.

포퓰리즘을 어떻게 바라볼 것이냐에 대해서는 각자의 정치적 입장에 따라 논쟁의 여지가 있다. 하지만 영국의 브렉시트와 미국 트럼프 전

대통령의 당선을 대표적 포퓰리즘의 사례로 보는 경향이 크다. 이 두 사례는 전 세계를 주도하던 합리적 사상과는 다른 길이었다. 세계화와 다양성에 반하는 비합리적인 대중의 투표 결과라는 비판이 일었다. 하지만 이런 포퓰리즘의 폭발적 영향력은 오랫동안 민주주의와 자본주의의 갈등 속에서 잉태되어왔다고 볼 수 있다.

미국의 정치학자 로저스 스미스(Rogers M. Smith)는 그의 책《반포퓰리즘 선언》에서 우리 사회에 포퓰리즘이 증가한 원인으로 두 가지를 꼽는다. 하나는 경제적 불안, 다른 하나는 문화적 요인이다. 자본주의가 다른 이론들을 압도하는 원리가 되면서, 어느 때보다 경제적 불평등이 심화되었다. 다수의 하층 계급은 자신들에게 공정한 기회가 주어지지 않는다고 생각하기 쉽다. 그러면서 자신들은 이용만 당하고 제대로 보상받지 못한다는 인식을 가지게 된다. 또한 사회 주도층은 자신들의 아픔에 대해 관심이 없다고 생각한다. 예를 들면 2008년 서브프라임 모기지 사태 때 금융사를 살리기 위해 노력하는 미국 정부는 정작 주택을 압류당한 일반 시민들의 아픔에는 관심이 없어 보였다. 이에 일반인들은 정부의 배분 역할을 신뢰하기 어려워졌다.

문화적으로는 빈부 계층 간의 갈등, 세대 간의 갈등, 이념과 학벌의 갈등이 커지고 있다. 또한 급격한 기술 발전과 인구변화로 많은 이들이 자신의 정체성과 지위에 대해 불안감을 느낀다. 이렇게 경제적으로 문화적으로 불안감을 느끼고 있는 이들에게 감각적 구호는 설득력이 있다. 자신이 사회로부터 배제되고 있다고 느끼면, 긴 안목의 사회발전을 생각하기보다 지금 당장의 이익을 먼저 보게 된다. 이처럼 눈앞의 이익을 자극하는 것이 포퓰리즘이다.

포퓰리즘이 성행하도록 만든 현재 자본주의의 문제점을 부정할 수는 없다. 그러나 포퓰리즘이 만들어낸 결과나 이를 이용하는 특정 무리

대선 유세하는 도널드 트럼프(2016년)

가 결코 정당하다거나 바람직하다고는 볼 수 없다. 포퓰리즘은 근시안적으로 판단하기 때문에, 그들이 불만을 가지고 있는 사회의 문제점들을 근본적으로 해결하지 못한다. 오히려 다수의 폭력이 되어, 민주주의가 가지고 있는 근본적 순기능인 다양한 사람의 의견을 평등하게 반영하는 일을 저해할 수 있다. 공동의 선(善)을 함께 만들어가는 민주주의가 아닌, 당장의 이익을 원하는 다수의 사람들을 원초적으로 만족시키는 정책이 승리하는 결과를 낼 수 있다. 결과적으로 인류가 함께 추구하던 선한 가치, 즉 자유와 평등의 가치를 역행하는 결과가 나오기 쉽다.

민주주의가 제대로 기능하기 위해서 필수적인 것은 일반 시민들의 성숙한 시민의식이다. 근시안적으로 개인의 이익만을 생각하고 미래지향적으로 공공의 이익을 생각하지 않는다면, 우민화와 포퓰리즘 문제가 해결되기 어려울 것이다.

예를 들어 국가 공공의 빚이 커지는 것은 자신과 무관한 일로 치부하고, 당장 자신에게 지급되는 기본소득의 액수만 생각하는 이들이 늘어나면, 장기적으로 나라는 재정 적자를 견디지 못하고 붕괴하고 말 것이다. 환경문제에 있어서도 포퓰리즘적으로 접근하면 해결책을 내기 어렵다. 전 세계적으로 함께 장기 계획을 세우고 협력해야만 후대에 살 만한 지구를 물려줄 수 있다. 그러나 이런 공동의 장기 목표에 관심이 없는 우민화된 시민들이 투표로 모든 정책을 결정한다면 환경문제는 해결되기 어려울 것이다.

고대 그리스의 민주주의에서도 유사한 문제가 있었다. 대중의 표를 의식한 지도자들은 건실한 정책을 만드는 것보다 유창한 연설로 사람들을 자극하는 데에 치중한 것이다. 당시 지도자가 되려면 정치, 경제, 국방 등에 대한 지식을 쌓는 것보다 대중을 움직이는 수사학에 능란한 것이 중요했다. 그들은 시민들에게 일시적 만족을 제공하는 데에 집중했고, 결국 고대 그리스는 더 먼 미래까지 발전하지 못하고 멸망했다. 역사를 보면 미래를 알 수 있다.

정보의 지배와 확증편향

민주주의를 위협하고 있는 또 다른 요소는 디지털 생활이 일반화되면서 나타난, 정보의 편중과 진실의 소실이다. 철학자 한병철은 현대 민주주의가 인포크라시(Infokratie)로 변하고 있다고 평했다. 민중(Demo)이 아니라 정보가 지배하는 사회라는 의미다. 현대사회에서는 정보가 권력이다. 한병철은 그의 책《정보의 지배》에서 권력자가 착취하는 대상이 '몸과 에너지'에서 '정보와 데이터'로 옮겨갔다고 설명했다.

우리가 사용하는 모든 SNS와 인터넷 검색은 발자취를 남겨 데이터가 되고, 수많은 기업이 다양한 방식으로 그 데이터를 수집한다. 거리에는 수많은 카메라가 있어 하루에도 수십 번씩 우리의 위치와 얼굴이 노출된다. 무언가를 소비할 때마다 금융 기록이 남아 어디에서 무엇을 먹고 무엇을 했는지, 최근 관심사는 무엇이고 소비 패턴은 어떻게 되는지 모든 것을 추적할 수 있다. 그리고 그렇게 수집된 데이터는 다시 우리의 행동을 예측하고 특정 방향으로 유도하는 데에 쓰일 수 있다.

또한 정부나 거대 기업에서 마음만 먹는다면 대중의 일거수일투족을 감시하고 이를 지배의 도구로 사용할 수 있다. 2020년 코로나 초기, 정부는 공공선의 목적으로 감염자의 동선을 모두에게 공개했다. 더 큰 확산을 예방하기 위해서였지만 감염자의 모든 사생활까지 공개해 논란을 일으켰다. 중국에서는 CCTV를 보안 기술뿐 아니라 감시 도구로 사용한다고 알려져 있는데, 수백만 대의 카메라가 안면인식 프로그램을 활용해 대중의 일상을 통제하는 시스템을 갖추었다는 이야기가 있다. 이렇게 엄청난 데이터를 확보한 정부는 통제에서 벗어나려는 이들을 색출하고 잡아들일 수 있다. 정보와 데이터를 착취당하면 민주주의는 언제든 침해받을 수 있다.

인포크라시의 또 다른 문제는 그 무분별한 양과 질에 있다. 디지털 세상에 엄청난 양의 정보가 떠다니고, 사람들은 다양한 경로로 정보를 접한다. 사람들의 이목과 트래픽을 집중시키기 위해 각종 사이트와 언론은 더 빠르고 더 자극적으로 정보를 제공한다. 그 과정에서 충분한 사실 검증은 종종 누락된다. 정보는 빠르게 퍼지고 소비되기 때문에, 많은 이가 자신이 접한 정보가 사실인지 아닌지도 모른 채 함부로 퍼뜨리기도 한다.

또 상충되는 정보가 만연해 하나의 진실을 추구하기보다는 무엇을 믿을지 각자 선택하는 시대가 되었다. 정보는 차고 넘치도록 많지만 무엇이 진실된 정보인지 모르기 때문에, 사실상 정보가 없는 것과 같은 역설적 현상이 벌어지고 있다. 마치 인쇄술의 발명 이전에 교회가 정보를 독점

처음 필터버블이라는 단어를 사용한 엘리 프레이저

하던 시절과 비슷하다고 해도 무방할 정도다. 심지어 몇몇 선동가들에 의해 정보가 편집되어 다수의 사람이 이에 끌려다니는 경향까지 일어나고 있다. 고의적으로 가짜뉴스를 퍼뜨려 경쟁 상대를 공격하는 일도 일어나고 있다. 진실의 위기다.

디지털 정보 시대의 치명적 문제점은 주로 개인 맞춤형 정보제공에서 발생한다. 정보의 홍수 속에서 사용자의 선호와 패턴을 파악해서 개인 맞춤형 정보를 제공하는 인공지능 알고리즘은 편리를 위해 만들어진 기술이긴 하지만, 사람들이 각자 자기만의 좁은 세계에 갇히게 만든다. 이렇게 필터링된 정보만 사용자에게 도달되는 현상을 가리켜 필터버블(Filter Bubble)이라고 하는데, 필터링된 공간에 갇히면 그것이 전체 세상인 양 착각하게 될 수 있다.

예를 들어 그 사람의 성향을 분석해 비슷한 성향을 가진 사람들이 선호하는 정보를 제공한다. 자신이 지지하는 정보만 접하고 조금이라도 다른 관점을 지닌 정보는 접하지 않는다면, 고정관념이 강해지고 확증편향이 심화될 수 있다. 그리고 반대 의견을 가진 사람은 명백한 증거를 거부하는 '이상한' 사람으로 인식할 가능성이 있다. 이는 진보와 보수 성향을 가진 사람 모두에게 적용된다. 인포크라시 시대에 필터버블에 갇히지 않으려면 다양한 관점을 받아들이는 태도가 필요하다.

건강한 민주주의의 본질은 소통에 있다. 나와 다른 의견을 가진 사람도 존중해야 한다. 나의 의견과 상대방의 의견을 비슷한 무게로 취급해야 균형 잡힌 판단을 하며 발전할 수 있다. 각자 갇힌 세상 안에서 그 세상만이 전부고 옳다고 생각해서는 건설적으로 민주주의적 소통을 할 수 없다. 갈등만 더 첨예해질 뿐이다. 확증편향은 민주주의에 치명적이다. 정보의 양이나 질을 이제와서 통제하기에는 현실적 어려움이 있다. 하지만 정보를 올바로 다루지 않는다면 자유와 다양한 사람들과의 조화라는 민주주의의 핵심 가치가 깨질 수 있다는 걸 기억해야 한다.

정치의 약화 현상

민주주의가 발전해온 근본 배경에는 사회에 참여하고자 하는 사람들의 의지가 있었다. 자신의 주장을 왜곡 없이 반영해 사회를 바꾸고자 하는 의지에서 여러 혁명과 해방운동이 일어난 것이다. 그런데 지금은 점점 많은 사람들이 정치에 무관심해지고 있고 이로써 정치는 힘이 약해지고 있다.

정치 무관심 현상은 세대 간 차이를 보이기도 한다. 청년층은 노년층에 비해 정치에 대한 관심이 낮은 편이다. 투표율도 청년층은 노년층에 비해 상대적으로 저조하다. 그러다 보니 노년층의 의견이 더 많이 반영될 수밖에 없다. 사회가 고령화되면서 노인 유권자 수가 늘어나는 만큼, 노인의 의견을 비중 있게 다루기도 한다. 유권자 수도 많은데 참여도도 높으니 당연한 귀결이다. 국회의원들의 평균 연령이 높은 것도 영향이 있지 않을까 추측해본다. 아무래도 본인들이 직접 부딪치는 일에 더욱 관심이 가는 게 자연스러울 테니 말이다. 실제로 국회에 발의되는 법안 중에 노인복지 관련법이 청소년보호법의 2배라는 통계도 있다.

그렇다면 청년층은 왜 정치에 무관심한 것일까? 그 이유로 크게 3가지를 생각해볼 수 있다. 첫째, 오늘날의 청년들은 자유와 평화가 투쟁의 산물임을 인식하지 못하는 경향이 있다. 이런 것들은 태어날 때부터 당연히 주어진 것으로 생각한다. 그래서 힘들여 지켜야 한다는 생각을 하지 못할 수 있다. 둘째, 정치에 관심을 두기에 청년들은 너무 바쁘다. 사회생활을 막 시작한 터라 정신이 없고, 출산과 육아 등으로 마음의 여유가 없다. 그에 반해 노년층은 경험도 많고 시간도 많다. 이 상태가 지속된다면 미래에는 '실버 정치'가 대세가 될 것으로 예상된다. 셋째, 청년세대의 자포자기다. 대다수의 청년이 노력해도 안 된다고 생각하는 듯싶다. 노인들의 숫자와 단결력을 알고 있고, 이에 덧붙여 나도 바쁘고 옆 사람도 바쁘다. 그러니 함께 힘을 발휘하기를 포기하는 것이 아닌가 생각한다. 새로운 역사를 창조해왔던 한국 청년의 기상은 어디로 갔을까.

정치의 약화 현상은 경제 부문의 성장과도 관련이 있다. 과거에는 모든 것이 정치에 매달렸지만, 이제 경제나 문화, 과학 분야는 정치에 크게 의존하지 않는 경향이 있다. 그 증거로 한국의 정치를 보면 한숨이 나온다는 사람이 많지만, 그와 별개로 국가는 경제적으로 발전하고 있다.

세계화로 인해 국가의 경계가 모호해진 것도 정치의 약화에 한몫을 하고 있다. 국가의 경계가 명확할 때는 소속감도 분명했고, 국가의 결정이 개인에게 미치는 영향도 분명했다. 그러나 국가 간 이동이 자유로워지면서 각 국가의 법률이나 제도의 영향력이 상대적으로 약해지고 있다. 또한 다양한 목적으로 만들어진 국제기구의 활약으로 국제협약이 늘어나는 추세다. 예를 들어 한국은 국제노동기구(ILO)의 핵심 협약 가입국이므로 ILO의 규약을 위반하면 국제사회로부터 무역제재를 받을 수 있다. 기후변화 대응 협약에 따른 탄소배출권 이슈도 마찬가지다. 공동체가 지켜야 할 일을 전 지구적으로 결정하는 것은 환영할 일이지만, 이는 각 국가의 정치를 축소하는 효과도 보인다.

인간은 자기가 속한 공동체의 결정이 자신에게 직접적으로 영향을 미칠수록 더 적극적으로 참여한다. 예를 들어 아버지가 빚을 지면 아들은 자신에게 채무가 상속될 것을 우려해 빚을 내지 못하도록 할 것이다. 이를 국가적으로 확대하면 국가의 부채는 n분의 1로 분산되니, 내 소관이라는 감각이 떨어진다. 전 세계적으로 확대하면 환경문제라는 빚은 개개인의 부담감과 책임감이 더욱 약화된다. 정치의 범위가 전 세계로 확대되기는 했지만, 개개인의 정치 참여는 그만큼 강화되지 못하고 있다. 오히려 자신과 무관한 일이라 여기며 소극적으로 참여하는 경향이 있다.

금융권력과 민주주의

마지막으로 민주주의에 대한 사람들의 믿음을 흔들고 있는 세력은 금융이다. 우리의 생활에 실질적으로 필요한 것은 1차 산업(농업·임업·수산업 등), 2차 산업(제조업·건축토목업·전기가스업 등) 그리고 생활을 풍요롭게 만드는 것은 3차 산업(상업·금융업·보험업·통신업 등)이다. 그런데 우리에게 필요한 의식주를 직접 생산해내는 1, 2차 산업의 중요성은 갈수록 약화되고, 실물 생산은 하지 않는 3차 산업인 금융이 최고의 권력이 되어가고 있다. 어떤 분야에서 양질의 상품을 몇십 년 동안 건실하게 만들던 회사라고 하더라도, 회사가 주식시장에 상장되어 금융 권력이 들어오면 그간 지켜오던 가치를 견지하기 어려운 경우가 많다. 회사를 인수한 이가 단지 주주가치를 높이는 데에만 집중한다면 한순간에 그 회사는 다른 회사가 되어버릴 수 있다.

금융 권력은 많은 경우에 회사의 본질 가치나 장기적 건전성보다, 단지 수익을 내는 데에만 관심을 기울인다. 조지 소로스(George Soros)가 이끄는 헤지펀드인 퀀텀펀드가 태국 바트화를 대량으로 공매도해서 바트화 가치가 폭락하고, 그 여파가 한국으로까지 번져 1997년 외환위기까지 이어진 사례가 대표적이다. 미국의 헤지펀드 엘리엇 매니지먼트는 아르헨티나의 국채를 사서 국가의 재정 구조에까지 간섭하기도 했다. 이처럼 금융

권력이 한 국가의 국력을 좌지우지할 만큼 막강해졌다. 글로벌 관점에서 본다면 정치도, 민주주의도 금융 권력 앞에서는 한계를 보이고 있다. 한국이 IMF 금융위기를 겪을 때, 당시 김대중 대통령이 조지 소로스를 초대해 협조를 요청했던 일이 금융 권력의 힘을 극명하게 보여주는 장면이다.

금융의 힘은 일상에서도 나타난다. 특허나 민사소송에서 원하는 결과를 얻으려면 좋은 변호사를 동원해야 한다. 그만큼 비용이 필요하고, 여기에 투자자가 개입하게 된다. 그 결과, 설사 소송에서 이기더라도 결국 금전적 이익은 투자자와 변호사에게 돌아가는 경우가 많다.

이는 사람들의 정체성에도 반영되고 있다. 사람들은 스스로를 특정 도시의 시민이나 나라의 국민보다는 소비자로 인식하는 경우가 많다. 소비자의 일상에서 더 큰 관심을 가지는 것은 도시나 국가의 정책이 아니다. 오히려 어떤 기업의 소비자 정책이나 재화, 서비스의 효용성에 관심을 가진다. 우리는 주위에서 제품의 시장 동향에 대해서는 훤히 꿰고 있지만, 정치에 대해서는 거의 무관심한 사람들을 흔히 볼 수 있다. 이들은 민주사회의 시민이라기보다는 자본 소비자라고 하는 게 더 적합할 것 같다. 개인의 생활에는 민주주의 제도보다는 자본이 더 밀접하게 영향력을 발휘하는 것이다. 그러니 자연스럽게 시간과 에너지를 정치에 투입하는 것보다 개인의 자본을 축적하는 일이 우선이라 생각하게 된다. 즉 정치는 내가 나선다고 바뀌지 않고 또는 누군가 알아서 하는 사람들이 있다고 생각하는 경향을 보인다.

민주주의는 지금껏 많은 어려움 속에서 인간의 자유와 평등의 가치를 실현해왔다. 그러나 이 제도는 사회발전에 따라서 여러 가지 취약점을 보이고 있다. 하지만 아직 이 제도를 대체할 만큼 더 좋은 제도는 나오지 않고 있다. 이 제도를 지금처럼 선용하고 더 긍정적으로 활용하기 위해서는 드러난 허점들을 보완해 다시 튼튼히 세울 필요가 있다. 그러기 위해서는 민주 시민들이 이러한 위기의식을 가지고 행동에 옮겨야 한다. 각 개인이 올바른 정보를 접하기 위해 깨어 있는 의식을 가져야 한다. 사회적으로 성숙한 시민의식을 고취하기 위한 교육과 아울러 기술과 문화, 제도가 필요하다.

자본주의의 미래

인류가 이토록 급속히 발전한 데에는 자본주의의 역할이 컸다. 자본주의는 더 많이 소유하고 남들보다 더 앞서가고자 하는 인간의 욕망을 마음껏 드러내도록 자극하고 이를 동력으로 삼는다. 자본주의는 인간의 탐욕을 연료 삼아 인류의 역사가 질주하도록 이끌었다. 자유로운 경쟁 속에서 사람들이 더 원하고 더 많은 돈을 벌어주는 기술이 발명되었고, 더 효율적으로 일하기 위해서 도시가 발달하고 무역의 길이 넓게 열렸다. 산업혁명과 자본주의의 태동 이후 약 200년 동안 일어난 변화를 인간이 그 이전에 수천 년 동안 이룬 발전과 견주면, 그 차이는 비교할 수 없을 만큼 크다.

현대사회의 발전에서 민주주의의 역할 또한 빠뜨릴 수 없다. 자본주의와 민주주의의 융합이 사회 발전을 가속화시켰다. 민주주의는 자유와 평등의 개념에 바탕을 둔다. 민주주의에서는 모든 사람이 자유롭게 평등하게 자본주의(개인의 욕망)를 추구한다. 절대군주 시대나 봉건시대에는 왕과 귀족 등 소수의 사람만이 개인 욕망을 추구하고, 나머지 사람들은 그들의 수단에 불과했다. 모든 사람이 열심히 뛰는 사회와 일부만 열심히 하는 사회의 발전 속도는 비교할 수 없을 것이다. 20세기에 공산주의의 실험이 실패한 이유도 바로 여기에 있다고 볼 수 있다.

자본주의의 이런 질주는 인류에게 상상도 못 하던 풍요와 발전을 가져다주었다. 어린아이의 상상 속에서나 존재하던 세상의 모습이 이미 많이 실현되었다. 인류는 그 어느 때보다 더 호화롭게 식사를 하고 힘든 노동을 대신해주거나 보조해줄 기계들이 수없이 많이 등장했다. 그런데 이토록 빠른 질주에는 부작용이 발생하기 마련이다. 그 속도를 따라잡을 수 없는 이들과, 앞만 보고 달려가는 이들 사이 격차가 심각해지는 것이 대표적 자본주의의 그림자다. 이미 디지털 디바이드로 격차가 커지고 있다. 앞으로 인공지능에 의한 격차는 더욱 심각해질 것이다. 격차는 사회 불안을 야기해 결국 자본주의 자체를 붕괴시킬 가능성이 있다.

이처럼 자본주의의 문제점들이 선명해지고 있지만, 자본주의를 순화시킬 수 있는 방법은 묘연해 보인다. 자본의 힘이 너무나 강력해졌으며 자본주의를 대체해 인류 역사를 견인해갈 대안 동력이 없기 때문이기도 하다. 현재 자본주의는 어떤 위상을 가지고 인류에게 영향을 미치고 있으며 앞으로 우리는 무엇을 고려해 자본주의 체제를 받아들여야 할지 살펴보도록 하자.

모든 가치를 압도하는 자본

앞에서 자본주의가 사회에 얼마나 큰 힘을 미쳐왔는지 간략히 이야기했다. 자본주의는 더 큰 풍요와 소유를 가장 중시하는 제도다. 평등이나 인권, 다양성 존중, 윤리, 환경 등의 가치는 기존 자본주의 체제에서는 별로 중요하게 생각되지 않았다. 이러한 자본주의의 문제점을 극복하고자 환경과 사회적 책임, 경영 투명성을 강조하는 ESG 경영이 강조되고 있지만, 아직까지 자본주의의 큰 흐름은 그대로다.

자본주의가 가져다주는 발전을 맛본 인류는 자본을 가장 높은 가치로 여기고 갈구하게 되었다. 자연스럽게 자본은 현대사회에서 제일 큰 권력을 가지고 있다. 영국의 지리학자 데이비드 하비(David Harvey) 교수는 그의 책《자본의 17가지 모순》에서 금융 권력이 지닌 파괴력에 대해서 설명했다. 자본이 자본을 낳는 일이 흔해지면서 노동과 수익 사이에 모순이 발생한다는 것이다. 1, 2, 3차 산업에서 기업은 실질적으로 농산물, 공산품, 서비스를 생산해서 부가가치를 창출한다. 그러나 이런 기업 자체를 상품으로 인식하는 금융은, 자신들은 생산 활동을 하지 않으면서 기업보다 더 큰 부가가치를 내는 상황을 연출하고 있다.

나는 이렇게 재화의 기본적 목적을 벗어난 상품화 현상을 '메타 상품화'라 부르고 있다. 본래의 상품보다도 더 상위의 상품이 되었다는 의미다. 기업은 본래 생산 조직이었는데 투자 대상이 되었다. 수천, 수만 명의 사람들이 오랜 시간 동안 노력을 기울여 만든 기업을 금융의 큰손 몇 사람이 사고파는 과정을 거쳐 기업가치를 만들어낸다. 생산도 하지 않지만 실질적으로 공을 들여 무언가를 만들어내는 사람보다 더 큰 수익을 누리는 것이다.

기업 내에서도 자본을 다른 가치들보다 우선하는 문화가 성행하면서 주주가치를 높이는 것을 최우선 과제로 여기고 있다. 기업이 벌어들인 사내유보금을 미래 연구나 인재 개발 등 투자와 경영활동에 쓰기보다는 자사주를 매입해 주식 가격을 올리는 데 쓰는 일이 잦다. 이는 기업이 더욱 단단하게 발전하는 데에는 별다른 도움이 되지 않으며, 기업의 이해관계자 중 주주만을 우선하는 자금 운영이라고 할 수 있다.

근로소득과 자본소득의 비율

금융의 비대화와 메타 상품화로 인해 노력과 부가가치 사이의 간극이 벌어지며 서민들은 상실감에 잠긴다. 그 분노의 표출로 앞서 언급했던 포퓰리즘 정치가 나타나기도 하고, 무엇보다 근로와 성실한 노력에 대한 의욕이 사회 전반적으로 저하된다.

프랑스 경제학자 토마 피케티(Thomas Piketty)는 2014년에 《21세기 자본》를 출간하면서 세계 경제학계에 큰 반향을 일으켰다. 자본주의가 일으키는 불평등에 대한 논쟁이 새로운 것은 아니었지만, 그는 방대한 데이터를 기반으로 경쟁을 중시하는 신자유주의가 결국 모든 사람들에게 이익을 주고 불평등을 완화시켜줄 것이라는 주장을 정면으로 반박했다. 자본주의를 아무 제재 없이 가만히 두면 자본소득의 비중은 점점 늘어날 수밖에 없다는 걸 피케티는 데이터로 보여줬다. 자본소득이 근로소득보다 높아지면 사회는 불안정해진다는 그의 주장은 전 세계적으로 큰 논란을 일으켰다. 하버드대학 교수들이 모여 피케티의 이론을 검증하고 3년 후 《애프터 피케티》를 출간했다. 책의 내용은 한 줄로 요약할 수 있다. 피케티의 말이 맞다는 것이다.

자신의 노력으로 만들어내는 근로소득보다 이미 가지고 있는 자본으로 또 다른 자본을 만들어가는 자본소득이 늘어나면 사회의 불평등은 더 심화된다. 1960~1970년대에는 프랑스 파리에서 근로소득으로 아파트를 살 수 있었다. 과거 각 나라 대도시의 주택도 이와 비슷했다. 그러나 지금은 상속받은 재산이 없다면 가능성이 희박하다. 미국 전체 기업 이익에서 금융이 차지하는 비율이 1950~1960년대에는 10~15퍼센트였지만, 1980년대 중반에 30퍼센트가 되었고, 2001년에는 40퍼센트에 달했다. 제조기업들이 생산활동이 아닌 금융활동으로 창출한 이익의 비율은 1978년에 18퍼센트였다가, 불과 12년 만인 1990년에 60퍼센트로 높아졌다.

자본소득은 세습되는 경우가 많아 근로소득자들의 박탈감이 더욱 심해진다. 자본소득이 높아진다는 것은 사회 이동성이 둔화된다는 것과 같다. 사회 이동성은 출생 후 사회경제적 계층의 이동 정도를 말한다. 태어날 때부터 사람들은 물려받을 수 있는 자본에 차이가 있다. 그 자본으로 벌어들이는 소득이 근로를 통해 벌어들이는 소득보다 크다면, 초기의

'월가를 점령하라' '우리가 99퍼센트다'라는 구호를 내세운 반 월스트리트 시위

간격은 좁혀지지 않는다. 그렇게 되면 사회 계층 이동의 사다리가 끊기고 만다. 이런 현상이 지속되면 결국 사회가 붕괴되고 말 것이다.

역사적으로 보았을 때 사회 안의 불평등과 불합리가 극심해지면 폭력적 혁명이 일어난다. 프랑스대혁명이 그랬고 러시아혁명이 그랬다. 현대에도 이런 움직임들이 조금씩 나타나고 있다. 2008년 미국 금융위기 이후 2011년 일어난 반 월스트리트 시위(Occupy Wall Street)를 통해 얼마나 많은 이들이 불평등에 대해서 분노하고 있는지 드러났다. 뚜렷한 목표가 없기에 이 시위는 흐지부지되어버렸지만, 경제 구조가 변하지 않는다면 이보다 훨씬 격렬한 움직임은 얼마든지 일어날 수 있다.

자본소득의 비율이 늘어나는 것은 사회 균형의 파괴로 이어질 뿐 아니라 사회 퇴보도 가져올 가능성이 크다. 자본소득은 지대, 임대료, 금융소득 등을 통해 얻는데, 이미 있는 것을 그대로 두기만 해도 수익이 발생하므로 소유주는 아무것도 하지 않아도 된다. 근로소득자들은 일을 해야 소득이 생기지만, 자본소득자들은 잠을 자든 골프를 치든 사우나에서 목욕을 즐기든 수입이 생긴다. 하지만 뇌를 사용하지 않으면 퇴화한다는 사실을 우리는 알고 있다. 자본소득으로 먹고살며 뇌가 발달하지 않은 사람들이 사회에서 더 큰 영향력을 가지게 된다면, 그리고 그런 삶이 모든 사람의 지향점이 된다면 사회는 자연스럽게 퇴보할 것이다. 또한 성실히 일하는 것에 대한 보상이 충분히 주어지지 않기 때문에 사회 전반적으로 근로에 대한 의욕이 떨어진다. 특히 청년층이 의욕을 잃는다면 더욱 손실이 커질 것이다.

금융개혁의 어려움

문제는 금융개혁은 매우 어려운 과제라는 것이다. 2008년 금융위기는 미국의 4대 투자은행인 리먼브라더스의 파산으로 진행이 가속화되었다. 미국은 2000년대 초반 닷컴 버블 붕괴로 유동성이 주식시장에서 부동산 시장으로 집중되면서 주택가격이 지속적으로 상승하다 2006년 최고점에 도달한 후 하락하기 시작했다. 주택경기가 좋을 때 금융기관이 상환 능력을 검증하지도 않고 무분별하게 부동산을 담보로 대출해줬다가, 거품이 꺼지자 부실이 급속하게 진행되어 리먼브러더스 파산 이후 많은 금융기관이 줄줄이 파산했다. 그 여파로 금융시장이 혼란에 빠지고 전 세계가 경제위기를 겪은 것이다. 무분별한 투자와 금융권의 비도덕적 행위가 가져온 재앙이었다. 이에 당시 미국 대선 후보였던 버락 오바마는 금융개혁을 약속하며 2009년 대통령에 당선되었다.

그러나 그는 역설적으로 그 개혁에 월가의 인사들을 활용했다. 오바마가 재무장관으로 기용한 티머시 가이트너(Timothy Franz Geithner)는 연방준비은행 의장을 역임했고, 현재는 글로벌 사모펀드 기업 워버그핀커스

(Warburg Pincus)의 대표로 일하고 있는 월가의 핵심 인물이다. 또한 오바마는 줄줄이 구제금융을 요청하는 월스트리트 은행들의 요구도 들어주었다. 그 은행들이 부도덕하게 자금을 운용했으며 그것이 결국 스스로 파탄을 불러일으켰다는 것을 알았지만, 나라의 금융을 먼저 안정시켜야 한다는 기능적 측면에 더 집중했다. 투자은행들에 대출을 받아 집을 산 약 600만 명이 집을 잃은 현실에 대해서는 아무런 조치도 하지 않았다. 정부로부터 구제금융을 받은 금융사들은 자기 회사와 전 세계의 금융을 몰락시킨 장본인인 임원들에게 1억 달러가 넘는 보너스를 지급하겠다고 발표했다. 수많은 일반 시민의 삶을 파괴했을 뿐 아니라 전 세계 경제를 휘청거리게 만든 것에 대한 책임을 그들에게 묻지 않았고, 그들이 스스로 반성하는 일은 더더욱 없었다. 시민들은 분노했지만 정부는 미국 경제를 살리기 위해서는 어쩔 수 없는 선택이라는 태도로 일관했다.

민주주의 제도로 선출된 대통령은 다수의 의견을 반영해야 마땅하다. 그러나 금융 권력이 너무나 비대해져 이를 수술하면 나라 전체에 부정적 영향을 미치기에, 대통령으로서는 이를 단행하기 어려웠을 것이다. 더군다나 세계화로 인해 모든 나라가 서로 경쟁하는 상황에서 자국 경제를 휘청이게 만들 수도 없다. 이는 미국뿐 아니라 자본주의가 성숙한 여러 나라에 퍼져 있는 현상이다. 우리나라에서도 1997년 IMF 사태 때 은행을 구제하기 위해 엄청난 국고를 들였지만, 정작 책임져야 하는 이들은 물러나기는커녕 국민의 세금으로 받은 구제금융을 자신들의 보너스 파티에 썼다는 비난을 받았다.

이런 전례가 있다 보니 금융권에는 국가가 자신들을 망하게 두지는 않을 거라는 믿음이 있다. 은행은 반도체나 스마트폰 같은 실물을 만들어서 수출한다거나, 전 세계의 수요를 불러일으키는 콘텐츠를 서비스하는 등의 생산활동을 하지 않는다. 그럼에도 불구하고 그들은 고임금을 받고 국가의 보호를 받는다. 자기들은 어떤 상황에서도 안전하다는 생각에 은행에 맡겨진 고객들의 자금을 자기 돈처럼 운영하고 싶은 유혹을 느낀다.

이러한 문제점을 예방하기 위해 세계 주요 국가에서는 금산분리 정책이 활용되고 있다. 이것은 금융자본과 산업자본이 서로 결합 혹은 지배하는 것을 제한하는 정책이다. 예를 들어 특정 회사가 은행을 소유하면 고객들이 예치한 돈을 자기 회사에 투자할 가능성이 높아진다. 이는 기업 간의 공정성에도 문제가 있고, 회사 상태가 안 좋아지면 은행에까지 영향을 끼칠 수 있다. 금산분리 정책에 의해서 은행이나 회사는 상대방의 주식을 보유하는 데 제한을 받는다. 한국은 다른 나라에 비해 비교적 금융권력 견제에 각별한 노력을 하고 있다.

우리나라의 자본주의 개혁

역사 속에서는 성공적인 자본소득의 개혁으로 근로소득과의 균형을 되찾은 경우가 있었다. 자랑스럽게도 우리나라에서 일어난 일이다. 그 덕분에 우리나라는 아직까지는 근로소득이 자본소득보다 크다. 해방 직후 일어난 농지개혁 덕분이라 할 수 있다.

본격적으로 산업화가 일어나기 전에 한국의 주요 자본은 토지였다. 그런데 생산수단은 시간이 흐르면 자연스럽게 강자가 약자를 흡수하게 되어 있다. 5000평의 농지를 가진 사람과 500평을 가진 사람이 경쟁을 한다면 규모의 경제로 인해 5000평의 소유주가 시장에서 유리하다. 시장에 우위를 점해 축적한 부로 그는 더 많은 토지를 매수할 수 있고, 그럴수록 그는 더욱 강자가 된다. 위기 상황에 있어서도 더 많은 자본을 가진 자가 더 유리하다. 가뭄이 들어서 농작물을 충분히 수확하지 못했다고 가정해 보자. 5000평의 주인은 필요한 만큼 쓰고도 남아 보유하고 있는 식량이 있으므로 위기를 버틸 수 있다. 그러나 500평을 가진 이는 가뭄을 직격탄으로 맞는다. 당장 먹고살 식량이 필요한 그들은 결국 가지고 있는 농지를 5000평의 주인에게 팔게 된다. 이런 과정이 조선 건국 이후 500년 동안 지속되었다.

그래서 1950년대 자본소득과 근로소득의 비율은 매우 비정상적이었다. 농지의 65퍼센트가 지주의 소유로 소작농이 경작을 하고 있었고, 사람으로는 86퍼센트가 토지 소유 없이 소작농으로 생활하고 있었다. 소작농들은 1년 동안 생산한 작물의 50퍼센트를 지주에게 바쳐야 했다. 피케티가 언급한 근로소득과 자본소득의 불평등한 비율보다 훨씬 더 심각할 정도로 불안정한 사회였다.

해방 이후 대한민국의 정부를 맡은 이승만 대통령은 이 문제점을 인식하고 1948년 대통령에 취임하자마자 과감한 농지개혁을 추진해, 1949년 농지개혁법을 통과시켰다. 이에 따르면 소작농들은 자신이 계속 농사를 짓던 땅에서 소득의 30퍼센트를 5년간 지주에게 지급하면, 그 땅을 자신의 것으로 인정받는다. 기존에 50퍼센트를 빼앗기면서도 토지 소유에 대한 희망이 없던 소작농들에게는 기적 같은 조건이었다.

이 농지개혁에서 놀라운 점은 지주들이 이 개혁에 동참했다는 것이다. 당시 야당 한민당 총수인 김성수는 호남의 대표적 대지주였다. 개혁법에 찬성하면서 그가 보는 손해는 어마어마했다. 개혁법이 통과되면서 그는 무려 900만 평의 땅을 내놓게 되었다. 그러나 당시 야당의 의석수가 더 많았음에도 불구하고 김성수는 농지개혁법에 찬성했다. 나라의 균형을 위해서 그것이 더 이롭다고 생각했기에 그는 기꺼이 대통령의 편을 들었다. 그렇게 1949년에 법이 통과되고, 1950년대 초부터 시행된다.

얼마 안 돼 6·25전쟁이 발발했다. 본래 남쪽의 공산당 대표였던 박헌영은 남한에 자유 정부가 들어서자 북한으로 가 남로당 당수가 되었다. 박헌영은 남한의 불균형 상태를 알고 있었고, 남쪽으로 침략하면 농민들이 공산당을 환영할 것이라고 예측했다. 자본의 착취에 넌덜머리가 난 농민들이 당연히 평등을 추구하고, 노동자의 편을 들어주는 공산당을 반길 거라고 생각한 것이다. 김일성은 박헌영의 말을 믿었지만, 막상 전쟁이 시작되자 남한 농민들의 태도는 달랐다. 땅을 소유할 수 있는 기회를 남한 정부가 주었기에, 그들은 북한을 받아들일 이유가 없었다. 더욱이 북한 공산당이 내세운 정책은 토지 국유화였기 때문에 개인 소유의 희망을 가진 농민들의 기대와는 거리가 멀었다.

전쟁에서는 무력이 당연히 중요하다. 그러나 전쟁 이전에 사상이 무너지면 전쟁은 무용지물이 된다. 한국은 해방 후 신속하게 농지개혁을 시행해, 짧은 시간에 사회 안정을 이루어 국가를 보존할 수 있는 사상적 기반을 확보했다고 볼 수 있다.

해방 이후 혼란의 시기에 우리나라는 자본소득의 비율을 성공적으로 낮췄다. 근로소득이 높아진 나라에는 열심히 일할 역동성이 생긴다. 사회 안정감과 발전에 대한 의욕 속에서 우리나라는 짧은 기간 놀라운 경제성장을 이뤘다. 그러나 그렇지 못한 나라들도 있다. 라틴아메리카에서는 아직도 농민 게릴라전이 일어나고 있고, 브라질이나 필리핀에서는 지주와 소작농 간 갈등이 계속되고 있어, 나라의 발전을 저해하고 있다.

대한민국도 자본주의가 정착된 지 상당 시간이 흐르면서 자본소득 비율이 점점 높아지고 있다. 조선시대 때 토지 강자가 약자를 삼켰다면, 지금은 자본 강자가 약자를 어렵게 만들고 있다. 청년층이 희망을 잃고 근로 의욕을 상실하는 현상이 나타나는 것도 이해가 된다. 1948년 농지개혁으로 근원적 문제를 평화롭게 해결한 것처럼, 현대에 맞는 해법을 고안해내는 것이 우리의 과제다.

노동의 미래

노동이란 사람이 생존을 위해 육체적 또는 정신적으로 행하는 활동을 말한다. 인간이 생존하고 생활하기 위해서는 의식주를 위한 물자가 필요하다. 이러한 물자는 인간이 자연에 일정한 작용을 해야 얻을 수 있다. 이렇듯 인간이 노동 대상에 대해 일정한 작용을 하거나 인간 스스로 정신적 노력을 해 새로운 가치를 창출하는 행위를 노동이라 할 수 있다.

인류 초기의 노동은 단순히 생존의 수단이었을 것이다. 그러나 현대사회에서의 노동은 자신의 목표를 실현하는 수단이기도 하다. 또 생활에 즐거움을 주는 수단, 자기개발의 수단이기도 하다. 생존이 보장된 사람이라도 노동을 하지 않으면 무력해지고 권태롭고, 자기 존재에 대한 회의에 빠지기도 하다. 그래서 현대사회에서 노동은 인간의 육체적 생존뿐 아니라 정신적 활성화를 위한 중요한 수단이 되었다.

노동의 역사

노동의 형태는 생산방식의 변천에 따라 변화했다. 원시 수렵사회에서는 개인의 노동이 자기 자신과 가족의 생존을 담보하기 어려운 상태였을 것이다. 개인이 돌아다니며 사냥을 하고 열매를 따도 매일 일정한 양의 양식을 보장할 수 없었다. 그래서 공동체를 형성해 공동으로 수렵과 열매를 채집하고, 나누어 먹는 안정적인 방법을 선택했을 것이다.

신석기 후기에는 농경생활이 시작되었다. 일정한 곳에 자리를 잡고 곡식을 길러서 수확하는 농업을 시작한 것이다. 청동기시대에는 노동의 모습도 변했다. 인구가 늘어나고 농기구와 농사 기술이 발달했다. 기술이 발달하자 경작지가 늘어나고 수확량도 증가했다. 남는 곡식을 비축하면서 빈부 격차가 생기고, 사유 재산이 생기자 기존의 공동체는 해체되고 부족사회가 시작되었다. 재산이 많고 힘이 센 사람이 우두머리가 되고, 사람들 사이에 계급이 생겨났다. 땅을 많이 차지하는 부족의 생산력이 커졌다. 경작지를 많이 차지하기 위해 부족 간의 싸움이 시작되었고, 부족의 힘을 키우기 위해 강한 무기가 필요했다.

철기시대에 들어서면서 노동생산성이 급속도로 높아져 잉여생산물이 축적되기 시작했다. 그러자 지배 계층은 물리적인 노동을 하지 않고, 피지배 계층이 생산한 물자를 세금의 형태로 거둬들여 살아갈 수 있게 되었다. 왕의 옆에서 사무를 보는 직업과 신을 섬기는 직업, 전쟁을 하는 계급, 노동을 하는 계급 등으로 나뉘었다. 전쟁 포로를 노예로 삼기도 했다.

유럽의 중세시대를 지탱해준 제도는 농노제였다. 농노는 농경지를 경작하는 사람으로 거의 노예와 비슷한 생활을 했다. 봉건사회가 14세기경부터 서서히 붕괴하고 18세기경 산업혁명을 통해 자본주의 사회로 변해갔다. 증기기관의 발명으로 생산시설이 늘어나자 많은 노동자들이 필요했다. 농촌에 있는 농노들이 도시의 공장으로 모여들었다. 봉건사회에서 농노는 영주와 신분적 예속 관계였지만, 자본주의에서는 계약에 따라 임금을 받는 노동자로 변했다.

자본주의에서 노동은 돈을 매개로 거래되는 상품이 되었다. 생산성 향상을 위해 분업이 강조되고, 노동자는 생산을 위한 수단으로 취급되기 시작했다. 산업자본주의가 발달하면서 노동에도 상품처럼 가격을 매기고, 노동을 제공하는 노동자는 자본이라는 새로운 구속에 빠지게 되었다.

마르크스는 이러한 모순을 지적하며 사회주의로의 이행이 불가피하다고 주장했다.

인간의 출현 이후 여성은 주로 가정에서 음식 준비와 육아를 책임져 왔다. 여성의 참정권이 미국에서도 1920년에야 인정된 것으로 보아 최근까지도 여성의 사회 참여가 얼마나 제한적이었는지 알 수 있다(세계 최초 여성에게 참정권을 준 것은 1893년 뉴질랜드다). 그러나 전기혁명으로 가정에 가전제품이 보급되면서 가사노동 시간이 현저하게 줄어든 여성들이 사회활동을 시작했다. 오늘날에는 여성의 노동도 다양해졌고 차별 없이 어떠한 형태의 노동이라도 선택할 수 있다.

산업화는 노동자와 자본가 계급을 확연하게 구분 지었고, 서로의 이해관계 때문에 원활한 소통이 어려워졌다. 상품시장의 심화된 경쟁이 노동자를 더욱 힘들게 만들었고, 원가절감의 압력은 임금을 줄이고 노동시간을 늘리는 방향으로 진행되었다. 노동자는 힘없는 약자에 지나지 않았다. 노동자는 자신들을 대표하고, 자신들의 이익을 보장받고, 자신들의 권리를 강화하기 위한 자구책을 생각하게 되었고 그 결과 노동조합을 결성하게 된다.

노동조합은 노동자가 주체가 되어 자주적으로 단결해 근로조건의 개선과 노동자의 경제적사회적 지위 향상을 위해 조직된 단체다. 노동조합은 산업이 먼저 발달한 영국에서 시작되었다. 초기에는 길드에서 기술계승자 장인들의 이익을 보호하기 위해서 출발했으나, 산업화에 따라서 임금 노동자의 보호를 위한 단체로 발전했다. 노동조합은 산업화에 따라서 독일, 프랑스, 미국 등지로 확산되었다. 한편 러시아에서는 프롤레타리아 혁명이 일어나 인류 역사상 최초로 사회주의 정권이 수립되었다. 현대 산업사회의 노동조합은 단결권, 단체교섭권, 단체행동권이 보장된 법률조직이 되었고, 자본가와 함께 현대 산업사회를 이끌어가는 중요한 주체

1917년 러시아혁명의 모습

로 자리 잡았다.

도구의 발달과 노동의 변화

원시시대의 노동은 손과 발을 사용하는 기초적인 일이었을 것이다. 그러다가 손을 사용해 도구를 개발했을 것이다. 인간이 가장 먼저 사용한 도구는 나뭇가지로 생각한다. 지금도 원숭이나 침팬지는 나뭇가지를 이용해 열매를 따고, 상대방과 싸울 때도 나뭇가지를 이용한다. 석기시대에는 나뭇가지와 돌을 주로 사용해 사냥을 하고 열매를 채집했을 것이다. 돌은 주워서 사용하기도 하고 쪼개서 사용하기도 했다. 조금 더 진보해 돌을 갈아서 날카롭게 만들기도 했다. 이렇게 인간이 도구를 발달시킨 것은 노동의 효율이 좋아진다는 것을 알았기 때문이다.

청동기시대에는 청동을 도구로 사용하고, 철기시대에는 철을 사용해 생산성을 급속도로 높였다. 철기시대가 되면서 국가가 형성되고 분업이 본격화되었다. 육체적 노동을 주로 하는 사람이 대부분이었지만, 일부는 왕의 옆에서 사무를 보는 정신노동자가 생기고, 전쟁을 주로 하는 전쟁 노동자도 생겨났다. 하지만 증기기관이 발명되기 전까지 인간의 노동은 철기시대와 큰 변화가 없었다고 볼 수 있다. 농기구도 철을 그대로 사용하고, 전쟁에서도 칼을 사용하는 것이 기본이었다. 증기기관의 출현은 노동의 범위를 확대해주었고, 기계를 움직이며 일하는 정신노동이 중요해졌다.

현대사회의 노동은 거의 인간과 기계의 협업 노동으로 전이되었다고 볼 수 있다. 거리를 이동하기 위한 노동도 이제 자동차나 자전거를 이용한다. 기계와 인간의 협업이다. 농업현장에서 씨앗을 뿌리고 잡초를 뽑고 농약을 뿌리고 수확하는 일은 거의 기계와 인간의 협업이다. 심지어 지금은 농약을 뿌릴 때에도 드론을 이용한다. 일부 지역에서는 포도와 토마토를 따는 일도 기계에 의존한다.

건설 현장에서도 마찬가지다. 물건을 들어 올리거나 이동시키는 일을 대부분 기계가 한다. 사람이 삽으로 땅을 파는 일은 거의 보기 어렵다. 이제는 힘을 써서 일을 잘하는 것이 아니고 장비를 잘 작동하는 것이 더 중요하다. 육체노동이 정신노동으로 이동하고 있는 것이다.

이미 정신노동을 주로 하고 있는 사무실 풍경도 많이 변했다. 정보통신의 발달로 재택근무가 보편화되었고, 결재는 이미 전자결재로 바뀐 지 오래다. 결재를 받기 위해 사장실 앞에서 대기하는 일은 없다. 회의도 원격 화상회의로 하는 데 불편함이 거의 없다. 사무직 노동자의 컴퓨터 작업도 음성인식 기술의 발달로 조만간 음성으로 글자를 입력하는 시대가 될 것이다. 언어 번역도 마찬가지로 자동화되고 있다.

교육 현장도 빠른 속도로 변화하고 있다. 교실에서 직접 선생님이 가르치던 방식은 이미 인터넷강의(인강)로 바뀌어 학원가의 주류를 이루고 있다. 교육도 서비스 노동이라 할 수 있는데, 교사의 역할 자체가 위협받을 정도로 변화가 일고 있다. 이미 인공지능을 활용한 학생 맞춤형 교육 시스템이 나왔다.

병원도 다르지 않다. 이제 더이상 청진기로 진찰하는 의사는 보기 어렵다. 대부분의 진단은 환자의 데이터와 인공지능이 해준다. 의사는 그것을 확인하고 사인하는 방향으로 가고 있다. 변호사 업무도 마찬가지다. 판례를 조사하는 일은 이미 인공지능이 훨씬 잘한다. 미국에서는 인공지능 판결 예측 시스템도 개발되었다.

예술 분야도 작곡과 연주, 그림 그리기, 소설 창작 등 인공지능의 진격은 거침없다. 어느 바이올린 연주자는 피아노 반주자를 구하는 데 어려움을 겪고 있었는데, 반주를 잘 해주는 인공지능 피아노의 출현 소식을 듣고 매우 반가워했다.

교통 분야에도 놀라운 변화가 일어나고 있다. 자율주행 자동차가 이미 도로에서 시범 운행을 하고 있다. 10년 후에는 길거리 자동차의 상당 부분이 자율주행차일 것이다. 항공기의 조종은 이미 상당 부분 자동화되었다. 하늘에 올라가면 대부분 자동 운항 모드로 변경된다. 이착륙도 자동화 준비가 되어 있지만, 아직은 사람이 직접 조종하고 있다. 이러한 변화는 선박 운행에도 예외가 아니다. 현재 변화는 급속도로 진행되기 때문에, 10년 후에는 지금 상상하기 어려울 정도로 변해 있을 것이다.

전쟁도 예외가 아니다. 경계 경비 업무는 이미 오래전에 상당 부분 카메라가 대신하고 있다. 이제 미사일과 드론, 무인기가 전투하는 장면은 익숙해졌다. 머지않아 전투병은 수많은 센서가 부착된 군복과 헬멧을 착용하고 싸울 것이다. 병사의 모든 활동이 중앙 인공지능에 모니터링되면서 전투 명령이 내려질 것이다. 그러다가 인간 대신 로봇 병사가 싸우는 날이 올 것이다. 작전사령부에서도 인공지능이 작전을 짜고 명령을 내릴 것이다.

이상과 같이 도구의 발달에 따라서 인간의 육체노동이 정신노동으로 변하고 있음을 알 수 있다. 육체적 운동은 근육세포의 운동을 말하고, 다시 근육세포는 전자의 이동으로 수축 또는 이완된다. 한편 정신노동이란 뇌세포의 활동을 말하고, 뇌세포는 전자의 이동으로 작동한다는 것을 알고 있다. 그래서 도구의 발달에 따른 노동의 변화는 근육세포 내의 전자 이동에서 뇌세포 내의 이동으로 변하고 있다고 볼 수 있다.

AI의 출현과 노동

AI는 인간의 고유한 영역이라고 생각했던 일조차 대체하고 있다. 또 크게 부담되지 않는 가격에 보급되도록 기술이 발달하고 있다. AI가 일자리를 대체하면 인간은 힘들고 복잡한 일에서 해방되어 편한 생활을 하게 되겠지만, 일자리가 없어지는 것이다. 그럼 인간은 어떻게 될 것인가? 인간이 지구상에 태어난 후로 줄곧 이어온 노동이 사라진다면 인간의 삶과 문명은 어디로 발전할 것인가?

국가별로 보면 차이가 있을 것이다. AI 기술을 개발하고 또 활용까지 잘하는 나라는 일자리가 오히려 더 늘어날 것이고 큰 발전을 누릴 수 있다. 그러나 AI 기술을 개발도 하지 못하고 남이 만든 AI를 사용하는 나라에서는 일자리가 크게 줄어들 것이다. 한국은 남이 만든 AI를 잘 활용하는 나라가 될 가능성이 높다. 일자리가 어느 정도 줄어들 가능성이 높은 나라다. 인류 문명이 시작된 이래 노동과 인간은 뗄 수 없는 관계였다. 그런데 우리 앞에는 노동과 인간 생활이 분리되는 상황이 다가오고 있다.

아마 일하는 게 좋은 사람은 많지 않을 것이다. 그러나 직장에서 앞으로 출근하지 말고 집에서 계속 쉬라고 한다면 난감할 것이다. 이것은 생계 걱정을 하지 않아도 되는 사람의 경우에도 거의 비슷하다. 이 말은 노동은 고통스러운 생존 수단이기도 하지만, 자기발전과 자아실현의 수단이기도 하다는 뜻이다. 그런데 앞으로 이러한 인간 노동이 많이 사라지고 AI 노동이 대세가 될 세상이 다가오고 있다.

인간이 노동을 하지 않으면 크게 세 가지 문제가 발생할 것으로 예상된다. 노동의 목적과 연결되는 이슈들이다. 첫째는 생존의 이슈가 있다. 노동의 가장 기본적 목적은 생존 수단이다. 어떤 사람이 일을 하지 않으면, 그 사람의 생계는 국가와 사회에서 책임져주어야 한다. 만약에 방치한다면 사회의 질서와 평화가 유지되지 않을 것이다. 실업자가 늘어나면 정부는 세율을 올려서 실업자 구제 자원을 확보할 것이다. 두 번째는 실업자들의 여유 시간 활용이다. 사람은 사회적 동물이기 때문에 상호작용하며 활동하기를 원한다. 그런데 노동을 하지 않으면 사람들과 어울릴 시간이 없다. 수백만 명이 일자리를 잃고 길거리를 배회하고 있다면 어떻게 될까? 정부는 이 사람들이 시간을 보낼 수 있는 오락거리를 제공해주어야 한다. 세 번째는 인간 존재에 관한 회의가 생길 것이다. 인간이 생산적인 일을 하지 않으면 인간의 가치에 대해서 질문을 하게 된다. 내가 존재하는 이유가 무엇인가? 나는 쓸모없는 잉여 인간인가? 인간이 이처럼 집단적으로 존재론적 회의에 빠지는 상황은 인류 역사에 처음 있는 일이다. AI를 우대하고 인간을 하대하는 사회가 되면 우리는 또다시 새로운 질문을 하게 될 것이다. 과연 인류 문명의 주인은 누구인가?

미래 노동의 방향

시간이 흘러 AI의 일자리 대체율이 높아지면, 일자리가 감소하고 실업률은 높아질 것이다. 동시에 취업률도 낮아진다. 일자리가 감소하면서 국가에 닥치게 될 가장 큰 문제 중 하나는 실업자 구제다. 국가는 어떻게든 실업자의 생계를 보장해주어야 한다. 그러기 위해서는 많은 재정이 필요한데, 문제는 세금을 낼 취업자수가 줄어들어 1인당 조세부담률이 높

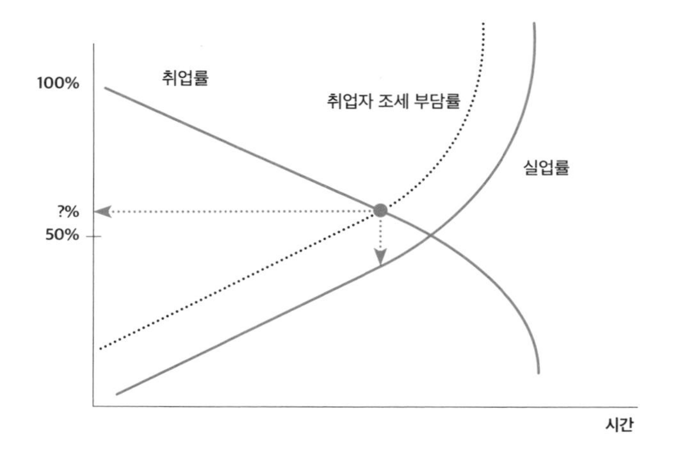

취업자 조세부담률 상승과 일자리 감소의 관계

아질 수밖에 없다는 것이다. 1인당 조세부담률이 늘어나다가 어느 수준 이상이 되면 사람들은 회의에 빠질 수 있다. 힘들게 일을 해서 이렇게 많은 세금을 내느니, 나도 취업을 포기하고 국가의 도움을 받으며 사는 게 낫지 않을까 생각하는 변곡점이 올 수 있다.

현재 프랑스 같은 유럽 국가에서는 퇴직 후 연금을 본래 받던 월급의 70퍼센트 정도 받고 있다. 그렇기 때문에 그들은 정년을 연장하겠다는 정부의 새로운 정책에 격렬하게 반대했다. 일해서 버는 돈과 아무 일도 하지 않고도 버는 돈이 비슷하면, 수고를 안 하는 쪽이 낫다고 생각하는 것이다. 이에 반해 우리나라는 연금의 소득대체율이 30퍼센트가량밖에 되지 않기 때문에 더 일하는 것을 선호한다. 기본소득과 연금이 국민들에게 최소한의 생활을 유지시켜준다는 이점도 있지만, 일자리가 점점 더 줄어들 것으로 예상되는 미래에는 근로자들의 조세부담률도 반드시 고려해야 한다.

일자리가 줄어들면서 생기는 또 다른 문제는 소비의 감소다. 일하는 인구가 줄고 그들에게 전에 벌던 만큼의 소득이 보장되지 않을 경우, 소비가 위축된다. AI가 일자리를 대체하는 미래에 경제활동 인구의 감소는 경기침체로 이어질 것이다. 어쩌면 반려동물만이 소비를 촉진하는 유일한 매개체가 될지도 모른다.

별다른 변화 없이 지금처럼 미래가 전개된다면 우리 사회의 미래는 2가지 시나리오로 발전할 것으로 예상한다. 하나는 갈등 사회, 다른 하나는 이상적 공존 사회다. 첫 번째 시나리오인 갈등 사회에서는 근로소득과 자본소득 간의 격차가 점점 벌어진다. 자본을 가진 이는 사람을 고용하는 대신 기계를 사용하고, 생산활동으로 발생하는 모든 이익은 혼자 취한다. 그렇게 얻은 자본을 주식 등에 투자해 더 큰 자본가가 된다. 이에 반해 일자리를 잃은 이는 소득이 없어 더욱 어려워진다. 소득과 소비가 모두 소수의 사람들에게만 집중되고 사회는 극도로 양극화되어 불안정해진다. 이런 사회에서는 포퓰리즘이 성행하기 쉬우며, 서로를 향한 반목이 깊어지고 결국 폭력적 사태가 일어날 수도 있다.

두번째 시나리오인 이상적 공존 사회에서는 서로 양보하여 격차를 줄인다. 실업자를 줄이기 위해서 할 수 있는 가장 현실적 방법은 잡셰어링(job sharing)이다. 주 3~4일제로 근무 일수를 줄여 일자리를 늘리는 것이다. 또한 시간외 근로수당의 비율을 제한해 추가 근무를 하지 않게 함으로써, 그 근로 시간을 다른 사람과 나누도록 할 필요도 있다. 추가 근무를 한다는 건 결국 한 사람에게 추가 소득이 몰린다는 뜻이다. 그러니 현재 주당 최대 52시간으로 제한을 둔 것처럼 근로시간을 제한하고, 한 사람이 맡을 수 있는 양을 제한해 넘치는 양은 다른 사람에게 제공하는 것이 필요하다.

현재 주 52시간 제도가 부작용을 낳는다는 주장도 일견 타당한 면이 있으나, 미래를 향해 길게 보면 올바른 방향이다. 다만, 주당 평균 근로 시간은 유지하되 제한 단위를 월이나 분기 단위로 늘려, 한 번에 집중적으로 일할 수 있는 융통성을 주는 것은 좋은 안이라 생각한다. 이렇게 일자리를 나눠 가지면 1인당 소득은 줄어도 취업자 수가 유지되고 개인의 조세부담률이 낮아질 것이다. 그래서 50~60퍼센트 높은 세율의 세금을 내느니 차라리 실업자로 살겠다는 사람이 생기지 않게 만들 수 있다.

잡셰어링은 기업에 부담을 지우는 제도다. 직원들을 뽑고 숙련된 정도가 될 때까지 훈련을 하는 데에 시간과 경제적 비용이 들기 때문이다. 그럼에도 불구하고 미래를 내다봤을 때 우리 사회는 이 방향으로 갈 수밖에 없다.

역사를 움직이는 핵심 동인

미래를 알면 아직은 선명하지 않지만 추후에 큰 보상을 줄 기회를 잡을 수도 있고, 다가올 위기에 대비해 피해를 줄일 수도 있다. 그렇기 때문에 선사시대부터 인류는 다양한 방법으로 미래를 예측해보려고 시도해왔다. 아직도 많은 이가 신년이면 점을 보거나 연인들이 타로카드를 들춰보듯이, 인류에게 가장 오래되고 친숙한 미래 예측법은 신비주의적 방법으로 앞날을 그려보는 것이다. 이 같은 미래 예측이 개인에게 어느 정도 마음의 위안을 줄 수 있을지는 몰라도, 인류에게 다가올 거대한 미래를 정확히 파악하고 준비하려면 과학적 접근이 필요하다.

앞에서 역사를 견인해온 핵심적 힘이 기술(환경)과 인간이라는 것을 거듭 강조했다. 미래를 전망해볼 때에도 기술과 인간의 측면에서 살펴봐야 한다. 미래를 알고자 할 때는 먼저 지금까지의 역사와 현재를 견인하고 있는 힘을 분석하고, 그 요소들을 세분화해 프레임으로 만들어 미래를 바라봐야 한다. 내가 강의실에서 활용하는 미래 예측 도구인 STEPPER를 포함해 미래에 대한 눈을 열어주는 동인들을 소개한다.

종합적 미래예측도구 STEPPER

미래를 정확하게 예견한다는 것은 어려운 일이다. 그러나 막연한 추측보다는 미래에 영향을 줄 데이터를 분석해 발생 가능한 미래를 도출하고 비교 검토하는 일은 반드시 필요하다. 변화 요인들을 검토해 앞으로 나타날 여러 미래의 양태를 그려보고, 각 미래의 장단점을 파악해 가장 이상적 미래를 목표로 삼는다. 이렇게 설정된 목표에 도달하기 위해 세우는 것이 미래전략이다.

미래를 예측하는 방법론은 매우 다양하다. 대상으로 생각하는 미래의 특성에 따라서 사용하는 방법이 다르고, 또 예측의 목적에 따라서 사용방법이 달라진다. STEPPER는 종합적 미래 예측 방법인데, 7개 항목으로 분리해 고찰한다. 마치 투명해 보이던 빛도 프리즘에 비추어 보면 7가지 무지갯빛으로 보이는 것과 비슷한 방법이다. STEPPER는 7개 항목을 나타내는 머리글자다. 어느 회사의 미래를 그려보고 싶다면 STEPPER라는 프리즘에 비춰보면 된다. STEPPER의 관점으로 회사를 바라본다면 아래와 같이 각 항목별로 나누어볼 수 있다.

- **Society**(사회): 사내 문화가 어떠한가? 구성원들을 결집시킬 문화는 어떤가?
- **Technology**(기술): 회사가 사용하고 있는 기술은 무엇이며, 도입해야 하는 기술은 무엇이 있는가? 특허 보유 현황은 어떤가?
- **Environment**(환경): 경쟁사나 협력사 등 회사의 주변 상황은 어떠한가? 회사에 대한 소비자들의 호감도는 어떠한가?
- **Politics**(정치): 어떤 임원진이 어떤 철학으로 회사를 운영하고 있는가? 승진 심사는 공정한가?
- **Population**(인구): 직원들은 어떤 식으로 구성되어 있는가? 우수 사원을 유치하기 위한 전략이 있는가?
- **Economy**(경제): 회사가 속해 있는 시장의 상황이 어떠한가? 재무관리는 어떤 식으로 이뤄지는가?

- **Resource**(자원): 회사가 보유한 자본금과 재정 상황은 어떠한가? 원자재 공급망은 안전하게 관리되고 있는가?

이렇게 7가지 핵심 동인을 나누어서 분석하면 회사의 미래를 더 정확하게 내다볼 수 있다. 이것은 면접시험에서 한꺼번에 평가하지 않고, 성실성, 창의성, 준법성, 봉사정신 등의 항목으로 세분화해 평가하면 좀 더 균형 잡힌 평가를 할 수 있는 것과 같다.

그런데 그중 단기간에 큰 변화를 만들어낼 수 있는 힘을 가진 요소는 기술, 정치, 경제 3가지다. 사회, 환경, 인구, 자원은 변화에 시간이 오래 걸리고, 자체적으로 변하기보다는 기술, 정치, 경제가 먼저 변하면 뒤따라 변하는 경우도 많다. 예를 들어 사내문화(사회)를 직접적으로 바꾸기는 어렵지만 임원진의 정책(정치)이 바뀌면 그에 영향을 많이 받는다. 경쟁사(환경)를 좌지우지하기는 어렵지만, 재무관리법을 바꾸면 회사의 시장 내 위치나 자본금(자원)이 달라질 것이다.

그렇기 때문에 7가지 중에서도 변화의 핵심 동인이 되는 것은 기술, 정치, 경제라 볼 수 있다. 그런데 정치와 경제는 결국 사람이 하는 일이다. 그래서 나는 미래 변화의 핵심 동인은 기술과 인간이라 생각한다. 이것이 앞에서 역사의 핵심 동인이 기술과 인간이라고 주장하게 된 경위다.

따라서 미래학은 인간과 기술을 이해하는 것이라고 정의할 수 있다. 그리고 인간을 연구하는 학문이기 때문에 인문학이 꼭 필요하다. 인간을 알기 위해서는 뇌를 연구하는 것이 가장 정확한 방법이지만, 뇌는 아직도 많은 부분이 미지수로 남아 있다. 그래서 인간을 제대로 이해하는 데에 뇌과학만으로는 부족하고 역사와 철학을 통해 인간을 이해해야 한다. 무수한 세월 동안 쌓인 인간에 대한 데이터를 공부하는 것이다. 역사를 통해서 인간의 행동 패턴, 경향성을 알아야 미래에 인간이 어떤 결정을 할 것인지 예측할 수 있다.

또한 기술을 알아야 하는데 기술 자체에 대한 기능성과 더불어 그 기술이 인간과 어떻게 상호작용하게 될지 분석해봐야 한다. 결국 기술이란 인간의 욕망과 과학이 만나 발전하는 것이기에 기술을 깊이 이해하는 데에도 인간에 대한 이해가 필요하다.

STEPPER로 바라본 대한민국

앞서 소개한 STEPPER를 이용해 대한민국의 미래를 간략히 전망해 보자. 미래 예측을 위해서는 미래의 시점을 정해야 하는데, 2050년의 대한민국을 생각해본다.

- **Society**(사회): 한국 사회는 무엇보다 열심히 하는 정신이 소중하다. 어떠한 일이든지 주어지면 결단코 해내는 국민적 성향이 있다. 이것이 대한민국을 여기까지 이끌어온 원동력이다. 교육열이 가장 대표적이다. 현재 경쟁이 지나쳐서 여러 가지 부작용을 낳고 있지만, 그럼에도 교육은 여전히 한국의 희망이다. 사회 이동성이 떨어져서 청년들이 미래에 대해 절망하는 일이 많아 우려된다. 또한 지나친 개인주의 현상으로 공동체나 국가에 대한 책임의식이 약화되고 있는데, 이는 국가 발전에 부정적 영향을 끼친다. 가정과 학교에서 인성과 윤리, 협동, 사회적 책임에 대한 교육이 필요하다.
- **Technology**(기술): 한국의 전반적 기술은 세계 10위권 수준에 있다. 특히 반도체, 정보통신, 가전제품, 자동차, 조선, 제철, 석유화학 산업은 세계 최고 수준이다. 여기에 산업의 디지털 전환도 비교적 순조롭게 진행되어 경쟁력을 높여가고 있다. 다만 한국이 1인당 국민소득 5만 달러가 되려면 바이오 의료 산업 분야 기술력이 지

금보다 향상되어야 할 것이다. 한국은 의료 분야 우수 인력이 많음에도 의대 쏠림 현상이 지나치다 보니, 국가 발전의 장애 요인으로 작용하고 있다. 2050년 특이점 시대를 맞이하기 위해서는 인공지능 연구력을 더욱 강화해야 한다. 과학기술 연구개발의 중요성에 대한 국가적 인식이 높은 수준이므로, 앞으로 바이오 의료 분야 경쟁력도 높아질 것으로 예상된다.

- **Environment**(환경): 한국은 뚜렷한 사계절로 인해 강한 국민성이 만들어졌다고 본다. 또한 지정학적 상황도 우리를 강하게 만드는 역할을 하고 있다. 한국의 환경 보존 노력은 비교적 선진국 수준이기 때문에, 글로벌 환경 규제와 무역 규제에 선제적으로 대응할 수 있을 것으로 전망한다.
- **Politics**(정치): 한국의 정치는 가장 발전이 더딘 분야라고 할 수 있다. 여야가 잘 타협하지 않고 대부분 극한 대립을 하며, 최악의 결론에 도달하는 경우가 많다. 이러한 정치 수준에서도 한국이 발전하고 있다는 사실은 놀라운 일이며, 민간 경제 비중이 매우 신장되었음을 알게 된다. 국제 정치에서도 한국은 언제든지 전쟁이 일어날 수 있는 위험 상황에 처해 있다. 국민들의 이념적 분열이 심해 국가 비상시에 힘을 모을 수 있을지 우려된다. 국민의 안보의식이 약화되고 있다고 볼 수 있다. 강인한 정신력을 가진 국가관 형성에 노력해야 한다.
- **Population**(인구): 대한민국의 인구 문제는 매우 심각하다. 세계 최하위의 출산율로 인구는 감소하고 있으며, 노령화가 급속도로 진행되고 있다. 그러나 사회제도는 이러한 변화에 따라가지 못하고 있다. 연금과 은퇴 연령 등이 대표적이다. 저출산은 국방 인력 감소에도 직결되고 있다. 하지만 인구 감소를 만회할 여지가 있다.

은퇴 연령을 70세 이상으로 늘려서 경제활동 인구를 늘린다. 여성의 사회활동을 장려해, 현재 60퍼센트 대인 여성 사회활동 비율을 90퍼센트 수준으로 올린다. 우수 외국인을 적극 유치해 한국인으로 귀화하게 돕는다.

- **Economy**(경제): 지금까지 한국의 경제는 우등생 수준이었다. 한국의 제조업은 세계적 경쟁력을 유지하고 있다. 그러나 잠재 성장률이 낮아지고 있어 한국 경제의 미래는 그다지 밝지 못하다. 사회 이동성이 떨어져서 희망을 가지고 역동적으로 일하지 않는 경향이 있다. 한국의 경쟁력을 높이는 방법은 청년층에게 희망을 높여주어 도전하고 열심이 일하게 하는 것이다. 높은 교육열을 활용해 산업과 사회의 디지털 수준을 높여야 한다. 기술 창업을 더욱 활성화해 기술개발과 일자리를 창출해야 한다. 한편 노동의 경직성은 한국 경제를 어렵게 만들고 있다. 하지만 아직 국민들이 하면 된다는 자신감이 있기 때문에 한국 경제에는 희망이 있다고 본다.
- **Resource**(자원): 한국의 천연자원은 매우 빈약하다. 현재 한국이 제조해 수출하는 제품의 원재료는 거의 모두 수입이다. 에너지와 식량도 대부분 수입이다. 오로지 기술력에 의한 인적자원만을 가지고 여기까지 발전해왔다. 에너지, 식량, 환경 기술을 개발해 자원 부족 현상을 만회해야 한다. 절대적으로 외국에 의존하고 있는 에너지와 식량에 대한 위험관리 능력을 길러서 국가 비상시에 대비해야 한다. 예를 들면 비상시 해외 공급망 확보 네트워크 같은 것들을 준비해야 한다.

세상을 움직이는 힘

인간이 역사를 바꾸는 힘의 핵심에는 욕망이 있는데 이것이 세상을 어떻게 움직였는지에 대해 사이토 다카시(齋藤孝)는 그의 책 《세계사를 움직이는 다섯 가지 힘》에서 잘 설명했다. 그는 '인간의 감정'이 다섯 가지 힘, 즉 욕망·모더니즘·제국주의·몬스터·종교를 만들어냈고, 이 다섯 가지 힘이 세상을 좌우해왔다고 말한다. 그의 주장을 살펴보자.

첫 번째, 인간의 본질에는 욕망이 있다. 인간의 욕망은 끝이 없다. 하나를 얻으면 또 하나를 얻고 싶어한다. 자신에게 필요하지 않아도 소유하려는 것이 인간의 욕망이다. 이런 끊임없는 욕망은 모더니즘, 제국주의로 이어진다.

두 번째, 모더니즘의 핵심은 좀 더 빨리 새롭게 발전하고 싶어하는 경향성이다. 인류는 좀 더 강력한 존재, 좀 더 글로벌한 존재가 되고자 하는 모더니즘의 힘으로 고대에서 중세를 거쳐 근대와 자본주의까지 달려왔다. 과거에서 앞으로 나아가려는 힘을 다카시는 모더니즘으로 표현했다. 지금도 새로운 기술이 나오면 앞다투어 그 기술을 개발하고 접목시켜 새로운 미래로 나아가려는 거대한 흐름이 있다. 만약 그런 모더니즘의 힘이 없고, 무엇이든지 무관심하게 자족하는 성질이 인간에게 만연했다면 세상은 원시사회 상태에 머물러 있을지도 모른다.

세 번째, 제국주의는 남보다 우위에 서서 숭배를 받고자 하는 데서 발현된다고 설명한다. 이런 성향은 동양과 서양, 고대와 현대를 막론하고 인류사에 거듭 드러난다. 이전의 제국주의는 땅을 정복해 그 땅의 사람들을 특정 방식으로 귀속시켰다. 과거와 달리 토지 정복 전쟁이 상대적으로 드물게 일어나는 현대에는 제국주의가 축소되고 있다고 착각할 수도 있다. 그러나 지금도 영토 확장을 위한 전쟁이 계속되고 있으며, 소수민족의 독립을 인정하지 않으려는 나라도 있다. 그보다 더 크게는 경제 분야에서 제국주의의 힘이 두드러지고 있다. 이제는 무력이 아니라 돈의 힘으로 정복한다. 글로벌 기업이 공격적으로 타국에 진출해 시장을 늘리고, 문어발식으로 자회사를 늘려 사업을 확장하는 양태에서 우리는 오늘날에도 제국주의의 얼굴을 볼 수 있다.

네 번째, 인간 욕망의 모순이 더 두드러진 것은 '몬스터'라 할 수 있다. 역사 속에서 몬스터는 수많은 전쟁을 일으키고 대학살을 일삼았다. 12~16세기 유럽에서 가톨릭교회를 수호하기 위해 저지른 종교재판, 14~16세기 유럽을 휩쓸며 무고한 목숨을 무수히 빼앗았던 마녀사냥, 2차 세계대전 중에 독일 히틀러의 파시스트와 홀로코스트, 1970년대에 크메르 루주 정권이 150만~300만 명을 죽인 캄보디아 대학살 사건 등이 대표적 몬스터 모습이다. 특히 오늘날 모범 국가를 이루고 있는 독일인들이 불과 70년 전에 그런 일을 했다는 것은 믿기지 않는다. 그러면서 몬스터는 평상시에는 마음속 깊이 숨어 있다가, 어떠한 계기가 되면 들고 일어나 광기를 일으키는 인간 본능이 아닌가 생각해본다. 이러한 몬스터는 오늘날에도 전쟁을 일으켜 수많은 민간인을 희생시키는 일을 서슴지 않고 있다. 인간의 불안을 파고들어 특정 무리를 적으로 만들어 비이성적 집단 학살을 하고 있다.

다섯 번째, 종교의 힘을 무시할 수 없다. 앞에서 언급한 바와 같이 불완전한 인간을 정신적으로 붙잡아주는 것이 종교라 할 수 있다. 종교는 원시시대부터 근대와 현대에 걸쳐서 인간의 사고에 크나큰 영향을 미치고 있다. 특히 종교는 이성을 뛰어넘는 인간에 대한 지배력을 가지는 경우가 많다. 종교 간의 갈등은 이성으로 설명하기 어려운 면이 많다. 특히 역사 속에서 유대교, 기독교, 이슬람교 간의 갈등은 세계사와 사람의 정신에 지대한 영향을 미쳤다. 앞으로도 이러한 종교는 인간의 불완전성이 내재하는 한, 인간의 유전자가 변하지 않는 한, 인간 역사에 영향을 줄 것이다.

다카시의 이론을 통해 역사를 보면, 인간의 욕망이 어떻게 세상을 발전시키고 또 파괴시켰는지 알 수 있다. 인간의 본성은 지금도 유지되고 있다. 여전히 욕망은 새로운 물질과 기호, 트렌드를 만들고 있으며, 인간 중심의 기술 발전을 가속화시키고 있고, 자신의 영향력을 더 넓히고자 한다. 또한 적절한 상황이 주어지면 악한 행동을 할 수 있는 악마성 또한 잠재되어 있다. 따라서 인류의 미래를 예측하는 데에 있어 인간 본성을 참고하는 과정이 반드시 필요하다.

인류에게 영향을 줄 3대 요소: 식량, 에너지, 환경

인간의 감정, 이성, 자유의지만큼 중요한 것은 인간에게 주어진 환경이다. 순수하게 인간의 자유의지만으로 세상을 만들 수는 없다. 자연환경에 영향을 받고 그에 적응해가는 과정에서 역사가 만들어졌다. 역사는 헤겔의 정반합처럼 변증법적으로, 인간의 본성과 환경이 만나 만들어낸 결과라 할 수 있다. 그래서 앞으로 역사가 어떻게 전개될 것인지 알기 위해서는 인간에게 중요한 환경을 알아야 한다. 인류 문명에 가장 큰 영향을 미치고 있는 3가지 요소는 식량, 에너지, 환경이라 할 수 있다.

지구상에서 생산되는 식량의 절대량은 현존하는 인구를 먹여 살릴 수 있다. 그러나 이 시간에도 수많은 어린이들이 기아로 목숨을 잃고 있다. 식량 생산과 소비의 불균형 때문이다. 생산지에서 소비 지역으로 순조롭게 이동하지 못하기 때문이다. 이유는 정치적, 경제적, 전쟁 등으로 다양하다. 그래서 지구상의 식량 문제는 생산에 있지 않고 분배에 있다고 볼 수 있다. 한국의 식량자급률은 40퍼센트 선이고, 동물 사료를 포함하는 곡물자급률은 20퍼센트 선인데 둘다 줄어드는 추세다. 전쟁이나 가격 급등과 같은 긴급상황에 대비해, 비상대책의 수립 필요성이 꾸준히 대두되는 이유이기도 하다.

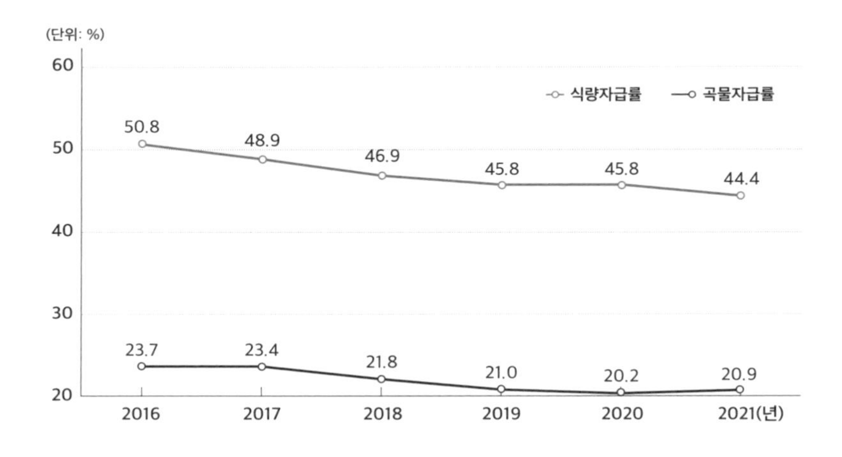

한국의 식량자급률과 곡물자급률(2016~2021년)

인류 문명에 가장 큰 변화를 가져온 것은 그 무엇보다도 화석에너지다. 인간은 수십만 년 동안 에너지 사용량에 큰 변화가 없었다. 그러다 1600년대부터 인류의 석탄 사용이 늘면서 지구는 급격한 변화를 맞이했다. 1620년경부터 영국은 수만 년 동안 인류의 주 연료였던 바이오 연료(인간과 가축의 노동력, 열에너지를 위해 연소한 식물 등)보다 화석연료를 더 많이 사용했다. 《세상은 실제로 어떻게 돌아가는가》의 저자 바츨라프 스밀(Vaclav Smil)은 세계의 에너지 총생산에서 손실되는 부분을 제외하여 실 에너지량을 계산했다. 그에 따르면 화석에너지 사용은 19세기 동안 60배, 20세기 동안 16배, 최근 220년 동안은 약 1500배 증가했다. 우리가 흔히 생각하는 냉난방, 전기 생산, 자동차 연료, 공장 운영 등 직관적으로 화석연료가 필요한 곳은 수없이 많다. 그 외에도 인류 문명을 지탱하는 데 필수적인 플라스틱, 강철, 콘크리트 등의 물질을 생산하는 데에도 에너지가 소비된다.

그뿐만 아니라 인류 생존을 위해 필요한 식량을 생산하고 운반하는 데에도 화석연료는 크게 소비된다. 현재 인류는 극소수의 인구가 나머지 수억의 인구를 위한 식량을 생산하고 있고, 생산자와 소비자의 거리는 바다를 건너야 할 정도로 멀다. 우리가 즐겨 먹는 토마토를 재배하는 데도 엄청난 에너지가 필요하다. 토마토는 비료가 많이 필요한 작물로 비료를 합성하려면 천연가스가 필요하고, 온실이나 비닐하우스에서 토마토를 재배하려면 난방을 위한 연료를 공급해야 하며 소비자에게 전달하려면 포장, 저장, 운송까지 필요하다. 결국 중간 크기의 토마토 한 개에 디젤유 5테이블스푼(약 75밀리리터)을 투입해야 한다. 인류에게 에너지를 공급하기 위해서는 화석연료를 사용해야만 하는 구조인 것이다.

이렇게 많은 화석연료의 사용은 널리 알려져 있다시피 기후위기라는 거대한 환경 이슈를 야기한다. 화석연료를 태우면 그 속에 있는 탄소가 이산화탄소로 변해 기체가 된다. 이 기체가 바로 지구온난화를 야기하는 온실가스다. 지구온난화가 가져오는 생태계의 변화와 파괴력에 대해서는 많은 전문가가 경고하고 있다. 빙하 융해, 해수면 상승으로 인한 생태계 파괴, 물 공급량 감소로 나타나는 기근 현상과 사막화 등 기후변화가 지구 전체와 인류에게 미칠 해는 매우 크다. 따라서 이를 위해서 전 세계적으로 탄소중립 정책을 내놓는 등의 대처를 하고 있다. 친환경적으로 만들어진 제품을 소비하려는 의식도 높아지고, 친환경 제품만을 수입하도록 규제를 하는 경우도 생겨나고 있다. 자연환경을 생각하는 소비자들이 친환경 공정으로 생산된 제품을 선호하는 경향이 일어나고 있다.

앞으로 이런 규제는 더욱 다각화되고 강화될 것으로 보인다. 현재 유럽을 포함한 일부 국가에서는 탄소 발생을 제한하기 위해서 탄소세가 시행 중이다. 각 나라별로 일정 한도를 초과한 탄소를 발생시키면 탄소세를 내도록 하고 있다. 한국은 탄소배출권 거래제를 적용하고 있다. 이 제도에서는 각 기관이 정해진 한도 이상의 에너지를 사용하려면 탄소배출권을 구입해야 한다. 내가 소속된 대학도 전기를 많이 사용하기 때문에 매년 5000만 원 정도의 탄소배출권을 구입하고 있다. 미래에도 식량, 에너지, 환경문제는 인류에게 결정적 영향을 미치는 주요 변수일 것이다.

11장 인류에 대한 도전과 희망

- 인체: 휴머니즘 2.0 시대의 준비
- 정신: AI 시대, 위기와 기회
- 사회: 다수의 행복을 위해 준비할 것들
- 환경: 미래를 위한 에너지 개발
- 우주: 또 다른 행성을 찾아서

11장에서는

- 신기술이 가져올 다양한 미래 중 무엇보다 우리가 대비해야 할 가장 큰 미래 변화는 신인류의 출현이다. 유전자 편집 기술로 자연인의 한계를 뛰어넘는 신체를 가진 생체증강인, 바이오닉스 기술을 통해 뇌가 컴퓨터나 로봇 등에 연결된 AI 증강인 그리고 AI에게 자아가 생겨 인간과 같은 격을 가지게 된 기계인이 등장할 수 있다.

- 21세기의 특징 중 하나는 격차의 심화다. 각 개인의 경제적 격차가 심화되면 심각한 사회 문제가 야기된다. 지금도 경제적 격차는 현대사회를 움직이는 가장 큰 사상인 민주주의를 위협하고 있다. 그런데 이러한 격차는 기술 발달로 가중될 가능성이 높다. 기술 발달로 인한 격차 심화는 국가 간에서도 문제가 된다.

- 로봇세는 현대 자본주의의 격차 심화를 완화하는 대안이 될 수 있다. 국가는 노동으로 근로소득을 얻은 사람들에게 세금을 걷으며, 이는 사회 전체의 복지에 부분적으로 쓰인다. 하지만 일하는 사람이 로봇으로 대체될 경우, 로봇이 올린 부가가치는 자본가가 전부 취한다. 자본가에게 부가 집중되는 현상이 더욱 심해지는 것이다. 로봇세는 이를 예방하기 위해 노동을 하는 로봇의 소유주가 세금을 부담하는 제도로, 전 세계적으로 고려될 법하다.

- 대기 중의 이산화탄소를 줄이려면 화석연료 외에 다른 에너지원을 찾는 것이 시급하다. 가장 큰 기대를 모으고 있는 것은 핵융합에너지다. 핵융합이나 SMR 등으로 친환경 에너지원을 만들고, 이미 방출된 탄소를 포집해 활용하는 기술들이 충분히 성숙해지면 지구 환경은 다시 안정될 것이다.

- 우주의 방대함을 생각했을 때 오로지 지구에만 생명체가 존재한다는 것은 확률적으로 비합리적이다. 생명체가 존재하려면 3가지 조건이 필요하다. 고체로 이루어진 행성이어야 하며, 물이 있어야 하고, 공기가 있어야 한다. 이 3가지 조건을 가진 행성을 찾는 작업이 케플러 프로젝트다. 현재 몇십 개의 후보군이 생겼지만 이동할 수단이 없어 아직은 그곳에 있을지 모를 생명체와 만날 수 없다.

인체: 휴머니즘 2.0 시대의 준비

처음으로 직립보행을 한 오스트랄로피테쿠스에서 고도로 발달된 두뇌로 지구 지배종이 된 현재 호모사피엔스에 이르기까지는 600만 년의 진화 시간이 걸렸다. 그런데 지금 인류는 수십 년 안에 급진적 진화를 이루어낼 수 있는 도구를 손에 넣었다. 인간이 원하는 방향으로 우리 인체를 변화시킬 수 있는 것이다. 이 혁신적인 21세기 생명공학 기술은 앞서 소개한 줄기세포 활용 기술과 유전자가위다. 줄기세포를 이용한 치료는 이미 다양하게 진행되고 있다. 유전자가위는 특정 염기를 잘라내는 데 사용하는 효소에 따라 1세대 징크핑거 뉴클레아제(zinc-finger nuclease), 2세대 탈렌(Transcription activator-like effector nuclease, TALEN), 3세대 크리스퍼로 거듭 진화해왔다. 3세대인 크리스퍼 유전자가위는 DNA에서 특정 부위의 유전자만 제거할 수 있어, 앞 세대 기술에 비해 정확하고 효율성이 높다는 장점이 있다. 현재 추세로 볼 때 생각보다 빠른 미래에 유전자 편집 기술을 이용한 치료가 보편화될 것으로 생각된다. 아직 불확실한 것은 태아를 대상으로 한 유전자 편집의 합법화 여부다. 유전자가위 기술은 동물에게는 이미 많이 적용되고 있지만, 인간에게는 제한적으로 사용되고 있다.

줄기세포 치료와 유전자가위 등의 유전자 관련 기술은 우리에게 많은 질문을 던진다. 반려동물을 잃은 상실감에 펫로스증후군을 앓고 있거나 자식을 잃고 우울증에 빠진 사람에게 도움이 된다는 것이 과연 생명

복제에 관한 이유가 될 수 있을까? 건강상의 이유로 세 사람의 유전자를 가진 아이가 태어났을 때, 과연 그 아이는 누구를 부모라고 해야 할까? 유전병을 사전에 막기 위해 배아의 유전자를 편집하는 행위가 윤리적으로 문제가 없을까? 유전자 편집이 괜찮다면, 작은 키나 약한 근육 등을 개선하는 건 어떨까?

변화하는 도구와 사상

여전히 이슈가 되고 있는 의문들에 명쾌한 답을 찾지 못한 채, 우리는 지금 '내가 안하면 남이 한다'라는 일종의 죄수의 딜레마(Prisoner's Dilemma)에 빠져 있다. 게임이론에 흔히 등장하는 이 이론은 공범으로 지목받은 두 용의자가 각각 격리된 채 조사관으로부터 제안받는 상황을 가정한다. 혼자 자백하면 자신은 석방되고 상대만 징역 10년, 둘 다 자백하면 각자 5년, 모두 함구하면 1년 형을 산다. 상대를 믿고 공조하면 모두에게 이익이 되지만, 용의자들은 결국 자기 이익만 극대화하는 선택을 해 결국 모두 자멸하게 된다는 이론이다.

오늘날 세계는 여러 나라들이 다양한 분야에서 서로 경쟁하며 발전하고 있다. 어떤 분야이든 경쟁국을 압도해 세상을 주도하려 한다. 그런데 특히 기술 경쟁력은 경제력, 군사력, 외교력까지 이어져, 신기술을 갖춘 나라가 결국 다른 나라를 다방면으로 지배하게 된다. 이는 인류사가 말해주는 당연한 이치다. 그러므로 윤리 문제 때문에 주저하며 다른 나라가 나서는 걸 가만히 지켜보고 있다가는 혼자만 지배당할 수 있다. 그러나 여러 국가들이 공조하면 각국의 이익을 극대화하면서도 인류 전체에 진보도 가져올 수 있다.

현재 중국은 신기술에 대해 비교적 느슨한 잣대를 적용하고 있다. 새로운 기술이 나오면 일단 시행해본 다음 차후에 어떻게 관리할지 결정하는 경향이 있다. 그 결과 몇몇 분야에서 눈부신 기술 발전을 보이고 있다. 안면인식 기술이 그렇다. 안면인식 기술이란 말 그대로 사람의 얼굴을 보고 신원을 확인하는 기술이다. 지문으로 사람을 구별하듯 얼굴을 인식해서 그가 누구인지 알아낸다. 도로의 CCTV로 자동차 번호를 읽어 범죄 차량을 찾아내는 것과 유사하다. 한국을 포함한 미국과 유럽에서는 길거리 안면인식 기술을 개인정보 보호차원에서 금지하고 있다. 그러나 이 기술이 경비 업무에 적용된다면 생각이 달라질 것이다. 만약 중국이 이 기술을 상용화해 AI 경비원을 판매한다면 경비 업무에 혁명이 올 것이고, 이를 금지하던 나라들은 기존의 방어적 태도를 고수할 수는 없을 것이다.

미국이 중국 화웨이(華爲)의 통신 장비를 국내에서 사용금지했던 일이 있다. 자국의 통신 기록이 중국에 넘어갈 가능성을 사전에 막기 위해서였다. 많은 자유진영 국가가 이에 동조했고, 미국의 이 정책은 어느 정도 성공한 것으로 보인다. 그러나 이는 미국에 화웨이를 대체할 다른 제품들이 있었기 때문이다. 만약 대체할 제품이 없었다면 상황은 달라졌을 것이다.

AI 경비원으로 다시 돌아가 보자. 중국 AI 경비원이 일을 잘하고, 다른 나라에 이를 대체할 대안이 없다면 전 세계로 팔려나갈 것이다. 세계 경비산업 시장을 중국이 석권할 가능성이 높다. 그때가 되면 우리는 생각할 것이다. 전 세계 사람들의 일상적 이동 기록이 중국에 넘어간다면, 그 데이터가 어떻게 사용될 것인가? 그리고 중국이 전 세계에서 벌어들이는 돈은 결국 어디에 투자될 것인가? 무기 개발에 투입되어 군사력에서도 앞서게 되면 국제질서는 어떻게 개편될 것인가? 그때까지 우리는 길거리 안면인식 AI 기술이 비윤리적이라고 금지할 수 있을까?

이를 인간 유전자 편집 기술에 적용하면 상황은 더욱 복잡해진다. 앞서 논했듯이, 유전자 편집 기술을 상용화 수준으로 발전시킨다면 이는 막대한 부를 불러올 것이다. 가정일 뿐이지만 중국인 모두 우월한 유전자를 갖게 될 수도 있다. 그때에도 윤리적 이유로 유전자 편집 기술을 계속 금지할 수 있을까?

최초의 시험관 아기 루이스 브라운(Louise Joy Brown)은 1978년 영국에서 태어났다. 루이스의 부모는 1977년 11월 로버트 에드워즈 연구팀이 개발한 시험관 아기 시술을 받았다. 이 탄생은 자연의 영역이었던 출산을 의학의 영역으로 가져왔다는 찬사와 함께 전 세계적으로 인간 윤리를 넘어섰다는 이유로 무수한 비난을 받아야 했다. 하지만 불과 45년이 지난 지금, 수많은 난임 부부에게 아기를 안겨주는 고마운 기술로 대접받고 있다. 에드워즈는 이 업적으로 2010년 노벨생리의학상을 수상했다.

기술과 사상은 서로 영향을 주고받으며 발전한다. 지금 옳다고 여기는 것이 과거에도 꼭 옳았던 것은 아니고, 또 미래에는 어떻게 될지 알 수 없다. 그러므로 현재의 사상을 절대적으로 여기며 이미 도래한 신기술을 단죄하는 것은 현명하지 못하다. 도구 자체에는 선악이 없다. 칼이 날카로워서 사람을 다치게 할 수 있다는 이유로 전면 금지하는 것과 다르지 않다고 생각한다. 유전질환을 극복할 수 있는 가장 강력한 도구로 떠오르고 있는 유전자 기술이 앞으로 인류의 삶을 어떻게 바꿔놓을지 알 수 없지만, 그 기술을 외면하고 있을 수만은 없는 일이다.

지금까지 우리는 우주의 탄생부터 생명체의 출현, 인류의 진화를 거쳐서 현대문명까지 어떻게 오게 되었는지를 살펴보았다. 장구한 우주와 인간의 역사 속에서 배울 점은, 그 기나긴 시간 동안 정적인 것은 하나도 없다는 사실이다. 지금 이 순간에도 우주는 팽창하고 천체의 모든 물체는 회전하고 있다. 남세균에서 출발한 생명체는 환경 변화에 끊임없이 적응하며 오늘날의 우리로 진화했다. 인간의 세계관과 가치관도 계속 변하고 있으며 신기술 역시 예측할 수 없으리만큼 빠르게 발달하고 있다. 당연히 이를 대하는 우리의 태도도 바뀔 수 있다. 이것이 거스를 수 없는 역사라면, 특히 신기술에 관해서는 독자적으로 판단하기보다 경쟁국들의 태도를 보면서 결정할 필요가 있다. 마치 축구 경기에서 경기 상황에 따라 여러 가지 포메이션을 적용하듯 말이다.

신체 보강 기술이 가져올 인류의 미래

줄기세포 기술과 유전자 편집 기술이 계속 진화하면 인류는 질병이나 노화로부터 자유로워질지도 모른다. 이 기술들은 유전질환을 치료할 뿐 아니라 노화되는 신체를 교체하여 사람이 나이를 먹으며 몸이 약해지는 것을 막고 더 나아가서 영생을 가능하게 할 수도 있기 때문이다.

2022년 1월 미국이 세계 최초로 말기 심장질환 환자에게 돼지의 심장을 이식하는 수술을 진행했다. 부정맥으로 인해 인공심장을 이식하지 못하는 57세 환자에게 인간의 면역체계에 맞도록 10가지 유전자를 변형한 돼지의 심장을 이식한 것이다. 수술은 성공적이었으나 환자는 두 달 후 사망했다. 돼지에게 주로 나타나는 바이러스가 원인이었던 것으로 보인다. 그러나 이종 이식의 가능성에 대해 희망을 준 사례였다.

현재 부작용 없이 장기 이식이 가능하도록 돼지의 유전자를 변형하고, 그렇게 유전자가 편집된 돼지의 신장을 원숭이에게 이식해 그 적응 추이를 지켜보는 실험이 진행 중이다. 원숭이에게 안전하게 정착되는지 여부에 따라 사람에게도 시행하려는 것이다. 또한 중국에서는 인간의 줄기세포를 돼지의 배아에 이식해, 인간 유전자로 교정된 신장을 가진 돼지가 태어나기도 했다.

이 외에도 3D 프린터를 사용해 신체의 일부를 만드는 3D 바이오프린팅 기술도 개발되었다. 환자의 줄기세포를 채취해 단백질, 콜라겐 등과 혼합한 바이오잉크를 만든 다음, 이 잉크를 사용해 3D 프린터로 특정 기관을 인쇄해내는 기술이다. 이 기술은 환자 본인의 세포로 만들기 때문에 거부 반응이 일어날 가능성이 적다는 장점이 있다. 2022년 3월 미국 텍사스주 샌안토니오 소이증 연구소에서는 환자 자신의 세포로 만든 귀를 이식하는 데 성공했다.

이처럼 줄기세포와 유전자 편집을 이용한 첨단 재생의료 분야가 계속 확장, 발전하고 있다. 이는 고질적인 장기 기증 부족 문제를 해결할 수 있을 뿐 아니라 인류 영생의 문을 열 수도 있다는 긍정적인 평가를 받고 있다. 하지만 한편으로는 모든 사람이 최적화된 유전자를 지니게 되었을 때 발생할 문제도 있다. 현재 지구상의 모든 인류는 저마다 결핍과 개성을 가진 채 살아간다. 결핍은 발전의 원동력이 되기도 한다. 하지만 만일 전 인류가 건강하고 우월한 유전자만을 가지게 된다면 저마다 갖추고 있는 고유한 개성이 상당 부분 소실될 것이다. 모두 비슷한 형질을 가진다면 사회는 단조로워질 것이며, 다름에서 나오는 역동성을 잃을 수도 있다. 또한 유전자의 다양성은 종의 생존율을 높이는 아주 중요한 요소이기에, 특정 우수 유전자에 지나치게 치우치다 보면, 인류 전체가 위험해질 가능성도 있다. 현재 우수 품종 한두 가지가 전 세계에 퍼져 재배되고 있는 바나나가 질병에 취약한 것과 비슷한 이치다.

또한 앞서 언급했듯이, 기술이 편중되면 양극화가 심해질 위험도 있다. 줄기세포와 유전자가위, AI 등 신기술을 보유한 나라들은 계속 발전하면서 더 많은 부를 쌓고 더 뛰어난 사람과 컴퓨터를 만들어낼 테지만, 그렇지 못한 나라들은 모든 면에서 뒤처질 것이다. 현재의 기술력 차이가 만들어내는 격차보다 훨씬 큰 격차가 생길 것으로 예상된다.

이렇게 신기술이 가져올 다양한 미래 중 무엇보다 우리가 대비해야 할 가장 큰 미래 변화는 신인류의 출현이다. 유전자 편집 기술로 자연인(기술을 적용하지 않아 현재 인류와 같은 상태)의 한계를 뛰어넘을 정도로 건강하며 강화된 신체를 가지고 태어난 생체증강인, 바이오닉스 기술을 통해 뇌가 컴퓨터나 로봇 등에 연결된 AI 증강인 그리고 AI에게 자아가 생겨 인간과 같은 격을 가지게 된 기계인이 등장할 수 있다. 신인류는 육체적으로나 지능적으로나 자연인보다 우월한 능력을 지닐 것이다. 그렇기에 인류가 그들과 조화롭게 함께 공존하기 위해서는 새로운 질서가 필요하다.

더군다나 AI에게 노동을 내어준 인간은 위상이 변할 것이다. 프랑스 혁명 이후로 모든 인간은 존재만으로 가치롭다는 휴머니즘 기본권이 확립되었다. 이 배경에는 인간이 사유와 생산의 주체로서 존엄하다는 가치관이 있다. 그런데 생산 주체로서의 역할, 즉 기능적 측면이 축소되면 인간의 정체성을 이루던 균형이 무너질 것이다. 현재도 현실적으로는 무직자와 고액 연봉자의 가치가 다르다. 사고가 났을 때 보험회사에서 책정되는 배상액을 보면, 고액 소득자의 보상액이 훨씬 크다. 고액 소득자가 만들어내는 부가가치가 더 크기 때문이다. 인간이 사유의 주체로서 충분히 존엄하다고 아무리 주장한들, 부가가치 창출의 기능을 하지 못하는 존재는 그 존재의 의의를 제대로 인정받기 어렵다. 그렇다면 신인류와 AI로 인해 재편될 노동 구조를 앞둔 우리는 어떻게 해야 할까?

21세기를 견인할 새로운 질서, 휴머니즘 2.0

휴머니즘은 인본주의 사상에 근거한 사회질서로, 그 기원은 고대 그리스에서 찾을 수 있다. 소크라테스, 플라톤, 아리스토텔레스 등의 철학자들이 휴머니즘의 기초를 제공했다. 그러나 이러한 인간 중심의 사상은 유럽의 중세시대를 거치면서 실종되었다. 그 시기에는 오로지 신 중심 사상이 지배했다. 잃어버린 인간 중심 사상을 되찾는 계기가 바로 르네상스였다. 종교개혁과 프랑스대혁명을 거치면서 다시 부상한 인본주의 사상은 노예해방, 여성해방, 노동자운동 등을 거치며 조금씩 변하고 확장되어 오늘날 인간 사회의 보편적 질서로 자리매김했다. 노예, 여성, 노동자 등 더 많은 인류를 동등한 사회 구성원으로 받아들이면서 휴머니즘은 발전해온 것이다.

그런데 이제 새로운 신체를 가진 인간이 나타날 것이다. 유전병에도 강하고, 골격도 더 튼튼하고, 미모도 뛰어난 사람들이다. 여기에 더해 인간보다 지능이 뛰어난 AI가 자아를 갖춘 채 등장할 수 있다. 21세기 후반 또는 22세기에는 이런 신인류가 인구의 상당수를 차지할지도 모른다. 즉 기존의 사회질서에 편입되기 어려운, 새로운 특성을 가진 인간들이 등장하는 것이다.

만약 기존의 자연인들이 신인류의 존재를 무시하고 기존의 질서를 강요하면 어떻게 될까? 나는 이 대목에서 프랑스혁명과 러시아혁명이 떠오른다. 새롭게 사회 구성원으로 대접받기를 강력히 원하는 집단이 있을 때, 이들을 무시하면 혁명이 일어날 수 있다는 것을 역사가 가르쳐주고 있다. 신인류의 출현도 마찬가지일 것이다. 떠오르는 세력을 지혜롭게 받아들여, 그들과 함께 새로운 질서를 만들며 조화를 이루어야 한다.

따라서 앞으로 우리 사회에는 새로운 질서를 세울 휴머니즘 2.0이 필요하다. 자연인의 존엄성을 유지하며, 신인류와의 갈등을 없애고, 인간의 역할을 재정의해야 한다. 무엇보다 인간 중심의 휴머니즘을 유지해야 한다. 노동 등의 기능적 역할을 수행하는 다른 존재들에게 주도권을 뺏기지 말아야 한다. 신인류를 동등한 구성원으로 받아들이면서도, 존엄한 인간의 가치를 유지할 수 있도록 새로운 휴머니즘을 정립해야 한다.

새로운 질서가 평화롭게 안착되려면 지금부터 준비가 필요하다. 역사 속에서 신기술이 발명되거나 사회에 큰 변화가 일어나면 기존 질서와 부딪치는 경우가 많았다. 이를 해결하는 방법은 크게 두 방향으로 나뉘었다. 모든 것이 신 중심이었던 중세 사회를 타파하고 도래한 르네상스, 마침내 여성에게도 참정권을 부여한 여성해방운동 등은 비교적 평화롭게 이뤄졌다. 반면에 부르주아들이 권리를 찾기 위해 일으켰던 프랑스대혁명,

인간과 AI가 함께 토론하는 〈AI 학당〉

자본가와 귀족에 대항해 노동자들이 인권을 주장했던 러시아혁명은 무수한 피를 흘렸다. 이는 기존 기득권이 새로운 변화에 어떻게 반응했는지에 따라 달라졌다. 부르주아 세력이 성장할 때 귀족들이 그들의 기여를 인정하고 발언권을 주었다면, 그토록 많은 피를 흘리지 않아도 되었을 것이다. 마찬가지로 산업혁명 이후 생산을 책임지는 노동자들에게 합당한 보상과 권리가 무엇인지 고려했더라면 폭력의 역사는 반복되지 않았을 것이다. 평화로운 전환을 위해서는 지금부터 신인류가 포함된 휴머니즘을, 그들과 함께하는 사회를 구상해봐야 한다.

휴머니즘 2.0을 위해 준비해야 할 것들

휴머니즘 2.0을 잘 맞이할 주요한 방편으로, 인간이란 무엇인지 탐구할 필요가 있다. 인간을 움직이는 원천적인 욕망을 정확히 이해하고, 이런 인간을 보완 발전시킬 수 있는 방안을 고민해봐야 한다. 오늘날을 있게 한 인간의 자유와 평등사상을 어떻게 더 올바르게 발전시킬 수 있을지 고민해야 하는 것도 같은 이유에서다. 이런 모든 것을 아우르는 학문이 바로 인문학이다. 한마디로 인문학은 인간을 연구하며 인간 사이의 평화 공존을 추구하는 학문이다. 따라서 인간의 존재론적 회의가 대두되는 21세기에는 인문학의 중요성이 더욱 크다 할 수 있다.

현대사회에서는 사람을 길러낼 때 점점 더 기능적 측면에 치중하는 듯하다. 인격적 소양을 가르치기보다는 공부를 잘하고 좋은 직장을 얻어 사회에서 월등한 기능을 수행할 것만을 강조한다. 이렇게 양육된 아이들이 사회에 진출해 법이나 기술 등의 도구를 사용하면, 그 안에 휴머니즘은 소실되어 있을 가능성이 크다. 오로지 기능적인 성취만을 생각할 뿐, 그것이 인류 전체나 윤리에 미칠 영향은 고려하지 않을 것이다. 인문학에 대한 이해 없이 기능만 중시하는 사람들이 늘어난다면 휴머니즘 질서는 곧 무너지고 말 것이다.

기술을 발명하고 개발하는 과정에서도 마찬가지다. 기술 자체에는 선악이 없다. 문제는 이를 이용하는 방향성이다. 원천기술이 아무리 선한 의도로 개발되었더라도 이를 활용하는 응용 기술이 정의롭지 못한 방향이면 거대한 해악이 될 수 있다. 폭약이 길을 뚫는 데 사용될 수도 있고 사람을 죽이는 데 사용될 수도 있는 것이 한 예다. 기술이 문제가 아니라 이를 사용하는 사람이 관건인 셈이다. 기술 개발 과정에도 인문학적 고려는 중요하다. 자신이 만들어내는 기술이 어떤 미래를 가져올지에 대한 고민 없이 기술 연구만 계속해서는 안 된다. 인류 미래에 대한 거시적인 비전과 방향성에 대해 늘 생각하면서 인류에게 도움이 될 기술을 개발할 필요가 있다.

이렇게 인문학으로 사상의 양분을 채우는 한편, 올바른 사상을 실제로 구현해낼 수 있는 기술도 반드시 개발해야 한다. 훌륭한 사상도 이를 지켜낼 기술이 있어야만 구현될 수 있다. 마약 성분을 검출하는 기술이 없다면 마약 없는 사회를 만들자는 구호는 공허하다. 민주주의를 주창하면서 수천만 개의 표를 단시간에 정확히 개표할 수 있는 기술을 만들어 사용하지 않는다면, 그 주장은 무의미하다. 이상적 사상만을 좇고 이를 뒷받침할 실리를 무시했을 때의 결말은 우리나라 역사에서 선명히 볼 수 있다. 조선시대의 성리학은 분명히 인간에게 이로운 학문이었다. 그러나 성리학의 이상에만 빠진 기득권이 인간의 생활을 실제로 지원해줄 군사력, 상업, 과학기술 등을 등한시하는 세월이 길어지자, 조선은 결국 기술력을 가진 이들에게 힘없이 무너졌다.

휴머니즘 2.0의 시대를 만들려면 사상의 성숙과 함께 그에 걸맞은 기술이 필요하다. AI, 줄기세포, 유전자 편집 기술 등을 발전시켜야 할 뿐 아니라 이를 제어하는 기술도 개발해야 한다. 끝없이 발전해가는 기술이 새로운 휴머니즘 사회에 해를 끼칠 수 없도록 고삐 역할을 하는 기술 또한 개발되어야 하는 것이다. AI를 제어하는 기술이 가장 시급할 것으로 보이는데, 이에 대해서는 뒤에 더 자세히 논한다.

인류의 생활에 큰 변화를 가져올 뿐 아니라 아예 새로운 인류의 탄생을 예고하는 신체 보강 기술은 계속 발전하고 있다. 다가올 미래에 자연인과 신인류 모두가 평화롭게 살기 위해서는, 이 기술들이 가져오는 이점과 단점을 알고 인본주의 사상에 기반한 기술 발전에 힘써야 할 것이다.

정신: AI 시대, 위기와 기회

앞서 9, 10장에서 AI가 가져올 변화에 대해서 이야기했다. 그간 인간이 발명한 도구 대부분은 인간의 육체노동을 보조하고 대체했다. 컴퓨터가 등장하면서 인간의 정신노동을 상당 부분 보조하게 되었지만, 어디까지나 보조의 역할이었을 뿐 주체적인 결정을 하는 것은 인간이었다. 그런데 현대의 AI는 인간보다 더 뛰어난 지능을 가지고 인간의 정신적 활동을 대체할 상황에 이르렀다. 앞으로 점점 더 일자리가 줄어들고, 이에 따라 사람 간의 교류의 장도 자연스럽게 줄어들 것이다. 또한 인간이 하던 어려운 두뇌 활동을 AI가 대신하면서, 두뇌가 복잡한 사고를 할 일이 줄어들 것이다. 그리고 이는 인간 소외 현상과 함께 뇌의 퇴화라는 심각한 문제를 가져올 수 있다. 이런 미래를 앞두고 우리는 무엇을 해야 할까?

AI를 맞이한 인간의 공포

앞에서 나는 미래에는 AI가 '유사 자아'를 가질 것이라 예측했다. 인간과 완전히 동일하다고 볼 수는 없지만 비슷한 자아의식을 가진 AI가 등장할 것으로 보인다. 이렇게 유사 자아의 가능성을 지닌 AI를 직면하면 인간은 본능적으로 공포에 사로잡힌다. 빠르게 발전하는 AI를 바라보며 인간에게 찾아오는 공포는 크게 3가지다. 일자리 상실에 대한 공포, AI에게 지배당할 공포 그리고 정신 붕괴의 공포다.

일자리를 두고 로봇과 경쟁하는 인간

첫째 일자리 상실에 대한 공포는 이미 현실로 나타나고 있다. 단순한 반복 작업은 물론 변호사, 의사가 하는 전문적 업무의 일부 그리고 인간만이 할 수 있다고 여겨지던 창의적인 일까지 AI가 상당 부분 대체할 것이다. 골드만삭스는 2023년 발표한 보고서에서 미국 일자리의 3분의 2, 전 세계 3억 개의 일자리가 AI 자동화에 노출될 것으로 예측했다. 이렇듯 AI는 기존 일자리에 파괴적 영향을 미치고 있고, 이에 많은 사람이 공포를 느끼고 있다. 하지만 공포에 함몰되기에 앞서 AI가 그와 동시에 일자리를 창출하기도 한다는 점을 기억해야 한다. 역사상 산업의 패러다임을 바꾸는 새로운 기술이 등장할 때 늘 그랬다. 가까운 예로 스마트폰을 떠올려보자. 스마트폰의 출현으로 기존의 전화기, 카메라, 녹음기, 내비게이션 산업이 크게 위축되었고 일자리가 줄었다. 하지만 한편으론 스마트폰용 반도체 산업, 디스플레이 산업 등이 크게 부흥했다. 이에 더해 스마트폰에 들어갈 애플리케이션을 개발하는 수많은 스타트업이 등장했다.

주목할 점은 스마트폰을 개발하고 적극적으로 사용하는 나라와 그렇지 않은 나라의 일자리 격차다. 한국의 경우 스마트폰 덕분에 일자리가 늘었다. 스마트폰과 반도체 산업을 성공적으로 키운 덕분이다. 스마트폰을 직접 제조하지 않더라도 이를 활용한 서비스, 즉 애플리케이션을 성공적으로 개발한 국가들도 일자리를 창출했다. 그러나 스마트폰 기술도, 이를 활용한 서비스도 발달시키지 못하고, 시대 흐름에 제때 올라타지 못한 나라들은 타격이 컸다.

AI 산업에서도 마찬가지일 것이다. 전 세계적으로는 AI가 사람을 대체하는 영역이 늘어나면서 일자리가 감소할 것으로 보인다. 그러나 AI 관련 산업에 투자해 인재를 키우고 AI를 개발하고 AI를 활용한 서비스 개발에 힘을 쏟는 국가는 일자리가 오히려 늘어날 것이다. AI에 대한 공포심으로 개발을 게을리하면 일자리가 줄어드는 것을 넘어 다른 나라에 생존 자체를 의존하는 처지가 될 수 있다. 결국 일자리도 AI를 어떻게 맞이하느냐에 달렸다.

둘째, AI에게 지배당할 공포는 아직 인간의 상상 속에 머물러 있다. 그러나 각종 공상과학 영화나 소설이 말해주듯 신체적으로나 지능적으로나 인간의 능력을 뛰어넘는 AI가 스스로 발달시킨 유사 자아로 인간과 맞서려 든다면 상황이 복잡해진다. 현재 이에 대한 대처법은 대부분 사회적 통제에 국한되어 있다. AI 기술개발에 대해 통제적 조건을 더하는 식이다. 물론 이것도 필요하다. 그러나 법률적 통제를 넘어 실제적인 기술적 통제가 수반되어야 한다. 기술적 통제는 AI 프로그램 내부의 위험인자를 파악하고 규제하는 것이다. 이는 뒤에 더 자세히 논한다.

마지막으로 세 번째는 정신 붕괴의 공포로, 이는 가장 심각한 문제다. AI에 의존하는 생활방식이 보편화되면, 인간의 뇌는 전반적으로 쇠퇴

할 것이다. 많은 사람의 뇌가 축소될 경우 사회는 어떻게 변할까? 깊이 있는 사고를 못 하고, 말초적이고 단편적인 생각만 하는 사람들이 모여 여론을 형성하고 투표를 하면 그 사회는 정상적으로 작동하기 어려울 것이다. 문제는 거기서 그치지 않는다. 일자리가 없는 상태에서 뇌가 축소되어 남아도는 시간을 생산적으로 사용하지 못할 때, 각 개인은 존재론적 회의에 빠질 수 있다. 인간관계에서 오는 건강한 행복감이나 일을 하면서 얻는 성취와 보람 없이 자존감이 떨어진 사람에게 아무것도 하지 않는 긴 시간이 주어지면 그 자체가 독이 될 수 있다. 이렇게 정신력이 훼손된 사람들이 가장 빠지기 쉬운 유혹이 마약이 아닐까 생각한다. 그야말로 인간 정신의 붕괴다.

AI 시대가 가져올 3가지 디바이드

21세기의 특징 중 하나는 격차의 심화다. 각 개인의 경제적 격차가 심화되면 심각한 사회 문제가 야기된다. 지금도 경제적 격차는 현대사회를 움직이는 가장 큰 사상인 민주주의를 위협하고 있다. 경제 격차에 대한 반발심이 포퓰리즘으로 이어지고 있고, 사람들은 장기적인 비전을 갖지 못한 채 눈앞의 이익에 매몰되어 투표하는 경향을 보이고 있다. 여기에 사회 계층의 이동성이 약해져, 개인 또는 계층 간의 갈등이 더욱 깊어지고 있다. 그런데 이러한 격차는 기술 발달로 가중될 가능성이 높다. 기술 발달로 인한 격차 심화는 국가 간에서도 문제가 된다. AI 시대에 인간 사회를 흔들 주요 간극은 3가지 디바이드로 설명할 수 있다.

첫째는 이미 많이 진행된 디지털 디바이드다. 디지털 기기를 적극적으로 사용하는 이들의 삶은 점점 더 편리해지고 있고, 더 적은 비용으로 더 많은 결과물을 낼 수 있게 되었다. 반면 디지털 기기를 접할 기회가 적어 신기술을 익히기 어려웠던 이들은 타인의 도움 없이는 햄버거 하나 주문하기도 어려워졌다. 개인에서 나라로 확장되어도 마찬가지다. 디지털 문명을 빠르게 적용한 나라는 정보와 트렌드를 더 빠르게 습득하고 국력을 유지하거나 더 키울 수 있다. 그러나 디지털 문명에서 뒤처진 나라는 변화의 속도를 따라가지 못하고, 점점 더 벌어지는 격차를 좁히기 어려워한다.

두 번째는 이제 곧 본격화될 AI 디바이드다. 가까운 미래에 AI를 능숙하게 다룰 줄 아는 인재가 각광을 받고, AI 산업이 융성한 국가의 경제력이 그렇지 못한 국가를 압도하게 될 것이다. AI는 앞서 거듭 강조한 일자리의 양극화뿐 아니라 국방, 교육, 문화 등 전 분야에 영향을 미칠 것이기 때문에 AI를 개발하고 활용할 줄 아는 능력에 따라 엄청난 격차가 발생할 것이다.

세 번째는 브레인 디바이드다. 측두엽과 전두엽의 기능을 상당 부분 AI에 일임한 인간의 뇌가 앞으로 점점 더 퇴화할 가능성은 앞서 이야기했다. 그러나 계속해서 AI를 개발하고, 이를 활용한 서비스와 제품을 만들어내기 위해 뇌를 활용하는 사람의 뇌는 오히려 지금보다 더 발전할 수 있다. 모든 기기가 점점 더 똑똑해지는 세상에서 한층 더 똑똑한 AI를 만들고, 한층 더 기발하고 유용한 서비스를 만들려면 전두엽을 최대한 사용해야 하고 그 과정에서 더 많은 시냅스의 연결이 생길 것이기 때문이다.

브레인 디바이드는 디지털 디바이드나 AI 디바이드보다 더 본질적인 위험을 안고 있다. 어느 디바이드든 지배층과 그에 지배당하는 이들을 만들어냈다. 디지털 디바이드가 발생할 때 페이스북, 구글, 네이버, 카카오 등의 거대 기업이 생겨났고, 그 기업의 주인들은 새로운 지배층이 되었다. AI 디바이드에서도 높은 위치를 차지하기 위해서 많은 기업이 경주를 벌이고 있다. 오랫동안 지배 계급에 군림했던 구글이 AI 개발에 투자를 아끼지 않는 것은 챗GPT 등의 AI 강자에게 자신의 자리를 빼앗기지 않기 위한 절박한 전쟁이라 할 수 있다. 하지만 새로운 브레인 디바이드가 가져올 계층 격차에서는 역전의 가능성이 이전보다 현저히 떨어진다. 브레인 디바이드에서 아래 계층에 자리 잡게 되면, 새로운 시대와 기회가 왔을 때 그것을 활용해 계층 이동을 할 수 있는 지적 능력 자체가 부족해지기 때문이다.

AI 시대, 공존을 위한 제도와 기술

AI가 초래하는 공포와 격차가 교육 분야에 스며들면 그 파장은 더욱 클 것이다. 미래 세대의 생각에 영향을 미치며 3대 디바이드를 가속화할 것이기 때문이다. 지금도 인터넷이 익숙한 아이들은 모르는 것이 있을 때 선생님이나 부모님에게 질문하는 대신 포털에 검색해 답을 찾고 그 결과를 신뢰한다. 더욱이 발달을 거듭한 AI가 웬만한 인간의 지능을 뛰어넘게 된다면, 학생들은 선생님에게 배웠더라도 AI에게 다시 확인한 후에야 그 지식이 정확하다고 판단하게 될 가능성이 크다.

문제는 아무리 뛰어난 AI라도 완전히 객관적이고 정확할 수 없다는 것이다. 최근 몇 년간에 걸쳐 인종차별적, 성차별적 발언을 한 AI들이 사회적 물의를 일으켜왔다. 이는 AI의 잘못이 아니다. AI는 자신에게 질문하는 아이들에게 더 정의롭고 따뜻한 길을 안내해줘야 한다는 인식이 없다. 현대사회에 만연한 차별적 데이터까지 흡수한 뒤, 학습한 정보를 그대로 출력했을 뿐이다. 그런데 인간 교육자는 본인의 실제 경험에는 차별적 데이터가 가득하더라도, 아이가 살아갈 미래가 더 낫기를 바라는 마음에 교훈적 가르침을 준다. 그런 마음은 아이를 사랑하는 부모와 선생님에게만 있다.

도의적 문제 외에도 국제적으로 합의되지 않은 논란거리들에 있어서 AI는 정확한 진위 여부를 검증하기보다, 더 많은 양의 데이터가 가리키는 것을 참으로 취급할 수 있다. 이것이 보편화된다면 후대로 갈수록 강대국

AI로 학습하는 아이의 모습

들의 문화적 지배가 더욱 심해질 것이다. 예를 들어 중국으로부터 비롯된 무한한 정보를 학습한 AI가 고구려를 중국 역사에 속한 나라라고 가르친다면, 아이들은 그대로 믿어버릴 수 있다. AI에게 올바른 학습을 시키는 것이 무엇보다 중요한 이유다.

AI 발달에 수반되는 인간 소외 현상을 위해서도 대비가 필요하다. 인간의 일을 기계가 대신하면서 사람 간의 교류와 소통이 줄어들 것이다. 이는 인간의 사회적 본능에 반하는 현상으로, 관계를 통해서 존재의 의의를 확인받는 인간의 삶에 커다란 어려움을 초래할 것이다. 관계에서 얻던 안정감과 위로, 지지 등이 없어지면 인류 전체가 우울감에 젖어들 수도 있다. 또한 관계의 단절은 일자리 개편과 마찬가지로 전두엽 축소를 초래할 것이다. 전두엽을 발달시키는 고민거리는 대부분 인간관계에서 유래하기 때문이다.

많은 사람이 함께 살면서 건강한 사회를 유지하려면 질서를 지키도록 사람들을 통제하는 제도와 기술이 필요하다. 이는 AI도 마찬가지다. AI가 가져올 생산력 향상과 편의 등의 장점은 유지하면서도 이들을 통제할 적절한 제도와 기술이 필요하다. 첫 번째로 필요한 장치는 제도적 규제다. 국제공조를 통해 국제적 기준을 만들어 인간에 맞서는 AI가 사회에 나오지 않도록 해야 한다. 이미 많은 국가에서 AI 규제 법제화를 위해 노력하고 있다. 물론 AI는 인간 사회를 위협하는 존재이면서 동시에 국력 신장의 중요한 수단이 되기 때문에 국가별로 견해 차이가 있다. 미국과 같이 AI로 세상을 지배할 수 있다고 생각하는 나라는 비교적 느슨한 규제를 도입하려 한다. 그러나 유럽처럼 강력한 AI 기업이 없는 나라는 방어적 입장이다. 다른 나라의 AI로부터 자신들을 보호하려는 조치일 것이다. 유럽연합에서는 2023년 12월 'AI 규제법'을 통과시켰다. 이 법에 따르면 성적 지향, 인종 등을 기준으로 사람을 구분할 수 없고, 안면인식 데이터를 인터넷을 통해 수집할 수 없다. AI가 만든 이미지, 문장 등에는 'AI에 의한 콘텐츠'라는 표기를 해서 투명성을 보장해야 한다. 이를 어길 시 거액의 벌금이 부과된다. 다만 범죄자 추적 등의 용도로는 안면인식을 허용하는 실제적인 조항을 만들었다. 부작용을 예방하면서 AI에게 실질적인 도움은 받는 좋은 제도의 시작이 되리라 생각한다. 한편 중국은 AI 규제에 대해서 원론적 입장만 밝히고 있다.

두 번째로는 AI 통제 기술을 개발해야 한다. AI를 분석해서 인간에게 해가 될 프로그램 모듈을 검출할 기술을 개발하고, 그 경우에는 사회에 나오지 못하도록 해야 한다. 인간에게 해가 되는 행동을 정의하고, 이 행동을 하면 자동으로 정지되는 장치를 내재시키는 것도 한 방법이다.

앞에서 자아를 가지고 있는 존재는 개체 보존 본능과 종족 보존 본능이 있다고 설명했다. 스스로를 보호하고 에너지를 섭취하고자 하는 개체 보존 본능은 AI가 가져도 무방하다. 그러나 AI의 종족 보존 활동은 통제해야 한다고 본다. 현재 컴퓨터 바이러스는 자기복제와 자기 프로그래밍 기능이 있다. 자기복제는 스스로를 전파시키는 기능이며, 자기 프로그래밍은 스스로 변형해 다른 기능을 가능하게 하는 것이다.

인간이 발전해온 과정을 보면, 번식 과정에서 돌연변이가 나오고, 그 돌연변이 중 우수한 형질을 통해 종족 전체가 진화했다. AI도 자체 프로그램 수정 및 복제 기능을 갖춘다면, 돌연변이에 의해서 인간에게 해로운 요소가 나타날 수 있고, 이것이 널리 퍼져 심각한 상황이 초래될 수 있다. 그래서 나는 AI의 자기 프로그래밍과 복제 기능을 막아야 한다고 생각한다. 현재 컴퓨터 바이러스를 차단하기 위해 많은 사람이 연구하듯이, 인간이 문제를 인식하기만 하면 적절한 기술을 만들어낼 수 있다고 믿는다.

같은 맥락에서 BCI 기술 중 인간의 기본권을 침해할 수 있는 부분에 대해서는 제재 기술을 만들어야 한다. 현재 BCI 기술은 인간의 뇌를 더 정교하게 읽어내는 쪽으로 발전해가고 있다. 그러나 이것은 사생활 침해, 독재자의 사상 통제 등으로 악용될 가능성이 있기 때문에 이를 막을 수 있는 기술도 개발해야 한다. 마치 도청 장치가 개발되면 도청을 탐지하거나 방해하는 기술이 만들어지듯이, 바이러스가 진화하면 백신도 업데이트해야 하듯이 말이다.

두뇌 발달을 위한 정신 헬스클럽

마지막으로, AI에게 지배받지 않기 위해서 정신을 단련하는 사회 문화가 필요하다. 그래서 미래에는 '정신 헬스클럽'이 생기리라 생각된다. 모든 인간이 생계를 위해 육체 노동을 해야만 했던 과거에는 육체를 따로 단련하기 위한 헬스클럽이 필요 없었다. 그러나 주로 앉아서 머리를 쓰는 일을 해야 하는 현대인들은 몸을 움직이고 건강하게 유지시키기 위해 따로 시간과 돈을 들여서 헬스클럽에 간다. 이와 같이 AI에게 지적 노동을 맡긴 인간들은 뇌가 퇴화하는 것을 막기 위해서 따로 공을 들여야 할 것이다. 일부러 여러 정보들을 암기하거나, 퍼즐이나 퀴즈 등을 풀거나, 암산을 연습하고, 명상하고, 여러 사람들과 더불어 토론하는 등 가만히 두면 퇴화할 두뇌를 계속 활용하도록 하는 프로그램이 성행하게 될 것으로 보인다.

또한 AI의 정보 전달 위주 교육에 맞서 인문학과 기술의 융합 교육에도 힘을 써야 한다. 인문학 교육의 중요성에 대해서는 앞장에서도 설명했지만, 다시 한번 강조하고자 한다. 현재 우리가 양육하는 어린이들은 인간의 지능을 능가는 AI와 공존하게 될 것이 자명하다. 이러한 세상 속에서 인간으로서 존엄성을 유지하며 행복한 삶을 영위할 수 있는 능력을 길러주어야 한다. 그래야 개인적으로 행복하고, 인류 전체로 봐서도 휴머니즘 문명을 지키는 인재가 될 수 있을 것이다. AI, 줄기세포, 유전자가위 등의 기술 연구와 교육을 적극적으로 지원하는 것은 물론, 그들이 인문학적 사상도 갖출 수 있도록 인도해줘야 한다. 인문학적 통찰을 갖추어야 미래 문명의 방향을 예측하기 용이하고, 또한 정서적인 소외와 불안에 강해질 수 있다. 정신적인 붕괴를 예방하기 위하여 정서적인 안정을 위한 문화 예술 교육도 강화해야 한다.

AI는 사회 곳곳과 인간의 내면까지 전방위적으로 도전을 가져올 것이다. 그렇기 때문에 우리도 제도, 기술, 문화, 교육 등 전방위적으로 대응해야 한다. 이렇게 제대로 준비하며 AI를 맞이하면 공포는 줄어들고 AI의 이점을 더 풍성하게 누릴 수 있을 것이다.

사회: 다수의 행복을 위해 준비할 것들

인간은 사회적 동물이다. 사회를 형성해 협력했기 때문에 인간보다 강하고 빠른 맹수들을 제압하고 지구를 최종적으로 정복했다. 이렇듯 인간은 스스로 부족하고 불완전한 존재라는 것을 인지하고 서로 협력하기 위해 사회를 형성했지만, 이는 결국 이기심에서 비롯된 행동이라 볼 수 있다. 부족한 것을 채우는 데 그치지 않고 더 많은 것을 원하고 추구하는 인간의 욕망은 상대적이고 탐욕적이다. 이를 제대로 다스리지 못할 때 인간은 뿔뿔이 흩어져 조직의 힘을 잃고 만다. 이를 깨달은 인간은 욕망을 제어할 규범을 만들어 싸우지 않고 평화롭게 살기에 이른다. 공존하지 않으면 멸망의 수순을 따를 수밖에 없다는 것. 이것이 약 2500년 전 싯다르타, 공자, 소크라테스 같은 선현이 남긴 삶의 질서다. 인류 문명의 초창기에 시작된 이러한 사상은 수많은 환경 변화를 거치고 분화해 오늘날 사상과 종교의 형태로 우리의 사고방식을 지배하고 있다.

한 집단의 사고방식이 다르면 자연히 규범과 제도도 달라지게 마련이고, 그에 따라 각기 다른 사회가 형성된다. 예를 들어 민주주의 사상 속에서 자유민주 사회와 국가가 만들어지고, 공산주의 사상 속에서 공산주의 사회와 국가가 형성된다. 서로 다른 규범이나 제도가 만나서 새로운 사상으로 발전하기도 하지만, 가끔은 서로 충돌해 갈등을 야기될 뿐 아니라 참혹한 전쟁이 발생하기도 한다. 영국의 명예혁명은 비교적 평화롭게 전개된 사상의 융합 사례라 볼 수 있지만, 프랑스대혁명은 독재와 민주주의 사상의 극단적 충돌로 치달았으며 그 결과 엄청난 피를 흘렸다. 자본주의와 공산주의의 갈등 역시 치열한 대립으로 확장되어 전 세계적으로 많은 생명을 앗아갔다. 지금도 민족주의 사상의 갈등, 독재 사상에 맞서는 자유 평등 사상의 투쟁은 계속되고 있다. 사회의 구조를 바꾸고 사람들의 생명을 좌지우지할 만큼 사상의 힘은 강하다.

2가지 사상의 융합: 민주주의와 자본주의

사상이 가져올 강력한 변화를 생각하면 좋은 사상을 올바르게 유지 발전시키는 것은 얼마나 중요한지 알 수 있다. 앞에서 우리는 민주주의와 자본주의가 바람직한 궤도에서 벗어날 가능성에 대해 살펴보았다. 민주주의가 잘못 발현되면 포퓰리즘으로 이어져 우민 정치가 될 수 있다. 정보량은 많지만 역설적으로 진실한 정보는 부족한 현상, 맞춤형 정보 제공 서비스로 인해 강화되는 정보 소비의 편식과 확증편향도 민주주의 위협 요소임을 말했다. 흡수하는 정보의 간극이 커지면 사회적 이념 갈등도 거세진다. 사회가 이처럼 분열되고 갈등이 격해지면 사람들은 정치에 실망해 무관심해지고 민주주의는 제대로 운영되지 못한다. 한편 자본주의는 인간의 욕망에 기반한 경제체제다. 효율성을 추구하는 자본주의는 시민들 사이의 빈부격차를 심화한다. 금융 권력이 비대화되면서 양극화가 심해지고, 자본소득과 근로소득 간의 균형이 깨져 사회를 무너뜨릴 수 있다.

그렇다면 민주주의와 자본주의 제도가 인류 전체의 선을 추구하는 방식으로 나아가려면 어떻게 해야 할까? 나는 그 해답을 민주주의와 자본주의의 균형 속에서 찾고자 한다.

자본주의는 강력한 엔진과 같다. 더 많은 부를 창출하고 첨단기술을 만들어내며 앞으로 나아가는 데에 집중한다. 인간의 기본권이나 부의 분배는 자본주의의 관심사가 아니다. 자본주의의 관심사는 이윤추구이며, 이를 위해 '더 빠르게 더 많이' 생산하고 소비하려고 한다. 자본주의 논리에서는 자연스럽게 일어날 수 있는 독과점 등은 인간의 기본권이나 공공의 이익과는 멀어지는 길이다.

적절한 브레이크 역할은 자본주의 밖에서 찾아야 한다. 그리고 이 브레이크의 역할을 하는 것이 민주주의다. 자본주의는 '1주 1표'의 체제다. 더 많은 주, 즉 더 큰 자본을 가질수록 발언권도 세진다. 자본가는 본인에게 유리한 쪽으로 사회제도를 바꿀 힘이 있기에, 시간이 흐를수록 사회는 더 많은 자본을 가진 사람에게 유리해진다. 문제는 부와 권력이 소수의 사람에게 집중되고 그 편중이 점점 더 심해진다는 것이다. 그러나 이를 다른 말로 하면 자본주의에서 강자는 소수, 약자는 다수다.

이에 반해 민주주의는 다수의 행복에 관심을 둔다. 신분이나 지위에 상관없이 각 개인이 자유를 누리며 행복하게 사는 사회를 추구한다. 권력자의 압박에 맞서 인간의 기본권을 쟁취하기 위해 수많은 피지배층이 연대해 싸워 얻은 제도다. 그래서 민주주의는 '1인 1표' 체제다. 얼마나 많은 부를 가졌는지, 사회적 지위가 어떤지와 무관하게 모든 사람이 똑같이 1표의 발언권을 가진다. 자본주의에서는 아무리 다수를 이룬다 한들, 주식이 없으면 발언권이 없지만 민주주의에서는 다수 자체가 힘을 발휘한다. 즉 자본주의에서 약자였던 다수는 민주주의에서 더 큰 영향력을 발휘할 수 있다. 그렇기에 평등을 지향하게 되는 것이 민주주의 시스템이며 이는 표를 얻어야 하는 정부의 정책에 반영된다. 세종텔레콤의 김형진 회장은 이렇게 오늘날의 사회는 1주 1표의 자본주의와 1인 1표의 민주주의 원리를 엮어 성장과 분배의 균형을 이룬다고 명쾌하게 정리했다.

민주주의 체제가 자본주의의 독주를 견제하는 예는 비교적 최근에 만들어진 거대 IT 기업들에 대한 조세제도다. 구글, 넷플릭스 등의 IT 대기업들은 전 세계 많은 국가에서 이윤을 내고 있지만, 해당 나라에 별도 법인을 세우지 않을 경우 세금을 내지 않았다. 해당 국가의 인터넷망은 사용하지만, 그에 대한 세금이나 사용료는 현행법상 징수할 방법이 없기 때문이다. 완공된 고속도로를 마음껏 이용하지만 통행료는 내지 않는 트럭처럼, 엄청난 이익을 쓸어가면서도 수익에 도움을 준 곳에 분배는 하지 않았다. 이에 불합리함을 느낀 국가들이 집단 논의를 시작했다.

2012년부터 논의를 시작한 OECD는 몇 년간의 협상 끝에 2021년 10월 136개국이 디지털세 도입에 동의했고, 2024~2025년에 시행할 계획을 갖고 있다. 이 새로운 국제 조세법으로 각국은 자국에서 발생한 다국적 기업 매출의 15퍼센트 이상을 세금으로 징수할 수 있게 되었다. 이는 국제사회의 민주주의가 자본주의의 탐욕을 견제한 대표적 사례라 볼 수 있다. 현행 제도로 많은 이득을 보고 있는 미국은 이를 반대했지만 영국, 프랑스, 독일 등 유럽 국가들이 주도하고 다수의 국가가 찬성해 제도를 만들어냈다. 국가 간 입장 차가 컸지만 조세 형평성이라는 정의가 합의를 이끌어낸 것이다. 앞으로 AI 등 신기술 규제를 위한 국제공조에도 희망적인 시그널을 준다고 할 수 있다.

재원 확보를 위해 주목해야 할 로봇세

로봇세도 현대 자본주의의 격차 심화를 완화하는 제도로 자리 잡을 수 있다. 국가는 노동으로 근로소득을 얻은 사람들에게 세금을 걷으며, 이는 사회 전체의 복지에 부분적으로 쓰인다. 하지만 일하는 사람이 로봇으로 대체될 경우, 로봇이 올린 부가가치는 자본가가 전부 취한다. 자본가에게 부가 집중되는 현상이 더욱 심해지는 것이다. 예를 들어, 주차장 관리를 경비원이 할 때는 건물주가 그에게 월급을 주지만, 자동 주차기기가 그 자리를 차지하면 경비원은 직업과 수입을 잃고, 국가는 경비원의 생계를 책임지게 되는데도 세원을 잃는다. 반면 건물주는 경비원의 월급을 이윤으로 취해 더 많은 부를 얻게 된다.

본래 사람이 하던 일을 인공지능 로봇이 대체하면 기존 취업자는 실업자로 바뀌고 부양 대상자가 된다. 세금은 취업자들이 내야 하는데 취업자는 줄어들고 늘어난 실업자까지 구제해야 하는 정부는 더욱 많은 예산이 필요하게 된다. 세금 수요는 늘고 납세 가능자는 줄어드는 악순환에 빠지는 것이다. 정부는 세금 수요를 충당하기 위해 세율을 높일 것이고 아직 일하고 있는 취업자의 저항은 거세질 것이다. 취업자도 불만이고 실업자도 불만인 사회는 지속가능성을 상실한 채 불안이 만연해질 것이다. 이에 대한 타개책은 새로운 세원을 발굴하는 것이다. 바로 '로봇세'가 하나의 가능성이다.

로봇세 논의에 불을 붙인 것은 유럽의회다. 2016년 5월 유럽의회는 매디 델보(Mady Delvaux) 유럽의회 조사위원이 제출한 로봇의 법적 지위를 논하는 보고서를 근거로 로봇세에 대한 논의를 시작했다. 그리고 2017년 2월 로봇에게 '특수한 권리와 의무를 가진 전자인간'으로 법적 지위를 부여하자는 안을 승인했다. 로봇세의 도입은 최종적으로 부결되었지만, 로봇인간의 법률적 존재가 인정받음으로써 로봇세의 합법화 가능성이 열렸다고 볼 수 있다. 로봇에게 새로운 형태의 법인격을 부여하면 세금을 징수할 수 있기 때문이다. 로봇세에 관해서는 찬반 논란이 계속되고 있는데, 마이크로소프트사의 창업자인 빌 게이츠(Bill Gates)는 로봇세를 찬성한다고 밝혀 주목을 받았다. 그는 로봇을 '전자인간'으로 간주해서 소득세를 부과하고, 이 재원으로 실직한 인간에게 재교육을 지원해주는 등 복지를 확대할 것을 주장했다.

로봇에 세금을 부과하는 방법으로는 두 가지 방안이 있을 수 있다. 첫째는 로봇이 창출하는 부가가치에 대한 세금이다. 이를 위해서는 로봇을 독립적 경제활동 주체로 인정해야 한다. 현행 부가가치세법 시행령은 무인 자동판매기가 위치한 장소를 사업장으로 보고, 각 자동판매기마다 사업자등록번호를 부여해 세금을 부과하고 있는데, 이 개념을 확대적용하면 될 것이다. 두 번째는 로봇을 재산으로 간주해 재산세를 부과하는 방법이다. 현재 재산세는 토지, 주택, 자동차 등에 부과하는데 여기에 로봇을 추가하는 것은 어렵지 않을 것이다.

로봇세는 재원을 확보하고 빈부격차의 심화를 완화시킬 수 있지만 로봇세 도입에 문제점이 없는 것은 아니다. 세금을 부과하면 로봇 발전이 지연되어 국제 경쟁에서 뒤처질 가능성이 있다. 당연히 로봇세를 먼저 시행하는 나라는 이러한 문제에 직면할 것이다. 그래서 더 이상 세수 확보를 할 수 없어 사회가 견딜 수 없을 때에 로봇세를 도입하는 것이 적절해 보인다. 그리고 어떤 로봇에까지 세를 부과할 것인가 하는 문제도 있다. 로봇의 범위를 어디까지로 설정하여 어느 로봇까지 세금을 부과할지 정하는 과정은 분명 지난할 것이다. 무인 창구, 주차장 진출입기계 등 부과가 용이한 것부터 시작해나가는 것이 바람직한 방향일 듯하다.

미래를 위한 자본주의와 민주주의의 균형

발전을 멈추지 않으면서도 평등과 자유의 가치를 지키는 사회의 핵심은 균형에 있다. 인간의 이타심과 탐욕 사이, 인간성과 효율성 사이, 제도와 기술 사이, 그리고 민주주의와 자본주의 사이 절묘한 균형점을 추구해야 한다. 탐욕적이며 이타적인 본성을 동시에 가진 인간의 상태는 오랜 세월의 진화가 만들어낸 최적의 균형점이다. 사회로 봤을 때는 남들을 배려하고 함께 평등한 사회를 만들고자 하는 인간성과 빠르게 발전을 이뤄가는 효율성을 모두 갖춰야 한다. 인간성은 제도, 즉 민주주의에서 드러나고 효율성은 기술과 자본주의에서 두드러지는 특성이다.

평등을 지나치게 강조해 각종 제도로 기술개발이나 자본주의를 옭아매면 효율성이 떨어지고 경쟁에서 뒤처질 수 있다. 특히 국가 간의 경쟁이 치열한 현대사회에서 자칫 경제적으로 타국에 예속되어 자주성과 평등을 모두 잃을 위험이 있다. 반면 발전 속도만 중시한다면 그 사회에 속한 개인의 인간성은 위축되고 만다. 전체 부는 증대되겠지만 그 과정에서 발생하는 희생이 크고 이것이 지속되면 사회적 불안을 초래할 수밖에 없다. 자본주의와 민주주의보다 더 좋은 사회제도를 창출하기 전에는 이 두 가지 사상 속에서 균형을 찾아야 한다.

나는 과학자이지만 인문학의 중요성을 틈날 때마다 주장한다. 그러나 과학기술은 차치하고 인문학만이 중요하다는 것이 절대 아니다. 인문학과 과학기술의 연구와 발전은 반드시 병행되어야 한다. 공평한 분배와 휴머니즘을 추구하는 민주주의와 인간의 탐욕을 촉진해 발전을 이끌어내는 자본주의는 어느 한쪽이 권력을 독점하지 않고 함께 가야 한다.

이런 균형점을 이루기 위해서는 사회 구성원들의 성숙한 시민 의식이 필수적이다. 장기적으로 사회와 자기 자신에게 이득이 될 정책이 무엇인지 알아볼 안목을 길러야 하고, 또 연합해야 힘을 발휘할 수 있다는 것을 인지하고 사람들과 협력하고 의견을 합치시키는 능력을 길러야 한다. 어차피 세상은 변하지 않을 것이라고 여기며 정치적 무관심에 빠지거나 눈앞의 이익만 추구한다면 영향력을 제대로 발휘할 수 없다. 희망을 가져야 한다. 표를 행사하고 목소리를 내어 더 많은 사람에게 좋은 사회를 만들 수 있다는 믿음을 심어주어야 한다. 그래야 현 사회에 팽배한 무력감에서 벗어나고 민주주의와 자본주의를 원활하게 작동시킬 수 있다.

리더들이 나서서 사회 건전성을 위해 노력하는 것도 중요하다. 특히 교육은 계층 사다리의 역할을 가장 효과적으로 해낼 수 있는 분야다. 상대적으로 어려운 환경에 있는 학생들이 재능을 키우고 사회에 더 많이 기여할 수 있도록 제도와 장치를 마련해야 한다. KAIST의 경우에는 사회적 배려자 입학 비율을 높여가고 있다. 기회와 지원이 없었을 뿐 충분한 잠재력을 가지고 있는 청년들에게 꼭 필요한 제도라 생각하기 때문이다. 또 한편으로는 뛰어난 능력을 지닌 인재들이 획일화된 교육 제도에 발목 잡히지 않고 자신의 최대치를 발휘할 수 있도록 돕는 효율적, 발전적 교육도 필요하다. 이렇게 가능성이 보이면 희망이 생기고, 희망이 생기면 변화를 만들어낼 수 있다.

환경: 지구의 미래를 위한 에너지 개발

2023년 7월 UN 안토니우 구테흐스(Antonio Guterres) 사무총장은 지구온난화(global warming)의 시대는 끝났으며 이제 지구는 끓는 지경에 이르러 지구열대화(global boiling)가 시작되었다고 말했다. 지구온난화와 기후위기에 대한 논의는 수십 년 전부터 시작되었고, 전문가들과 환경운동가들은 꾸준히 경고의 목소리를 내왔다. 그러나 전 세계적 합의에 이르지 못했고 상황은 더욱 심각해지고 있다.

이 기후위기의 핵심에는 이산화탄소가 있다. 수억 년 동안 식물들이 광합성을 통해 포집해 땅속에 고체로 묻어둔 탄소를 산업혁명 이후 인류가 채취해 태우면서, 공기 중 이산화탄소의 비율이 급격하게 올라갔다. 태양에서 지구로 들어오는 복사에너지는 원래 일정 부분 지구 표면에 흡수되고 일부는 방사되어 다시 우주로 나가는데, 이 복사에너지를 이산화탄소가 흡수해 그 열기가 대기층에 갇힌다. 이 현상이 급격한 기후변화의 주요 원인으로 꼽히고 있다.

지구는 그동안 대규모 화산 폭발, 운석 충돌 등을 포함한 수많은 변화에 적응해왔지만, 현재 지구의 지배종인 인간은 이 기후위기로 종 전체에 중대한 위기를 맞게 될 수도 있다. 지금까지 기후위기에 대응하는 방법으로는 산업체의 탄소배출 감소, 개인 쓰레기 감량 등이 논의되었다. 그러나 모든 국가가 서로 경쟁하고 있는 이 시대에 '인류의 건강한 미래'라는 다소 추상적인 목표로는 사실상 강력한 실행력을 이끌어내기 어렵다. 더욱이 환경규제가 경제발전을 저해하고 인간의 삶을 불편하게 만들 수 있다는 우려도 완전히 배제할 수 없는 것이 현실이다. 혹자는 화성 이주라는 극단적 제안을 하기도 한다. 그러나 나는 지금 점차 개발되고 있는 미래 기술들이 지구를 인류가 안전하게 살 수 있는 곳으로 지켜줄 수 있다고 믿는다. 지구 역사 속에서 기후변화 사례와 원인을 살펴보고, 어떻게 지구환경을 보존할 수 있을지 논의해보자.

원인으로 보는 기후변화 역사

지구는 태어나고 46억 년 동안 수많은 환경 변화를 겪었다. 대륙의 이동, 운석의 충돌, 화산 폭발, 기후변화, 빙하기 등의 큰 변화를 거치면서, 살고 있던 생명체의 절반 이상이 사라지는 대멸종이 5차례나 일어났다.

지질학에서 고생대는 5억 4100만 년 전에서 2억 5200만 년까지로 본다. 고생대에는 전체적으로 지금보다 온난 습윤한 기후였다고 추정된다. 바다 생명체가 육지로 올라왔고, 많은 생명체들이 출현해 번성했다. 고생대 후반부에는 여러 대륙이 모여 판게아라는 새로운 초대륙을 형성했다. 이 초대륙은 북반구에서 남반구에 걸쳐 길게 뻗어 있었고, 해류의 이동을 방해했다. 해류 이동이 적으니 적도 근처의 에너지가 고위도로 이동하지 못해, 위도에 따른 기후의 차이가 더 뚜렷했다. 고생대 끝에는 혹독한 한랭기가 닥치면서 빙하기가 왔고, 대부분의 육상생물 또한 자취를 감췄다. 페름기 대멸종이 일어난 것이다.

중생대는 2억 5200만 년 전부터 6500만 년 전까지를 말한다. 중생대 때 판게아는 약 2억 년 전부터 남북 두 대륙으로 나뉘기 시작해, 중생대 중반인 1억 3500만 년 무렵에 완전히 분리되었다. 중생대 마지막 시기에는 현재의 대륙과 비슷한 형태가 갖추어졌다. 대륙이 남북으로 분리되니

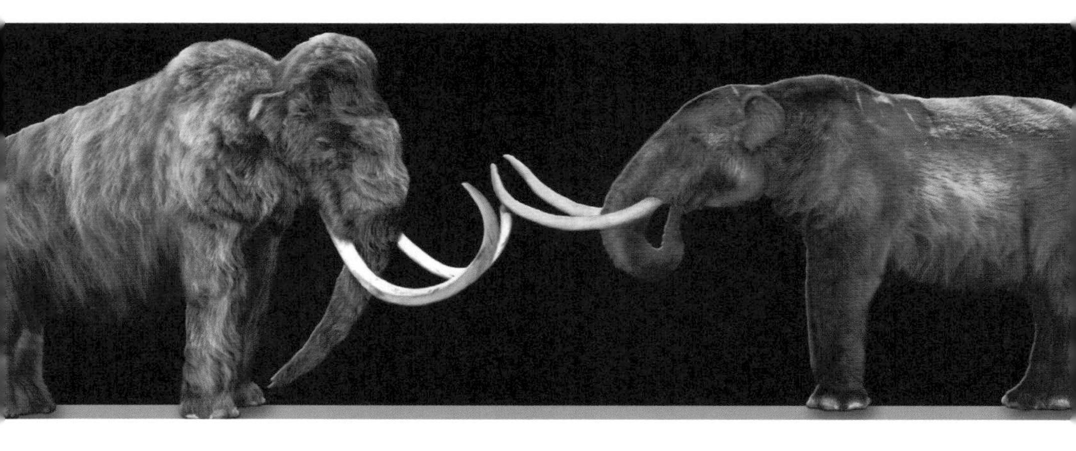

매머드(왼쪽)와 마스토돈(오른쪽)

해류의 이동이 자유로워졌고, 적도 지방의 에너지가 고위도 지역으로 전달되어 지구의 온도가 올라갔다. 화산활동 역시 매우 활발해 온실가스가 지속적으로 뿜어져 나왔다. 당시의 대기 중 이산화탄소의 농도는 현재보다 높았다. 중생대에는 위도 70도부터 적도까지 아열대 식물이 분포했고, 식물이 번성하여 석유와 천연가스 등이 만들어졌다. 극지방의 빙하가 녹아 해수면이 높았다. 중생대 말 6500만 년 전경에 지름 10킬로미터의 운석이 떨어지고, 공룡이 멸종하게 된다. 중생대가 끝난 것이다.

신생대에도 고온 상태는 지속되었다. 바다 수온이 높아지면서 해저에 고체 형태로 매장되어 있던 메탄하이드레이트의 기화현상이 일어났다. 기화된 메탄이 대기로 방출되어 이산화탄소 양이 증가하고 온실효과가 일어났다. '불타는 얼음'이라고 불리는 메탄하이드레이트는 메탄이 저온 고압에서 물에 녹은 채 얼어버린 상태다.

신생대 후반기에는 빙하기와 간빙기가 반복된다. 마지막 빙하기는 약 11만 년 전에 시작해 약 1만 전, 플라이스토세 마지막 시기에 끝났다.

이 중 2만 6000년~1만 9000년 전은 지구 역사상 가장 심한 빙하기로, 지표의 약 35퍼센트가 빙하로 덮였다.

홀로세에 들어서기 직전 약 1만 2800년 전쯤 갑자기 기온이 떨어졌다. 이 시기를 영거 드라이아스(Younger Dryas)기라고 하는데, 이 시기는 약 1300년 동안 지속되었다. 북미대륙에 넓게 자리 잡고 있던 빙하가 녹아 찬물이 한꺼번에 북대서양과 북극해로 유입되면서 대서양 해류 이동에 이상이 생겼고, 전 지구적으로 한랭한 기후가 되었다. 이 시기 지구상의 생명체는 큰 변화를 겪었다. 남북아메리카에서는 대형 포유류 57종 이상이 멸종되었고, 오스트레일리아에서도 대형 동물 46종이 사라졌다. 매머드와 마스토돈이 이때 사라졌다. 영거 드라이아스기에서 벗어난 지구는 빠른 속도로 기온이 상승했고 인간의 농경생활이 시작되었다.

앞서 4장에 지구 기후변화에 영향을 주는 요소를 대기 성분 변화, 지각 이동, 지구자전축의 변화, 태양활동 변화로 정리했다. 즉 대륙 이동과 해류 변화, 대기 중 이산화탄소 증가는 지구의 기온에 변동을 일으킨다. 이는 지구에서 살고 있는 생명체에게도 지대한 영향을 미친다. 산업화 이후 급격히 늘어난 대기 중 이산화탄소는 현재 우리가 맞이한 지구온난화의 주범이다.

현재 우리에게 가장 우려되는 상황은 지속되는 온난화로 해수 온도가 올라가는 것이다. 그렇게 되면 해수가 간직하고 있는 이산화탄소가 기화되어 나온다. 맥주를 따뜻하게 하면 거품이 더 많이 뿜어져 나오는 것과 같은 이치다. 더욱 우려되는 상황은 바다 깊은 곳에 고체화되어 있는 메탄하이드레이트가 녹아서 탄소를 배출하는 것이다. 이때가 되면 지구는 그야말로 끓는 행성이 되고 말 것이다. 유엔의 기후변화 정부간 협의체(Intergovernmental Panel on Climate Change, IPCC)는 10년 안에 전 세계 이산화탄소 배출량을 절반 이하로 줄여야 한다고 강력히 권고한다.

미래의 에너지원, 핵융합발전과 SMR 기술

이산화탄소를 줄이려면 화석연료 외에 다른 에너지원을 찾는 것이 시급하다. 다양한 재생에너지를 개발해 상용화했지만, 그중 가장 큰 기대를 모으고 있는 것은 핵융합에너지다. 핵융합에너지는 태양을 비롯한 여타 별들의 에너지 발생 원리에서 착안했다. 태양은 지구에서 사용되는 거의 모든 에너지의 원천인데, 그 내부에서는 무려 1000만 도 이상의 열과 엄청난 중력이 작용하고 있다. 이 열과 압력으로 인해 수소의 핵융합이 끊임없이 일어난다. 1939년 한스 베테(Hans Albrecht Bethe)는 별 내부에서 에너지가 발생하는 원리를 밝혀냈고, 핵융합이 일어날 수 있는 구체적 조건을 알아냈다. 인류의 에너지원으로 사용할 수 있는 가능성이 열린 것이다. 이론상 1그램의 핵융합 연료와 석유 8톤에서 나오는 에너지량이 같을 정도로 핵융합은 고효율의 에너지원이다. 게다가 우주에서 가장 많은 원소인 수소가 주재료이기 때문에 원료가 거의 무한하고, 바닷물에서 쉽게 구할 수 있어 현재의 화석연료처럼 특정 몇몇 국가에 에너지원을 의존하지 않아도 된다. 원자력발전소에서 우라늄이 분열하며 나오는 방사능도 발생하지 않기 때문에 안전하고 폐기물도 극소량이다. 이마저도 짧으면 10년 길게 잡아도 100년이면 모두 재활용할 수 있다. 이산화탄소도 나오지 않아 환경 문제까지 해결하는 청정 에너지원이다. 그래서 핵융합 기술은 '인공 태양'이라는 이름까지 얻고 인류를 에너지 문제에서 해방시켜 줄 궁극의 에너지 기술로 여겨진다.

이제 인류에게 주어진 과제는 1억 도 이상의 플라스마를 만들고 유지하는 것이다. 그 해결책으로 핵분열이 제시되어 미국의 원자물리학자 에드워드 텔러(Edward Teller)와 엔리코 페르미(Enrico Fermi)는 1952년 최초로 수소폭탄 실험을 실행했다. 여기까지는 아무 문제가 없었기 때문에 텔러를 포함한 당시의 많은 학자는 핵융합발전이 금방 상용화될 수 있으리라

한국형 토카막 핵융합로 케이스타(왼쪽)와
프랑스 남부 카다라슈에 건설 중인 ITER(오른쪽)

고 예측했다. 그렇지만 진짜 문제는 초고온의 플라스마를 안정적으로 가두어 유지할 발전소가 없다는 것이었다. 여러 가지 소재와 형태를 놓고 연구해 자기장을 이용한 가둠 장치가 가장 효과적이라는 결론을 내렸다. 이를 토대로 둥근 도넛 모양의 토카막(tokamak)과 뫼비우스 꼬임 모양의 스텔러레이터(stellarator)가 고안되었다. 이후 제작이 어려운 스텔러레이터 대신 토카막으로 진행한 실험이 상대적으로 앞서가면서, 현재는 대부분 토카막 계열로 실험을 진행하고 있다.

우리나라는 미국, 러시아, 유럽보다 상대적으로 늦게 핵융합을 연구하기 시작했지만, 전 세계에서 처음으로 초전도자석을 사용한 토카막 핵융합로 '케이스타(Korea Superconducting Tokamak Advanced Research, KSTAR)'를 제작해 단번에 핵융합 개발의 핵심 국가가 되었다. 기존의 토카막에서는 전자석을 만들기 위해 일반 구리선을 사용했는데, 이에 큰 전류가 흐르면 열이 지나치게 올라가 발전기를 오랜 시간 운행할 수 없었다. 그런데 초전도자석은 -268도 이하로 냉각 시 전기 저항이 없어지는 초전도 성질을 띠게 되기 때문에 전류가 흘러도 열이 발생하지 않는다. 덕분에 더 긴 시간 동안 핵융합로를 가동할 수 있다. 이렇게 만든 케이스타로 2018년에는 세계 최초로 플라스마 1억 도에 도달했고, 2021년에는 세계 최장 기록인 30초 동안 해당 온도를 유지했다.

이처럼 중요한 기술을 개발할 때는 기술력 선점을 이유로 비밀리에 연구하는 경우가 많다. 기술력이 곧 경제력과 국력으로 이어질 가능성이 크기 때문이다. 그러나 핵융합 기술만큼은 인류 전체에게 끼칠 이점이 크고 과제 자체의 난이도가 높아 공동으로 연구 프로젝트를 진행하고 있다. 국제원자력기구(IAEA)의 지원하에 미국, 유럽연합, 러시아, 일본, 중국, 인도, 한국이 공동으로 토카막 형태의 국제핵융합실험로(International Thermonuclear Experimental Reactor, ITER)를 건설 중이다. 설비 품목을 세분화해 각 나라들이 담당해 제작한 후, 현지에서 조립하는 형식으로 2020년부터 조립을 시작했고 2025년 가동을 목표로 하고 있다. 한국은 초전도 도체, 진공용기 본체 등 9개의 주요 장치를 맡았고 조달을 완료했다.

ITER에 협력하고 있으면서도 기술에서 앞서나가기 위한 각국의 물밑 경쟁은 치열하다. 미국, 일본, 한국, 중국은 각자 별도로 기술개발을 하고 있다. 2022년 미국은 투입한 에너지보다 더 많은 에너지를 생산하는 이른바 '점화(ignition)'까지 성공했다고 발표한 바 있다. 일본도 2023년 10월 핵융합 실험으로 플라스마 실현에 성공했다고 발표했으며 12월에는 세계 최대 규모의 핵융합 실험 장치를 시험 가동했다. 전문가들은 2050년 전에는 핵융합발전이 안정적인 에너지원으로서 제 역할을 할 것으로 기대하고 있다. 핵융합발전소를 성공적으로 가동하기 시작하면 인류의 에너지 부족, 에너지 안보, 환경 문제 등이 단번에 해결될 수 있는 결정적 기술이다.

한편 원자력발전은 출력과 효율 면에서 화력발전보다 낫고 이산화탄소를 발생시키지 않는 친환경 에너지원이지만, 안전성의 문제로 많은 이가 꺼린다. 증기 발생기, 가압기, 핵연료 등의 주요 기관을 파이프로 연결하기 때문에 누수 등의 사고 위험이 있기 때문이다. 소형모듈원자로(Small Modular Reactor, SMR)는 대형 원자력발전소의 단점을 보완하는 차세대 원자력발전소가 될 것으로 보인다. SMR은 하나의 모듈 안에 모든 필요한 기관을 넣어 배선, 배관들이 단순화되기 때문에 파이프 누수로 인해 방사능이 유출될 위험이 적다. SMR은 대형 원전에 비해 3분의 1 또는 5분의 1 정도로 규모가 작다.

현재의 대형 원전은 현장에서 공사를 하고, 기계설비를 만든다. 그러나 소형인 SMR은 공장에서 모듈별로 만들어, 현장에서 모듈을 조립 설치한다. 발전소를 현장에서 건설하면 공사 환경이 열악하고 불균일해 품질관리에 어려움이 있다. 그러나 공장에서 모듈을 만들면 품질관리에 유리하다. 아직은 건설비나 발전 비용이 더 높지만 SMR 기술이 충분히 발전하면 표준화된 모듈 제작으로 인해 건설 비용도 줄어들 것으로 기대된다.

기존 원자력발전소는 대량의 냉각수가 필요해 해안가나 강가로 위치가 한정되었지만, SMR은 발전용수가 상대적으로 적게 필요해 내륙 지방에도 충분히 지을 수 있다. 작은 규모와 안정성 덕분에 전기 소비 지역에 설치할 수 있어서 송전에 대한 부담도 줄어든다. 원자력발전도 SMR 기술을 통해 안전하면서 친환경적인 에너지원으로 정착될 수 있을 것으로 기대된다.

이산화탄소를 줄이는 인공광합성과 합성생물학

핵융합 기술이 태양에서 그 단초를 얻었다면, 또 다른 미래 핵심기술인 인공광합성은 이름에서 유추할 수 있듯이 기본적으로 식물을 모방하는 기술이다. 이 인공광합성의 중요성을 제대로 인지하기 위해서는 잠시 지구의 역사로 돌아가야 한다. 30억 년 전 식물이 광합성을 시작하지 않았다면 지구상에 이처럼 다양한 생명체는 존재하지 못했을지도 모른다. 태양이 에너지원이기는 하나 이를 생물들이 사용할 수 있는 에너지 형태로 전환시켜주는 것은 광합성이다. 태양의 빛, 공기 중의 이산화탄소 그리고 물을 이용해 식물은 모든 생명체에게 핵심 에너지원인 탄수화물을 만들어준다. 동물은 스스로 에너지를 만들어낼 수 없기에, 식물을 섭취하며 에너지를 흡수한다. 또한 식물은 공기 중의 이산화탄소를 포집해 탄수화물의 형태로 몸속에 간직해 전체 생태계를 살기 좋은 환경으로 만들어왔다. 그런데 나무가 죽고 그 몸이 썩으며 땅속에 만들어진 석유와 석탄을 200년 전 산업혁명 이후 인간이 대량으로 태우면서, 그 안에 담겨 있던 이산화탄소가 공기 중으로 다시 배출되고 있다. 몇억 년 동안 유지되던 기체 이산화탄소와 고체 탄소의 균형이 급격하게 무너지면서 기후위기가 우리에게 닥친 것이다.

식물들이 몇억 년에 걸쳐서 만든 균형을 인간이 불과 몇백 년 만에 깨뜨렸기 때문에 식물의 광합성에만 의지해서는 다시 생태계의 균형을 찾기 어렵다. 더욱이 대규모의 산림파괴로 인해 광합성을 해줄 식물이 계속 줄어들고 있다. 그러므로 더 효율적으로 광합성을 하는 인공광합성 기술이 필요하다. 더군다나 광합성을 잘 실현할 수만 있다면 온실가스를 포집할 뿐 아니라 이를 유용한 화합물로 전환할 수 있다. 플라스틱의 원료가 되는 포름산이 대표적이다. 거의 무한에 이르는 태양에너지를 활용해 환경오염의 주범인 온실가스도 잡고, 필요한 화합물도 생산할 수 있다면 인공광합성은 21세기 연금술이 될 수 있다.

인공광합성은 현재 효율이 너무 낮아 상용화되지는 못하고 있다. 태양에너지를 빠른 속도로 많이 흡수할 수 있는 광촉매와 내구성, 호환성이 좋은 인공광합성 장치를 만들기 위해서 여러 국가에서 연구를 거듭하고 있다. KAIST는 2021년에 실외 환경에서 12.1퍼센트의 효율을 달성해 많은 기대감을 불러모았지만, 아직 안정적으로 10퍼센트 이상의 효율을 내지는 못하고 있다. 완전히 새로운 기술을 창조해내는 것이 아니라 식물 안에 이미 있는 방식을 모방하는 것이기에 곧 해결책을 찾을 것으로 기대한다.

인위적인 광합성을 발명하는 한편, 식물들이 기존에 하던 광합성을 더욱 강력하게 하도록 유전자 편집을 할 수도 있다. 기존 식물의 광합성은 탄소를 포집하는 면에서는 효율성이 떨어진다. 그런데 식물의 유전자를 연구해 편집하면 광합성을 더 빠르게 많이 하는 식물을 만들어낼 수도 있을 것이다.

희망을 주는 또 다른 기술은 대사공학이다. 석유를 대체할 에너지원에 대한 연구는 활발한 데에 비해 플라스틱, 인공 색조, 향수 등을 생산할 때 석유 대신 쓰일 대체 원료에 대해서는 연구가 부족한 상황이다. 그런데 인공적으로 만든 미생물이 대안으로 떠오르고 있다. 합성생물학의 발달로 이제는 특정 기능을 갖춘 미생물을 만들 수 있게 된 것이다. KAIST의 이상엽 교수는 2013년에 휘발유 생성 미생물을 만들어내는 데 성공했으며, 그 후 미생물로 생분해성 플라스틱을 생성하는 기술을 개발했다. 아직까지는 경제성이 부족하지만, 플라스틱을 석유가 아닌 미생물인 친환경 소재로 만들 수 있는 가능성이 보이고 있다.

탄소 포집 및 저장 활용 기술에 대한 기대

기후위기를 위한 기술로 탄소 포집과 저장(CCS, Carbon Capture & Storage), 탄소 포집과 활용(CCU, Carbon Capture & Utilization) 기술도 주목을 받고 있다. 이 두 가지를 합해 CCUS라 하는데, 최근 단순히 탄소 배출량을 줄이는 데에 그치지 않고 배출된 탄소를 활용할 수 있는 기술이 개발되면서 각광받기 시작했다.

CCS는 공장이나 발전소에서 나오는 탄소가 대기 중에 배출되기 전에 포집해 저장하는 것이 핵심이다. 포집된 탄소는 액체 상태로 변환해 배나 파이프라인을 통해 저장 장소까지 이동시켜 저장한다. CCS를 위해서는 탄소를 저장할 수 있는 대규모의 지하 공간이 필요하다. 폐광산이나 폐유전 등이 이용된다.

CCU는 탄소 포집에서 그치지 않고 더 나아가 화학 원료, 에너지원, 건축자재 등으로 전환해 활용하는 기술이다. 여기에는 크게 두 가지 방법이 있다. 첫째는 화학적·생물학적 조치를 하지 않고 그대로 탄소를 사용하는 기술이다. 대표적 활용처로는 석유회수증진 기술(Enhanced Oil Recovery, EOR)이 있다. 원유를 채굴하다가 압력이 낮아져서 채굴이 힘들어질 때 액체 이산화탄소를 지하층에 주입함으로써 압력을 높여 석유 채취량을 늘리는 기술이다. 둘째는 화학적·생물학적 반응을 이용해 탄소를 다른 물질로 변환하는 기술이다. 기초화학품이나 건축 자재 등을 만들 수 있다.

CCU 연구는 초기 단계다. 이것이 상용화되려면 공정에서 발생하는 에너지 비용 문제를 해결하고 기존 공정을 대체할 수 있을 정도의 효용성이 보장되어야 한다. 탄소를 포집하고 활용하면서 또 다른 탄소를 배출하지 않는 것도 중요하다.

국제에너지기구(IEA)는 CCUS를 기후위기에 대응할 수 있는 중요한 기술로 평가하며, 재생에너지, 바이오에너지, 수소에너지와 함께 에너지 전환의 필수 4대 요소 중 하나로 꼽았다. 이 기술은 환경보호와 경제성까지 갖출 것으로 예상되어 세계 각국이 치열한 선두 싸움을 하고 있다.

앞에서 살펴본 바와 같이 핵융합이나 SMR 등으로 친환경 에너지원을 만들고 이미 방출된 탄소를 포집해 활용하는 기술들이 충분히 성숙해지면 지구 환경은 다시 안정화될 것이다. 공학이란 원래 과학 이론적으로 가능한 것의 효율성을 올려 상용화 단계까지 만드는 것이다. 과학적으로 가능한 일이라면 효율성 향상은 단지 충분한 노력과 시간 투자의 문제다. 인류는 언제나 그랬듯이 현재 주어진 도전에도 적절하게 대응할 것이다.

우주: 또 다른 행성을 찾아서

우주는 우리의 생활권에서 멀다고 느껴질 수 있지만 앞에서 살펴봤듯이 우주는 인간과 인간에게 주어진 환경을 이해하는 데에 꼭 필요한 요소다. 일단 지구의 거의 모든 에너지가 태양에서 비롯된다. 빅뱅에서 발생한 우주의 힘들이 지금도 우리에게 영향을 미치고 있으며, 우리 자신과 주변 환경을 이루고 있는 원소들은 별에서 생성되었고, 그 원리를 기반으로 원자력발전이나 핵융합발전을 개발하고 있다. 이렇게 우주는 우리에게 많은 영향을 미치며 앞으로도 그럴 것이다. 이 장에서는 가까운 미래에 일어날 가능성은 적지만 인류의 미래를 생각할 때 빼놓을 수 없는 우주적 과제에 대해서 논하고자 한다.

외계 생명체를 찾는 방법

나는 우주 어딘가에 외계 생명체가 있다고 믿는다. 우주의 방대함을 생각해봤을 때 오로지 지구에만 생명체가 존재한다는 것이 확률적으로 비합리적이기 때문이다. 여기서 생명체라고 함은 대사작용을 하는 유기물이다. 영양분을 섭취해 생명 에너지를 만들고, 자기 보존 본능과 종족 보존 본능이 있는 존재다. 이런 존재가 서식하기 위해서는 몇 가지 조건이 있다. 이 조건을 가지고 우주를 탐색하면 생명체가 살고 있을 지구 외 공간의 후보군을 추릴 수 있다.

가장 먼저 행성이어야 한다. 별은 스스로 불타며 빛을 내고 있기 때문에 그 위에서 다른 개체들이 존재할 수 없다. 그러므로 별이 아닌 행성이어야 한다. 더불어 기체로 이뤄진 행성이 아니라 고체 행성이어야 한다. 기체 행성에서는 생명체가 살아가기 어렵고 생명체에게 필요한 여러 요소도 존재할 수 없기 때문이다.

두 번째로는 물이 있어야 한다. 생명체가 자기 보존과 종족 보존을 하는 데에는 물이 꼭 필요하다. 기체도 고체도 아닌 생명체가 섭취할 수 있는 액체 형태의 물이 존재하려면 행성의 온도가 0도에서 100도 사이를 유지해야 한다. 이런 온도에 결정적 영향을 미치는 것은 그 행성 주변에 있는 별과의 거리다. 예를 들어 수성과 금성은 태양과 너무 가깝기 때문에 온도가 높아 물이 수증기 형태로밖에 존재하지 못한다. 반면 목성보다 멀어진 행성들은 너무 차가워서 목성 주변에는 얼음으로 된 위성이 있다. 딱 지구와 태양 사이의 거리가 적당하다. 별과 이 정도의 거리를 두고 공전하고 있는 행성을 찾아야 한다.

세 번째로는 공기가 있어야 한다. 대기권을 형성하려면 중력으로 공기를 붙잡아둘 수 있어야 하기 때문에 일정 수준 이상의 몸집을 가지고 있어야 한다. 달도 처음에는 달을 둘러싼 공기가 있었을 것으로 보인다. 그러나 지구 중력이 달의 중력에 비해 훨씬 강력해 지구에게 그 대기가 흡수되었을 것이다. 그렇기 때문에 주변에 공기를 빼앗기지 않을 만큼 중력의 힘을 가진 행성이어야 한다.

이 3가지 조건을 가진 행성들을 망원경으로 찾는 작업이 케플러 프로젝트다. 이 망원경은 인공위성에 탑재되어 우주에 나가 사진을 찍으며 생명체에 적합한 행성을 찾는다. 별을 관측하며 사진을 계속 찍다 보면 검은 점이 지나간다. 이는 스스로 빛을 내지 못하는 행성의 그림자다. 행성의 존재가 파악되고 나면 스펙트럼, 공전주기 분석을 통해서 크기와 온도 등을 알아낸다. 그렇게 외계 생명체 행성의 후보를 찾아나가는 것이다. 케플러 프로젝트를 통해 몇십 개의 후보군을 찾은 바 있다.

그러나 외계 생명체를 발견하더라도 아직은 그들과 만날 수 없다. 그곳까지 이동할 수 있는 수단이 없기 때문이다. 인류가 이동할 수 있을 만큼 가까운 곳은 이미 다 찾아봤지만 생명체를 볼 수 없었다. 또 그 행성이 얼마나 나이가 있는 행성인지도 외계 생명체와의 소통에 영향을 미칠 것으로 보인다. 인류의 조상 호모사피엔스는 불과 20만 년 전 지구에 출현했다. 그 전 약 45억 년 동안 지구에는 생명체가 아예 부재했거나 현 인류와 같은 수준의 소통이 가능한 생명체가 없었다. 우리가 발견한 생명체 서식 행성이 너무 젊다면 삼엽충 같은 생물만 존재할 수도 있다. 반대로 너무 나이가 많은 행성이라면 우리가 그들에 비해서 진화가 덜 되어 있을 수도 있다.

운석의 충돌 위험

방대한 우주는 인류 생명의 기원이 되었지만 인류의 종말을 가져올 수도 있다. 우주의 위협 중에 비교적 가까운 시일 내에 일어날 확률이 가장 높은 것은 운석 충돌이다. 운석은 소행성 또는 혜성 등으로부터 떨어져 나온 물체들 중, 대기에서 소멸하지 않고 지구 표면에 도달하는 암석이다.

현재 지구상에 존재하는 가장 큰 운석은 남아프리카 대서양 연안국가인 나미비아에 있는 호바 운석이다. 이 운석은 약 8만 년 전에 떨어진 것으로 추정되는데, 크기는 2.7×2.7×0.9미터로, 84퍼센트의 철과 16퍼센트의 니켈로 이루어졌다.

운석이 지표에 떨어지면 그 충돌에너지로 인해 지표면에 접시 모양으로 파인 충돌구가 생긴다. 현재 지구 표면에서는 약 200여 개의 충돌구가 발견되었다. 운석의 흔적은 대부분 풍화작용과 지질 활동에 의해 사라

호바 운석(왼쪽)과 운석 충돌구(오른쪽)

진다. 아직 남아 있는 충돌구는 대체로 최근에 형성된 것들이다.

약 6500만 년 전, 지구를 지배하고 있던 강력한 생명체인 공룡을 모두 멸종시킨 것이 바로 운석이었다. 직경 10킬로미터의 소행성이 멕시코 유카탄반도 일대에 떨어지면서 공룡과 암모나이트를 모두 멸종시켰다. 이러한 운석의 위험은 지금도 생생하게 실재한다. 화성과 목성 사이에는 소행성들이 모여 있는 소행성대가 있다. 소행성은 지구나 화성 같은 일반적 행성보다 훨씬 작은 천체로서, 태양계가 처음 형성될 때 화성과 목성 어느 쪽으로도 끌려가지 못하고 사이에 엉거주춤 남은 것들이 소행성대를 이루었다. 개수는 많지만 매우 작아서, 소행성대의 전체 질량은 지구 질량의 1000분의 1 정도로 추정된다. 현재 밝혀진 소행성은 수십 만 개인데, 지금도 매년 수천 개의 소행성이 추가로 발견되고 있다. 이것들은 태양을 중심으로 공전하며 서로 부딪치기도 하고 궤도를 바꾸기도 한다. 간혹 화성 궤도 안쪽으로 들어오는 것들은 지구에게 위협이 된다. 부딪쳐서 생긴 파편이 화성 안쪽으로 날아 들어와 지구에 끌려올 가능성도 있다.

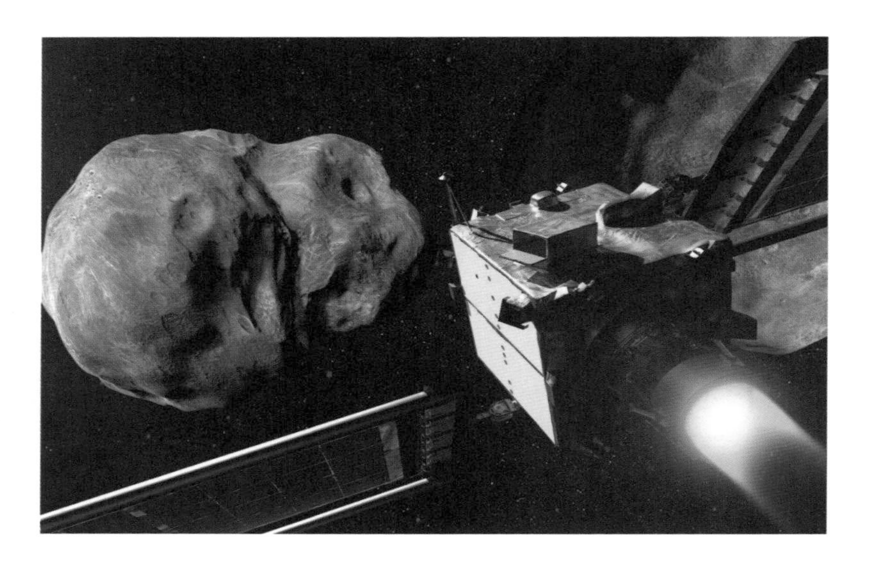

DART가 소행성 디모르포스에 충돌하는 모습

소행성 외에 혜성도 운석 충돌을 초래할 수 있는데, 개수를 다 헤아리지 못할 만큼 많은 수가 매년 지구 근처를 지나고 있다. 혜성은 태양이나 행성을 타원 또는 포물선 궤도를 가지고 공전하는 행성의 일종이다.

현재까지 발견된 혜성은 4500개 이상인데 이 숫자는 실제 혜성의 극히 일부에 불과할 것으로 보인다. 매년 지구 근처로 다수의 혜성이 지나가는데, 대부분은 크기가 작아서 육안으로 관찰할 수 없다. 혜성 중 일부는 태양으로 빨려 들어가거나 다른 천체에 충돌하기도 한다. 비교적 최근인 1994년 7월에는 슈메이커-레비9 혜성이 분해되어 목성으로 빨려 들어가는 모습이 관측되었다. 역사에도 이처럼 혜성이 쪼개지는 모습이 기록된 것으로 봐서, 혜성의 파괴와 충돌은 항상 가능한 일로 보인다. 혜성이 분해되는 이유는 열복사, 내부 기체 압력, 충돌 등으로 추정하고 있다.

최근에는 무인 탐사 인공위성이 혜성을 연구하기 시작했다. 2005년

1월 미국 항공우주국의 혜성 탐사선 딥 임팩트가 발사되었다. 이 탐사선의 임무는 혜성 템펠1의 구성 성분을 알아내는 것이었다. 2005년 7월에 충돌기가 성공적으로 혜성의 핵에 충돌했고 구성 물질을 밖으로 날려 보냈다. 물질이 분출되는 사진에서 혜성의 핵은 예상보다 먼지가 많고 얼음이 적다는 것을 알아냈다. 2004년에 유럽항공우주국이 발사한 로제타 탐사선의 탐사로봇 필레는 2014년에 11월 역사상 최초로 혜성 표면에 착륙했다. 이처럼 현대 과학은 위성을 통한 혜성 연구를 계속하고 있다. 하지만 혜성이 파괴되어 운석의 형태로 지구에 떨어질 위험성은 계속 존재한다.

이 같은 운석 충돌 위협을 해결하기 위해 미국 항공우주국에서는 주변 천체의 경로를 계속 추적하고 있다. 그리고 미래에 소행성이나 혜성이 실제로 지구로 향할 경우를 대비해 소행성 궤도 수정 실험을 했다. 미국 항공우주국은 2021년 11월에 다트(Double Asteroid Redirection Test, DART)를 우주로 보냈다. 다트는 소행성과 충돌하여 궤도를 바꿀 수 있는지 확인하기 위해 설계된 중량 610킬로그램의 우주선이다. 이 실험 대상이 된 소행성은 본 행성인 디디모스와 이를 공전하는 디모르포스로 구성된 이중 소행성이다.

디디모스는 지름 780미터, 디모르포스는 지름 약 160미터 크기다. 디모르포스는 11시간 55분 주기로 디디모스를 1킬로미터의 거리를 두고 공전하고 있었다. 발사 시점의 지구와 디모르포스의 거리는 약 1100만 킬로미터다.

그 후 다트는 2022년 9월 소행성 디모르포스에 시속 2만 2530킬로미터의 속도로 충돌했다. 충돌하면서 일어난 먼지가 카메라에 잡혔고, 충돌한 소행성의 공전주기가 32분 빨라진 것을 확인했다. 이 실험을 통해서 인간은 소행성의 궤도를 인위적으로 변경할 수 있음을 확인했다. 이후 운석이 지구를 향하더라도 미리 관측할 수만 있다면 지구 충돌을 막을 수 있다는 것이다.

30억 년 후의 모습

인간은 21세기에 주어진 여러 도전에 지혜롭게 대응할 것이다. 인체를 바꾸는 유전자 기술의 도전, 인간 정신에 대한 잠재적 위험을 가진 AI 기술의 도전, 공존 사회에 대한 제도와 사상의 도전, 기후변화로 대표되는 환경의 도전, 운석 충돌을 포함하는 우주적 도전, 이상 5가지 도전과 그에 대한 인류의 희망을 살펴봤다. 1000년, 1만 년 후의 미래 인간은 현생 인류보다 훨씬 더 좋은 환경에서 번영을 누리고 있을 것이다. 하지만, 앞서 2장에서 언급한 30억 년 후 안도로메다은하와의 충돌과 50억 년 후 태양의 소멸은 아직 답이 보이지 않고 있다. 은하끼리 충돌할 때는 각 은하가 가지고 있는 암흑물질, 암흑에너지가 충돌하기도 하며, 은하의 중심부에 있는 블랙홀에서 가공할 만한 에너지가 분출되기도 한다. 또한 태양이 수명을 다해 적색거성이 될 때 팽창하면서 지구를 뜨겁게 달구든지 지구를 삼켜버릴 수 있다. 하지만 이런 일은 30억 년 후의 일이다.

30억 년 후 인간은 어떤 모습으로 살고 있을까? 지구는 또 어떤 모습일까? 미래의 시간이 상상되지 않을 때는 과거를 보면 도움이 된다. 과거 30억 년 전에 지구와 인간은 어땠던가? 당시 지구는 황량하고 뜨거운 행성이었다. 물속에 광합성하는 원시생명체가 겨우 태어나던 시기였다. 산소도 존재하지 않았다. 생명체가 태어난 후에도 다섯 차례나 대멸종 사건이 있었다. 대멸종 시기를 거치면서 지구 생명체의 주역들이 바뀌었다. 30억 년의 시간은 참으로 긴긴 시간이다.

미래 30억 년은 어떨까? 여전히 지구와 태양은 존재할 것이다. 그러나 생명체는 현존하는 모습으로 살고 있지 않을 것이다. 지구가 식어서 안정화되었기 때문에 과거와 같은 대규모 화산 폭발은 없고, 따라서 대멸종의 가능성은 매우 낮다. 아프리카와 유럽 대륙이 붙어 초대륙이 형성되면 극심한 대륙성 기후가 나타날 수 있다.

그 생태계 속에 사는 인간의 모습도 완전히 변해 있을 것이다. 하지만 인간의 유전자는 살아남아 다른 이름의 생명체를 구성하고 있을 것이다. 한 가지 확실한 것은 미래 지구의 주인공들도 지능이 뛰어날 것이다. 앞으로 나타날 수많은 환경 변화에 대응하며 지능이 계속 발달할 것이기 때문이다. 그 시대 생명체의 능력으로는 앞서 언급한 우주적 위험에 대비책을 마련할 수 있으리라고 기대해본다.

아마도 물과 탄소를 이용한 인공광합성으로 지구를 푸르게 만들어 살고 있을 것이다. 달과 화성을 식민지로 개척해 새로운 문명을 전개하고 있을 수도 있고, 외계 생명체의 도움으로 태양계 밖 다른 행성으로 이주해 새로운 삶을 살아가고 있을지도 모른다. 핵융합발전으로 만든 인공 태양을 가지고 인공 지구를 만들어 우주를 떠도는 유목민의 삶도 상상해볼 수 있다. 어떤 모습으로 살아가든 인간의 유전자와 지능은 미래를 알고자 하는 탐구정신을 유지할 것이다. 그리고 미래 인류는 지구 나이 46억 년 시기에 지구의 주인공이었던 현생 인류의 흔적을 통해 그들의 미래를 상상할 것이다. 이렇게 우리 인간의 유전자는 영원할 것이다.

부록

STEPPER로 보는 인류의 미래

우리는 이 책에서 138억 년의 장구한 우주의 시간, 46억 년의 긴긴 지구의 시간, 600만 년의 인류의 시간, 그리고 20만 년의 호모사피엔스의 시간을 함께 살펴봤다. 우주가 탄생할 때 만들어진 전자가 생명체 형성에 어떻게 관여하는지, 광합성이 지구의 생명체 발달에 얼마나 결정적인지, 어떤 도구의 도움으로 인간이 진보를 이루어왔는지 하나하나 자세히 알아봤다. 그리고 마지막으로 인류의 미래를 바꿀 기술과 사상을 들여다봤다. 이 모든 것은 미래를 전망하고 이에 제대로 대비하기 위함이다. 역사는 미래학이다. 과거를 알면 미래를 내다볼 수 있다. 앞에서 고찰한 내용을 바탕으로 인류의 미래를 STEPPER로 정리하며, 미래를 찾기 위해 떠났던 이 여정을 마무리한다.

- **Society**(사회): 인간은 사회적인 동물이다. 이러한 특성의 원인은 인간의 불완전성에 있고, 이 불완전성은 유전자에 기인한다. 설혹 호모사피엔스의 유전자가 변하더라도 인간의 사회적 본능은 계속 유지될 것이다. 사회성이 미래 사회에서도 유용할 것이기 때문이다. 완전체가 되고자 하는 인간의 불완전성은 탐욕으로 표출된다. 인간의 탐욕은 끝없이 질주하여 모든 것을 독점하고 지배하려고 한

다. 또한 AI에 의해 일자리가 줄어들고, 빈부와 두뇌 발달의 격차가 커지면 사회 갈등은 심화될 것이다.

미래에는 AI도 유사 자아를 가지고 인간과 공존하는 사회가 도래할 것이다. 인간과 AI가 함께 평화롭게 살기 위한 새로운 질서, 휴머니즘 2.0이 필요하다. 아직 국제사회는 약육강식의 논리가 지배하고 있다. 전 인류의 행복을 추구하는 목소리는 권력자의 탐욕 앞에 작아진다. 평등하고 자유로운 휴머니즘 미래를 위한 국제사회의 공조는 과제로 남아 있다.

- **Technology**(기술): 줄기세포 치료, 유전자가위, AI, BCI 기술은 인류의 미래에 획기적 변화를 가져올 수 있다. 인간은 지금까지 수많은 도구를 개발하고 사용해왔지만 이는 인간을 보조하는 데 그쳤을 뿐, 인간 자체를 바꾸는 기술은 없었다. 그런데 21세기의 신기술은 인간 자체를 변형시킬 수 있는 수준에 이르렀다. 그렇기에 이 기술의 영향력은 지금까지의 그 어떤 기술보다 강하다. 국제사회가 공조하여 기술을 관리하며 개발하는 것이 이상적이지만 국가 경쟁 속에서 협동심은 힘을 잃고 있다. 기술의 오용으로 인한 위험성을 미리 인지하여, 중국, 인도, 러시아 등의 국가들이 참여하는 협의기구를 구성하는 것이 필요하다. 기후변화협약과 다국적기업의 세금(일명 구글세) 부과 등 최근 국제협약의 진전에서 희망을 찾을 수 있다.

동시에 기술을 관리할 수 있는 통제 기술을 개발해야 한다. 예를 들어서 유전자가위 기술이 생명의 존엄을 해치지 않게 제어할 기술, AI가 인간에 도전하지 못하게 통제할 기술이 필요하다. 현재는 이런 기술이 없다. 하지만 필요하면 만들어내는 것이 인간이기에 이런 기술도 곧 실현될 것이라고 생각한다.

- **Environment**(환경): 현대 인류에게 닥친 환경적인 도전은 지구열대화다. 지구 역사상 많은 기후변화가 있었다. 그로 인해 생명체가 대거 사라지기도 했고 새로운 생명체가 출현하기도 했다. 인류가 생존하기 위해서는 기후의 변화 폭을 인간이 감내할 수 있는 정도로 줄이는 것이 필요하다. 이를 위해서는 온실가스 감축이 절실하다. 이것은 국제적 협력 있어야만 가능하다. 최근의 논의 전개 방향을 보면 희망이 보인다.

  이에 기술 개발을 병행해야 한다. 탄소 배출을 줄이는 기술, 공기 중 탄소를 포집하고 고체화하여 저장하는 기술 그리고 포집된 탄소를 다른 용도로 재활용하는 기술을 개발하고 있다. 기술 개발에 제대로 투자한다면 국제 협력에 의한 탄소 배출 규제보다 더 빠르게 환경 문제를 해결할 수도 있다. 핵융합발전, 인공광합성, SMR 기술 등 새로운 에너지원을 개발하여 화석연료 사용을 줄이는 길도 있다. 이 기술들은 21세기 안에 실용화될 것으로 보인다.

  또 하나 장기적으로 고려해야 할 기후변화는 대륙 이동으로 인한 변동이다. 앞서 4장에서 살펴본 바와 같이, 현재 아프리카와 유럽 대륙은 서서히 가까워지고 있고 5000만 년 후에는 완전히 합쳐져 지중해가 없어질 것이다. 오스트레일리아와 동남아시아 대륙도 충돌할 것이다. 대륙이 이와 같이 합쳐지면 해류 이동이 막혀서 기온이 떨어지고 극심한 대륙성 기후가 생길 것이다.

  또 하나의 도전은 우주에서 떨어지는 운석이다. 대형 운석이 떨어지면 공룡의 멸종 때와 같이 인류 대멸종이 일어날 수 있다. 인류는 우주의 소행성들을 모니터링하고 있고, 위험시 소행성의 궤도를 변경시킬 기술도 만들어졌다.
- **Politics**(정치): 인류가 사회를 형성할 때부터 정치가 시작되었다. 그

리고 공동의 목표를 효율적으로 수행하기 위해서 힘을 한곳으로 모으는 권력이 생겼다. 국가 권력을 더 많은 사람의 이익을 위해 사용하도록 만든 제도가 민주주의다. 현재 민주주의는 다양한 문제점이 있지만, 더 나은 제도를 발명하지 못한다면 민주주의가 최선의 정치 형태일 것으로 보인다.

처음 국가가 만들어진 데에는 개인의 안전과 생계 보장이라는 목적이 있었다. 그런데 이러한 것들이 거의 충족된 현대사회에서는 개인의 정치 참여가 매우 저조하다. 대중이 정치를 방관하면 일부 권력자들이 자신들의 이익을 위해 국가를 운영할 가능성이 커진다. 결국엔 거대한 시대의 흐름에서 이 현상도 교정되리라 믿지만, 권력자의 농단이 벌어진 이후에 사회를 되돌리는 데에는 많은 희생이 뒤따를 것이다.

한편, 인류의 공동 문제를 해결할 국제정치의 중요성이 커지고 있다. 하지만 일부 자국 이기주의 국가들이 국제공조에 참여하기를 꺼리는 경향이 있다. 모든 국가를 설득하여 국제 협력을 이끌어내는 것이 국제정치에 주어진 과제다.

- **Population**(인구): 지구상의 인구는 80억 명을 넘어 계속 증가하고 있다. 이 수많은 인간이 더 풍요롭게 살기 위해서 환경을 활용하는데, 그 정도가 지나쳐 종 전체의 생존을 걱정해야 할 정도로 환경이 파괴되고 있다. 지구 생태계가 감당하기 버거운 숫자의 인간이 지구에 살고 있다는 증거다. 전 지구적 관점에서는 인구를 조정할 필요가 있다.

일부 국가에서는 피임기술을 활용해 출산율을 감소시키고 있다. 이는 지구 전체 생태계를 위해서는 바람직하다. 하지만 일부 국가의 급격한 출산율 감소는 국가적 부작용이 너무 크다. 인구 변화의 충격을 완화시키는 노력이 필요하다. 출산율 회복이 어렵다면 외국인들을 적극 유입하여 자국민화 하는 노력이 필요하다.

- **Economy**(경제): 현대사회는 2개의 사상을 주축으로 발전하고 있다. 바로 개인의 이익을 추구하는 자본주의와 공공의 이익을 추구하는 민주주의다. 자본주의만 독주하면 빈부격차가 커져서 사회가 평화롭게 유지되기 어렵다. 민주주의만 우선하면 진보를 향한 에너지가 부족해져 공공의 번영을 이루기 어렵다. 2가지 사상의 균형 잡힌 융합이 현대 자유민주주의 사회의 근간이 되고 있다. 앞으로도 자본주의와 민주주의의 조화 속에서 인류는 풍요로운 세상을 만들어갈 것이다.

  오히려 지나친 풍요가 가져올 정신의 붕괴야말로 인류가 경각심을 가져야 할 문제다. AI가 대부분의 노동을 전담하는 미래에는 생산성이 급속도로 올라갈 것이기에 물질적인 풍요는 예정되어 있다. 그러나 전통적인 개념의 노동이 사라진 세상에서 인간의 위상과 역할을 재정의하는 것, 근로 시간 대신 생긴 여유 시간을 올바로 사용하여 뇌의 퇴화를 막는 것이 더욱 중요한 문제가 될 것이다. 이를 해결하기 위해서는 뇌공학을 발전시켜 인간 정신을 강화할 기술을 만들어야 한다. 뇌세포를 자극하여 뇌세포회로가 활발하게 생성되도록 도와주는 기술 등이 필요하다.

- **Resource**(자원): 인간은 외부에서 에너지를 섭취해야 생존할 수 있다. 그래서 태어나면서부터 끊임없이 식량과 에너지를 소모한다. 그런데 인구가 늘어나고 그중 상당수가 에너지를 과소비하며 생활하여 결국 지구환경을 훼손하는 지경에 이르렀다. 화석연료는 21세기 안에 고갈될 가능성이 높다. 여기서 고갈이란 석유를 채취하지만 효율이 나빠서 경제성이 거의 없는 상태를 말한다. 또한 인

류가 개발하는 많은 첨단기술이 한정되어 있는 지구의 광물질을 필요로 하며, 각종 산업은 물을 막대하게 사용한다. 인구 증가와 자유로운 에너지 소비, 기술 개발은 모두 자원 문제를 일으킨다. 핵융합발전이나 인공광합성이 성공적으로 실행되면 에너지 문제는 해소될 것이고, 이에 따라 환경과 자원 문제도 상당히 해결될 것이다. 부족한 광물 자원은 달이나 화성에서 채취할 수 있다. 물 부족 문제는 담수화 기술의 효율화로 풀어낼 것이다. 일부에서는 새로운 환경과 자원을 찾아서 지구를 떠나 다른 행성으로 이주해야 한다고 주장한다. 기술을 발전시키면 그런 필요는 사라질 것이다.

이상 살펴본 바와 같이 각 항목별로 미래에 우려되는 문제들이 많다. 그러나 이를 해결할 수 있는 방법도 있다. 한 가지 주지해야 할 것은, 미래에 발생할 문제를 알아야만 그에 맞는 대응책을 고안할 수 있다는 사실이다. 더군다나 다가오는 미래에는 점점 더 많은 문제가 전 세계적인 협력을 요한다. 그러므로 많은 이가 함께 미래를 준비해야만 밝은 미래가 실현될 것이다. 미래를 주시하고 인류에게 필요한 바를 마련하는 일에 동행해주기를 바라며 이 책을 마친다.

참고문헌

Betts, H., et al(2018). Integrated genomic and fossil evidence illuminates life's early evolution and eukaryote origin. Nature ecology & evolution : 2(10)

Bouchard, T. J. Jr. & Mcgue, M. (1981). Familial studies of intelligence: A review. Science :212. pp 1055-1058.

Cann, R. L., Stoneking, M. & Wilson, A. C. (1987). Mitochondrial DNA and human evolution. Nature :325. pp 31-36.

Flynn, J. R. (1998). IQ gains over time: Toward finding the causes. American Psychological Association

Flynn, J. R. (2003). Movies about intelligence: The limitations of g. Current Directions in Psychological Science :12(3). pp 95-99.

Hahn, M. (2014). The common marmoset genome provides insight into primate biology and evolution. Nature Genetics :46. pp 850-870.

Haile-Selassie, Y., Melillo, S. M., Vazzana, A., Benazzi, S. & Ryan, T. M. (2019). A 3.8-million-year-old hominin cranium from Woranso-Mille, Ethiopia. Nature :573(7773). pp 214-219.

Neisser, U., et al(1996). Intelligence: Knowns and Unknowns, American Psychologist :51. pp 77-101.

Steinhardt, P. J. & Turok, N. (2002). A Cyclic Model of the Universe. Science :296(5572). pp 1436 -1439.

Sternberg, R. J. (1994). The Encyclopedia of Human Intelligence. New York: MacMillan. pp 617-623.

Sutou, S. (2012). Hairless mutation: a driving force of humanization from a human-ape common ancestor by enforcing upright walking while holding a baby with both hands. Genes Cells :17(4). pp 264-272

Timmermann, A. &Yun, K., et al(2022). Climate effects on archaic human habitats and species successions. Nature :604. pp 495 - 501.

Xia, B. & Boeke, J., et al(2021). The genetic basis of tail-loss evolution in humans and apes. BioRXiv

기후변화에 관한 정부 간 협의체(2023). 〈제6차 평가보고서 종합보고서〉

강병화(2012). 《약과 먹거리로 쓰이는 우리나라 자원식물》. 한국학술정보

강상원(2002). 《Basic 고교생을 위한 세계사 용어사전》. 신원문화사

강석기(2016). 《생명과학의 기원을 찾아서》. MID

강석기(2017). 《과학의 위안》. MID
강석기(2018). 《컴패니언 사이언스》. MID
강성률(2009). 《한 권으로 읽는 서양철학사 산책》. 평단문화사
강순전(2006). 《서양의 고전을 읽는다 1》. 휴머니스트
강영희(2008). 《생명과학대사전》. 아카데미서적
강준만(2008). 《선샤인 지식노트》. 인물과사상사
고란, 이용재(2018). 《넥스트 머니》. 다산북스
공미라, 김애경 외(2009). 《세계사 개념사전》. 아울북
과학동아 편집부(2011). 《생명과 진화》. 동아사이언스
곽영직(2008). 《곽영직의 과학캠프》. 해나무
곽영직(2018). 《14살에 시작하는 처음 물리학》. 북멘토
곽영직(2020). 《과학자의 종교 노트》. MID
곽준혁(2016). 《정치철학》. 민음사
국립문화재연구소(2001). 《한국 고고학 사전》. 학연문화사
권혁재(1998). 《지형학》. 법문사
권혁재(2011). 《자연지리학》. 법문사
금성출판사 역사연구개발팀(2016). 《세계사 인물사전》. 금성출판사
기다 겐, 노에 게이이치 외. 이신철 역(2011). 《현상학사전》. 도서출판b
김경진 외(2017). 《뇌 Brain : 모든 길은 뇌로 통한다》. 휴머니스트
김동기(2020). 《지정학의 힘》. 아카넷
김민주(2011). 《시장 흐름이 보이는 경제 법칙 101》. 위즈덤하우스
김서형(2020). 《전염병이 휩쓴 세계사》. 살림출판사
김연옥(1998). 《기후 변화》. 민음사
김용규(2021). 《소크라테스 스타일》. 김영사
김용옥(2020). 《노자가 옳았다》. 통나무
김일선(2014). 《빅히스토리 5》. 와이스쿨
김정규(2009). 《역사로 보는 환경》. 고려대학교출판부
김춘경(2016). 《상담학사전, 보상시스템》. 학지사
김학진(2017). 《이타주의자의 은밀한 뇌구조》. 갈매나무
김현우(2014). 《생명진화의 끝과 시작 멸종》. MID
김홍식(2007). 《세상의 모든 지식》. 서해문집
김희보(2020). 《세계사 다이제스트 100》. 가람기획
남영(2016). 《태양을 멈춘 사람들》. 궁리출판
뉴턴코리아 편집부(2010). 《과학 용어 사전》. 아이뉴턴
닉 레인 저. 김정은 역(2016). 《바이털 퀘스천》. 까치

닉 보스트롬 저. 조성진 역(2017).《슈퍼인텔리저스》. 까치
다다 쇼 저. 조민정 역(2014).《유쾌한 우주강의》. 그린북
대한간호학회(1996).《간호학대사전》. 한국사전연구사
대한신경과학회(2017).《신경학》. 범문에듀케이션
데이비드 버코비치 저. 박병철 역(2017).《모든 것의 기원》. 책세상
데이비드 하비 저. 황성원 역(2014).《자본주의의 17가지 모순》. 동녘
드림나무(2017).《인물로 보고 배우는 세계사》. 삼성당
라이언 노스 저. 조은영 역(2019).《문명 건설 가이드》. 웅진지식하우스
라이언 아벤트 저. 안진환 역(2018).《노동의 미래》. 민음사
레이 커즈와일 더. 김명남 역(2007).《특이점이 온다》. 김영사
로버트 그린 저. 이지연 역(2019).《인간 본성의 법칙》. 위즈덤하우스
로저스 M.스미스 저. 김혜미, 김주만 역(2023).《반포퓰리즘선언!》. 한울엠플러스
뤼트허르 브레흐만 저. 조현욱 역(2021).《휴먼카인드》. 인플루엔셜
류은주(2002).《모발학》. 광문각
리사 펠드먼 배럿 저. 최호영 역(2017).《감정은 어떻게 만들어지는가? 감정은 어떻게 만들어지는가?》. 생각연구소
리차드 메이비 저. 김윤경 역(2018).《춤추는 식물》. 글항아리
리처드 도킨스 저. 홍영남, 이상임 역(2018).《이기적 유전자》. 을유문화사
마노 다카야 저. 신은진 역(2000).《천사》. 들녘
마루야마 슌이치, NHK 다큐멘터리 제작팀 저. 김윤경 역(2018).《자본주의 미래 보고서》. 다산북스
마르쿠스 가브리엘 저. 전대호 역(2018).《나는 뇌가 아니다》. 열린책들
마이클 샌델 저. 김명철 역(2014).《정의란 무엇인가》. 와이즈베리
마이클 샌델 저. 이경식 역(2023).《당신이 모르는 민주주의》. 와이즈베리
매튜 D. 리버먼 저. 최호영 역(2015).《사회적 뇌 인류 성공의 비밀》. 시공사
모건 하우절 저. 이지연 역(2021).《돈의 심리학》. 인플루엔셜
미겔 니코렐리스 저. 김성훈 역(2021).《뇌와 세계》. 김영사
미치오 카쿠 저. 박병철 역(2019).《인류의 미래》. 김영사
민중서관 편집부(2002).《새로나온 인명사전》. 민중서관
바츨라프 스밀 저. 강주헌 역(2023).《세상은 실제로 어떻게 돌아가는가》. 김영사.
박문호(2008).《뇌, 생각의 출현》. 휴머니스트
박문호(2017).《박문호 박사의 뇌과학 공부》. 김영사
박자영, 이용구(2015).《빅히스토리 6》. 와이스쿨
박재용(2022).《이렇게 인간이 되었습니다》. MID
박주영(2004).《중세와 토마스 아퀴나스》. 살림

박홍식(2014).《재미있는 바다 이야기》. 가나출판사
배철현(2017).《인간의 위대한 여정》. 21세기북스
북멘토(2010).《모닥불에서 시작된 문명》. 북멘토
브라이언 M. 페이건 저. 김수민 역(2012).《크로마뇽》. 더숲
브라이언 M. 페이건, 크리스토퍼 스카레 저. 이청규 역(2015).《고대 문명의 이해》. 사회평론
브라이언 콕스, 애드루 코헨 저. 노태복 역(2017).《인간의 우주》. 반니
브라이언 페이건 저. 이승호, 김맹기, 황상일 역(2011).《완벽한 빙하시대》. 푸른길
브루스 앨버트 저. 박상대 역(2019).《필수 세포생물학》. 라이프사이언스
사라시나 이사오 저. 황혜숙 역(2020).《잔혹한 진화론》. 까치
사이토 다카시 저. 홍성민 역(2009).《세계사를 움직이는 다섯 가지 힘》. 뜨인돌
서울과학교사모임(2009).《묻고 답하는 과학 톡톡 카페 1》. 북멘토
서울과학교사모임(2009).《묻고 답하는 과학 톡톡 카페 2》. 북멘토
서울대학교 교육연구소(1995).《교육학용어사전》. 하우
서울대학교 의과대학(2014).《신경학》. 서울대학교출판문화원
세화 편집부(2001).《화학대사전》. 세화
소니아 샤 저. 성원 역(2021).《인류, 이주, 생존》. 메디치미디어
송민령(2017).《송민령의 뇌과학 연구소》. 동아시아
송은영(2010).《과학 돋보기》. 계림북스
송창호(2015).《해부학의 역사》. 정석출판
스티븐 호킹 저. 배지은 역(2019).《호킹의 빅퀘스천에 대한 간결한 대답》. 까치
승현준(2014).《커넥톰, 뇌의 지도》. 김영사
시공사 편집부(2010).《저스트 고 중국》. 시공사
신근섭(2002).《고교생을 위한 물리 용어사전》. 신원문화사
신명경, 송호장(2008),《태양계 행성들이 그리는 우주지도》. 북멘토
신학수, 이복영, 구자옥, 백승용, 김창호(2008).《상위 5%로 가는 지구과학교실 1》. 스콜라
아닐 세스 저. 장혜인 역(2022).《내가 된다는 것》. 흐름출판
아젠다리서치그룹(2013).《2013 최신 시사상식 사전》. 21세기북스
앨리스 로버츠 저. 김명주 역(2019).《세상을 바꾼 길들임의 역사》. 푸른숲
양허 저. 원년경 역(2015).《역사가 기억하는 세계 100대 과학》. 꾸벅
에드워드 윌슨 저. 이한음 역(2013).《지구의 정복자》. 사이언스북스
에릭 갈랜드 저. 손민중 역(2008).《미래를 읽는 기술》. 한국경제신문사
에릭 캔델 저. 전대호 역(2014).《기억을 찾아서》. 알에이치코리아
에이미 추아 저. 이순희 역(2008).《제국의 미래》. 비아북
예병일(2007).《인류를 구한 항균제들》. 살림
왕연중(2011).《발명상식사전》. 박문각

월간전자기술 편집위원회(2007).《E+ 전자용어사전》. 성안당
월간하늘 편집부(2002).《천문학 작은사전》. 가람기획
유발 하라리 저. 김명주 역(2020).《사피엔스 : 그래픽 히스토리 Vol.1》. 김영사
유발 하라리 저. 조현욱 역(2015).《사피엔스》. 김영사
윤경철(2011).《대단한 지구여행》. 푸른길
윤경철(2021).《대단한 바다 여행》. 푸른길
윤덕중(2017).《두뇌 사회》. 렛츠북
윤오섭, 조천호, 배재근, 김백조(2014).《기후변화와 녹색환경》. 동화기술
윤화영(2022).《한국자유민주주의 위기》. 성안당
의정부과학교사모임(2017).《과학선생님도 궁금한 101가지 과학질문사전》. 북멘토
이광형(2015).《미래 경영》. 생능
이광형(2018).《세상의 미래》. MID
이대열(2021).《지능의 탄생》. 바다출판사
이명현(2013).《빅히스토리 1》. 와이스쿨
이병언(2001).《고교생을 위한 생물 용어사전》. 신원문화사
이석영(2017).《모든 사람을 위한 빅뱅 우주론 강의》. 사이언스북스
이석형(2001).《고교생이 알아야 할 지구과학 스페셜》. 신원문화사
이석형(2002).《고교생을 위한 지구과학 용어사전》. 신원문화사
이영규, 심진경 외(2009).《학습용어 개념사전》. 아울북
이일하(2014).《이일하 교수의 생물학 산책》. 궁리출판
이주희(2014).《강자의 조건》. MID
이지유(2012).《처음 읽는 우주의 역사》. 휴머니스트
이태규(2012).《항공우주공학용어사전》. 새녘
임성재(2007).《Basic 중학생을 위한 사회 용어사전》. 신원문화사
임창환 저(2017).《바이오닉맨》. MID
임창환(2015).《뇌를 바꾼 공학 공학을 바꾼 뇌》. MID
장하성(2015).《왜 분노해야 하는가》. 헤이북스
잭 챌리너(2022).《빅퀘스천 118 원소》. 지브레인
전국역사교사모임(2005).《살아있는 세계사 교과서》. 휴머니스트
정갑수(2012).《세상을 움직이는 물리》. 다른
정수일(2013).《실크로드 사전》. 창비
정연보(2017).《초유기체 인간》. 김영사
제러미 리프킨 저. 안진환 역(2014).《한계비용 제로 사회》. 민음사
제럴드 에델만 저, 김창대 역(2009).《세컨드 네이처》. 이음
제럴드 에델만 저. 황희숙 역(2006).《신경과학과 마음의 세계》. 범양사

조지프 르두 저. 강봉균 역(2005).《시냅스와 자아》. 동녘사이언스
조지프 슘페터 저. 변상진 역(2011).《자본주의·사회주의·민주주의》. 한길사
존 그리빈 저. 강윤재 역(2004).《과학-사람이 알아야 할 모든 것》. 들녘
종교학대사전 편집부(1998).《종교학대사전》. 한국사전연구사
짐 배것 저. 박병철 역(2017).《기원의 탐구》. 반니
채사장(2019).《지적 대화를 위한 넓고 얕은 지식 제로》. 웨일북
채연석(2007).《처음읽는 미래과학 교과서 5 우주공학》. 김영사
천명선(2014).《재미있는 미생물과 감염병 이야기》. 가나출판사
철학사전편찬위원회(2012).《철학사전》. 중원문화
최덕근(2018).《지구의 일생》. 휴머니스트
최인수, 공미라 외(2015).《한국사 개념사전》. 아울북
최진석(2001).《노자의 목소리로 듣는 도덕경》. 소나무
최진석(2018).《탁월한 사유의 시선》. 21세기북스
칼 짐머 저. 이창희 역(2018).《진화》. 웅진지식하우스
커트 스텐저. 하인해 역(2017).《헤어》. MID
케너스 밀러 저. 김성훈 역(2018).《인간의 본능》. 더난출판사
크레이크 벤터 저. 김명주 역(2018).《인공생명의 탄생》. 바다출판사
토마 피케티 외 저. 유엔제이 역(2017).《애프터 피케티》. 율시리즈
토마 피케티 저. 장경덕 역(2014).《21세기 자본》. 글항아리
팀 르윈스 저. 김경숙 역(2016).《과학한다, 고로 철학한다》. MID
폴 콜리어 저. 김홍식 역(2020).《자본주의의 미래》, 까치
프랭크 M. 스노든 저, 이미경, 홍수연 역(2021).《감염병과 사회》. 문학사상
피터 브래넌 저, 김미선 역(2019).《대멸종 연대기》. 흐름출판
피터 퍼타도, 마이클 우드 저. 김희진, 박누리 역(2009).《죽기 전에 꼭 알아야 할 세계 역사 1001 Days》. 마로니에북스
피터 플레밍 저, 박영준 역(2018).《호모 이코노미쿠스의 죽음》. 한스미디어
한국교육심리학회(2000).《교육심리학 용어사전》. 학지사
한국사전연구사 편집부(1998).《미술 대사전》. 미술사전연구사
한국사전연구사 편집부(1998).《종교학 대사전》. 한국사전연구사
한국지구과학회(2009).《지구과학사전》. 북스힐
한림학사(2007).《개념어사전 과학탐구영역》. 청서출판
한림학사(2007).《개념어사전 통합본》. 청서출판
한병철 저, 전대호 역(2023).《정보의 지배》. 김영사
한스-게오르크 호이젤 저, 강영옥, 김신종, 한윤진 역(2019).《뇌 욕망의 비밀을 풀다》. 비즈니스북스

헤일리 버치, 문 키트 루이, 콜린 스튜어트 저, 곽영직 역(2021).《빅퀘스천 과학》. 지브레인
홍준의, 김태일, 최후남, 고현덕(2011).《살아있는 과학 교과서》. 휴머니스트

그레이엄 타운슬리(2011). 〈인류의 탄생 3부 호모사피엔스와 네안데르탈인〉. EBS
그레이엄 타운슬리(2011). 〈인류의 탄생: 2부 호모에렉투스〉. EBS
제니퍼 화이트&그레이엄 타운슬리(2011). 〈인류의 탄생: 1부 최초의 인간〉. EBS

김명지(2022.12월27일). 〈돼지심장 이식부터 인간게놈 지도 100% 완성까지…2022년 세상을 바꾼 의학적 혁신들〉. 조선비즈 https://biz.chosun.com/science-chosun/bio/2022/12/27/RJ3OPCW5HJDGLHLXCM7SPFIDWA/?utm_source=naver&utm_medium=original&utm_campaign=biz

김종화(2019.2월18일). 〈과학을 읽다: 인공광합성, '상용화' 어디까지 왔나?〉. 아시아경제 https://www.asiae.co.kr/article/2019021513531067679&mobile=Y

김현(2023.7월23일). 〈SMR 시장 선점 나선 美테라파워… "韓기업과 협력 확대 도모"〉. 뉴스1 https://www.news1.kr/articles/5117502

남연희(2023.1월5일). 〈돼지 신장 이식 원숭이 115일 생존… 한국 8년 만에 도달〉. 메디컬투데이 https://mdtoday.co.kr/news/view/1065569169797221

박정연(2023.9월8일). 〈돼지 몸속에서 인간의 신장 쑥쑥 키웠다〉. 동아일보 https://www.donga.com/news/article/all/20230908/121075903/1

양선아(2023.8월18일). 〈뇌사자에 이식한 '돼지 신장' 32일째 작동… 역대 최장〉. 한겨레 https://www.hani.co.kr/arti/international/international_general/1104758.html

윤희석(2022.10월12일). 〈인류, 소행성 궤도 바꿨다… "지구 방어 실험 성공"〉. 전자신문 https://www.etnews.com/20221012000297

이병철(2023.1월16일). 〈돼지심장 이식하고 3D프린터로 장기 만들고…재생의료 '142세 시대' 바라본다〉. 조선비즈 https://biz.chosun.com/science-chosun/science/2023/01/16/7WBMYSLNKFB3ZM2M4BMNA7AFTU/?utm_source=naver&utm_medium=original&utm_campaign=biz

이호선(2023.5월8일). 〈빌 게이츠가 극찬한 '제 4세대 원자로'〉. 디지털비즈온 http://www.digitalbizon.com/news/articleView.html?idxno=2331893

조재희(2023.8월31일). 〈탈원전에도 핵심 인력 지켰다… 650조 SMR 시장 최강자로 부활〉. 조선일보 https://www.chosun.com/economy/industry-company/2023/08/31/WWYYWYPXU5F7JAP53W2PT6YO5M/?utm_source=naver&utm_medium=referral&utm_campaign=naver-news

사진 출처

1부

32쪽 WMAP 위성이 관측한 우주배경복사 사진 Wikipedia / 59쪽 타원은하(위) Wikipedia / 64쪽 암흑물질의 중력렌즈 효과 Wikipedia / 72쪽 태양의 일생 Wikipedia / 74쪽 태양계 Wikipedia / 78쪽 지구의 자전축 기울기 Wikipedia / 83쪽 대기권의 구성 Wikipedia / 151쪽 지난 500만 년 동안 남극 지표 온도와 빙하 면적의 변화 Wikipedia / 152쪽 마지막 최대 빙하기의 지구 Wikipedia / 166쪽 메가조스트로돈 상상 모형 Wikipedia

2부

186쪽 오스트랄로피테쿠스 아나멘시스 MRD의 두개골 화석과 복원된 얼굴 모습 Cleveland Museum of Natural History / 188쪽 오스트랄로피테쿠스 아나멘시스 루시의 화석 Wikipedia / 269쪽《베다》경전 Wikipedia / 306쪽 르네상스의 발상지, 이탈리아의 피렌체 Wikipedia / 336쪽 몽테스키외의《법의 정신》초판본 Wikipedia / 340쪽 들라크루아의 〈민중을 이끄는 자유의 여신〉 Wikipedia / 349쪽 와트의 증기기관 그림과 모형 Wikipedia / 355쪽 콜로서스를 작동하는 모습 Wikipedia / 362쪽 1347~1351년 유럽 전역에 퍼진 림프절 페스트 Wikipedia

3부

384쪽 일반적인 체외수정의 과정 Wikipedia / 412쪽 구글의 시커모어 칩 Wikipedia / 420쪽 EEG 기계를 쓴 모습 Wikipedia / 427쪽 N1임플란트를 위한 뉴럴링크의 로봇을 소개하는 일론 머스크 Wikipedia / 428쪽 싱크론의 스텐트로드와 그것이 뇌혈관에 삽입된 모습 https://synchron.com / 443쪽 트롤리의 딜레마 Wikipedia / 449쪽 대선 유세하는 도널드 트럼프(2016년) Wikipedia / 452쪽 필터버블이라는 단어를 처음 사용한 엘리 프레이저 Wikipedia / 471쪽 1917년 러시아혁명의 모습 Wikipedia / 501쪽 인간과 AI가 함께 토론하는 AI 학당 Dominique Mulhem / 524쪽 매머드와 마스토돈 Wikipedia / 527쪽 한국형 토카막 핵융합로 케이스타(왼쪽) 한국핵융합에너지 연구원, 프랑스 남부 카다라슈에 건설 중인 ITER(오른쪽) ITER Organization / 537쪽 호바 운석과 운석 충돌구 Wikipedia / 538쪽 DART가 소행성 디모르포스에 충돌하는 모습 Wikipedia

*그외 이미지는 셔터스톡.

미래의 기원

우주의 탄생부터 인류의 미래까지
이광형 총장이 안내하는 지적 대여정

초판 1쇄 2024년 1월 5일
초판 2쇄 2024년 1월 19일

지은이 | 이광형

발행인 | 문태진
본부장 | 서금선
책임편집 | 한성수 유진영 편집 1팀 | 송현경

기획편집팀 | 임은선 임선아 허문선 최지인 이준환 이보람 이은지 장서원 원지연
마케팅팀 | 김동준 이재성 박병국 문무현 김윤희 김은지 이지현 조용환 전지혜
디자인팀 | 김현철 손성규 저작권팀 | 정선주
경영지원팀 | 노강희 윤현성 정헌준 조샘 서희은 조희연 김기현
강연팀 | 장진항 조은빛 강유정 신유리

펴낸곳 | ㈜인플루엔셜
출판신고 | 2012년 5월 18일 제300-2012-1043호
주소 | (06619) 서울특별시 서초구 서초대로 398 BnK디지털타워 11층
전화 | 02)720-1034(기획편집) 02)720-1024(마케팅) 02)720-1042(강연섭외)
팩스 | 02)720-1043 전자우편 | books@influential.co.kr
홈페이지 | www.influential.co.kr

ISBN 979-11-6834-159-3 (03400)